D1876979

„In bunten Bildern wenig Klarheit,
Viel Irrtum und ein Fünkchen Wahrheit"
Goethe „Faust I"

Für Frau Hassenstein
und Herrn Hassenstein
mit herzlichen Grüßen
Norbert Elsner

25. Nov. 2007

Bilderwelten
Vom farbigen Abglanz der Natur

Allein wie herrlich diesem Sturm entsprießend
Wölbt sich des bunten Bogens Wechsel-Dauer
Bald rein gezeichnet, bald in Luft zerfließend,
Umher verbreitend duftig kühle Schauer.
D e r spiegelt ab das menschliche Bestreben.
Ihm sinne nach und du begreifst genauer:
Am farbigen Abglanz haben wir das Leben.

Goethe, Faust II, Vers 4721-4727

Bilderwelten

Vom farbigen Abglanz der Natur

Im Auftrag
der Akademie der Wissenschaften zu Göttingen
und der Georg-August-Universität Göttingen

herausgegeben von
Norbert Elsner

WALLSTEIN VERLAG

Bibliografische Information der Deutschen Nationalbibliothek
Die Deutsche Nationalbibliothek verzeichnet
diese Publikation in der Deutschen Nationalbibliografie;
detaillierte bibliografische Daten sind im Internet
über http://dnb.d-nb.de abrufbar.

www.wallstein-verlag.de
Vom Verlag gesetzt aus der Adobe Garamond
Umschlaggestaltung: Rothe Grafik, Georgsmarienhütte,
unter Verwendung einer neuroanatomischen Anfärbung
durch Professor Dr. Martin Bastmeyer, Karlsruhe
Foto Frontispiz: Jürgen Hüfner, Schönderling
Druck: Druck- und Verlagshaus Fromm GmbH & Co. KG, Osnabrück

ISBN 978-3-8353-0208-2

Inhalt

Einführung

So alt wie die Naturforschung ist auch ihr Bemühen, die Natur bildlich darzustellen. Im vorliegenden Sammelband finden sich zahlreiche Beispiele solcher Bildfindungen aus allen Bereichen der Naturwissenschaften. Geben nun diese Bilder die Wirklichkeit als solche wieder, oder besitzen sie eine eigene, sich von ihrem ursprünglichen Zweck ablösende Realität? Die Antwort scheint leicht: Allein schon durch ihre Ästhetik sind naturwissenschaftliche Bilder fast immer mehr als bloße wissenschaftliche Dokumentationen. Zudem sollen sie in aller Regel nicht den Einzelfall, sondern in einprägsamer, ästhetisch ansprechender Weise das Prinzipielle darstellen. Das heißt, sie sind Schematisierungen, Interpretationen und Idealisierungen, oft sogar Ideologisierungen des Gesehenen.

Solche Aspekte haben mit den schier unbegrenzten Möglichkeiten der computergestützten Bilderzeugung und -bearbeitung eine immer größere Bedeutung erhalten. Es lassen sich heute naturwissenschaftliche Daten von Dingen, die unserer optischen Einsicht nicht unmittelbar oder überhaupt nicht zugänglich sind – man denke an die Hirnanatomie und -physiologie, an atomare Strukturen oder kosmologische Phänomene –, leicht visuell aufbereiten und in beeindruckender Farbigkeit darstellen. Damit wächst die Gefahr, daß das wissenschaftliche Anliegen in den Hintergrund gedrängt wird oder gar in Mißkredit gerät. Letzteres auch deshalb, weil der in diesem Zusammenhang verwendete Begriff der »Falsch-« oder »Pseudofarben« mißverstanden werden kann. Naturwissenschaftler wollen damit zum Ausdruck bringen, daß Objekte zur besseren Differenzierung künstlich eingefärbt werden, weil sich bestimmte Details in dem ursprünglichen Grau-in-Grau nicht gut hervorheben. Farben werden zudem eingefügt, um Meßergebnisse anschaulich zu machen, die man vielleicht auch in schmucklosen Tabellen oder schlichten Graphiken niederlegen könnte. Um der Anschaulichkeit willen erzeugt man statt dessen jene bunten, beispielsweise in anatomische Schnitte einkopierten Farbverläufe, die physiologische Aktivitäten, Stoffverteilungen oder Temperaturgradienten verdeutlichen. Nicht zuletzt durch die regenbogenfarbige Codierung – Blau steht für »wenig«, Grün für »mehr«, Rot für »viel«, wovon auch immer – entstehen oft beeindruckende Bilder, deren Ästhetik sich auch derjenige, der um die Künstlichkeit der Farben weiß, nicht entziehen kann.

Diese neuen Möglichkeiten gaben die Anregung, sich im Rahmen einer von der Akademie der Wissenschaften zu Göttingen und der Universität veranstalteten Ringvorlesung der Problematik naturwissenschaftlicher Bildfindungen zuzuwenden. Rasch wurde deutlich, daß eine rein fachspezifische Betrachtungsweise dem Thema nicht gerecht werden würde. Es war zu fragen, was wir, gefangen in dem kategorialen Gefängnis unserer Sinne, überhaupt zu erkennen vermögen. Der Untertitel »Vom farbigen Abglanz der Natur« spielt auf den Schlußvers des Eingangsmonologs von »Faust II« an: Mit den Worten »Am farbigen Abglanz haben wir das Leben« wendet sich der vom Sonnenglanz geblendete Faust dem sich über einem Wasserfall aufwölbenden Regenbogen zu. Ein treffendes Bild, denn Faust ist darin dem Wissenschaftler vergleichbar, der eben auch nur einen Abglanz der Dinge vor Augen hat und sich bemühen muß, hinter diesem Schleier die Wahrheit zu erkennen. Was er findet, läßt sich zwar korrekt in mathematischen Gleichungen, in Tabellen und Kurven darstellen, entzieht sich aber oft der unmittelbaren Anschauung, die für uns auf einen winzigen Ausschnitt des elektromagnetischen Spektrums und eine Dreidimensionalität des Raums beschränkt ist. Um die Dinge sinnlich zu erfassen, bleibt nichts anderes, als sie – gerne mit Falsch- und Pseudofarben – auf jenen Vorhang zu projizieren, hinter den man eigentlich schauen wollte.

Die naturwissenschaftlichen Beiträge zeigen, daß dieser Pfad zur Naturerkenntnis und deren Versinnbildlichung trotz aller kategorialer Einschränkungen kein Irrweg ist. Aber es wird doch deutlich, daß er nur von einer Seite an die Natur heranführt und man auch nach anderen Zugängen suchen sollte. Deshalb sind die naturwissenschaftlichen Aufsätze umrahmt von literarischen und philosophischen sowie von kunst- und musikwissenschaftlichen Essays. Nicht zuletzt kommen auch Kunstschaffende selbst zu Wort, die versuchen, ihrer inneren Sicht auf die Natur und den Menschen bildhaften Ausdruck zu geben. Den nicht geringen Anspruch der Kunst hat Franz Marc mit nachdenkenswerten Worten formuliert, die auch für die Bildfindungen der Naturwissenschaften, die immer weiter in die jenseits unserer unmittelbaren Erfahrung liegenden Welten vordringen, gelten können: »Man hängt nicht mehr am Naturbilde, sondern vernichtet es, um die mächtigen Gesetze, die hinter dem schönen Schein walten, zu zeigen.« Freilich, ob in der Kunst oder in den Naturwissenschaften, auch jene mächtigen Gesetze sind von schönem Schein umgeben. Vielleicht, weil wir nicht anders können, als sie so zu sehen.

Göttingen, im August 2007 Norbert Elsner

»Am farbigen Abglanz haben wir das Leben« (Goethe, Faust II. Vers 4679-4727)

VON
ALBRECHT SCHÖNE

Dem Initiator der Göttinger Ringvorlesung, die diesem Band zugrunde liegt, ist es zum wiederholten Mal gelungen: Mit seinem Zaubergesang und lieblichem Saitenspiel hat er sechzehn Vortragende aus ihren Laboratorien, von ihren Schreibtischen, aus ihrem Atelier oder von der Bühne gelockt und die Aula unserer Universität mit jungen wie alten Zuhörern gefüllt. Auf diese Weise ist Norbert Elsner schon vor 200 Jahren in einer Goetheschen Ballade aufgetreten. Noch ohne Namensnennung freilich. Aber bei Goethe geht es allemal ums Typologische –

Ich bin der wohlbekannte Sänger,
Der vielgereis'te Rattenfänger,
Den diese altberühmte Stadt
Gewiß besonders nötig hat [...]
Und wären Knaben noch so trutzig,
Und wären Mädchen noch so stutzig,
In meine Saiten greif' ich ein,
Sie müssen alle hinter drein.[1]

Die *Bilderwelten*, zu denen dieser auch den schönen Künsten zugeneigte Naturwissenschaftler uns diesmal führt, hat er mit dem Untertitel *Vom farbigen Abglanz der Natur* bezeichnet. Zwei dieser Worte sind ausgeliehen, bei Goethe. Sie zu erläutern, hat er mir aufgetragen. Mehr nicht. Und wenn solch ein Rattenfänger aufspielt, muß man folgen.

Von einem *farbigen Abglanz* also ist am Ende der ersten Szene vom *Faust II* die Rede. Zwischen dem *Kerker* am Ende des Ersten Teils der Tragödie und dieser Szene *Anmutige Gegend* am Beginn des Zweiten Teils hat sich ein Schauplatzwechsel vollzogen, wie man ihn schärfer kontrastierend kaum denken könnte.
Dort (und vom Zeitverlauf des Handlungsganges her eigentlich: eben noch): Margarete eingekerkert und an Ketten gelegt in ihrer schlaflosen letzten Nacht. »Meine Mutter hab' ich umgebracht, | Mein Kind hab' ich

1 Goethe: *Der Rattenfänger*. In: Sämtliche Werke. Frankfurter Ausgabe (= FA) Bd 2, S. 118 f.

ertränkt.«[2] Halb wahnsinnig halluziniert sie schon, wie der Henker ihr den Kopf abschlagen wird:

Die Glocke ruft, das Stäbchen bricht.
Wie sie mich binden und packen!
Zum Blutstuhl bin ich schon entrückt.
Schon zuckt nach jedem Nacken
Die Schärfe die nach meinem zückt.

Den Fluchtversuch, zu dem Faust sie bereden will, bringt sie nicht über sich. Wenn der Morgen heraufdämmert, folgt er Mephistos »Her zu mir!« und flüchtet; sie aber wird in den Tod gehen, wenn diese Nacht endet.

Jetzt: *Anmutige Gegend.* Eine idealisierte liebliche Landschaft, deren Beschreibung die aus der römischen Antike überkommene Bildformel des *locus amoenus* zitiert. Und der schlafsuchende Faust »auf blumigen Rasen gebettet«. Wenn die Nacht endet, wird er sagen: »Des Lebens Pulse schlagen frisch lebendig«, wird ihm herrlich die Sonne aufgehen. Denn der Geisterkreis der vom Shakespeareschen Ariel angeführten freundlich-hilfreichen Elfen, der ihn da umschwebte, hat den bejammernswerten »Unglücksmann« (gleichgültig, heißt es, »Ob er heilig? ob er böse?«) mit seinen hypnotischen Zaubergesängen in einen Heilschlaf versenkt. Einzelstimmen, kleine Chöre, großer Chor – überhaupt gibt dieses Lesewerk ja zu weiten Teilen nur ein Libretto ab, ist singspielartig, oratorienhaft, opernnah angelegt, jedenfalls mit Musik gedacht. Das verkennt man meist, und es gilt doch fast für ein Fünftel des *Faust*-Textes im Ersten Teil, für nahezu ein Viertel im Zweiten Teil. Von Mozart, dessen *Zauberflöte* im Rahmen dieser Vortragsreihe zu Gehör kommt, sagte der alte Goethe, der »hätte den Faust komponieren müssen«.[3]

Musik ist hier keineswegs nur eine begleitende Zutat. Oft genug nimmt sie nach des Autors eigenem schönen Vergleich »wie einströmendes Gas den Luftballon [des Textes] mit in die Höhe«.[4] Oft aber handelt sie geradezu.

»Gesang von Äolsharfen begleitet« heißt es hier eingangs. Deren magische Klänge werden nicht durch menschliches Zutun hervorgerufen, sondern vom Wind, der ihre Saiten in Schwingung versetzt. Geradeso handelt eine heilkräftige Natur selber hier an ihrem menschlichen Instrument. Sie läßt dem Faust zuteil werden, was »nächtiger Weile« geschieht – wenn alles still wird und Frieden findet, in tiefe Ruhe fällt, dann wie-

2 Alle *Faust*-Zitate entsprechen der Taschenbuch-Ausgabe im Deutschen Klassiker Verlag: sechste, revidierte Auflage, Frankfurt a. M. 2005 (auf deren Kommentare im Folgenden mehrfach zurückgegriffen wird).

3 Eckermanns Gespräche mit Goethe, 12.2.1829.

4 Brief an Zelter, 11.5.1820.

der einem neuen Tag sich zuwendet und im Morgenlicht sich belebt. In raffenden Phasenbildern läßt ein vierstrophiger Chorgesang auf diese Weise die Nacht vergehen. – Sollte Faust nach seiner Flucht aus Margaretes Kerker tatsächlich den Schlaf einer einzigen Nacht nur brauchen, um alles hinter ihm Liegende von sich abzutun? Hier und immer wieder im Zweiten Teil entziehen sich die symbolischen Bilder einer chronologischen Berechnung, werden die Stationen des Szenengangs nicht mehr von Uhr und Kalender reguliert. Die großen »Formeln« des »ethisch-ästhetischen Mathematikers«, als den der alte Goethe sich bezeichnet hat[5], treten aus dem realen Zeitverlauf heraus.

»Wenn man bedenkt welche Gräul, beim Schluß [...], auf Gretchen einstürmten und rückwirkend Faust's ganze Seele erschüttern mußten, so konnt' ich mir nicht anders helfen als den Helden, wie ich's gethan, völlig zu paralisieren und als vernichtet zu betrachten, und aus solchem scheinbaren Tode ein neues Leben anzuzünden« – soll Goethe im Gespräch mit Eckermann erklärt haben. »Ich mußte hiebei eine Zuflucht zu wohlthätigen mächtigen Geistern nehmen wie sie uns in der Gestalt und im Wesen von Elfen überliefert sind. Es ist alles Mitleid und das tiefste Erbarmen. Da wird kein Gericht gehalten und da ist keine Frage, ob er es verdient oder nicht verdient habe, wie es etwa von Menschen Richtern geschehen könnte. Bei den Elfen kommen solche Dinge nicht in erwägung.«[6] ›Trauerarbeit‹ jedenfalls leistet Faust hier so wenig wie sonst irgendwann. Und nicht die auf der Fähigkeit zur Schuldeinsicht beruhende moralische Würde des Menschen erweist sich an ihm, sondern eine amoralische Regenerationskraft auch der menschlichen Natur. Da wird nun nichts mehr erinnert. Die Gewissensentlastung verdankt sich dem *an* Faust bewirkten Vergessen (der psychoanalytisch gefaßte Begriff des ›Verdrängens‹ würde eher irreführen). Das Bad der Wiedergeburt, aus dem dieser Schuldbeladene selber so »neu erquickt« hervorgeht wie die erinnerungslos morgenfrohe ›Anmutige Gegend‹ selber, hat Goethe, von Herder belehrt, als eine »hohe Gottesgabe« der *Natur* verstanden. Und was ohne eigenes Zutun hier an Faust geschieht, erscheint in der Tat als Vorschein jener erbarmenden Wiederbringungs-Gnade, die ihm ganz am Ende dieser Tragödie in der *Bergschluchten*-Szene zuteil wird – hier nach dem Schlaf, dort nach dem Tod. Da werden die Seligen Knaben sagen oder singen:

> Löset die Flocken los
> Die ihn umgeben,

5 Brief an Boisserée, 3.11.1826.
6 Eckermann, aus dem Nachlaß (FA Bd 39, S. 907).

Schon ist er schön und groß
Von heiligem Leben.

Und Una Poenitentum, »sonst Gretchen genannt«:

Der früh Geliebte
Nicht mehr Getrübte
Er kommt zurück.

Weiter:

Vom edlen Geisterchor umgeben
Wird sich der Neue kaum gewahr,
Er ahnet kaum das frische Leben
So gleicht er schon der heiligen Schar.
Sieh! wie er jedem Erdenbande
Der alten Hülle sich entrafft,
Und aus ätherischem Gewande
Hervortritt erste Jugendkraft.
Vergönne mir ihn zu belehren,
Noch blendet ihn der neue Tag.

Im dichtgewebten Versteppich dieses Dichtwerks wird da mit den Worten vom Geisterchor, vom heiligen frischen Leben und vom augenblendenden Licht des neuen Tages ganz am Ende noch einmal das Grundmuster wiederholt, welches unsere gnadenhafte Eingangsszene vorgegeben hat.

Also Sonnenaufgang jetzt. In Homers *Ilias* öffnet sich dröhnend das Himmelstor, wenn der Sonnenwagen des Phöbus ausfährt. Daran erinnert eine szenenteilende Regieanweisung: »Ungeheures Getöse verkündet das Herannahen der Sonne«. Ariel und seine Elfen verschwinden, und wenn deren vierhebig trochäische Gesänge verstummt sind (»Wúnsch um Wǘnsche zú erlángen | Schaue nach dem Glanze dort! | Leise bist du nur umfangen, | Schlaf ist Schale, wirf sie fort!«), dann setzt mit einem hochbedeutsamen Versmaßwechsel ins feierlich-getragene fünfhebig jambische Metrum Fausts große Rede ein:

Des Lébens Púlse schlágen frísch lebéndig,
Ätherische Dämmerung milde zu begrüßen;
Du Erde warst auch diese Nacht beständig
Und atmest neu erquickt zu meinen Füßen,
Beginnest schon mit Lust mich zu umgeben,
Du regst und rührst ein kräftiges Beschließen,
Zum höchsten Dasein immerfort zu streben. –

Terzinen sind das. Ein metrisches Zitat geradezu – die *Divina Commedia* aufrufend, deren hundert Gesänge die Wanderschaft vom Inferno und Purgatorio zum Paradiso beschrieben haben. Ganze zweimal nur erscheint in Goethes Dichtungen diese durch Dante geadelte Versform. Einmal im letzten seiner großen naturphilosophischen Altersgedichte auf die Orakelsprüche der »Gott=Natur« bei der Betrachtung von Schillers Totenschädel.[7] Und dann in dem hier zur Rede stehenden, zeitnah entstandenen Faust-Monolog. »Terzinen«, erklärte Goethe dem Weimarer Kanzler v. Müller, müßten »immer einen großen reichen Stoff zur Unterlage haben.«[8]

Wie der Zweite Teil der Tragödie ist auch der Erste Teil (schon in seiner *Frühen Fassung*) mit einem großen Monolog des Protagonisten eröffnet worden. Beide Texte, entstehungsgeschichtlich doch etwa ein halbes Jahrhundert auseinanderliegend, sind so aufeinander zu gearbeitet, durch Analogien und Antithesen so vielfältig aufeinander bezogen, daß es sich lohnt, ein wenig hin und her zu sehen. Sie werden sich erinnern:

Habe nun, ach! Philosophie,
Juristerei und Medizin,
Und leider auch Theologie!
Durchaus studiert, mit heißem Bemühn.
Da steh' ich nun, ich armer Tor!
Und bin so klug als wie zuvor;
Heiße Magister, heiße Doktor gar,
Und ziehe schon an die zehen Jahr,
Herauf, herab und quer und krumm,
Meine Schüler an der Nase herum –
Und sehe, daß wir nichts wissen können!
Das will mir schier das Herz verbrennen.

Auch Philosophie also hat er betrieben und gelehrt. Das schloß damals (und lange noch in der Fakultätenordnung der Hohen Schulen) die Naturwissenschaften ein. Nicht nur von einem »Bücherhauf«, auch von Gläsern, Büchsen, Instrumenten umgeben, hat ein Naturgelehrter hier gesprochen – ein an aller Schulwissenschaft Verzweifelnder freilich, der sich als Aussteiger jetzt in der ›alternativen‹ Wissenschaft der Magie ver-

7 FA Bd 2, S. 684 f. (*Im ernsten Beinhaus*). Dazu Albrecht Schöne: *Schillers Schädel*. 3. Aufl. München 2005.

8 Biedermann/Herwig: *Goethes Gespräche*. Stuttgart/Zürich 1965-87. Bd 3/I, Nr 5272.

sucht, damit er endlich doch »erkenne, was die Welt | Im Innersten zusammenhält«. Ja, mit diesem Faust betritt als Hintergrundsfigur Newton die Bühne, der Prototyp einer neuzeitlichen Naturwissenschaft.

Albrecht von Haller, der große Göttinger Universalgelehrte und Begründer unserer Akademie der Wissenschaften, hat das vermittelt. Erlauben Sie meinem Lokalpatriotismus also einen kleinen Exkurs. Hallers berühmtes Gedicht über *Die Falschheit menschlicher Tugenden* von 1730[9], dessen Kenntnis Goethe bei den zeitgenössischen Lesern noch voraussetzen konnte, besagt vom »Pöbel« der Durchschnittsgelehrten:

> Die Schale hält ihn auf, er kömmt nicht zu den Kernen;
> Er kennet von der Welt, was außen sich bewegt,
> Und nicht die innre Kraft, die heimlich alles regt.

Von einem einzigen nur heißt es da, daß sein Geist »sich aus der Menschheit Schranken« schwinge (Faust: »Zwar bin ich gescheiter als alle die Laffen, | Doktoren, Magister, Schreiber und Pfaffen«). Dieser eine, schreibt unser Haller, habe gewußt,

> Warum die Sterne sich an eigne Gleise halten;
> Wie bunte Farben sich aus lichten Strahlen spalten;
> Was für ein innrer Trieb der Welten Wirbel dreht –

Unzweifelhaft also ist Newton hier gemeint, der die irdische Mechanik und die Himmelsmechanik verband, der die Brechbarkeit des weißen Lichts in ein Farbenspektrum entdeckte, der im universalen Gesetz der Gravitation zu erkennen meinte, was (mit Fausts Worten) »die Welt im Innersten zusammenhält«. Anmerkungsweise nennt Haller sogar seinen Namen. Selbst für Newton gilt hier freilich, was Goethe dann für seinen Faust gelten läßt:

> Ins innre der Natur dringt kein erschaffner Geist,
> Zu glücklich, wann sie noch die äußre Schale weist!
> Du hast nach reifer Müh und nach durchwachten Jahren
> Erst selbst, wie viel uns fehlt, wie nichts du weist, erfahren!

(Bemerkenswert genug: Hallers Newton-Worte sind Goethe auch in Kants *Appendix* zur *Kritik der reinen Vernunft* vor Augen getreten. In seinem Handexemplar der Ausgabe von 1790 hat er sich eigenhändig den ersten Satz dieser Passage mit doppeltem Randstrich markiert: »Ins Innre der Natur dringt Beobachtung und Zergliederung der Erscheinungen,

9 *Albrecht von Hallers Gedichte*. Frauenfeld 1882, S. 61 ff. (hier die Verse 100 ff., 256, 263 ff., 289 ff.).

und man kann nicht wissen, wie weit dieses mit der Zeit gehen würde. Jene transcendentale Fragen aber, die über die Natur hinausgehen, würden wir bei allem dem doch niemals beantworten können, wenn uns auch die ganze Natur aufgedeckt wäre.«[10])

Im Zweiten Teil der Tragödie wird Faust sich in sehr anderen Rollen versuchen. Schon in unserer Eingangsszene tritt er nicht mehr als ein Naturwissenschaftler auf. Eher könnte man sagen, daß der Autor seine Spielfigur hier in der Rolle eines Dichters erscheinen ließe. Als ein wortgewaltiger Naturlyriker schildert der Neubelebte, dem »heiligen Licht« Zurückgegebene die ihn umgebende paradiesische Landschaft der *Anmutigen Gegend*, wie sie im Dämmerschein des frühen Morgens wieder »Farb' an Farbe« annimmt, und beschreibt dann den großartigen Aufgang der Sonne, von deren »Flammen-Übermaß« er sich mit geblendeten Augen abwenden muß (– man hat sie sich schon strahlend hoch am Himmel zu denken, wenn sie über dem Gebirgskamm sichtbar wird). Dem folgen Fausts schließende Terzinen:

So bleibe denn die Sonne mir im Rücken!
Der Wassersturz, das Felsenriff durchbrausend,
Ihn schau ich an mit wachsendem Entzücken.
Von Sturz zu Sturzen wälzt er jetzt in tausend
Dann abertausend Strömen sich ergießend,
Hoch in die Lüfte Schaum an Schäume sausend.
Allein wie herrlich diesem Sturm entsprießend
Wölbt sich des bunten Bogens Wechsel-Dauer
Bald rein gezeichnet, bald in Luft zerfließend,
Umher verbreitend duftig kühle Schauer.
D e r spiegelt ab das menschliche Bestreben.
Ihm sinne nach und du begreifst genauer:
Am farbigen Abglanz haben wir das Leben.

Wie Faust, »vom Augenschmerz durchdrungen«, hier sich abgewendet hat vom »Flammen-Übermaß« des gleißenden Sonnenlichts, so hatte schon der frühe, erste Faust als »furchtsam weggekrümmter Wurm« sich abgekehrt von dem »in der Flamme« erscheinenden Erdgeist. »Weh! ich ertrag dich nicht!« Nur endete das dramatische Geschehen dort mit der Angabe »zusammenstürzend«. Wie Faust hier erklärt »So bleibe denn die

10 Vgl. Géza v. Molnár: *Goethes Kantstudien. Eine Zusammenstellung nach Eintragungen in seinen Handexemplaren der ›Kritik der reinen Vernunft‹ und der ›Kritik der Urteilskraft‹*. Weimar 1994, S. 258 (und 71).

Sonne mir im Rücken!«, hat er auch dort und fast mit gleichen Worten zu sich selbst gesagt: »Ja, kehre nur der holden Erdensonne | Entschlossen deinen Rücken zu!« Nur meinte das den Entschluß zum Selbstmord. Jetzt erblickt er, von der Sonne sich abwendend, den Wasserfall und den darüber herrlich sich wölbenden Regenbogen. Hier endet es mit dem Wort »Leben«. So schärfen beide Texte aneinander ihr Profil.

Die empirische Vorgabe für Fausts Schilderung der gewaltigen Naturerscheinung in diesem letzten Abschnitt seiner Terzinen verdeutlichen Goethes Tagebuchnotizen vom 18. September 1797. Vor dem Rheinfall bei Schaffhausen stand er da und protokollierte: »Felsen, in der Mitte stehende, von dem höhern Wasser ausgeschliffne, gegen die das Wasser herabschießt. Ihr Widerstand; einer oben, und der andere unten, werden völlig überströmt. Schnelle Wellen. Locken Gischt im Sturz, Gischt unten im Kessel [...] Gewalt des Sturzes. Unerschöpfbarkeit als wie ein Unnachlassen der Kraft. Zerstörung, Bleiben, Dauern, Bewegung, unmittelbare Ruhe nach dem Fall. [...] Das Sonnenlicht teilte nun die Massen ab, bezeichnete alles Vor- und Zurückstehende, verkörperte die ungeheure Bewegung. Das Streben der Ströme gegeneinander schien gewaltsam zu werden, weil man ihre Richtung und Abteilungen deutlicher sah. Stark spritzende Massen aus der Tiefe zeichneten sich beleuchtet nun vor dem feinern Dunst aus, ein halber Regenbogen erschien im Dunste.« Und später dann: »Der Regenbogen erschien in seiner größten Schönheit; er stand mit seinem ruhigen Fuß in dem ungeheuern Gischt und Schaum, der, indem er ihn gewaltsam zu zerstören droht, ihn jeden Augenblick neu hervorbringen muß.« Dem geht in Goethes Tagebuch wie ein Notenschlüssel die Angabe voraus: »bei heftig innern Empfindungen«. Sie haben die sprachmächtige Detailgenauigkeit und Präzision seiner Beobachtungsnotizen eher geschärft als gemindert. Er war ein Augenmensch.

Wenn Goethe den zur Sonne aufschauenden Faust hier sich abwenden läßt vom unerträglich blendenden Licht, kehrt er damit selber sich ab von dem, was die durch das Terzinenmaß aufgerufene *Divina Commedia* ihm vorgegeben hat. Eine ungemein aufschlußreiche Analogie-Antithese wird da sichtbar. Denn im letzten Gesang der Göttlichen Komödie schaut auch Dante auf zum »heiligen Licht«. Diese Verse hatte Goethe zu eben der Zeit, als er seinen Faust-Monolog verfaßte, in einer neuen deutschen Übersetzung s o gelesen:

> Mich hätte, glaub' ich, ganz der Blitz geblendet,
> Den ich von dem lebend'gen Strahl empfand,

Hätt' ich von ihm die Augen abgewendet.
Und ich erinnre mich: mein Muth erstand
Durch ihn, die Blitze kühner zu ertragen,
Bis sich mein Blick der ew'gen Kraft verband.
O überreiche Gnad'! ich durft' es wagen,
Fest zu durchschaun des ew'gen Lichtes Schein,
Und ins Unendliche den Blick zu tragen.
Er drang bis zu den tiefsten Tiefen ein;
Die Dinge, die im Weltall sich entfalten,
Sah ich durch Lieb' im innigsten Verein.
Wesen und Zufall, ihre Weis', ihr Walten,
Dies alles war in eines Lichtes Glanz,
In eines unvermischten Lichts, enthalten.[11]

Bei sehr ähnlichem Sprachgebrauch in diesen beiden um ein Halbjahrtausend voneinander entfernten Terzinen-Dichtungen meint das »Flammen-Übermaß« und »Feuermeer« in Fausts Sonnengesang doch etwas fundamental anderes als die blendenden Blitze des übersinnlichen, überirdischen, jenseitigen »ew'gen Lichtes«, das der mittelalterliche Dante verkündete und in das hinein er hier sehr wohl seinen Blick zu richten vermag. Der neuzeitliche Dichter, dieser Knochen- und Gesteins- und Farben- und Wolkenbeobachter, der sich in einem Brief an (und gegen) Schiller auf einen »gewissen realistischen Tic« seiner »innersten Natur« berief[12], hält sich auch hier an die Realität, in welcher das menschliche Sinnesorgan außerstande ist, das gleißende Sonnenlicht selber zu ertragen, es also nicht an sich selbst, sondern nur an seinem »Abglanz« wahrzunehmen vermag.

Mit seiner *Farbenlehre*, die er in leidenschaftlicher, entschieden theologisch begründeter Auseinandersetzung mit dem Irrlehrer Newton als die »reine Lehre« bezeichnete (unbeirrt überzeugt davon, daß er »unter Millionen der Einzige sei, der in diesem großen Natur-Gegenstande allein das Rechte wisse«[13]), hat auch Goethe das »reine Licht« der Sonne als Offenbarung des Göttlichen verstanden.[14] »Ich erkannte das Licht in seiner Reinheit und Wahrheit«, erklärte er, »und ich hielt es meines Amtes, dafür zu streiten.«[15] Noch in seinen letzten Lebenstagen wird er im Ge-

11 Paradiso XXXIII, 76-90, Streckfuß-Übersetzung.

12 Brief an Schiller, 9.7.1796.

13 Eckermann, 30.12.1823.

14 Dazu Albrecht Schöne: *Goethes Farbentheologie*. München 1987 (hier insbesondere Kapitel IX: ›Die reine Lehre‹).

15 Eckermann, 4.1.1824.

spräch mit Eckermann die Sonne als »eine Offenbarung des Höchsten« bezeichnen: »Ich anbete in ihr das Licht und die zeugende Kraft Gottes, wodurch allein wir leben, weben und sind.«[16] Er meinte das keineswegs in einem metaphorisch übertragenen, realitätsfernen Sinn. Die unmittelbare Wahrnehmung des Lichts, auch dieses Lichtes, überstieg für diesen Realisten die menschliche Fassungskraft. Gleich im ersten Satz seines Vorworts zur *Farbenlehre* wirft er die Frage auf, »Ob man nicht, indem von den Farben gesprochen werden soll, vor allen Dingen des Lichtes zu erwähnen habe«. Grundsätzlich hält er dem dort entgegen, daß man umsonst versuche, »das Wesen eines Dinges auszudrücken. Wirkungen werden wir gewahr, und eine vollständige Geschichte dieser Wirkungen umfaßte wohl allenfalls das Wesen jenes Dinges« – geradeso, meinte er, wie man sich vergeblich bemühe, »den Charakter eines Menschen zu schildern; man stelle dagegen seine Handlungen, seine Taten zusammen, und ein Bild des Charakters wird uns entgegentreten.« Und dann der zentrale Satz seiner jahrzehntelangen Bemühungen um die Optik: »Die Farben sind Taten des Lichts, Taten und Leiden. In diesem Sinne können wir von denselben Aufschlüsse über das Licht erwarten.«[17]

Er war ein Augenmensch. Erklärte von sich, daß er »ohne unmittelbares Anschauen gar nichts begreife«[18]. Und machte sich ausdrücklich den Lehrsatz aus Horaz' *De arte poetica* (180 f.) zu eigen, daß den menschlichen Geist weniger bewege, was zu den Ohren eingeht, als das, was dem zuverlässigen Sinnesorgan der Augen wahrnehmbar wird.[19] Überhaupt setzte er für alles Erfassen und Begreifen der Natur auf die natürlichen Sinnesorgane des *von* der Natur auch *für* die Natur gebildeten Menschen. In seinem Nachlaß fand sich die Maxime: »Der Mensch ist genugsam ausgestattet zu allen wahren irdischen Bedürfnissen, wenn er seinen Sinnen traut und sie dergestalt ausbildet daß sie des Vertrauens werth bleiben.«[20] Am Ende führt das zu seiner großen Unheilsprophetie: »Der Mensch an sich selbst, insofern er sich seiner gesunden Sinne bedient, ist der größte und genaueste physikalische Apparat, den es geben kann; und das ist eben das größte Unheil der neuern Physik, daß man die Experimente gleichsam vom Menschen abgesondert hat, und bloß in dem, was künstliche Instrumente zeigen, die Natur erkennen, ja was sie leisten

16 Eckermann, 11.3.1832.

17 FA Bd 23/1, S. 12.

18 Brief an J. H. Meyer, 18.4.1796.

19 »Segnitus irritant animos demissa per aures, | Quam quae sunt oculis subjecta fidelibus.« (Brief an v. Schreibers, 15.9.1820; dazu FA Bd 36, S. 480).

20 FA Bd 13, S. 241.

kann, dadurch beschränken und beweisen will.«[21] In Wahrheit hat er selber sehr wohl mit künstlichen Instrumenten experimentiert, hat mit großem Geschick Mikroskope benutzt oder etwa mit dem Spiegelteleskop einen begeisterten »Besuch im Monde gemacht«[22] und wohl als einziger Dichter sogar das Barometer besungen.[23] Aber in prognostischer Hinsicht mag uns sein rabiates Verdikt über das »Unheil der neuern Physik« inzwischen doch nicht mehr ganz abwegig erscheinen.

Auf den Vorstellungen, die ich damit skizziert habe, beruht nun eine Goethesche Äußerung, die man geradezu als Kommentar zur letzten Zeile des Faust-Monologs verstehen darf. Bezeichnenderweise findet sie sich wiederum in einem seiner naturwissenschaftlichen Werke, eröffnet nämlich den *Versuch einer Witterungslehre* von 1825 und lautet:

> Das Wahre mit dem Göttlichen identisch, läßt sich niemals von uns direkt erkennen, wir schauen es nur im Abglanz [da fällt unser erstes Stichwort], im Beispiel, Symbol, in einzelnen und verwandten Erscheinungen; wir werden es gewahr als unbegreifliches Leben [das zweite Stichwort] und können dem Wunsch nicht entsagen, es dennoch zu begreifen.
>
> Dieses gilt von allen Phänomenen der faßlichen Welt.[24]

Mit zweifelhaftem Recht hat man den so kommentierten Faust-Vers vom Regenbogen als dem »farbigen Abglanz« des Sonnenlichts gelegentlich mit der Ideenlehre Platons zusammengebracht, in dessen Höhlengleichnis die dort Eingeschlossenen alle wirklichen Gegenstände allein anhand ihrer auf die Höhleninnenwand projizierten Schattenbilder wahrnehmen können und diese nun für die Wirklichkeit selber halten. Das stelle ich hier ebenso beiseite wie Kants Unterscheidung zwischen den unserem Erkenntnisvermögen unzugänglichen Dingen an sich selber und ihrer sinnlich wahrnehmbaren Erscheinung. Davon wird wohl die Rede sein, wenn Günther Patzig uns im nächsten Beitrag über *Kant und das kategoriale Gefängnis unserer Sinne* belehrt. Durchaus berechtigt hat sich Goethe 1820 zu der vorsichtigen Feststellung verstanden: Mit der *Kritik der reinen Vernunft* »schien zum erstenmal eine Theorie mich anzulächeln«.[25] Als er kurz zuvor brieflich von unserem »seltsamen Verhältniß« zur Natur erklärte: »Jeder spricht sich nur selbst aus, indem er von der Natur

21 FA Bd 13, S. 166.
22 Brief an Schiller, 10.8.1799.
23 FA Bd 2, S. 593.
24 FA Bd 25, S. 274.
25 FA Bd 24, S. 443 (*Einwirkung der neueren Philosophie*).

spricht, und doch darf niemand die Anmaßung aufgeben wirklich von der Welt zu sprechen«[26], da hat ihn Kants Vernunftkritik wohl ein wenig angelächelt. Und ebenso als er dem Kantianer Schiller schrieb: »Ich gebe gern zu daß es nicht die Natur ist die wir erkennen, sondern daß sie nur nach gewissen Formen und Fähigkeiten unsers Geistes von uns aufgenommen wird.«[27] Soviel nur zur Ergänzung und Kontrebalance der Erklärung dieses Augenmenschen, daß er »ohne unmittelbares Anschauen gar nichts begreife«.

Gewiß versteht sich Goethes eben zitierte erkenntnistheoretische Reflexion im *Versuch einer Witterungslehre* auch als ein Echo auf die Paulus-Rede im 1. Korintherbrief (13,12) über die Unvollkommenheit menschlichen Erkenntnisvermögens – »Wir sehen jetzt durch einen Spiegel in einem dunklen Wort; dann aber von Angesicht zu Angesicht.« Und die einleitende Bestimmung dessen, was »nur im Abglanz« erkennbar sei, als »Das Wahre, mit dem Göttlichen identisch« macht vollends die theologische Dimension auch der Faust-Formel kenntlich. »Am farbigen Abglanz haben wir das Leben«, das meint insofern etwas fundamental anderes als ein reduktionistischer Sprachgebrauch heute mit dem ›farbigen Abglanz der Natur‹. Konform geht beides allenfalls dort, wo Goethe sich direkt auf die Unternehmungen von »nahen und fernen, ernsten, tätigen Forschern« bezieht; da lautet denn sein ›Freundlicher Zuruf‹ in den *Heften zur Morphologie*, »man solle ein Unerforschliches voraussetzen und zugeben, alsdann aber dem Forscher selbst keine Grenzlinie ziehen«.[28] Keine!

Was Faust hier gewahr wird als abgedunkelten Widerschein, als den »Abglanz« eines Sonnenlichts, welches dem menschlichen Sinnesorgan an sich selber unzugänglich bleibt, ist also der über dem Wassersturz sich wölbende Regenbogen (»des bunten Bogens Wechsel-Dauer« meint dessen andauernde Erscheinung durch die immer neu emporsprühenden und wieder herabfallenden Wassertropfen).

Den Farbenlehrer Goethe hat diese Erscheinung über Jahrzehnte hin beschäftigt. 1810 schon gab er in seiner Hauptschrift zur Optik einen eingehenden Forschungsbericht über bisherige physikalische Erklärungsversuche und versprach, später einmal »dem Regenbogen einen besondern Aufsatz zu widmen, um zu zeigen, daß bei diesem Meteor [als den man ihn seit Aristoteles bezeichnete] nichts anderes vorgehe, als das

26 Brief an Schultz, 8.1.1819.
27 Brief an Schiller, 6.1.1798.
28 FA Bd 24, S. 522. – Ähnlich FA Bd 13, S. 240.

was wir in unserm [hier vorgelegten] Entwurf von den Farben, welche bei Gelegenheit der Refraktion [also der Lichtbrechung oder -beugung] entstehen, umständlich ausgeführt haben«.[29] Dazu ist es nie mehr gekommen, weil es ihm nicht gelang, nicht gelingen konnte, die Regenbogenerscheinung im Sinn seiner Farbenlehre hinreichend plausibel zu machen. Noch seine beiden letzten, späten Lehrbriefe über das Farbenwesen bemühen sich um dieses hochkomplizierte, nichtsphärische Wellen betreffende Beugungsphänomen. Kurz vor seinem Tod verspricht er dem jungen Freund Sulpiz Boisserée weitere Auslassungen darüber und schreibt: Damit werden wir »des eigentlichen reinen Glaubens uns immer würdiger zu machen suchen«.[30] Nein, er scheiterte gründlich mit diesem Versuch, die Newtonsche Irrlehre auch hier zu widerlegen, den Regenbogen also nicht etwa auf in den Wassertropfen farbig gebrochene Lichtstrahlen, sondern auf eine »Zurückstrahlung« kleiner »Sonnenbilder« zurückzuführen, welche »im Grunde des Tropfens verengt, zusammengeführt und über einander verschränkt« würden.[31]

Mephisto scheint weit entfernt, wenn Faust zuletzt von diesem Regenbogen sagt:

Ihm sinne nach und du begreifst genauer:
Am farbigen Abglanz haben wir das Leben.

Ja, Faust selber ist eigentlich nur ein Sprachrohr für diese Worte. Über seine Spielfigur hinweg fordert hier der Autor selbst den Hörer oder Leser auf, nachzudenken über den Sinn des zuvor Geschilderten. Sinnt Faust dem denn nach? Begreift er überhaupt etwas von dem, was Goethes schließende Maxime besagt? Für ihn selber bleibt sie folgenlos bis ans Ende. Ganz spät, im letzten Akt und bezeichnenderweise in anhaltendem Dunkel der *Mitternacht*-Szene klingen die Worte noch einmal an, die er früher gesprochen hatte. Da weiß der starrsinnige Hundertjährige wohl noch, daß er seine geblendeten Augen vom »heiligen Licht« der Sonne einmal abwenden und »wieder nach der Erde blicken« mußte. Aber nichts mehr weiß er vom »farbigen Abglanz«. Nur noch:

Nach drüben ist die Aussicht uns verrannt:
Tor! wer dorthin die Augen blinzelnd richtet,

29 FA Bd 23/1, S. 700 f.

30 Brief an Boisserée, 25.2.1832.

31 FA Bd 23/1, S. 711. – In den von Riemer niedergeschriebenen späten Entwurfsnotizen zum *Regenbogen* wird vermerkt: »Seneca kommt auf den glücklichen Gedanken, daß es eine unendliche Wiederholung des Sonnenbildes sey.« In: Goethes Werke. Weimarer Ausgabe (= WA) II. Abt., Bd 5/2, S. 407.

Sich über Wolken seines gleichen dichtet;
Er stehe fest und sehe hier sich um;
Dem Tüchtigen ist diese Welt nicht stumm,
Was braucht er in die Ewigkeit zu schweifen,
Was er erkennt läßt sich ergreifen;

Da ist Mephisto wieder nah. Nichts wird der Erblindende erkennen, nichts der Sterbende mehr ergreifen.

Auch beim Anblick des Regenbogens hat er nichts gewußt und nichts begriffen von dem, was Goethe 1791 schon im allerersten Stück seiner *Beiträge zur Optik* notierte über ein optisches Phänomen, das »uns noch mehr zu denken« gibt als andere Licht- und Farbenerscheinungen: »Es verbreitet ein Gewitter über die Gegend einen traurigen Schleier, die Sonne bescheint ihn, und es bildet sich in diesem Augenblick ein Kreis der angenehmsten und lebhaftesten Farben. Diese Erscheinung ist so wunderbar erfreulich an sich selbst und so tröstlich in dem Augenblicke, daß jugendlich empfindende Völker eine niedersteigende Botschaft der Gottheit, ein Zeichen des geschlossenen Friedensbundes zwischen Göttern und Menschen darin zu erkennen glaubten.«[32] Bei den Hörern oder Lesern seiner Dichtung konnte Goethe damals noch voraussetzen, daß sie angesichts des Regenbogens mehr wußten von Antike und Christentum als sein Sprachrohr Faust – auch ohne daß das Gemeinte ausdrücklich hätte verbalisiert werden müssen. Auf diesem Bogen, das wußte man doch, war nach den Leiden des Krieges die griechische Götterbotin Iris friedebringend zur Erde herabgestiegen. Ja, ihn hatte in der jüdischen Bibel Gott selber aufgerichtet, der nach dem Schrecken der Sintflut zu Noah sagte: »Meinen Bogen habe ich in die Wolken gesetzt; der soll das Zeichen sein des Bundes zwischen mir und der Erde. Und wenn es kommt, daß ich Wetterwolken über die Erde führe, so soll man meinen Bogen sehen in den Wolken. Alsdann will ich gedenken an meinen Bund zwischen mir und euch und allem lebendigen Getier unter allem Fleisch, daß hinfort keine Sintflut mehr komme, die alles Fleisch verderbe.«[33]

Von diesem emblematischen Regenbogen also heißt es im *Faust*-Text: »Der spiegelt ab [was hier nur meint: er versinnbildliche] das menschliche Bestreben. | Ihm sinne nach […]«. In Goethes Sprachgebrauch wird menschliches »Bestreben« (als ein zielgerichtetes geistiges oder praktischtätiges Verlangen und Bemühen) vielfältig unterschiedlich bezogen: ebenso auf ästhetische wie auf naturwissenschaftliche wie auf religiöse

32 FA Bd 23/2, S. 17.
33 1. Mose 9, 13-15.

Aspekte.[34] Mit den sieben Worten »Im farbigen Abglanz haben wir das Leben« aber, mit dem in ihnen geborgenen Reichtum an Bildern und Gedanken, fremden und anverwandelten und ganz eigenen, hat der Zusammenhangsdenker Goethe eben diese drei Aspekte analogisch gebündelt. Denn »nach Analogien zu verfahren«, schreibt er zu eben dieser Zeit dem Botaniker v. Martius, werde »auf der Höhe, wo sich gegenwärtig wissenschaftliche, ästhetische, sittliche Cultur begegnen und ergreifen, unvermeidlich«, und so habe man »aus jeder Region der großen unerschöpflichen Totalität den analogen Ausdruck zu ergreifen«.[35]

Die im letzten Vers des Faust-Monologs ineinander verschränkten poetischen, naturwissenschaftlichen und theologischen Aspekte einer »großen unerschöpflichen Totalität« habe ich hier nicht voneinander trennen und in systematischer Folge erörtern wollen. An solch einer grundsätzlichen theoretischen Unterscheidung von Poesie, Theologie und Wissenschaft hatte sich in einem Brief an Goethe der 22jährige spätere Gymnasiallehrer Carl Ernst Schubarth versucht.[36] Der Alte antwortete ihm am 21. April 1819 mit einem sehr eigenartigen »schematischen Text«. Durch seinen damals ganz unüblichen, auf die Mittelachse ausgerichteten Zeilenfall mutet er eigentlich wie ein kleines Gedicht, wie ein Lehrgedicht an. Der Adressat, schrieb er dazu, möge es »sich selbst auslegen und ausführen«. Probeweise versuche ich das einmal und beziehe es dabei auf unseren Fall. »Ueberläßt man's dem Leser«, meinte Goethe, »so thut es ein jeder nach seiner Art; übernimmt man es selbst, so hat jedermann etwas [dagegen] zu erinnern.«

Er greift hier zurück auf die Paulinische Formel im 1. Korintherbrief »Nun aber bleibet Glaube, Hoffnung, Liebe, diese drei« und schreibt also:

Auf
Glaube Liebe Hoffnung
ruht des Gottbegünstigten Menschen
Religion Kunst Wissenschaft
diese nähren und befriedigen
das Bedürfniß
anzubeten hervorzubringen zu schauen
alle drei sind eins
von Anfang und am Ende
wenn gleich in der Mitte getrennt.

34 Vgl. Goethe-Wörterbuch Bd 2 (1989), Sp. 534 f.

35 Brief an v. Martius, 29.1.1825.

36 Auszugsweise in WA IV, Bd 31, S. 245 f.

Im Korintherbrief freilich wird die Liebe dem Glauben und der Hoffnung übergeordnet als »die größte unter ihnen«. Sie selber nämlich »glaubet alles« und »hoffet alles«, während doch Glaube und Hoffnung ohne Liebe »nichts nütze« seien. Nur von dieser Liebe heißt es da, sie »höret nimmer auf, so doch die Weissagungen aufhören werden und das Zungenreden aufhören wird und die Erkenntnis aufhören wird. Denn unser Wissen ist Stückwerk, und unser Weissagen ist Stückwerk.«

»Glaube Liebe Hoffnung« – die drei durch Paulus vorgegebenen Bestrebungen oder Bestimmungen »des Gottbegünstigten Menschen«, verbringt Goethes Schema nun in unterschiedliche Zusammenhänge. Durch die Wortstellungen ordnet er einander zu: »Glaube« und die »Religion« und das von ihr genährte und befriedigte menschliche Bedürfnis »anzubeten«. Entsprechend dann »Liebe« und die »Kunst« und das ihr zugrunde liegende Bedürfnis, schöpferisch »hervorzubringen«. »Hoffnung« schließlich und »Wissenschaft« und das Bedürfnis »zu schauen« (im Sinne der auf gegenständliches »Anschauen« gegründeten Erkenntnisbemühung, die Goethe sich selber zugeschrieben hat[37]). Die neutestamentliche Wertehierarchie (»Liebe ist die größte unter ihnen«) ebnet er ein. Und eine trennende Unterscheidung von Wissenschaft, Theologie und Poesie, wie dieser junge Schubarth sie versucht hatte, läßt er nur für eine Zwischenzeit gelten – »alle drei sind e i n s | von Anfang und [wieder] am Ende [der Zeiten] | wenn gleich in der Mitte getrennt.«

Eben diese Trennung aber, welche die religiösen wie die wissenschaftlichen wie die künstlerischen Bemühungen des Menschen allemal doch als Stückwerk, als etwas Vorläufiges und Unzulängliches zu verstehen gibt, hebt der »dem heiligen Licht« Zurückgegebene – vielmehr hebt Goethe mit den zur Rede stehenden poetisch gefaßten und naturkundlich verankerten und theologisch grundierten Faust-Worten auf: Im Rückgriff auf den »Anfang« und im Vorgriff auf ein »Ende« bündeln sie das »in der Mitte« Getrennte in »eins«. – So könnte man's vielleicht, seiner Weisung folgend, »sich selbst auslegen und ausführen«.

An diesem visionären Ende der Zeiten, wo »Religion Kunst Wissenschaft« wieder »in eins« fielen, sind wir wahrhaftig nicht angelangt. Eher doch haben sich die Naturwissenschaften, die Kunst und gar schon die Religion weiter noch voneinander entfernt als zu Goethes Zeit. Was würde (auf diese Ringvorlesung bezogen) der alte Farbenlehrer, der auf anschauende Erkenntnis eingeschworene Augenmensch mit dem »realistischen Tic« denn von einem Maler halten, der frei heraus erklärt, man

37 Vgl. etwa FA Bd 24, S. 595 ff. (*Bedeutende Fördernis*, 1823).

hänge doch »nicht mehr am Naturbilde«, und einen Turm von *blauen Pferden* malt? Oder was von einem Neurophysiologen, welcher mit Hilfe der Magnetresonanz-Tomographie physiologische Vorgänge im menschlichen Gehirn sichtbar macht, welche motorische Aktivitäten, Erkennungsleistungen oder kognitive Prozesse begleiten, und damit das Dichten und Denken zu verstehen sucht – während Goethe es doch für »das größte Unheil der neuern Physik« hielt, daß man »bloß in dem, was künstliche Instrumente zeigen, die Natur erkennen, ja was sie leisten kann, dadurch beschränken und beweisen will«? Würde er die Bilder und Filme heutiger computergestützter Visualisierungstechniken (gar schon, wenn sie ihre Objekte durch Einbringung unterschiedlich fluoreszierender Farbstoffe auf willkürliche Weise geradezu anmalen, um zellulare Strukturen und zerebrale Prozesse sichtbar zu machen) überhaupt noch als den »farbigen Abglanz« begreifen wollen, von dem er meinte, daß wir (kraft eines natürlichen Sehvermögens, als dem »genauesten physikalischen Apparat, den es geben kann«) an ihm »das Leben« haben – während die avancierten Versuche einer Lebens- und Welterklärung inzwischen doch auf abstrakter Hypothesenbildung und ihrer Verifizierung durch »künstliche Instrumente« und Simulationen beruhen?

Darin ist Goethe uns sehr ferngerückt, oder sind wir ihm ferngerückt. Angesichts der Entwicklungen, welche die Künste wie die Naturwissenschaften seither genommen haben, könnte er eigentlich nur wiederholen, was er, neptunistischen Theorien anhängend, am Ende seines Lebens über die vulkanistische Erklärung der Erdoberflächenbildung sagte: Daß sich die Himalaja-Gebirge aus dem Boden gehoben haben sollten, »steht außer den Grenzen meines Kopfes«. Und dann, mit einer leicht ironisierenden, verblüffend modern anmutenden Formulierung: »Mein Cerebralsystem müßte ganz umorganisiert werden – was doch schade wäre – wenn sich Räume für diese Wunder finden sollten.«[38]

Immerhin, als denkmöglich läßt er solch eine unliebsame Umorganisation seines Zerebralsystems selbst in dieser trotzig-unwirschen Selbstbehauptung stehen. Und mehr noch: Nahezu gleichzeitig mit den Faust-Terzinen hat der alte Goethe deren Bilderfolge von Morgendämmerung und zunehmender Helle und dem Aufgang der Sonne schließlich, vor deren erwünschtem Licht man die Augen abwenden muß, auch noch in einen ganz erstaunlichen Prosa-Satz gefaßt. Den gebe ich Ihnen zum Schluß noch zu lesen und zu bedenken. Nicht mehr um einen Rollentext handelt es sich da, sondern erklärtermaßen um eine Konfession in eigener Sache –

38 Brief an Zelter, 5.10.1831.

Wenn ich das Aufklären und Erweitern der Naturwissenschaften in der neuesten Zeit betrachte, so komme ich mir vor wie ein Wanderer der in der Morgendämmerung gegen Osten ging, die heranwachsende Helle mit Freuden aber ungeduldig anschaute und die Ankunft des entscheidenden Lichtes mit Sehnsucht erwartete, aber doch bey dem Hervortreten desselben die Augen wegwenden mußte, welche den so sehr gewünschten und gehofften Glanz nicht ertragen konnten.[39]

39 FA I 13, S. 404 (6.37.1. – Dazu ebd. S. 1012).

Immanuel Kant
und das »kategoriale Gefängnis« unserer Sinne

VON
GÜNTHER PATZIG

Der Titel des Beitrags soll darauf hinweisen, daß Kant nicht, wie schon Platon, und vor ihm Parmenides, auf die Tatsache aufmerksam machen wollte, daß unsere Sinnesorgane uns kein verläßliches Bild der Wirklichkeit, in der wir leben, vermitteln können. Parmenides vertraute statt der Wahrnehmung dem reinen, logisch normierten Denken, Platon der ebenfalls nicht-sinnlichen »Ideenschau«. Kant wollte dagegen zeigen, daß unsere Wahrnehmungen, wie sie unsere Sinnesorgane uns darbieten, unter ständiger Einwirkung unseres Verstandes und dessen bei der Bearbeitung unserer Wahrnehmung wirksamer »Kategorien«, die aus den 12 Urteilsformen der traditionellen Logik entwickelt werden können, zu einem Weltbild geformt werden.

Die Redeweise von einem »kategorialen Gefängnis« hat insofern eine Basis, als Kant ausdrücklich lehrt, daß wir die »Dinge an sich« nicht erkennen können (nur in Kants Ethik, wo es um Freiheit von Personen als Mitgliedern eines »Reichs der Zwecke« geht, ist diese Einschränkung, aber nur für praktische – d.h. moralische – Perspektiven, aufgehoben).

Die Welt der Erfahrung, die wir uns schrittweise durch Alltagserfahrung, aber auch durch wissenschaftliche Analyse und Experimente erschließen, ist für Kant keine *Scheinwelt*. Sie ist vielmehr die wirkliche Welt, so wie sie sich uns im Rahmen der Rezeptionsfähigkeit unserer Sinnesorgane und der Ordnungskräfte unseres Verstandes darstellt.

Als die *Kritik der reinen Vernunft* im Juli 1781 erschien, war Kant 57 Jahre alt. Auch wenn es schwerfällt, die vorkritischen Schriften Kants nicht im Lichte der kritischen Hauptwerke – der *Kritik der reinen Vernunft* von 1781, der *Kritik der praktischen Vernunft* von 1788 und dann der abschließenden *Kritik der Urteilskraft* von 1790 – zu sehen, so kann man doch versuchen zu sagen, wie die Philosophiegeschichte Kant heute behandeln würde, wäre er, wie z.B. Lessing, mit etwa 52 Jahren verstorben. Sein Name würde heute wohl nur Fachleuten geläufig sein als der eines in Königsberg seit 1755 erfolgreichen Dozenten, eines damals weit über Königsberg hinaus geschätzten wissenschaftlichen und philosophischen Schriftstellers und eines an den Naturwissenschaften besonders interessierten und auch zu populärer Darstellung schwieriger Gegenstände talentierten Vertreters der Aufklärungszeit. Besonders hervorheben würde man wohl die Tatsache, die heute unter dem Eindruck der kritischen Hauptwerke Kants leicht in den Hintergrund gerät, daß Kant in seinen naturwissenschaftlichen Schriften einige Hypothesen aufgestellt hat, die erst in viel späterer Zeit allgemeine Anerkennung gefunden haben. So die Vermutung, die damals so genannten »Nebelsterne« seien in Wirklichkeit weit entfernte Galaxien nach dem Typ und von der Größe unserer Milchstraße, die Erklärung der Entstehung von Planetensystemen aus der Rotation kosmischer Staubwolken (die später – mit gewissen Ungenauigkeiten – so genannte »Kant-Laplacesche« Theorie) und die Annahme einer säkularen Verlangsamung der Erdumdrehung durch Reibungsverluste im Zusammenhang mit Ebbe und Flut.

Es ist plausibel, die naturwissenschaftlichen Interessen Kants mit seinen epochemachenden Gedanken und ihrer Ausarbeitung in der Zeit von 1769 bis 1780 in einen sachlichen Zusammenhang zu bringen. Angesichts der großen Fortschritte in den Naturwissenschaften, an denen Kant – wie erwähnt – auf seine Weise teilnahm, mußte um so krasser die Tatsache hervortreten, daß die seit mehr als 2000 Jahren, und nicht von den schlechtesten Köpfen, betriebene Metaphysik nicht von der Stelle kam. Die Metaphysik befaßt sich mit Grundfragen, die, wie Kant in den ersten Sätzen der Vorrede der ersten Auflage der *Kritik der reinen Vernunft* formulieren sollte, die menschliche Vernunft »nicht abweisen kann; denn sie sind ihr durch die Natur der Vernunft selbst aufgegeben, die sie aber auch nicht beantworten kann; denn sie übersteigen alles Vermögen der menschlichen Vernunft«.[1]

Woran liegt es denn, daß die Metaphysik den sicheren Gang noch nicht einschlagen konnte, den die Naturwissenschaften seit Galilei genommen hatten? Warum lassen sich die ewigen Kontroversen und Widersprüche in der Metaphysik nicht beilegen, wie das in den Naturwissenschaften doch wenigstens prinzipiell möglich ist und regelmäßig auch geschieht? Die Frage verfolgt Kant (das kann man in beiden Richtungen verstehen) seit 1769. Die berühmte Reflexion Nr. 5037 aus Kants handschriftlichem Nachlaß – datiert in die Jahre vor Abschluß der *Kritik der reinen Vernunft* – lautet: »Ich sah anfänglich diesen Lehrbegriff wie in einer Dämmerung. Ich versuchte es ganz ernstlich, Sätze zu beweisen

1 Die heute maßgebende Ausgabe: *Kants Gesammelte Schriften*, hrsg. von der Preußischen Akademie der Wissenschaften, Berlin, ab 1902. Die erste Auflage der *Kritik der reinen Vernunft* (1781 erschienen) wird als »*KrV.A*«, die zweite, erheblich abweichende zweite Auflage (1787) wird als »*KrV.B*« zitiert. Die Ausgabe B füllt Band III der Akademie-Ausgabe, der Text von A ist von S. A I-XXII bis A 405 in dem Band AA. IV aufgenommen. Das Zitat AA. IV, S. VII.

Abb. 1: Immanuel Kant (1724-1804).

und ihr Gegenteil, nicht um eine Zweifellehre zu errichten, sondern weil ich eine Illusion des Verstandes vermutete, zu entdecken, worin sie stäke. Das Jahr 69 gab mir großes Licht.«[2] Es ist in der Kant-Forschung umstritten, was wohl die Lichtquelle war, von der Kant hier spricht: War es die Einsicht, daß die Vernunft sich notwendig in Widersprüche verwickelt, wenn sie, wie bei den kosmologischen Antinomien, über alle Erfahrung hinausgreift? (So Benno Erdmann und Erich Adickes.[3]) Waren es David Humes skeptische Einwände gegen das Kausalitätsprinzip (so Friedrich Paulsen[4]), oder war es die kantische Entdeckung, daß

2 Akademieausgabe Bd. XVIII, S. 69.

3 Benno Erdmann, *Kants Kriticismus in der ersten und zweiten Auflage der Kritik der reinen Vernunft*, Leipzig 1878; Erich Adickes, *Kants Systematik als systembildender Faktor*, Berlin 1887.

4 Friedrich Paulsen, *Versuch einer Entwicklungsgeschichte der Kantischen Erkenntnistheorie*, Leipzig 1875; David Hume, *An Enquiry Concerning the Human Understanding*, London 1748 (Section VII: Of the Idea of Necessary Connexion).

die beiden Komponenten der menschlichen Erkenntnis, nämlich Sinnlichkeit und Verstand, in einer inneren Spannung zueinander stehen, wie Klaus Reich in unseren Tagen vermutet hat?[5]

Eine solche »Mißhelligkeit« zwischen Sinnlichkeit und Verstand ist das eigentliche Thema der Inauguraldissertation Kants von 1770, die Kant bei der – für seine Karriere sehr späten – Übernahme der Königsberger Professur für Logik und Metaphysik vorzulegen und in einer öffentlichen Disputation zu verteidigen hatte mit dem Titel »De mundi sensibilis atque intelligibilis forma et principiis« (Über die Form und die Prinzipien der Sinnen- und Geisteswelt).

Marcus Herz, der – wie Kant sich ausdrückte – »geschickte jüdische Studiosus«, der später erfolgreicher Arzt in Berlin und als Ehemann der vielbewunderten Henriette Herz auch gesellschaftlich bestens eingeführt war, nahm die Rolle des »Respondenten«, also des Gegners in der Disputation, wahr, die im Fall einer Inauguraldissertation üblich war. Aus mehreren Briefen Kants an Herz wissen wir, wie sich aus diesen Anfängen das *magnum opus* allmählich herauskristallisierte: Kant wollte zunächst der Dissertation bald ein Werk mit dem Titel »Die Grenzen der Sinnlichkeit und der Vernunft« folgen lassen; 1772 heißt es in einem solchen Brief zum ersten Mal, Kant fühle sich imstande, »eine Critick der reinen Vernunft, welche die Natur der theoretischen sowol als practischen [d.h. moralischen, G. P.] Erkenntnis, sofern sie blos intellectual ist, enthält, vorzulegen wovon ich den ersten Theil [...] binnen etwa 3 Monaten herauszugeben versuche.«[6] Kant sah offenbar nicht, auf was er sich da mit seinen Untersuchungen eingelassen hatte. Nach weiteren sieben Jahren konzentrierten Nachdenkens und wiederholter vorläufiger Formulierungsansätze entschloß er sich erst 1779 zu einer *tour de force* und schrieb die 856 Seiten der ersten Ausgabe in einem Zeitraum »von etwa 4 bis 5 Monaten«[7] ins Reine, dabei selbstverständlich auf umfangreiche Aufzeichnungen zurückgreifend.

Was ist nun der »Lehrbegriff«, von dem Kant sagt, er habe ihn anfangs wie in einer Dämmerung gesehen und ihn erst in der *Kritik der reinen Vernunft* in helles Licht gesetzt?

5 Reich, Klaus (Hrsg.): *Immanuel Kant. De mundi sensiblilis atque intelligibilis forma et principiis* (Philos. Bibliothek, Bd. 251), Hamburg 1958, S. VII-XVI.

6 Brief an J. H. Lambert vom 2. September 1770, Akademieausgabe, Bd. X, S. 95, Nr. 55; Brief an M. Herz vom 7. Juni 1771, Akademieausgabe, Bd. X, S. 121-124, Nr. 67; Brief an M. Herz vom 21. Februar 1772, Akademieausgabe Bd. X, S. 129-135, Nr. 70. (Die Briefe Kants werden hier nach der 2. Aufl. von Bd. X zitiert.)

7 Brief an Christian Garve vom 7. August 1783, Akademieausgabe, Bd. X, S. 336-342, Nr. 205.

Um zu einem ersten vorläufigen Verständnis zu kommen, kann man sich zunächst an den Titel unseres Buchs und dann an Kants Selbstcharakterisierung seines Unternehmens als einer »kopernikanischen Revolution« in der Philosophie halten, die er in der Vorrede, freilich erst zur zweiten Auflage von 1787, vorgetragen hat.[8]

Die Grundfrage, die Kant beantworten will, ist die nach der Möglichkeit von Erkenntnissen aus »reiner Vernunft«: Können wir durch bloßes Nachdenken, ohne uns auf Erfahrung, d.h. zuletzt auf sinnliche Wahrnehmung berufen zu müssen, etwas über Elemente und Strukturen der Wirklichkeit wissen? Der Zusatz »rein« im Titel *Kritik der reinen Vernunft* bedeutet genau diese Unabhängigkeit von sinnlicher Erfahrung. »Kritik« meint hier nicht eine positive oder negative Bewertung von etwas, sondern, entsprechend der griechischen Grundbedeutung von *κρίνειν*, so etwas wie *unterscheiden, absondern, trennen, »Grenzbestimmung«*. »Kritik der reinen Vernunft« ist also eine Prüfung der Reichweite der menschlichen Vernunft in Hinblick auf die Erkenntnis der Wirklichkeit, unabhängig von Informationen, die uns nur durch Wahrnehmung, also insbesondere durch unsere Sinnesorgane, zugänglich sind. *Grenzziehung* zugleich auch zwischen dem Gegenstandsbereich, innerhalb dessen menschliche Vernunft zu objektiven Einsichten gelangen kann, ohne auf Wahrnehmung angewiesen zu sein, und jenem Bereich, in dem ihr solche Einsichten strikt verwehrt sind.

Wir wenden uns nun dem Begriff der »kopernikanischen Revolution« zu: Kant hält es für ausgemacht, daß die Metaphysik, verglichen mit Logik, Mathematik und Physik, den Status einer Wissenschaft noch nicht erreicht hat. Logik und Mathematik sind seit der Antike wohlfundiert, die Physik seit Galilei; so Kants Auffassung. Den frühen Erfolg der Logik erklärt Kant damit, daß es die Vernunft dort nur mit ihrer eigenen Tätigkeit, mit den Grundformen korrekten Denkens, zu tun hat. Ähnlich interpretiert Kant die Entdeckung einer wissenschaftlichen Mathematik bei den Griechen am Beispiel der Geometrie: Auch hier entdeckt die Vernunft in den Figuren und in Beziehungen ihrer Größen nur das wieder, was sie schon selbst durch ihre Begriffsbildung und Konstruktion im Anschauungsraum implizit in sie hineingelegt hat. Unter demselben Gesichtpunkt sieht Kant dann auch die neuzeitliche Revolution in der Physik. Er hatte, hierin seiner Zeit voraus, erkannt, wie wenig man die *experimentelle* Methode der Naturwissenschaften mit bloßer *Empirie* und Beobachtung gleichsetzen darf. Der Naturwissenschaftler muß von einer bestimmten Hypothese ausgehen, und seine Experimente

8 Kritik der reinen Vernunft B XVI f., Akademieausgabe, Bd. III, S. 9-12.

müssen Antworten auf gezielt formulierte Fragen liefern. Die Vernunft – so Kant – sieht nur das ein, »was sie selbst nach ihrem Entwurfe hervorbringt« (B XIII).[9] Diese Formulierung räumt der *Spontaneität der Vernunft* eine führende, ja bestimmende Rolle auch in den Naturwissenschaften ein.

Dieser Gedanke Kants ist auch in der neueren Wissenschaftstheorie, so etwa bei Karl Popper, hier mit ausdrücklicher Anknüpfung an Kant, und bei Thomas Kuhn wieder sehr in den Vordergrund getreten.[10]

Auch die Metaphysik, so nun Kants Grundgedanke, muß den Spuren der spontanen Tätigkeit der Vernunft nachgehen, wenn sie Wissenschaft werden will. »Bisher nahm man an, alle unsere Erkenntniß müsse sich nach den Gegenständen richten; [...] Man versuche es [...] einmal, ob wir nicht [...] damit besser fortkommen, daß wir annehmen, die Gegenstände müssen sich nach unserem Erkenntniß[11] richten [...]« (B XVI).[12] So habe auch Kopernikus zur besseren Erklärung der Himmelsbewegungen die Annahme, die Gestirne drehten sich um uns, durch die Hypothese ersetzt, der Zuschauer (oder besser wohl der »Beobachter«) drehe sich, während die Sterne ruhen. (Strenggenommen dreht sich natürlich nicht »der Zuschauer« oder »Beobachter«, sondern die Erde, auf der er steht.)

Man hat oft gesagt, Kant habe kaum einen unpassenderen Vergleich wählen können. Hatte Kopernikus nicht gerade den Menschen aus dem Zentrum der Welt verdrängt, und machte Kant nicht den Menschen wiederum zum Zentrum, um das sich die Gegenstände drehen?[13] Jedoch würde man Kant so nicht gerecht werden: Kopernikus zeigte, daß die beobachteten Bewegungen der Fixsterne, der Planeten und der Sonne zum Teil *Scheinbewegungen* sind. Die tägliche Rotation des Sternenhimmels und die jährliche Reise der Sonne durch die Zeichen des Tierkreises sind nur Projektionen der Erdrotation und des Umlaufs der Erde um die Sonne auf das System der Himmelskörper. So ist auch der Aufbau der Gegenstandswelt nur ein Abbild der in unserem Erkenntnisvermögen für Kant angelegten Prinzipien aller Gegenstandserkenntnis.

9 Akademieausgabe, Bd. III, S. 10.

10 Popper, Karl: *Conjectures and Refutations*, New York 1972, S. 93-96 und S. 175-183; Kuhn, Thomas: *The Structure of Scientific Revolutions*, Chicago 1962, dt. unter dem Titel: *Die Struktur wissenschaftlicher Revolutionen*, Frankfurt/Main 1967.

11 Erkenntnis ist manchmal bei Kant ein Neutrum.

12 Akademieausgabe, Bd. III, S. 11 f.

13 So z.B. Bertrand Russell in seinem bedeutenden Buch *Human Knowledge*, London 1948.

Kopernikus hatte nicht behauptet, *alle* Bewegungen der Himmelskörper seien Scheinbewegungen. Und ebenso wenig meint Kant, *alle* Eigenschaften der Gegenstände ließen sich auf unsere Erkenntnisart zurückführen. Der Bereich des Inbegriffs von Eigenschaften, welche die Dinge, die wir erkennen, eben deshalb haben, weil sie *unsere Erfahrungsgegenstände* sind, ist dann das Gebiet, innerhalb dessen wahre Aussagen über die Wirklichkeit möglich sind, die, vor aller Erfahrung, *a priori* – wie man dann mit dem Kunstausdruck sagt –, gelten. Die erste Frage, die sich unter Leitung dieses neuen Programms für eine wissenschaftliche Metaphysik stellt, geht natürlich dahin, wie man *den Anteil* feststellen kann, den diese besondere Verfassung unseres Erkenntnisvermögens zur Erfahrungswirklichkeit beisteuert.

Hier kommen wir nun um die Erörterung des zentralen Lehrstücks von den »synthetischen Urteilen *a priori*« nicht herum; aber ich will es möglichst kurz machen; jedenfalls habe ich mich darum bemüht: Die Strukturen unseres Erkenntnisvermögens sind uns, wie man leicht sieht, nicht in innerer Wahrnehmung unmittelbar zugänglich. Wir können sie nur indirekt aus dem – wie man sagen könnte – Widerschein oder Abdruck dieser Strukturen in den Eigenschaften der Gegenstände ermitteln. Ein Merkmal solcher struktureller Eigenschaften ist ihre ausnahmslose Allgemeinheit und Notwendigkeit. Was wir an Strukturen an *allen* Gegenständen unserer Erkenntnis vorfinden, und zwar so, daß wir der Meinung sind, das *muß* so sein, das ist wohl in unseren Erkenntnisstrukturen fundiert. Dies genügt schon, um solche Struktureinsichten von konkreten Erfahrungserkenntnissen zu unterscheiden, die uns niemals Sätze von strikter Allgemeingültigkeit und Notwendigkeit liefern können. Aber es gibt – und dadurch wird die Sachlage leider kompliziert – auch allgemeine und notwendige Einsichten, die uns nicht über die Wirklichkeit und ihre Strukturen informieren, sondern nur über *logische Zusammenhänge* zwischen den von uns verwendeten sprachlichen Ausdrücken oder Begriffen.

Es gibt nach Kant also drei Sorten von Erkenntnissen:

1. die große Gruppe von *schlichten Erfahrungserkenntnissen*. Beispiele: »Gestern war an der Nordseeküste eine Sturmflut«, »Alkoholgenuß verringert die Fahrtüchtigkeit«.
2. die Gruppe von Erkenntnissen, die *logische Beziehungen zwischen Begriffen* ausdrücken. Beispiele: »Rappen sind schwarze Pferde«; »Junggesellen sind unverheiratet«, »Wenn A Vater von B ist, dann ist B Sohn oder Tochter von A«.
3. die eigentlich interessante und natürlich auch hochproblematische Gruppe von Erkenntnissen, die solche Eigenschaften der Gegen-

stände betreffen, *die mit den formalen Bedingungen aller Erfahrung* gesetzt sind. Das Beispiel, das Kant in einem solchen Zusammenhang gern anführt, ist »*Jedes Ereignis hat eine Ursache, aus der es nach einer Regel folgt*«; das ist für Kant das Musterbeispiel einer *apriorischen* Einsicht. Dazu brauchen wir die Gegenstände nicht anzugucken; das wissen wir sozusagen »von vornherein«, also *a priori.*

Zur systematischen Unterscheidung dieser drei Gruppen führt Kant nun die Begriffspaare »*a priori – a posteriori*« in Anknüpfung an eine aristotelische Terminologie, aber in einer originellen Wendung, und »*analytisch – synthetisch*« ein. *A priori* ist erfahrungsunabhängige, *a posteriori* erfahrungsabhängige Erkenntnis. Notwendigkeit und Allgemeinheit reichen als Kriterium apriorischer Erkenntnis, wir hörten es bereits, aus. Analytische Urteile sind solche, die bloß explizit machen, was in den verwendeten Begriffen schon implizit enthalten ist.

Kants eigene Erklärung ist technisch nicht sehr befriedigend. Er redet da gern von Begriffen oder Prädikaten, die *in versteckter Weise* in einem Begriff *schon enthalten sind*, wie etwa eben der Begriff des *Unverheiratetseins* im Begriff des *Junggesellen*. Aber dieses »versteckte Enthaltensein« scheint nicht wirklich den technischen Ansprüchen zu genügen, die man für eine Definition analytischer Urteile braucht. Und so sagen wir denn heute, und ich glaube, das ist nun sicher eine Korrektur oder jedenfalls eine Verschärfung und Verbesserung der kantischen Redeweise: Analytische Urteile sind diejenigen, über deren Wahrheit schon mit Hilfe logischer Regeln und der Bedeutungsregeln der jeweils verwendeten Sprache allein entschieden werden kann. Synthetische Urteile sind dann natürlich genau die, für die dies nicht gilt. So ist der Satz: »Eine Primzahl ist nur durch 1 und durch sich selbst teilbar« analytisch wahr, denn »Primzahl« ist so definiert; dagegen ist der Satz: »Die Zahl der Marsmonde ist 2« synthetisch, weil aus dem Begriff »Marsmond« nichts logisch folgt, nicht einmal, daß der Mars überhaupt Monde hat.

Aus diesen Bestimmungen folgt sofort, daß alle analytischen Urteile *a priori* sein müssen und alle aposteriorischen Erfahrungsurteile synthetisch sind; daß also die Kombination *analytisch – a posteriori* ausfällt. Daß es analytische Urteile *a priori* gibt, zeigen die schon von mir angeführten Beispiele vom Rappen, der schwarz, oder vom Junggesellen, der unverheiratet ist; daß es synthetische Urteile *a posteriori* gibt, dürfte ebenfalls aus beliebig vielen Beispielen, die wir anführen können, einleuchten. So ist ein *Pferd* nur synthetisch schwarz oder weiß oder braun, anders als Rappen oder Schimmel, die ihre Farben analytisch haben. (Man merkt: Es kommt auf die *Begriffe* an, unter die wir Gegenstände oder Sachverhalte bringen.) Die philosophisch brisante Frage, ja, wie

Wolfgang Stegmüller[14] einmal gesagt hat: die »Schicksalsfrage« der Philosophie, ist es, ob es synthetische Urteile *a priori* gibt.

Kant war davon überzeugt, daß die Klasse der synthetischen Urteile *a priori* nicht leer ist; die Urteile der Arithmetik und Geometrie, aber auch die Prinzipien der von ihm so genannten »reinen«, d.h. erfahrungsunabhängigen Naturwissenschaft sind für Kant klare Fälle: das Trägheitsgesetz, das Prinzip der Erhaltung der Substanz, die Gleichheit von Aktion und Reaktion und natürlich auch das Kausalprinzip. Ihn interessierte die Frage: »Wie sind synthetische Urteile *a priori* möglich?«, was wir wiederum in die weniger mehrdeutige Formulierung übersetzen: »Worauf beruht es, daß bestimmte synthetische Urteile *a priori* objektiv gültig sind?« Also z.B. »Worauf beruht es, daß jede Veränderung in der uns zugänglichen Erfahrungswelt auf eine Ursache zurückgeht, auf die sie »nach einer Regel folgt«?

Mit dieser Frage hat Kant nun wahrlich in ein philosophisches Wespennest gestochen. Die Diskussion ist auch heute noch, so kann man wohl sagen, in vollem Fluß, und ich kann nur einige der wichtigsten Positionen andeuten: Schon die bloße Möglichkeit einer klaren Unterscheidung von analytischen und synthetischen Urteilen ist von Willard V. O. Quine[15], dem bedeutenden amerikanischen Philosophen, und anderen mit starken Argumenten bestritten worden. Die logischen Positivisten in der Frühzeit des Wiener Kreises in den 20er Jahren des vorigen Jahrhunderts, also vor allem wohl Rudolf Carnap[16], hielten den Begriff eines synthetischen Urteils *a priori* nicht nur für leer, sondern für widersinnig. Nur Logik und Erfahrung können nach dieser Auffassung Quelle von Erkenntnis sein. Daher fallen die apriorischen Urteile mit den analytischen Urteilen und die Erfahrungsurteile mit den synthetischen zusammen. Diese starre Haltung ist angesichts der vielfältigen Probleme bei der Unterscheidung von Beobachtungssätzen und Beobachtungsbegriffen einerseits, von theoretischen Sätzen und Begriffen andererseits, und im Lichte der Einsicht, daß allgemeine Gesetzesaussagen auch in den Naturwissenschaften ohnehin schon jede Erfahrungsbasis übersteigen, inzwischen wiederum vielfach aufgelockert worden, und die Diskussion ist, wie diejenigen von Ihnen, die sich mit diesen wissenschaftstheoretischen Fragen beschäftigen, wissen, im vollen Gange.

14 Stegmüller, Wolfgang: *Der Begriff des synthetischen Urteils a priori und die moderne Logik*, in: Zeitschrift für philosophische Forschung 8 (1954), S. 535-563.

15 W. V. O. Quine, *Two Dogmas of Empiricism*, in: W. V. O. Quine, *From a Logical Point of View*, 2. Auflage, New York 1961, p. 20-46.

16 R. Carnap, *Überwindung der Metaphysik durch logische Analyse der Sprache*, in: Erkenntnis 2, 1931/32, S. 219-241.

Auf der anderen Seite der Diskussionsebene haben die Phänomenologen im Anschluß an Edmund Husserl seit 1900[17] nicht nur die Meinung vertreten, daß es tatsächlich synthetische Urteile *a priori* gebe, sondern sie haben den Einzugsbereich solcher *synthetisch-apriorischer* Einsichten, die sie ja dann gerne »Wesenseinsichten« nannten, noch inflationär erweitert. »Wesensgesetze« wurden in Mengen »entdeckt«, die weit über den Bereich der formalen Bedingungen aller Erkenntnis hinausgriffen. Nun, der Goldrausch der Wesensschau der ersten dreißig Jahre des 20. Jahrhunderts, der ja auch auf andere Wissenschaften außerhalb der Philosophie, z.B. auf die Rechtswissenschaft und auf die Literaturwissenschaft, übergegriffen hat, dieser Goldrausch der Wesensschau ist inzwischen vorbei; nur hier und dort ist in den alten Schürfgebieten noch eine Hütte stehen geblieben. Das hat einen gewissen romantischen Effekt, ist aber wissenschaftlich nicht mehr interessant.

Die *Antwort*, die Kant auf seine Leitfrage »Wie sind synthetische Urteile *a priori* möglich?« entwickelt, können wir hier nur so weit in Betracht ziehen, daß jedenfalls die Hauptgelenke des Gedankenganges deutlich genug hervortreten. Kant legt zugrunde, »daß es«, wie er in der »Einleitung« der *Kritik der reinen Vernunft* wörtlich sagt, »zwei Stämme der menschlichen Erkenntnis« gebe, »die vielleicht aus einer gemeinschaftlichen, aber uns unbekannten Wurzel entspringen, nämlich *Sinnlichkeit* und *Verstand*, durch deren ersteren uns Gegenstände *gegeben*, durch den zweiten aber *gedacht* werden« (so S. A 15, B 29 der *Kritik der reinen Vernunft*).[18] Jeder dieser beiden Stämme der Erkenntnis enthält apriorische Erkenntnisbedingungen: Im Bereich der passiven Informationsaufnahme, der Sinnlichkeit oder Wahrnehmungsfähigkeit (»openness for neural surface stimulation« nennt man das heute) sind dies die Anschauungsformen Raum und Zeit; für den Verstand sind es die reinen (d.h. erfahrungsfreien) Verstandesbegriffe, die »Kategorien«.

Den Beweis, daß Raum und Zeit subjektive, aber für menschliche Erkenntnis notwendige Anschauungsformen sind, führt Kant in der vergleichsweise überaus kurzen »Transzendentalen Ästhetik«, also, übersetzt, in der Wahrnehmungslehre, die sich mit den Bedingungen der Möglichkeit synthetischer Urteile *a priori* beschäftigt. Die kantische Beweisidee besteht darin, daß uns die räumlichen und zeitlichen Bedingungen aller Erfahrung nicht durch Sinneseindrücke vermittelt werden können. Vielmehr sind Raum und Zeit *Ordnungssysteme* von Erscheinungen, die wir

17 E. Husserl, *Logische Untersuchungen I*, Halle 1900, II, Halle 1902; *Ideen zu einer reinen Phänomenologie und phänomenologischen Philosophie* Bd. I, Halle 1913.

18 Akademieausgabe, Bd. III, S. 46; Bd. IV, S. 25.

durch unser apriorisches Anschauungsvermögen gleichsam aufspannen, um in ihnen die Mannigfaltigkeit der auf uns einströmenden Eindrücke zu einer Welt von Erscheinungen zu gliedern. Die *Geometrie* ist dann nichts anderes als die Strukturbeschreibung unserer *Raumanschauung*, die Arithmetik ist in gleicher Weise auf unsere *Zeitanschauung* fundiert; und auch der *physikalische* Raum muß den Gesetzen der euklidischen Geometrie genügen, weil er nichts anderes ist als das intentionale Korrelat unserer subjektiven Anschauungsform.

Dieses in sich geschlossene Konzept hat die Teilnehmer der Diskussion um die Grundlagen von Mathematik und Naturwissenschaft lange fasziniert. Ich kann nur die beiden Hauptpunkte hier anführen, in denen prinzipielle Schwächen der kantischen Raum-Zeit-Lehre deutlich geworden sind: Für Kant ist, erstens, die Identität von Anschauungsraum, dem Raum der Geometrie und dem physikalischen Raum Basis seiner Theorie. Jedoch hat die Psychologie seither wesentliche Unterschiede zwischen Anschauungsraum und euklidischem Raum ermittelt; der euklidische Raum hat sich ferner als nur ein besonders einfacher Fall mathematisch möglicher Raumtypen erwiesen; und welche Raumstruktur den physikalischen Prozessen, besonders den mikrophysikalischen Vorgängen, zugrunde liegt, kann nur durch komplexe Untersuchungen im Wechselspiel von Hypothesen und Experimenten aufgeklärt werden, jedenfalls nicht durch Reflexion auf unsere »Raumanschauung«. Immerhin bleibt wohl bestehen, daß *Räumlichkeit* ein apriorisches Prinzip der Wirklichkeitserfahrung sein dürfte, auch wenn die Strukturbeschreibung der genannten Raumtypen den jeweils zuständigen Fachwissenschaften überlassen bleiben muß.

Der zweite Punkt hängt mit Kants kühner Behauptung zusammen, der Raum sei nichts anderes als die Form unserer Anschauungen, und daher könnten den Dingen, *an sich selbst betrachtet*, keine räumlichen Bestimmungen zukommen. Kant wäre nach seinen Prämissen doch nur berechtigt zu sagen, daß wir darüber *nichts wissen können*, ob und ggf. welche räumlichen (und zeitlichen) Bestimmungen den Dingen *unabhängig von unserer Anschauungsweise* zukommen. Jedoch hätte er ihnen solche Bestimmungen ebensowenig absprechen dürfen, wie man aus dem Scheitern aller Gottesbeweise schon schließen dürfte, daß Gott nicht existiert. Diesen Einwand hat Adolf Trendelenburg[19] um die Mitte des 19. Jahrhunderts zuerst geltend gemacht: unter dem Namen »Trende-

19 A. Trendelenburg, *Über eine Lücke in Kants Beweis von der ausschließenden Subjektivität des Raumes und der Zeit,* in: Ders., *Historische Beiträge zur Philosophie*, Bd. III, 1867, S. 215-276.

lenburgsche Lücke« war er der Gegenstand einer der im 19. Jahrhundert häufigen hitzigen Kathederkontroversen, nämlich zwischen den Professoren Trendelenburg und Kuno Fischer, welch letzterer 1870 sogar ein eigenes Büchlein unter dem Titel »Anti-Trendelenburg« veröffentlichte[20] – wohl nach dem berühmten Muster von Lessings »Anti-Goeze«. Es wird anekdotisch überliefert, daß 1872 der Diener, den Kuno Fischer beschäftigte, ihn eines Morgens aufweckte und sagte: »Herr Geheimrat, es steht in der Zeitung, Professor Trendelenburg in Berlin ist verstorben.« Darauf soll Fischer gesagt haben: »Gott ist mein Zeuge: *das* habe ich nicht gewollt!«

Wir hörten schon, daß Kant auch dem anderen »Stamm« unserer Erkenntnis, dem Denken, einen Grundbestand apriorischer Strukturen zuschreibt, die nicht aus der Erfahrung geschöpft werden können, weil sie aller Erfahrung schon zugrunde liegen. Ihr Nachweis sei aber, verglichen mit den entsprechenden Untersuchungen zu Raum und Zeit, erheblich schwieriger. Denn jeder Erfahrungsgegenstand repräsentiert die Anschauungsformen Raum und Zeit; aber nicht jede Erscheinung kann schon als Basis der Analyse der reinen Verstandesbegriffe und ihrer Funktionen dienen, die in diesem Falle im Spiel sind. »Denn ohne Funktionen des Verstandes«, so heißt es bei Kant, »können allerdings Erscheinungen in der Anschauung gegeben werden« und »die Anschauung bedarf der Funktionen des Denkens in keiner Weise« (A 91, B 123).[21] Es bedarf also eines anderen Ansatzes, der denn auch von Kant mit großer Subtilität, Originalität und spekulativer Kühnheit in der »Transzendentalen Analytik« auf über 230 Seiten der Originalausgabe stufenweise durchgeführt wird. Es wäre töricht, wollte ich den Versuch machen, Ihnen auf den wenigen mir zur Verfügung stehenden Seiten einen angemessenen Eindruck von Kants Argumentationskunst und Argumentationsart zu vermitteln. Es ist aber wohl möglich, den *Grundgedanken* Kants erkennbar zu machen, und das will ich versuchen: Kant sieht sich vor die Frage gestellt, wie es dazu kommt, daß wir uns jeweils als *ein* Subjekt in *einer* Welt von Gegenständen und Vorgängen erleben, obwohl die uns zunächst zugänglichen Sinnesdaten eine zeitlich und räumlich ausgedehnte unübersehbare Mannigfaltigkeit darstellen. Wie wird aus diesem »Gewühl von Empfindungen« *eine* geordnete Welt von Gegenständen, *eine* Natur? Und wie wird aus dem Chaos von zeitlich einander ablösenden, stets wechselnden Empfindungen, Gedanken, Gefühlen *ein* Subjekt, *eine* Person? Kant antwortet: *Dies leisten die einheitsstiftenden Funktionen des Denkens, und sonst nichts.*

20 K. Fischer, *Anti-Trendelenburg, eine Duplik*, Jena 1870.
21 Akademieausgabe, Bd. III, S. 103, Bd. IV, S. 72.

Nächster Schritt: Wo finde ich diese Einheitsfunktion des Denkens? Kants Antwort: In der *Logik*, die schon immer in den verschiedenen Urteilsformen die verschiedenen Arten untersucht hat, wie das Denken verschiedene Vorstellungen, z.B. als Subjekt und Prädikat eines Gegenstandes, *in einem Urteil vereinigt*. Kant beruft sich dabei auf eine »traditionelle« Tafel der logischen Urteilsformen, die er freilich für seine Zwecke, ohne das eigens zu erwähnen, an einigen Stellen verändert und ergänzt hat. (Dies ist eine freundliche Darstellung der Sachlage; einige Interpreten haben gesagt, Kant habe diese sog. »traditionelle Urteilstafel« so präpariert, daß er seine zwölf »Kategorien« aus ihr, wie der Zauberer sein Kaninchen aus dem Hut, zaubern konnte. Das wiederum ist sicherlich übertrieben; aber es ist in der Tat so, daß es keine in der Tradition schon vorliegende Urteilstafel gab, die der von Kant vorgeführten wirklich entspricht.) So entwickelt Kant »aus der Logik« seine zwölf Kategorien. Diese sind jene berühmten »reinen Verstandesbegriffe«, als »Begriffe von einem Gegenstande überhaupt, dadurch dessen Anschauung in Ansehung einer der *logischen Funktionen zu urteilen* als *bestimmt* angesehen wird« (B 128).[22] Die Kategorie der »Realität« z.B. stammt aus der Urteilsform des *bejahenden* Urteils, die von »Substanz und Akzidens« aus dem *kategorischen* Urteil der Form; »*S* ist *P*«, die Kategorie der »Kausalität« aus dem *hypothetischen* Urteil (»wenn *p*, dann *q*«). Die denkende Bearbeitung der Empfindungsdaten unter der Leitung dieser Kategorien vereinigt die verschiedenen Eindrücke zum Bild eines Gegenstandes; die weitere denkende Durchdringung der Erscheinungen faßt dann die Fülle der so konstruierten Gegenstände zu komplexen Gruppen zusammen, die dann schließlich unter dem Gesichtspunkt systematischer Einheit zu einer von Naturgesetzen bestimmten Welt integriert werden. Das eben ist die eigentliche Aufgabe der Wissenschaften, insbesondere der Naturwissenschaften.

Wie können wir nun aber zeigen, daß diese Kategorien keine »Hirngespinste« sind, sondern objektive Realität haben? Dies will Kant in der berühmten »Transzendentalen Deduktion der reinen Verstandesbegriffe« leisten, die er selbst, und mit Recht, das schwierigste Kapitel der »Kritik der reinen Vernunft« genannt hat.

Die entscheidende Antwort auf die Frage, woher wir eigentlich wissen können, daß das Mannigfaltige in der Erscheinung notwendig unter Kategorien steht, ist für Kant diese: Daß alle meine Vorstellungen unter der Bedingung der systematischen Einheit des Denkens stehen müssen, weil sie sonst nicht *meine* Vorstellungen sein könnten (B 138).[23] In diesem

22 Akademieausgabe, Bd. III, S. 106
23 Akademieausgabe, Bd. III, S. 112.

Sinne sagt Kant: »Das *Ich denke* muß alle meine Vorstellungen begleiten *können*« (B 131f.).[24] Der Ton liegt auf »können«; denn es wäre schlicht falsch zu behaupten, allen unseren Vorstellungen liege eine präsente Reflexion auf das Ich, wie ein *basso continuo,* zugrunde. Das Ich ist für Kant (anders als für Descartes) keine Substanz. Es ist nur der Beziehungspunkt für die einheitsstiftenden Funktionen des Denkens, ja es ist, in einem gewissen Sinne, dieses Denken selbst. Außerhalb der Wortverbindung »Ich denke« hat das Wort »Ich« für Kant keinen transzendentallogisch aufweisbaren Sinn. Die Einheit des Ich und die Einheit der Welt sind für Kant nur zwei Aspekte derselben Sache. Die Integration des Subjekts geschieht und wird erhalten durch seine Aufbauleistung einer in sich gegliederten, aber bruchlos zusammenhängenden Welt von Erscheinungen. Das Ich ist nicht diese Welt, aber die Einheit der Welt; genauer: *Das Prinzip der Einheit dieser Welt ist das Ich.*

Eine empirische Bestätigung transzendentallogischer Grundsätze kann es für Kant natürlich nicht geben. Aber es ist vielleicht für unser Verständnis seiner Theorie von Wert, darauf hinzuweisen, daß ja auch die heutige Psychiatrie die erlebte Einheit und Identität der Person ebenfalls als eine *Integrationsleistung* ansieht, die durch unüberbrückbare Brüche in der Welterfahrung nachhaltig gestört werden kann.

Damit ist die Grundfrage nach den synthetischen Urteilen a priori und ihrer Gültigkeit für Kant beantwortet. Es gibt sie, und sie haben objektive Gültigkeit, weil sie sich auf die reinen Anschauungsformen Raum und Zeit und die reinen Verstandesbegriffe, die Kategorien, beziehen, die zusammen den Rahmen und die Einheitsbedingungen möglicher Erfahrung festlegen. Also gibt es allgemeingültige und notwendige Aussagen über die Gegenstände der Wirklichkeit, die nicht erst durch Erfahrung beglaubigt werden müssen. Wie Kant mit unübertrefflicher Prägnanz sagt: »Die Bedingungen der Möglichkeit der Erfahrung überhaupt sind zugleich die Bedingungen der Möglichkeit der Gegenstände der Erfahrung und haben darum objektive Gültigkeit in einem synthetischen Urteil a priori« (*Kritik der reinen Vernunft* B 196, AA. III, S. 145).

Im Streit zwischen Rationalismus und Empirismus hat Kant damit durch eine, wie ich nicht zögere zu sagen, geniale Synthese vermittelt. Tatsächlich kann uns bloße Vernunft, wie die Rationalisten behaupten, etwas über die Wirklichkeit zu wissen geben – aber, wie Kant nun hinzufügt, dies gilt nur für den Bereich der Dinge möglicher Erfahrung, nicht hinsichtlich der Dinge, wie sie an sich selbst sein mögen. Andererseits ist tatsächlich alle unsere Wirklichkeitserkenntnis, wie die Empiristen be-

24 Akademieausgabe, Bd. III, S. 108

haupten, mit Erfahrung unauflöslich verknüpft – aber nun nicht, wie etwa David Hume wollte, mit *tatsächlichen* Erfahrungen (impressions), sondern mit *möglicher* Erfahrung. Darum kann z.B. das Kausalprinzip gegen Humes skeptische Argumente als notwendig und objektiv gültig erwiesen werden: es gehört zu den Bedingungen der Möglichkeit der Erfahrung. Die Grenze zwischen Wissenschaft und Metaphysik (im schlechten Sinn) fällt dann mit den Grenzen möglicher Erfahrung zusammen, und diese werden durch die synthetischen Sätze *a priori* definiert.

Der umfangreiche zweite Teil der »Kritik der reinen Vernunft«, unter dem Titel »Transzendentale Dialektik«, ist dann dem Nachweis gewidmet, daß jede Grenzüberschreitung der Vernunft ins Unbedingte zu Leerlauf und Widersprüchen führen muß. Die unaufhörlichen Streitigkeiten über Endlichkeit und Unendlichkeit der Welt nach Raum und Zeit, die unendliche Teilbarkeit der Materie, die Existenz Gottes, die Unsterblichkeit der Seele, Freiheit oder Determinismus, vor allem im menschlichen Handeln – sie alle rühren daher, daß die allein für die Ordnung des Erfahrungsstoffs geeigneten Anschauungsformen und Kategorien über die Grenzen möglicher Erfahrung hinaus angewendet werden.

Es spricht viel dafür, daß die Destruktion der traditionellen Metaphysik, die in der »Kritik der reinen Vernunft« vorgenommen wird, für Kant selbst wie für viele seiner zeitgenössischen Leser, das eigentliche Hauptergebnis der *Kritik der reinen Vernunft* war, wie auch das Wort vom »Alleszermalmer« Kant erkennen läßt.[25] Auch Kleist hat Kant vor allem in diesem Sinne verstanden. So in seinen Briefen vom März 1801, als der 23jährige sich »tief in seinem heiligsten Inneren davon verwundet fühlte«, daß wir, nach Kant, »nicht entscheiden können, ob das, was wir Wahrheit nennen, wahrhaft Wahrheit ist, oder ob es uns nur so scheint«.[26]

Um so erstaunlicher ist es, im Rückblick, mit welcher Unbekümmertheit gerade die Philosophen, die sich als Nachfolger, Fortsetzer und Vollender des kantischen Werks bezeichneten und wohl auch fühlten, sich über die von Kant errichteten Schranken sinnvollen Redens hinweggesetzt haben. Der heutige Leser, der von der *Kritik der reinen Vernunft* zu den Schriften Fichtes, Schellings und Hegels übergeht, bemerkt vor allem einen deutlichen Verlust an Argumentationsniveau bei stellenweise, so etwa bei Hegel, durchaus mit Kant vergleichbarer denkerischer Kraft und Kühnheit. Ich gestehe, daß mir dieser rasche Rückfall in den Dog-

25 Mendelssohn, Moses: *Morgenstunden oder über das Daseyn Gottes*, Berlin 1785, Vorrede.

26 Heinrich von Kleist, *Sämtliche Werke und Briefe*, hrsg. von H. Sembdner, München 1961, 3. Aufl. 1964, Bd. II, S. 634.

matismus angesichts des frischen Eindrucks der *Kritik der reinen Vernunft* im deutschen Idealismus unerklärlich ist.

Immerhin könnte man auch einige deutliche Verbindungsglieder zwischen Kant und den deutschen Idealisten erkennen und Aporien, die in Kants Theorien angelegt waren und zum Weiterdenken der kantischen Position aufforderten. Hatte Kant nicht – wir hörten es – die einheitsstiftende Kraft von Verstand und Vernunft zum Angelpunkt seines Denkens gemacht? Und wie reimt sich dies zusammen mit den *dualistischen* Oppositionen, die er unüberbrückbar stehenließ: Anschauung und Denken, Erscheinungen und Dinge an sich, Subjekt und Objekt, Naturdeterminismus und Autonomie des Willens? (Die Reihe ließe sich verlängern.) Hatte Kant – wir haben auch dies gehört – nicht selbst angedeutet, es gebe vielleicht eine »gemeinschaftliche, uns unbekannte Wurzel« von Sinnlichkeit und Verstand, der beiden Erkenntnisstämme?

Und hatte er nicht in seiner dritten Kritik von 1790 die Vermutung ausgesprochen, die ästhetische *Urteilskraft* könne eine besondere Beziehung zu dem »übersinnlichen Substrat« gewinnen, das die gemeinsame Basis des bestirnten Himmels über mir und des moralischen Gesetzes in mir, also der »Natur« und des »Reichs der Zwecke« bilden könnte?[27] Mit einigem Recht konnten sich daher Fichte und Hegel unter diesem Blickwinkel auch als Vollender des kantischen Erbes fühlen.

Kants apriorische Strukturen des Erkenntnisvermögens wurden öfter, wie ja auch naheliegt und noch heute immer wieder versucht wird, in biologische Prägungen umgedeutet.[28] Führend war hier der berühmte Physiologe und Physiker Hermann von Helmholtz. Für Kant handelte es sich bei diesen apriorischen Strukturen natürlich eindeutig um *logische* Voraussetzungen von Erkenntnis überhaupt, nicht um die biologische Ausstattung des empirischen Lebewesens Mensch, woraus schon folgt, daß, so interessant solche Auffassungen sein können, sie jedenfalls nicht authentische Interpretationen der *Kritik der reinen Vernunft* sind.

27 *Kritik der Urteilskraft*, Einleitung, B LV f.; vgl. B. 258 f. Akademieausgabe, Bd. V, S. 196; vgl. S. 353.

28 Vgl. Riedl, Rupert: *Biologie der Erkenntnis*, Berlin [2]1979, z.B. S. 142 f. und, schon 1941, Lorenz, Konrad: *Kants Lehre vom Apriorischen im Lichte gegenwärtiger Philosophie*, in: Blätter f. deutsche Philosophie 15, 1941, S. 94-125. – Es ist erstaunlich, daß die Verfasser der Sekundärliteratur fast nie darauf eingehen, daß Hume die Verstandeshandlung, mit der wir aus gleichen Ursachen auf gleiche Wirkungen schließen, als einen uns zum Zwecke des Überlebens eingepflanzten Instinkt bezeichnet (*Enquiry Concerning Human Understanding*, Sect. V, Part II, § 44 f., S. 54 f. der Ausgabe von Selby-Bigge, Oxford 1894).

Wir fassen zusammen: Kant hat eine revolutionäre These eindrucksvoll begründet: Es gibt synthetische Urteile a priori und sie sind »möglich«, d.h., sie haben objektive Gültigkeit, weil sie sich auf die reinen Anschauungsformen Raum und Zeit und die reinen Verstandesbegriffe beziehen, die zusammen den Rahmen für mögliche Erfahrungen festlegen. Es gibt daher unbedingt allgemeingültige Sätze über Gegenstände möglicher Erfahrung, die nicht bloß logisch wahr sind und doch keine Begründung durch wirkliche Erfahrung brauchen. Sie definieren vielmehr, was als »Erfahrung« akzeptiert werden kann.

Dafür zahlt Kant freilich den Preis, daß solche Einsichten nur für Gegenstände *möglicher Erfahrung*, nicht für Dinge an sich gelten. Seine Metaphysik ist auf den Bereich *möglicher* Erfahrung eingeschränkt, jede Grenzüberschreitung der Vernunft ins Unbedingte muß zu Leerlauf und Widersprüchen führen.

Für seine neue Auffassung hat Kant ein treffendes Bild gefunden, das er in der – zu wenig gelesenen – *Methodenlehre* der *Kritik der reinen Vernunft* auf den Seiten B 786-791, AA III, 495-498 entwickelt:

Wieder in leichter Anlehnung an das Bild von der kopernikanischen Revolution wird der transzendental-philosophisch Aufgeklärte mit einem Geographen verglichen, der die Kugelgestalt der Erdoberfläche erkannt hat. Der von transzendentalen Reflexionen noch unbelastete Denker der herkömmlichen Metaphysik wird einem Geographen verglichen, der noch an eine ebene, allseitig unbegrenzte Erdoberfläche glaubt.

Wer weiß, daß die Erde eine Kugel ist, weiß zugleich, daß die erforschbare, wenn auch noch nicht erforschte, Erdoberfläche *endlich* ist. Ja, er kann das Maß der Erdoberfläche angeben, wenn er das Krümmungsmaß eines Teilstücks der ihm bekannten Erdoberfläche berechnet. Die Vernunft ist einer Kugel vergleichbar; das Krümmungsmaß ihrer Oberfläche wird durch die synthetischen Urteile a priori bestimmt. Damit ist der Umfang der Kugel, zugleich der Bereich möglichen Wissens definiert. Was ganz außerhalb der Kugeloberfläche liegt, das ist (als Bereich der Dinge an sich) schlechterdings nicht erkennbar. Die Kugelfläche selbst repräsentiert den Bereich der apriorischen Prinzipien aller Erfahrung, also der Mathematik und der reinen Naturwissenschaften. Die Kugeloberfläche schließlich schließt das Innere der Kugel ein, dem in unserem Gleichnis der Bereich des *Erfahrungswissens* zugeordnet werden muß. Dieses Bild bringt besonders klar das Programm einer »Grenzbestimmung« der Vernunft zum Ausdruck, das Kant in der *Kritik der reinen Vernunft* verwirklichen wollte. Mathematik und reine Naturwissenschaft als Kugelfläche scheiden das Erfahrungswissen von metaphysischen Behauptungen. Mit dem Erfahrungswissen teilen die synthetischen Sätze a priori, die jeder möglichen Erfahrung zugrunde liegen, die Eigenschaft, objektives Wissen, mit den metaphysischen Behauptungen die Eigenschaft, synthetisch a priori zu sein: Nur eben, daß jene nicht begründet werden können und daher »bloße Hirngespinste« bleiben müssen.

Kants Theorie ist, wie wir gesehen haben, gewichtigen Einwänden ausgesetzt. Daß an allem unserem Erfahrungswissen apriorische Elemente beteiligt sein müssen, ist Kants epochemachende Entdeckung. Aber daß es nur ein einziges System solcher apriorischer Elemente geben kann und dies durch die Natur unseres Erkenntnisvermögens ein für alle Mal festgelegt sei, hat sich als eine viel zu kühne und, so muß man sagen, zu optimistische Behauptung erwiesen. Die Ableitung der Kategorien aus der Tafel der Urteilsformen ist eine erstaunliche Tour de force, die aber auch dann keine Beweiskraft hätte, wenn die Urteilstafel wirklich leisten könnte, was Kant von ihr verlangt.

Heute beschränken wir uns darauf, die apriorischen Anteile an allen unseren Wirklichkeitserkenntnissen *von Fall zu Fall* zu analysieren. Das ist bei der Untersuchung der neurophysiologischen Konstanten in allen Wahrnehmungsprozessen anders als bei den speziellen Voraussetzungen einiger physikalischer Theorien, die voneinander abweichen können. Kants Kategoriensystem kann wohl zur Herleitung der Voraussetzungen der *vorwissenschaftlichen Naturerfahrung* geeignet sein. Die Kategorien von Ding und Eigenschaft und die Kategorie der Kausalität sind in den fortgeschrittenen Teilen der Physik längst problematisch geworden. Die Voraussetzungen jeder Theorie werden ferner nicht mehr als *notwendig wahre* Sätze, sondern als bloße Hypothesen angesehen, die zwar *in der Theorie*, für die sie die Voraussetzungen bilden, nicht überprüft werden können, die aber doch dadurch revidierbar sind, daß sie durch abweichende Voraussetzungen konkurrierender Theorien, die dasselbe besser erklären, verdrängt werden.

So mag es scheinen, als sei von Kants großem Konzept nicht viel übrig geblieben. Oder als bleibe Kant nur im Negativen im Recht: Die Destruktion jeder Metaphysik vom herkömmlichen Typ, die Restriktion der Wissenschaft auf Logik und den Bereich möglicher Erfahrung scheint unwiderruflich. Aber diese Ansicht wäre doch oberflächlich: Vielmehr ist jede heutige Wissenschafts- und Erkenntnistheorie *kantisch* zu nennen, die den Anteil apriorischer und aposteriorischer Elemente in jeder Theorie, die die Wirklichkeit zu erfassen versucht, trennen will. Mit seiner subtilen Argumentation hat Kant ein Modell, ein *Paradigma* solcher transzendental-philosophischer Grundlagenreflexion vorgelegt, das als

Quelle philosophischer Anregung, ja man darf hier von Inspiration sprechen, wirksam bleiben wird. Und das Problem, dem er nachgedacht hat, bleibt, von ihm aufgerufen, auf der philosophischen Tagesordnung, wiedererkennbar auch in den jeweils zeitgemäßeren Neuformulierungen.

Schon in der Einleitung beider Auflagen der *Kritik der reinen Vernunft* (A 5, AA. IV, S. 10; B 8/9, AA. III, S. 32) hatte Kant von der »leichten Taube« gesprochen, die im Flug den Luftwiderstand fühlt und meint, im luftleeren Raum könnte sie noch viel besser fliegen. So habe wohl auch Platon angesichts der Schwierigkeiten bei der Erkenntnis der Sinnenwelt die Flucht »in den leeren Raum des reinen Verstandes« (die Ideenwelt) angetreten. Solche verzweifelten Versuche, sich den einschränkenden Bedingungen menschlicher Erkenntnis zu entziehen, können, so Kant, nur in haltlosen Spekulationen enden.

Von der Psychophysik der Farben. Bildhafte Farbsysteme von Malern und Physikern

VON
CHRISTOPH VON CAMPENHAUSEN

I. Farben, Farbensammlungen, Farbordnungen, Farbsysteme

In meiner Jugend konnten Kinder in diesem Land an Wegrändern und Bahndämmen noch wunderbare Blumensträuße pflücken. Beim kindlichen Disput, welcher Strauß am schönsten sei, spielte die Anordnung der Farben eine wichtige Rolle. Eine ästhetisch reizvolle Verteilung der Farben in einer Farbsammlung strebte auch der Graphiker des Werbeprospektes für Künstlerfarben an (Abb. 1). Er hat sich um eine gefällige Anordnung bemüht. Die Farben sind in dem Bild mehr oder weniger sorgfältig nach ihrer Ähnlichkeit sortiert. In der Mitte finden wir das unbunte Grau. Nach außen werden die Farben gesättigter. Die Abfolge der Farben am Rande entspricht der des Regenbogens. Was wir sehen, ist offensichtlich keine zufällige Verteilung der Farben. Man erkennt vielmehr einen Ansatz zu einer Farbenordnung. Von einem System der Farben kann man wegen der Unvollständigkeit der Sammlung noch nicht reden. Es fehlen beispielsweise die Farben Schwarz und Weiß, und diese passen nach dem Kriterium der Ähnlichkeit in diesem Bild auch nirgendwo zwischen die anderen Farben. Was hier vorliegt, kann man als Farbensammlung im Übergang zu einem Farbsystem bezeichnen. Man braucht keine naturwissenschaftlichen Kenntnisse, um das zu verstehen. Es handelt sich um ein Arrangement nach ästhetischen Kriterien.

Im nächsten Teil dieses Beitrags werden vier ästhetische Farbsysteme vorgestellt, die von Malern entwickelt wurden. Dabei werden dem Leser Einzelheiten zugemutet, die er zunächst vielleicht gar nicht wissen will. Er braucht sie aber im darauf folgenden dritten Teil, in dem die physiologische Theorie zu den Farbsystemen skizziert wird. Das Physiologische Farbsystem stimmt nämlich in wichtigen Einzelheiten mit den ästhetischen überein. Die Übereinstimmung besteht in der räumlichen Anordnung der Farben und damit in der bildhaften Darstellung der Ordnungsprinzipien.

Wegen dieser Übereinstimmung kann man die Erkenntnisse aus dem naturwissenschaftlichen Bereich auf den ästhetischen übertragen und damit die Farbsysteme der Künstler biologisch begründen. Die Gene für das Farbensehen, die genau bekannt sind, wirken in den Kindern, in

Abb. 1: Aus einem Prospekt der Firma für Künstlerfarben H. Schmincke & Co GmbH & Co KG in Erkrath bei Düsseldorf mit freundlicher Genehmigung (verändert).

ihrem Streit um den schönsten Blumenstrauß, beim Graphiker des Werbeprospekts und den Malern bei der Entwicklung ihrer Farbsysteme. Das ist die Botschaft der beiden langen mittleren Abschnitte. Im vierten kurzen Teil wird noch eine biologische Begründung dafür eingeführt, daß die Übereinstimmung der ästhetischen und physikalischen Farbsysteme gerade in der bildhaften Darstellung, also in der Bilderwelt, erkennbar wurde.

Argumente aus ganz verschiedenen wissenschaftlichen Disziplinen gehen in diesen Aufsatz ein. Dem Leser wird die Darstellung je nach seiner Vorbildung in Teilen zu knapp oder zu ausführlich erscheinen. Bei der Interpretation des Farbsystems von Peter Paul Rubens (1577-1640) und dem Physiologischen Farbsystem kann nichts vorausgesetzt werden, weil hier Forschungsergebnisse aus dem 21. Jahrhundert mitgeteilt werden.

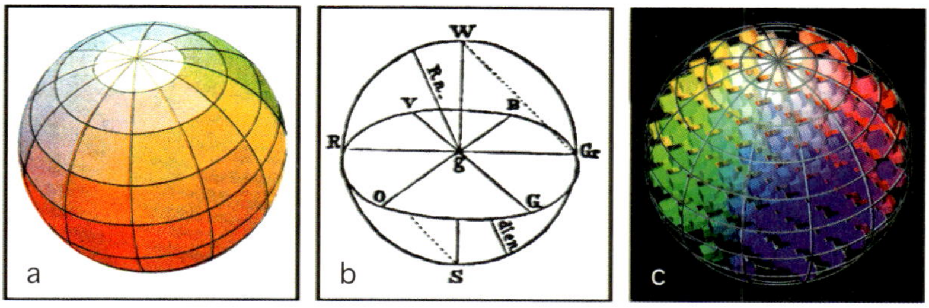

Abb. 2a,b: Die Farbkugel (1810), (c) Computerinstallation der Runge-Kugel durch Urs Roth für das Museum im Geburtshaus des Künstlers in Wolgast.

II. Ästhetische Farbsysteme von Malern

Der Maler Philipp Otto Runge (1777-1810) schrieb im Jahr 1806 einen Brief an Goethe[1]. Er hatte 1803 an einem Künstlerwettbewerb in Weimar teilgenommen und war, als er seine eingereichte, allerdings nicht ausgezeichnete, Zeichnung wieder abholte, von Goethe zu Tisch gebeten worden. Nun fragte er, ob Goethe seine damals geäußerten Überlegungen über Farben schon veröffentlicht habe. Goethe lud Runge zu einem brieflichen Gedankenaustausch ein. Was jetzt kommt, ist eine wunderbare Geschichte. Runge skizzierte sein Farbsystem brieflich und Goethe erkannte sofort die Bedeutung. Er fügte den Brief unverändert in den didaktischen Teil seiner Farbenlehre ein (hinter den § 920, wo er allerdings in der Hamburger Ausgabe fehlt) und schrieb im historischen Teil (im Abschnitt über Lambert): »Ganz neuerlich hat Philip Otto Runge [...] die Abstufung der Farben und ihre Abschattierung gegen Hell und Dunkel auf einer Kugel dargestellt, und wie wir glauben, die Art von Bemühungen völlig abgeschlossen.« Goethe stellte somit fest: Runge hat ein anerkanntes Problem endgültig gelöst. Jedem begabten jungen Menschen sollte man wünschen, daß er von den Gelehrten seiner Zeit in dieser Weise entdeckt und anerkannt werden möge.

Die Farbenkugel und ihren inneren Aufbau zeigt die Abb. 2[2]. In Abb. 2a sieht man die Außenansicht mit Blick auf den Weißpol. Der Schwarzpol liegt unten auf der Gegenseite. Die Pole sind entlang der

1 *Philipp Otto Runges Briefwechsel mit Goethe.* Hrsg. H. Frhr. v. Maltzahn. Verlag der Goethe-Gesellschaft Weimar 1940.

2 Runge, Philipp Otto: *Die Farbenkugel oder die Konstruktion des Verhältnisses aller Mischungen der Farben zueinander und ihrer vollständigen Affinität, mit angehängtem Versuch einer Ableitung der Harmonie in den Zusammenstellungen der Farben.* Perthes Hamburg 1810. Nachgedruckt: Philipp Otto Runge (1959): *Die Farbenkugel und andere Schriften zur Farbenlehre.* Verlag Freies Geistesleben Stuttgart.

senkrechten Achse in Abb. 2b durch die Unbunt-Skala der Grautöne von Schwarz bis Weiß verbunden. Auf dem Äquator liegen die hochgesättigten bunten Farben. Vom Äquator zur Mittelachse werden die Farben immer blasser, also weniger gesättigt, bis zum Grau in der Mitte. Nach oben werden die Farben heller und weißlich, nach unten dunkler und schwärzlich.

Für jede beliebige Farbe findet man in der Farbkugel einen Farbort, an dem sie von ähnlichen Farben umgeben ist. Das kann man mit der Computerinstallation der Farbkugel nachvollziehen (Abb. 2c). Der Künstler und Mathematiker Urs Roth hat sie für das Museum in Runges Geburtshaus in Wolgast entwickelt. Sie ist auch im Internet zu finden (www.colorsystem.com). Diese interaktive Installation erlaubt es, die Farbkugel von allen Seiten zu betrachten und in jeder beliebigen Richtung durch die Farbkugel zu wandern.

Wenn alle Farben in ein begrenztes dreidimensionales System hineinpassen, ist die Menge der Farben offensichtlich begrenzt. Wie groß die Zahl der Farben ist, kann man im Prinzip aus den räumlichen Abständen zwischen gerade noch unterscheidbaren Farben herleiten. Die Schätzungen liegen im Bereich um eine Million.

Farbsysteme haben praktische Bedeutung. Farbstoffe gehören bekanntlich zu den wichtigsten Produkten menschlichen Gewerbefleißes. In der chemischen Industrie erinnern die Namen »Höchster Farben AG«, »IG Farben« daran. Auch heute noch trägt die BASF den Farbstoff »Anilin« im Namen: »Badische Anilin- und Soda-Fabrik«. Bei der Verständigung über Farbstoffe ist es wünschenswert, für jede Farbe eine eindeutige Bezeichnung zu haben. Dafür bieten sich die Koordinaten x, y und z der dreidimensionalen Runge-Kugel an.

Dem schon 1810 verstorbenen Runge fehlte es an Zeit und auch Mitteln, sein Farbsystem auszubauen. Daß er darüber nachgedacht hat, erkennt man an seinem Vorschlag für einen Farbatlas und dessen Anwendung. Man kann die Farbenkugel in Scheiben schneiden und diese Ansichten als Buch herausgeben. Mit einem solchen Farbatlas im Gepäck könne sich ein Maler in die freie Natur begeben und dort eine Bleistiftskizze anfertigen. Dahinein könnte er dann die Farbkoordinaten, die er im Farbatlas nachgeschlagen hat, eintragen und zu Hause in aller Ruhe die Farben nachmischen und auftragen. Dieses Verfahren wurde auf wissenschaftlichen Expeditionen in der Runge-Zeit tatsächlich angewendet, allerdings noch nicht mit einem vollständigen Farbsystem, sondern mit Hilfe von Farbsammlungen in Form von Farbtafeln.[3]

3 In dem Bildband *Ferdinand Bauer. The Australian Natural History Drawings* (British Museum of Natural History London. 1989) findet man Zeichnungen aus der

Abb. 3: Hiddensee 1910, Gemälde von W. Ostwald, Öl auf Karton, 31,5 x 23,5 cm, mit freundlicher Genehmigung des Ostwald-Museums Großbothen. Reproduziert in »Wilhelm Ostwald, Ostseebilder. Rügen, Vilm, Hiddensee«, Baltic Verlag Siegbert Bendt, Stralsund 1992.

Der nächste Maler soll durch sein in Abb. 3 wiedergegebenes Gemälde »Hiddensee 1910« eingeführt werden. Er verdient, wie man sieht, durchaus Beachtung als Künstler, wenn er auch als Gründungsvater der Physikalischen Chemie und Nobelpreisträger 1909 bekannter ist: Wilhelm Ostwald (1853-1932). Ostwald entwickelte sein Farbsystem während des Ersten Weltkriegs auf seinem Landsitz Großbothen, um dem »Mangel an Maß und Zahl in der Farbenwelt abzuhelfen«.[4] Der Ostwaldsche Doppelkegel (Abb. 4a), ist, wie die Runge-Kugel, eine dreidimensionale

Runge-Zeit mit den Zahlen von 1 bis 140 einer ersten und 1 bis 999 einer späteren Farbsammlung. Diesen Hinweis verdanke ich dem Botaniker Gerhard Wagenitz (Göttingen). Siehe auch: H. W. Eighteenth Lack, V. Ibanez (1997) *Recording Colour in Late Century Botanical Drawings*: Sydney Parkinson, Ferdinand Bauer and Thaddäus Haenke. Curtis's Botanical Magazine 14: 87-100.

4 Ostwald, Wilhelm: *Lebenslinien. Eine Selbstbiographie.* Berlin: Klasing 1927; Bd. 3, S. 357. Neuauflage in: Abhandlungen der Sächsischen Akademie der Wissenschaften zu Leipzig, Mathematisch-naturwissenschaftliche Klasse Bd. 61, S. 12. Stuttgart: Hirzel 2003.

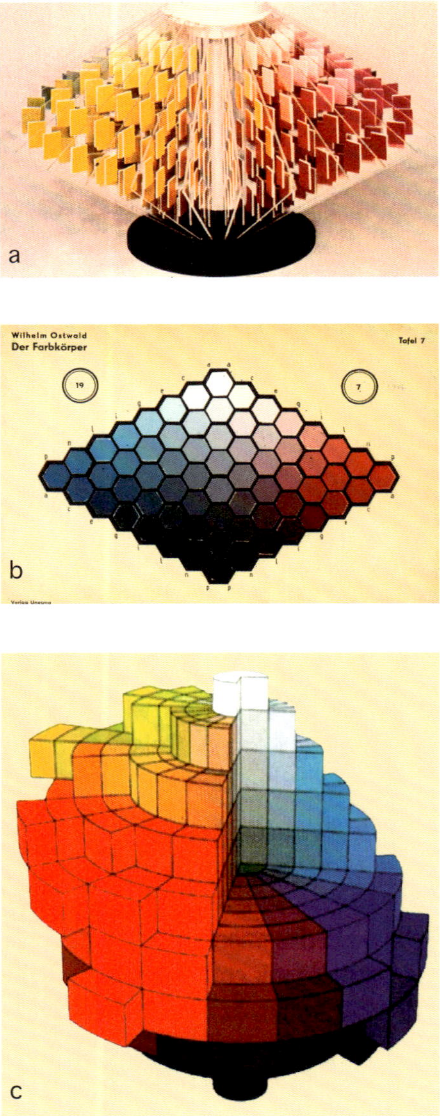

Abb. 4a: Ostwalds Farbsystem als dreidimensionaler Doppelkegel.
(b) Eine Seite aus dem zugehörigen Farbatlas.
(c) Farbkörper des Munsell-Systems in einer Darstellung von Jürgen Schramme, Mainz.

Anordnung der Farben nach dem ästhetischen Prinzip der Ähnlichkeit. Wenn man die Pole der Runge-Kugel auseinanderzöge, gelangte man im Prinzip zum Ostwaldschen Doppelkegel. Der Unterschied besteht im Abstand der einzelnen Farborte voneinander. Das Ostwaldsche Farbsystem fand in Handel, Industrie, Kunst und Wissenschaft weite Verbreitung. Es gelang Ostwald damit etwas, wovon Runge nur träumen konnte.

Ein Beispiel soll die Nutzung und Wichtigkeit ästhetischer Farbsysteme illustrieren: Die in Abb. 4b abgebildete Seite aus dem Farbatlas entstammt dem Handexemplar von Alfred Kühn (1885-1968), einstmals Zoologie-Professor in Göttingen, später Direktor am Kaiser-Wilhelm-Institut in Berlin und dem daraus hervorgegangenen Max-Planck-Institut für Biologie in Tübingen. Er studierte die Entwicklungsbiologie der Mehlmotte mit genetischen Methoden. Als Ergebnis der Kreuzungen traten an den Augen und Flügelschuppen dieses Nachtschmetterlings Änderungen der Farben in diskreten Schritten auf. Diese Farben wurden mit Hilfe des Ostwaldschen Farbatlasses bestimmt und protokolliert. Die Farbänderungen ließen sich der Wirkung der Gene zuordnen. Adolf Butenandt (1903-1995) analysierte die Biosynthese der Pigmente und fand, daß jedem Gen ein Enzym entspricht, das einen Schritt der Biosynthese katalysiert. So kam es zur Entdeckung des Prinzips »Ein Gen – ein Enzym« oder allgemeiner »Ein-Gen – ein Protein« und damit, wie Albrecht Egelhaaf formulierte, zum »Auftakt zur Molekularbiologie«. Soviel zur praktischen Bedeutung von Farbsystemen und der daraus abgeleiteten Farbatlanten.

Ostwald hielt »die Schaffung der messenden Farbenlehre für die höchste Leistung«, die ihm »zu vollbringen gegönnt gewesen sei«.[5] Das erinnert an Goethe, von dem Eckermann unter dem Datum 1. Februar 1827 ähnliche Äußerungen überlieferte. Die »malerischen Betätigungen«, die von Ostwald »anfangs ganz dilettantisch zu Zwecken der geistigen Erfrischung getrieben wurden«, galten ihm als Voraussetzung für diese Leistung. »So zweifle ich beispielsweise nicht, daß Helmholtz ein halbes Jahrhundert vor mir die messende Farbenlehre geschaffen hätte, wenn er mit Tünche und Pinsel so vertraut gewesen wäre, wie mit partiellen Differentialgleichungen.«[6]

Die wohl größte Verbreitung fand das Farbsystem von Alfred Munsell (1858-1918). Auch Munsell begann als Maler. Als Student in Paris erhielt er für sein Gemälde »Himmelfahrt des Elia« einen Preis. Es ist mir aber nicht gelungen, eines seiner Gemälde aufzuspüren. Ostwald besuchte ihn 1905 in Boston (USA). Er war nicht sonderlich beeindruckt vom Munsell-System, obwohl es einen klaren Vorteil gegenüber dem späteren Ostwald-System besitzt. Der Farbkörper des Munsell-Systems ist unregelmäßig geformt (Abb. 4c). Der Farbenkreis, der bei Runge und Ostwald noch den Äquator bildet, ist im Munsell-System gekippt, so daß Gelb näher zum Weißpol und Blau näher zum Schwarzpol gerät. Damit trägt es der Erfahrung Rechnung, daß Gelb dem Weiß und Blau dem Schwarz nach der Ähnlichkeit jeweils näher steht. Alle späteren Farbsysteme haben diese Anordnung beibehalten.

Ein wichtiges Entwicklungsziel aller Farbsysteme soll hier kurz erwähnt werden, die sogenannte Uniformität. Mit einem praktischen Beispiel gelingt es am besten. Man stelle sich vor, man bestelle einen Farbstoff, dessen Farbe man durch einen Punkt im Farbsystem definiert. Weil der Lieferant dasselbe Farbsystem benutzt, kann er die so codierte Farbe genau verifizieren. Nun soll auch noch die Toleranz bei Farbabweichungen des zu liefernden Farbstoffes festgelegt werden. Dazu kann ein gerade noch zulässiger Abstand vom vereinbarten Farbort definiert werden. Die Toleranz könnte durch eine Kugel um den Farbort mit einem bestimmten Radius definiert werden. Je größer die zugelassenen Abweichungen,

5 Ebd. Bd. 1, S. 30.
6 Ebd. Bd. 3, S. 19.

desto größer die Kugel. Diese Methode ist aber nur unter der Voraussetzung der Uniformität anwendbar. Der subjektive Farbeindruck müßte sich überall im Farbkörper und in allen Richtungen mit dem Abstand gleich stark ändern. Bei einem uniformen Farbsystem ist das der Fall. Im Munsellschen Farbsystem ist die Uniformität in höherem Maße verwirklicht als in der Runge-Kugel und dem Ostwaldschen Doppelkegel. Der Preis für diesen Vorzug ist die unregelmäßige Form.

Bevor ich zum letzten Maler komme, will ich noch schnell einen Ausblick auf alle späteren ästhetischen Farbsysteme geben. Auf englisch heißen sie *color appearance systems*, wodurch noch deutlicher herausgestellt ist, daß die systematische Ordnung der Farben in den ästhetischen Farbsystemen allein auf der Farberscheinung beruht, also darauf, wie die Farben aussehen, ohne jede Mitbestimmung durch chemische oder physikalische Theorien. Da wäre das *DIN-System* zu nennen, ferner das *Swedish Natural Color System (NCS-System),* das im Farbenhandel (RAL-Farben) eine Rolle spielt, und das *OSA-Farbsystem*, benannt nach der Optical Society of America. Für alle diese Farbsysteme gibt es Farbkörper und Farbatlanten. Es gibt eine reichhaltige Literatur zu dem Thema, aber für das Ziel dieser Mitteilung ist der Leser jetzt bereits hinreichend vorbereitet. Ästhetische Farbsysteme, das sei noch einmal bekräftigt, sind keine beliebigen künstlerischen Schöpfungen, sondern vielmehr strengen Regeln unterworfene Anordnungen subjektiver Empfindungen, die immer weiter perfektioniert wurden.

Der vierte Maler, Peter Paul Rubens (1577-1640), ist nicht nur der größte unter den bisher genannten, er ist auch der älteste und sein Farbsystem ist, wie im nächsten Abschnitt gezeigt wird, das modernste. Er galt bereits als der größte Maler seiner Zeit, als er 1608 aus Italien in das heimatliche Antwerpen zurückkehrte. Dort gehörte der Rektor des Jesuitenkollegs, Franciscus Aguilonius (1567-1617) zu den bestimmenden Persönlichkeiten. Er verschaffte Rubens große Aufträge. Aguilonius war ein gelehrter Jesuit. Er hatte ein Lehrbuch für, wie man heute sagen würde, Physiologische Optik geschrieben, dessen erster Teil durch einen Jugendfreund von Rubens, Balthasar Moretus (1574-1641), verlegt wurde.[7] Dieses Buch wurde von Rubens illustriert und ganz offensichtlich auch sorgfältig gelesen.

Das kann man an der Abb. 5 zeigen, einem Kupferstich aus diesem Buch, der eine Methode der Photometrie darstellt. Die von der rechts vorne stehenden Putte gehaltene Lampe, die doppelt soviel Licht wie die

7 Aguilonius, F.: *Francisci Aguilonii e Societate Iesu Opticorum Libri Sex Philosophis juxta ac Matematicis utiles.* Officina Plantiniana Antwerpen 1613.

Abb. 5: Kupferstich nach P. P. Rubens aus Aguilonius (1613).

auf dem Tisch stehende abstrahlt, muß von der Lochblende weiter entfernt sein, wenn die beiden Lichtflecken genau gleich hell erscheinen sollen. Aguilonius behauptete im Text, die hellere Lampe müsse mehr als doppelt so weit entfernt sein, was ein schwer verständlicher Fehler ist. Nach der Theorie der kugelförmigen Ausbreitung des Lichtes nach allen Seiten ist mit einem Abstandsverhältnis von 1 : 1,41 zu rechnen. Rubens zeichnet einen Abstand von 1 : 1,6, was dem theoretischen Ergebnis nah kommt. Es könnte auch ein Meßergebnis von einem Experiment sein, bei dem der Einfluß des Streulichts im Raum nicht ausgeschlossen worden war. Rubens' Abbildung ist jedenfalls richtiger als die Angabe des Aguilonius. Es gibt noch weitere Beobachtungen, die zeigen, daß Rubens genau verstanden hatte, was er illustrierte.[8]

Das zeigt auch die in Abb. 6a gezeigte Graphik zum Farbsystem. Sie gibt in einer vom Illustrator erdachten Weise genau wieder, was im lateinischen Text des Aguilonius zu lesen ist. Die Abbildung wird im Text aber nicht erwähnt. Die von Rubens erfundene graphische Verschlüsselung des Text-Inhalts ist deshalb meine Interpretation. Danach beschrei-

8 Campenhausen, Christoph von: *Eine Vorform der dreidimensionalen Farbsysteme in dem von Rubens illustrierten Lehrbuch des Franciscus Aguilonius* (1613). Med. hist. J. 36, 267-307, 2001. Engl. Übersetzung in: Fehr, M., Wurmfeld, S.: Seeing Red. *On Nonobjective Painting and Color Theory.* Salon Verlag Köln, 192-230, 2004.

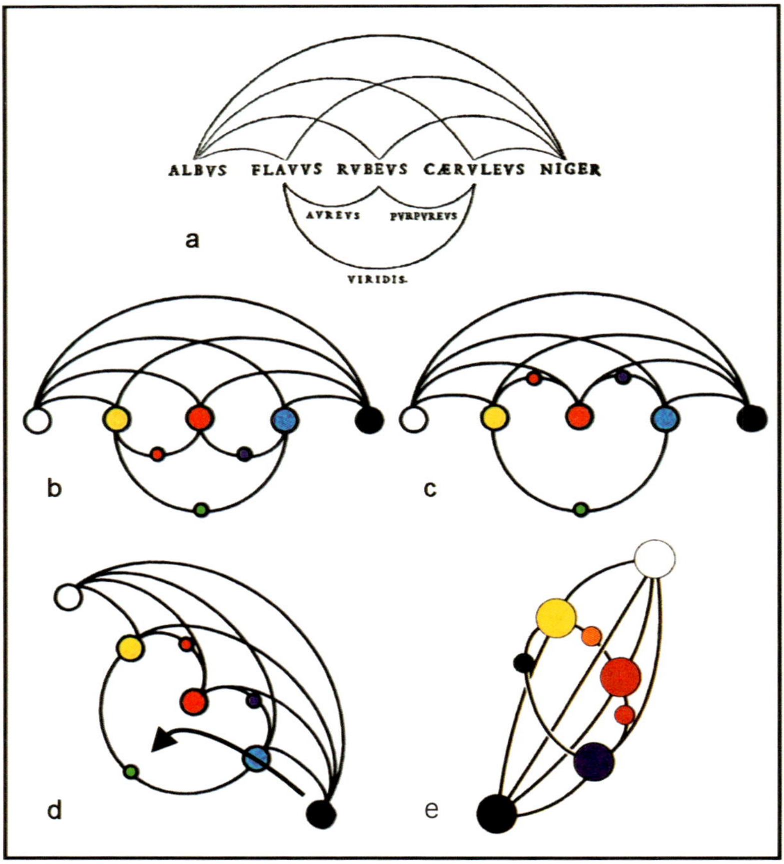

Abb. 6a: Farbsystem nach P. P. Rubens aus Aguilonius (1613). Die bunten Zeichnungen (a-e) illustrieren die topologische Transformation zum dreidimensionalen Farbkörper.

ben die Bögen die Ähnlichkeitsbeziehungen zwischen den Farben. Je kürzer der Bogen, desto ähnlicher die Farben. Der größte Gegensatz besteht zwischen Schwarz und Weiß, der kleinste dargestellte zwischen Gelb und Weiß einerseits und Blau und Schwarz andererseits.

Rubens hat nur acht Farben eingetragen. Zwischentöne zwischen diesen Farben, soll man sich auf den Verbindungslinien vorstellen. Entlang den nach oben gebogenen Verbindungslinien ändert sich der Buntton der Farben nicht. So wird auf dem Bogen von Rot nach Weiß das Rot immer blasser und weißlicher, bis nur noch Weiß übrigbleibt. Auf diesem Bogen findet somit kein Farbumschlag statt. Dasselbe gilt für die Verbindung von Rot nach Schwarz. Alle nach oben gewölbten Bögen sind von dieser Art. Auf den nach unten hängenden Bögen kommt es dagegen zum Farbumschlag: zwischen Gelb und Blau liegt der Ähnlichkeit nach Grün, zwischen Gelb und Rot das goldfarbene Orange und zwischen Rot und Blau die Purpurfarbe. Alle diese Farbübergänge werden von Aguilonius beschrieben.

Was Rubens gezeichnet hat, ist ein ästhetisches Farbsystem, geordnet nach der Farbähnlichkeit. Aber es ist flach, nicht dreidimensional wie die späteren ästhetischen Farbsysteme. Niemand hat bisher die Bedeutung der Bögen verstanden, obwohl alles im Text des Aguilonius steht, nur eben nicht, daß die Ähnlichkeitsbeziehungen in den Bogenlängen codiert sind. Goethe erwähnt die Bögen mit keinem Wort, obwohl er sich zu dem Bild sorgfältig äußert.

Wenn in den Farbsystemen verläßliche ästhetische Gesetzmäßigkeiten verschlüsselt sind, sollten sie alle gleich und dreidimensional sein. Lediglich bei der Vollkommenheit der Uniformität, die in den Abständen zwischen den Farborten und damit in der räumlichen Gestalt der Farbsysteme zum Ausdruck kommt, wird man zwischen älteren Farbsystemen Unterschiede erwarten. Im Schema von Rubens ist aber die Ähnlichkeit der Farben nicht in einfachen räumlichen Abständen codiert, sondern in der Länge der flach liegenden Bogenlinien.

Die prinzipielle Übereinstimmung mit den anderen Farbsystemen kann man erkennen, wenn man das Rubens-Schema einer topologischen Transformation unterwirft, bei der die Längen der Verbindungslinien zwischen den Farborten gleich bleiben. In den farbigen Wiedergaben des Rubens-Schemas in Abb. 6 wird das in vier Schritten gezeigt. Abb. 6b gleicht dem Rubensschema. Beim ersten Schritt werden die beiden Verbindungsbögen zwischen Gelb und Rot und zwischen Rot und Blau nach oben geklappt (Abb. 6c). Es entsteht eine herzförmige Annäherung an den Farbenkreis, der aus den anderen Farbsystemen schon bekannt ist. Den nächsten Schritt der topologischen Transformation zeigt Abb. 6d. Der Schwarzpol wird mit allen seinen Verbindungslinien durch die Mitte des herzförmigen Farbenkreises gezogen. Das Ergebnis ist ein dreidimensionales Farbsystem mit schrägstehendem Farbenkreis (Abb. 6e). Dieses zeppelinförmige Gebilde ist dem Ostwaldschen Doppelkegel ähnlich und entspricht einer an den Polen auseinandergezogenen Runge-Kugel, und mehr noch dem in gleicher Weise gestreckten Farbkörper des Munsell-Systems mit dem schrägstehenden Farbenkreis. Damit ist die prinzipielle Verwandtschaft des alten flachen Farbsystems mit den späteren dreidimensionalen nachgewiesen. Die ästhetischen Farbsysteme unterscheiden sich nur noch ein wenig in den Abständen zwischen den Farborten. (Eine geringfügige Verkürzung des größten Bogens war nötig, damit die Mittelachse gerade erscheint.)

Zu dem flachen Farbsystem von Rubens ist noch Folgendes anzumerken. Graphische Darstellungen abstrakter Zusammenhänge, wie sie heute in allen Wissenschaften üblich sind, kamen erst nach Rubens mit den Diagrammen von Galilei in Gebrauch und etwas später mit der cartesianischen Geometrie. Die Topologie ist eine Erfindung des 18. Jahrhunderts. Heute würde man die Zeichnung von Rubens als einen Graph im Sinne der mathematischen Graphentheorie bezeichnen. Die Graphentheorie ist ein Kind des 20. Jahrhunderts. Rubens war somit seiner Zeit weit voraus. Man kann es den späteren Lesern des Aguilonius-Buches nicht verübeln, daß sie den Gehalt der vollständig kommentarlosen »Infographik« des genialen Künstlers nicht erkannten.

III. Die Entwicklung zum Physiologischen Farbsystem

Wenn man einen Computerbildschirm durch ein Vergrößerungsglas anschaut, sieht man winzige Leuchtpunkte in drei Farben. Ihre Abstrahlung kann elektronisch variiert werden. Leuchten nur die grünen Punkte, dann erscheint der ganze Schirm grün. Leuchten zusätzlich auch die blauen, dann sieht er blau-grün aus. Leuchten außerdem auch noch die roten Punkte, dann ist der Bildschirm weiß. Alle Farben, die auf dem Bildschirm möglich sind, werden durch die relative Strahlungsintensität der drei Arten von Lichtpunkten hergestellt. Was man mit unbewaffnetem Auge sieht, ist die Farbe, die durch die Mischung der drei Farbreize des Bildschirms mit ihren variablen Intensitäten hervorgerufen wird.

Die Erklärung, dafür, daß man nur drei Mischfarbreize braucht, liefert die Trichromatische Theorie des Farbensehens (Abb. 7). In ihrer heute gültigen Form sagt sie, daß wir in unseren Augen drei Arten von Lichtsinneszellen besitzen, die Zapfen (Z) genannt werden. Eine andere Art von Lichtsinneszellen, Stäbchen (St), sind, wie Abb. 7b zeigt, in der Überzahl, beteiligen sich aber nur bei sehr schwacher Beleuchtung, bei der wir total farbenblind sind, am Sehprozeß. Darum sind sie hier nicht wichtig.

Jede Zapfenart enthält eine Art von Rhodopsin (Sehpurpur). Die Rhodopsinmoleküle absorbieren das Licht. Das ist der erste Schritt der Erregungsbildung. Die drei Arten von Rhodopsin und damit die drei Zapfenarten sind für Lichtquanten in jeweils verschiedenen Spektralbereichen besonders empfindlich. Die in Abb. 7d dargestellten Absorp-

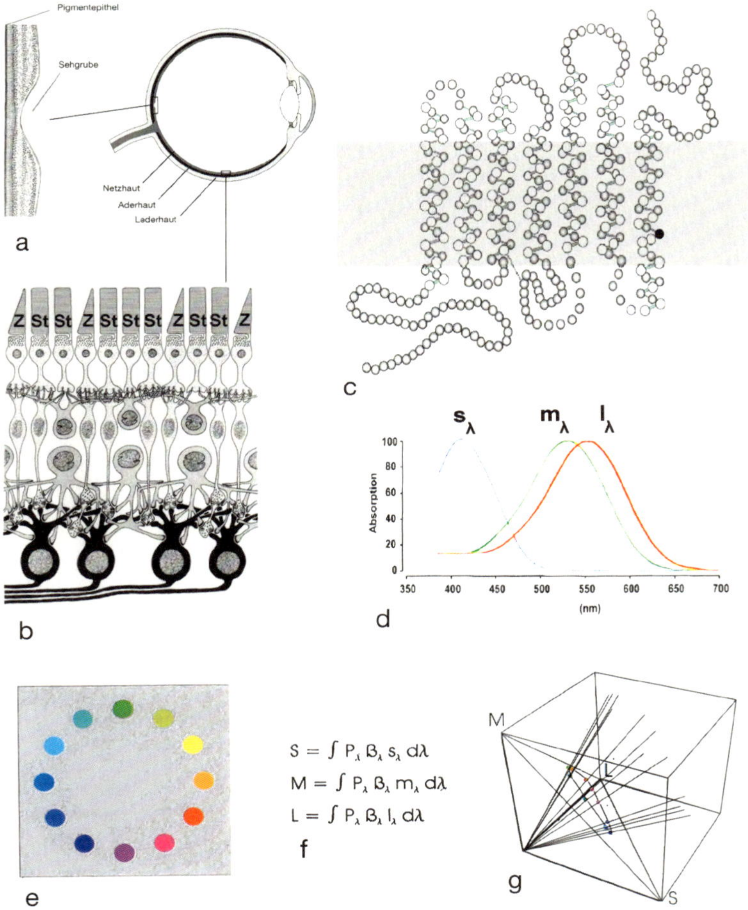

Abb. 7: Zur Trichromatischen Theorie des Farbensehens. (a) Schnitt durch ein Auge, links: vergrößertes Teilstück der Netzhaut mit Sehgrube. (b) Nochmals vergrößertes Teilstück der Netzhaut mit Zapfen (Z) und Stäbchen (St) und Nervenzellen. (c) Das Rhodopsinmolekül schematisch als Kette von Aminosäuren mit den sieben transmembranösen Abschnitten. Nicht eingezeichnet ist das an der markierten Aminosäure gebundene Retinal-Molekül. (d) Absorptionsfunktionen der drei Zapfenarten. (e) Farbenkreis. (f) Berechnung der absorbierten Lichtenergie S, M und L in den drei Zapfenarten (s, m und l). (g) Der Physikalische Farbenraum SML mit den Farborten für die Lichtreize, die von den Farben des Farbenkreises (e) ausgehen.

tionskurven zeigen, daß Lichtreize mit kurzwelliger Strahlung bevorzugt von den S-Zapfen (s wie short) absorbiert werden, Licht mit Wellenlängen aus dem mittleren (m) Spektralbereich durch die M-Zapfen. Die L-Zapfen sind besonders empfindlich für langwellige (l) Lichtstrahlung. Je nach der spektralen Zusammensetzung der Lichtreize absorbieren die S-, M- und L-Zapfen somit verschieden viele Lichtquanten. Folglich gibt es drei Erregungsgrößen, und diese drei variablen Größen bestimmen die Farbe, die wir wahrnehmen. Auf dem Bildschirm sind wenigstens drei variable Farbreize nötig, um alle Größenkombinationen von Zapfen-Erregungen hervorrufen zu können. Das ist die Grundaussage der Trichromatischen Theorie des Farbensehens.

Die Rhodopsinmoleküle sind in die Zellmembran eingebettet. Sie bestehen aus Aminosäuren, die in Abb. 7c als kleine gleiche Perlen wiedergegeben sind, obwohl hier 21 verschiedene Arten von Aminosäuren vorkommen. Die Reihenfolge der verschiedenen Aminosäuren bestimmt die Eigenschaften der Rhodopsine, wozu auch die Absorptionseigenschaften und damit die spektralen Empfindlichkeiten der Zapfen gehören. Die Reihenfolge der Aminosäuren ist genetisch festgelegt. Es sind also letztlich die Gene dafür verantwortlich, wie viele Farben wir wahrnehmen können. Die Rhodopsine und auch die Gene, die für ihre Biosynthese notwendig sind, sind genau bekannt. Dieses physiologische Wissen findet man heute in biologischen Schulbüchern.

Mit einem Anwendungsbeispiel soll jetzt dieses Wissen genauer vorgeführt werden. Aus einer Sammlung von Farbpapieren wähle man einige aus und ordne sie nach ihrer Ähnlichkeit zu einem Farbenkreis, so wie es in Abb. 7e gezeigt ist. Dieser Farbenkreis ist offensichtlich unvollkommen: die Farben sind verschieden hell, die Farbunterschiede zwischen benachbarten Farben offensichtlich nicht gleich groß. Aber die folgende Überlegung geht auch ohne strenge Vorschriften richtig auf. Nun kommt der zweite Schritt. Man nehme ein Spektralphotometer, das heißt ein Gerät, mit dem man messen kann, was die einzelnen Farbpapiere abstrahlen. Damit erfaßt man die Lichtreize, die von den Farbpapieren ausgehen, genauer, deren spektrale Strahlungsleistungsverteilung (Pλβλ). Die Absorptionseigenschaften der Rhodopsine (sλ, mλ und lλ) sind, wie gesagt, bekannt. Darum kann man ausrechnen, wieviel Strahlungsenergie (S, M, L) bei jedem Lichtreiz in den drei Zapfenarten absorbiert wird. Das zeigen die drei Gleichungen in Abb. 7f.

Die berechneten Werte S, M und L werden für jedes Farbpapier in ein dreidimensionales Diagramm eingetragen, so daß man für jedes Farbpapier einen Punkt erhält (Abb. 7g). Um zu zeigen, welcher Punkt zu welchem Farbpapier gehört, wurden die Punkte farbig gekennzeichnet.

Das Diagramm zeigt den ersten Schritt der Wahrnehmungsprozesse, die Aufbereitung der Farbinformation in die Erregung der drei Zapfenarten am Eingang des visuellen Systems.

Man sieht, daß die Farborte in diesem physikalischen Farbraum eine unregelmäßige, aber geschlossene Kreisfigur bilden. Man hätte die Papiere auch so aussuchen können, daß die Punkte einen schöneren Kreis bilden. Aber man erkennt auch so schon eine gewisse Ähnlichkeit zwischen dem Farbenkreis in einem subjektiven dreidimensionalen Farbsystem und im physikalischen Farbraum. Es gibt eine weitere Entsprechung. Wenn man die Beleuchtung des Farbenkreises ausschaltet, so daß kein Licht mehr darauf fällt, dann verschwindet auch der farbige Abglanz der Papiere. Sie erscheinen dann alle schwarz und gleich. Die Meßwerte fallen im Dunklen alle in den Ursprung des Diagramms, was an den Schwarzpol der ästhetischen Farbsysteme erinnert.

Es gibt aber auch einen prinzipiellen Unterschied zwischen den ästhetischen Farbsystemen einerseits und dem physikalischen Farbraum andererseits. Wenn man die Beleuchtung des Farbenkreises verstärkt (bei gleicher spektraler Zusammensetzung der Beleuchtung), werden alle Meßwerte S, M und L größer, und die Farborte wandern auf den Geraden immer weiter vom Ursprung weg. Die ringförmig geschlossene Figur der Farborte wird größer, und damit vergrößern sich *auch* die Abstände zwischen den Farborten so, als ob die Farben nicht nur heller, sondern auch unähnlicher würden. In den ästhetischen Farbsystemen gibt es statt dessen einen Weißpol, das heißt, die Farben werden dort nicht nur heller, sondern kommen auch dem Weißpol immer näher und werden darum ähnlicher und zuletzt gleich weiß. Die Trichromatische Theorie führt somit zu einer anderen Verteilung der Farborte als die Ordnung nach dem ästhetischen Kriterium der Ähnlichkeit.

Hermann v. Helmholtz (1821-1894) hätte gerne eine physikalische Theorie formuliert, mit der man die Farbsysteme, die auf subjektivem Urteil beruhen, richtig vorhersagen könnte. Er versuchte die Gesetzmäßigkeiten über das Verhältnis von Reizgrößen zur Wahrnehmungsintensität nach Gustav Theodor Fechner (1801-1887) zu berücksichtigen und damit den physikalischen Farbraum nach der damals ganz neuen mathematischen Methode in einen Riemanschen Raum mit den entsprechenden Eigenschaften zu verwandeln. Der große Physiker Erwin Schrödinger (1887-1961) führte diesen Ansatz weiter. Viele Farben-Forscher des vergangenen Jahrhunderts entwickelten komplizierte Theorien, um eine Brücke von der Trichromatischen Theorie zu den subjektiven Farburteilen zu schlagen. Glücklicherweise haben sie eine Möglichkeit für eine ganz einfache Lösung des Problems übersehen.

Im physikalischen Farbraum wird, wie gesagt, eingetragen, wieviel die drei Zapfenarten absorbieren. Viel besser wäre es aber, aufzutragen, was die Zapfen weitermelden. Die Absorptionen stellen die Eingangsgrößen für das visuelle System dar. Ich schlage vor, den Erregungsausgang der Sinneszellen aufzutragen. Über die Beziehung zwischen Reiz und Erregung der Zapfen kann man glücklicherweise heute sehr genaue Angaben machen. Dazu verhilft die in Göttingen entwickelte Patch-Clamp-Methode von Bert Sackmann und Erwin Neher. Mit dieser Methode kann man an den winzigen Zapfenzellen die elektrischen Erregungspotentiale sehr genau registrieren. Glücklicherweise liegt für das gemessene quantitative Reiz-Reaktions-Verhältnis eine sehr handliche mathematische Beschreibung vor (Abb. 8a). Hier ist die Größe des Reizes I auf der Abszisse logarithmisch aufgetragen, die Erregungsgröße E auf der Ordinate. Man erkennt, daß es im Bereich kleiner Reize keine Erregungsänderung gibt. Mit wachsender Reizgröße steigt die Erregung nach der sogenannten Naka-Rushton-Funktion an, wächst aber dann nicht weiter.

Das ist es, was wir suchen. Die Erregungsgröße wächst mit dem Reiz nicht immer weiter, strebt vielmehr einem maximalen Wert zu. Dieser Wert entspricht dem Weißpol in den ästhetischen Farbsystemen. Das erkennt man an dem mittleren Diagramm in Abb. 8b. Hier sind statt der Absorptionsgrößen S, M und L die Erregungsgrößen ES, EM, EL aufgetragen, also das, was die Zapfen weitermelden. Nicht die Absorptionen, sondern die Erregungssignale der Zapfen bestimmen, was wir wahrnehmen. Das Ergebnis sieht dem transformierten Farbsystem nach Peter Paul Rubens (Abb. 6e) zum Verwechseln ähnlich.

Die Papiere des Farbenkreises hätten auch anders ausgesucht werden können, und welche Farben sich Rubens vorgestellt hat, kann man nicht genau wissen. Große Exaktheit ist aber offensichtlich gar nicht nötig, um die Übereinstimmung der Darstellungen zu erkennen. Man mußte nur die richtigen meßbaren Größen, nicht die Absorptionen, sondern die Erregungen zugrunde legen, um die ästhetischen Farbsysteme, die auf subjektivem Wahrnehmungsurteil beruhen, richtig berechnen zu können.

Abschließend soll noch angemerkt werden, daß die Farborte in dem physikalischen Farbraum, der in Abb. 8b dargestellt ist, von dem Farbenkreis der Abb. 7e hergeleitet wurden. Um zu einer allgemeingültigen Form zu kommen, sollten an die Stelle der Lichtreize von den zufällig zusammengesuchten Farbpapieren monochromatische Lichter treten, wie sie vom Regenbogen bekannt sind. Die Farborte der monochromatischen Lichtreize aller Intensitäten führen im physikalischen Farbraum zu der Figur in Abb. 8c. Jürgen Schramme, der diesen Farbkörper berechnet hat, hat auch hier einige Farborte bunt markiert, damit man eine Vorstel-

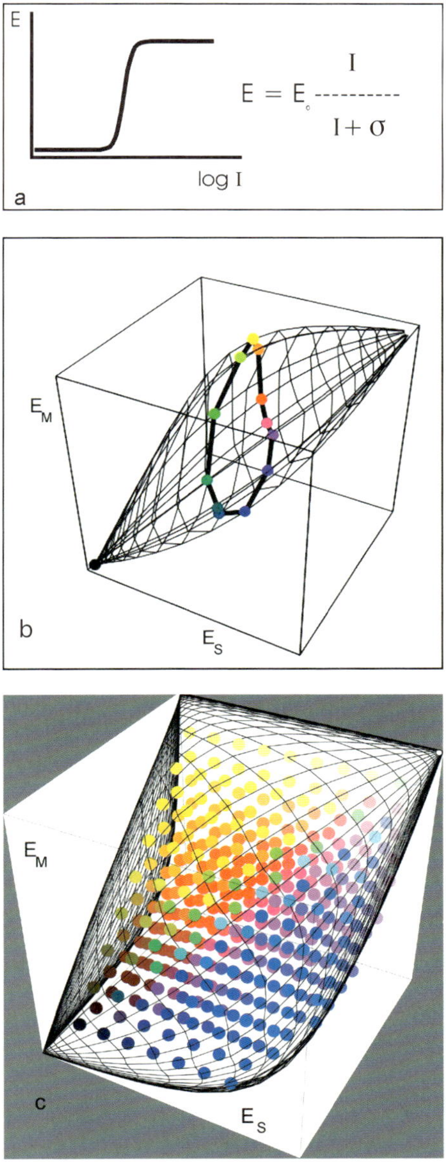

Abb. 8 (a): Zapfenerregung E (Ordinate) gegen den Lichtreiz (I) (Abszisse, logarithmische Auftragung) und algebraische Form (σ = Konstante).
(b) Physiologischer Farbraum mit den Meßdaten des Farbenkreises in Abb. 7e bei verschiedenen Beleuchtungsintensitäten.
(c) Das Physiologische Farbsystem nach J. Schramme (Mainz).

lung gewinnt, wie die wahrzunehmenden Farben in diesem Raum verteilt sind.

Diese Anordnung der Farborte stellt den Allgemeinfall dar für alle denkbaren Lichtreize. Wir bezeichnen dieses Gebilde als das Physiologische Farbsystem (PCS). Alle Aufgaben, für die die ästhetischen Farbsysteme entwickelt und perfektioniert wurden, kann man auch mit dem Physiologischen Farbsystem erledigen. Im Physiologischen Farbsystem fallen die subjektiven ästhetischen Farburteile mit den physikalischen Vorhersagen zusammen.

IV. Bilderwelten vom farbigen Abglanz der Natur

Die Entdeckung der Übereinstimmung der ästhetischen Farbsysteme mit dem physiologischen hatte eine Voraussetzung in der räumlichen Darstellungsweise. Sowohl die Maler als auch die Physiker verschlüsselten ihre Erkenntnisse in räumlicher Anschaulichkeit. Diese Gleichartigkeit der räumlichen Darstellungsform in ganz verschiedenen Erkenntnisbereichen ist erstaunlich. Die Bilderwelten der Künstler und der Physiker förderten offensichtlich das Verständnis für die psychophysischen Zusammenhänge. Dafür kann man eine biologische Erklärung angeben.

Was erklärt werden soll, soll noch einmal kurz rekapituliert werden. Bei den ästhetischen Farbsystemen kann man die Dreidimensionalität im Rückblick auf die historische Entwicklung folgendermaßen rechtfertigen. Eine Ordnung der gesättigten Farben nach Ähnlichkeit führt immer zum Farbenkreis, was experimentell leicht zu verifizieren ist.[9] Wenn man in dieselbe Ebene alle gleich hellen Farben nach Ähnlichkeit dazu ordnet, erhält man eine Farbtafel gleich heller Farben. Für hellere und dunklere braucht man dann die dritte Dimension. Soviel zur Räumlichkeit der subjektiv-ästhetischen Überlegungen.

Ganz anders verlief die Entwicklungsgeschichte der physikalischen Farbräume. Sie begann mit der Entdeckung, daß drei verschieden bunte Mischlichter variabler Intensität ausreichen, um alle Farben zu erzeugen (Trivarianz). Als Darstellung der insgesamt möglichen Größenkombinationen von drei Variablen bietet sich ein dreidimensionales Diagramm an. Dasselbe gilt für die physiologische Erklärung der Trivarianz, das heißt für die Absorptionen in den drei Zapfenarten und schließlich für das Physiologische Farbsystem mit drei variablen Zapfenerregungen.

9 Campenhausen, Christoph von: *Die Sinne des Menschen. Einführung in die Psychophysik der Wahrnehmung.* Stuttgart: 2. Aufl. Thieme 1993, S. 147 f.

Man kann die drei Variablen auch algebraisch darstellen (Abb. 7 f.), aber hilfreich war die räumliche Repräsentation.

Die beiden Bereiche, der subjektive der Farbwahrnehmungen und der objektive der Physik, kamen in ihren Bilderwelten anschaulich zusammen. Diese Ähnlichkeit der ästhetischen und physiologischen dreidimensionalen Darstellungen der Ergebnisse begründete den Verdacht, daß die physiologische Theorie die Möglichkeit wahrnehmbarer Farben richtig beschreibt und insoweit eine Brücke vom physischen zum psychischen Bereich schlägt. Für den Beweis sind weitergehende Experimente notwendig. So gelang es beispielsweise, die Unterscheidungsfähigkeit der Menschen für Spektralfarben des Regenbogens aus dem Physiologischen Farbsystem quantitativ herzuleiten.[10]

In der Räumlichkeit der Darstellung kommt ein Prinzip zum Vorschein, das einen evolutionären Ursprung hat. Abstraktes und Unanschauliches wird von Menschen in der Regel mit Hilfe räumlicher Metaphern verständlich gemacht. Die Sprache verrät das. »Neben der Arbeit erteilt er Unterricht, größer als der Ehrgeiz war die Liebe, hinter dieser Maßnahme stand die Absicht«, schrieb Konrad Lorenz,[11] um auf die Bedeutung des Raumes für die Evolution des Denkens hinzuweisen. Die Denkmethoden haben sich nach dieser Vorstellung mit den Händen vor den Augen, also im Greifraum, entwickelt. Die Sprache erinnert daran mit den Worten, mit denen man über abstrakte Zusammenhänge spricht wie *Begriff, Zusammenfassung, Einsicht, Handlung und Manipulation.* Die Anschaulichkeit der Bilderwelten von Wissenschaft und Kunst, die für die in diesem Beitrag mitgeteilten Erkenntnisse wichtig wurden, dürfte nützliche Fortentwicklung biologischer Veranlagungen sein.

Danksagung

Dr. Jürgen Schramme, der Koautor der Arbeiten zum Physiologischen Farbsystem, hat freundlicherweise die Abbildungen bearbeitet und den Text kritisch gelesen.

10 Campenhausen, Christoph von, Schramme, Jürgen: *Some properties of the physiological colour system.* In: Mollon J. D. et.al. (Eds.) *Normal and Defective Colour Vision.* Oxford Univ Press, S. 288-295, 2003.

11 Lorenz, Konrad (1954): *Psychologie und Stammesgeschichte.* In: Heberer, Gerhard (Hrsg.): *Psychologie und Stammesgeschichte.* 2. Aufl. Jena. Nachdruck in: Lorenz, K. (1965): *Über tierisches und menschliches Verhalten.* München: Piper; Bd. II, 201-254.

Pinakothek der Chemie

VON
HERBERT W. ROESKY

Denn es ist ein großer Unterschied von welcher Seite man sich einem Wissen, einer Wissenschaft nähert, durch welche Pforte man hereinkommt.

J. W. v. Goethe, Entwurf einer Farbenlehre, Einleitung

Was bedeutet oder ist eigentlich eine Pinakothek? Auf der Akropolis in Athen war es ein Raum für die Sammlung von Gedenktafeln. Im alten Rom verstand man unter Pinakothek den Raum eines Hauses, in dem Tafelbilder aufbewahrt wurden. Seit der Renaissance ist mit Pinakothek eine Galerie für Gemälde gemeint. So gibt es heute in Rom die Pinakothek in der Vatikanstadt als Teil der vatikanischen Museen, in München wurde die Alte Pinakothek als Gemäldesammlung von Klenze und die Neue Pinakothek ganz in der Nähe von Voit gebaut. Aber eine Pinakothek der Chemie? Welche Bilder finden sich in ihr? Um einen Einblick zu gewinnen, soll zunächst von der älteren Schwester der Chemie, der Alchemie, erzählt werden.

Wie alles begann: die Wurzeln der Farbchemie in der Alchemie

Die moderne Chemie beginnt 1790 mit Antoine Lavoisier (1743-1794), der als erster quantitative Experimente machte. Er führte entsprechende Meßmethoden in die Chemie ein und wurde so zu einem der wegweisenden Mitbegründer der modernen Chemie. Lavoisier erklärte Oxidations- und Reduktionsvorgänge und untersuchte den Atmungsvorgang. Er präzisierte die Begriffe ›Element‹, ›Säure‹, ›Base‹ und ›Salz‹ und prägte die Ausdrücke ›Sauerstoff‹ und ›Radikal‹. Erst seit dieser Zeit kann man von der Chemie als einer Wissenschaft im heutigen Sinne sprechen.

Doch lange zuvor gab es schon die Alchemie, die sich über eine Periode von mehr als 2000 Jahren erstreckt hatte. Entstanden war sie als eine Symbiose von griechischer Philosophie und ägyptischer Handwerkskunst um 300 v. Chr. in Alexandria. Bis weit ins 18. Jahrhundert hinein suchten die Alchemisten einen uralten Menschheitstraum zu verwirklichen, nämlich aus weniger wertvollen Metallen, beispielsweise Eisen oder Blei, Gold herzustellen. Sie glaubten, dies sei mit Hilfe eines geheimnisvollen

Abb. 1: Anschliff eines Charoits.

Abb. 2: Reaktion einer verdünnten Silbernitrat-Lösung mit einer wäßrigen Ammoniumthiocyanat-Lösung.

Verwandlungsstoffes möglich, und der Suche nach diesem »Stein der Weisen« galt all ihr Bestreben. In ihrem Glauben an die Wundertätigkeit eines solchen Steins konnten sie sich auf Aristoteles (384-322 v. Chr.) und dessen Schüler Theophrastos von Eresos (372-287 v. Chr.) berufen, die Mineralien eine besondere Bedeutung und Kraft zugesprochen hatten. So ordnete Aristoteles den vier Elementen jeweils einen Stein zu: den Rubin dem Feuer, den Saphir dem Wasser, den Smaragd der Erde und den Diamanten der Luft. Das Wissen der Antike über Mineralien und Edelsteine faßte Plinius der Ältere (23-79) in seiner Enzyklopädie *Naturalis historia* zusammen.

Als im 7. Jahrhundert v. Chr. die Araber nach Griechenland kamen, begannen sie sich intensiv mit der Alchemie zu beschäftigen. Sie nannten den Stein der Weisen ›El-Iksir‹ – daraus entstand später der Begriff des ›Elixiers‹ –, und sie sahen in ihm nicht nur ein Mittel zur Umformung von Metallen. Sie glaubten auch, daß er Krankheiten heilen und die Menschen unsterblich machen könne. Schon die arabischen Alchemisten wurden daher einflußreich und mächtig. Ihre arabischen Bücher wurden ins Lateinische übersetzt, was nicht unwesentlich zu der großen Bedeutung beitrug, welche die Alchemie vor allem in der Medizin des 16. und 17. Jahrhunderts in Europa hatte. Der Glaube, daß man mit Hilfe der Alchemie Krankheiten heilen könne – Beryll galt beispielsweise als Heilmittel gegen Asthma –, war übermächtig. Auch Hildegard von Bingen (1098-1179) verwendete Edelsteine bei der Behandlung von verschiedenen Krankheiten.

Bis heute wirkt dieser Glaube an die heilenden und stimulierenden Kräfte der Mineralien und Edelsteine. Ihre Farbe, ihr Glanz und ihre unterschiedlichen Formen regen die Phantasie an, und weit über ihre

Bedeutung als bloße Schmuckstücke und Wertanlage schreibt man ihnen magische Kräfte zu. In der alternativen Heilkunde spielen sie noch immer eine wesentliche Rolle. So soll man beispielsweise den Charoit unter das Kopfkissen legen, um Schlafstörungen zu verhindern und Alpträume zu vertreiben.

Man mag darüber lächeln, aber auch ein nüchtern denkender Mensch kann sich nur schwer der farbigen Schönheit eines Amethysts, eines Lapislazuli oder eines Turmalins entziehen, und wer könnte sich nicht für die wirbelnden Muster ineinandergreifender farbiger Kristalle begeistern, die beim Querschnitt durch eine Gesteinsdruse sichtbar werden? Beim Betrachten beispielsweise des Charoits sieht man diese wirbelnden Muster (Abb. 1). Der Stein offenbart eine große Schönheit. Man erhält ein Resultat von vergleichbarer Schönheit, wenn man Silberionen mit Ammoniumthiocyanat in Gegenwart eines wasserlöslichen Farbstoffs ausfällt (Abb. 2).

Die Faszination, die von den Alchemisten und den von ihnen geweckten Hoffnungen ausging, schlug sich in zahlreichen Bildern nieder, die sie bei ihrer Arbeit zeigen. So ist in Abb. 3 Henning Brand (1630-1710) dargestellt, von dem es heißt, daß er den Phosphor entdeckt habe. Das Leuchten des weißen Phosphors in der Dunkelheit entsteht durch die Oxidation von weißem Phosphor zu Phosphortrioxid, das weiter zu Phosphorpentoxid oxidiert wird. Im Jahre 1669 konzentrierte Brand Urin und erhitzte den Rückstand. Er erhielt ein Produkt, das in der Dunkelheit leuchtete, weil das Phosphorsalz ($NaNH_4HPO_4$) mit der beim Erhitzen entstandenen Kohle zu weißem Phosphor reagierte. Der Herzog Johann Friedrich von Braunschweig-Hannover wollte Brand nach Hannover holen, weil er meinte, daß mit Brands allgemeiner Medizin der Teufel ausgetrieben werden könne und es außerdem möglich sei, eine Menge Gold und Silber in den Bergen des Harzes zu gewinnen. Der Landesherr beauftragte 1676 den Hofrat Gottfried Wilhelm Leibniz (1646-1716), der als Bibliothekar und Historiker am Hof in Hannover arbeitete, Brand zu gewinnen. Dieser wurde eingeladen und erwies sich gleich als äußerst geschäftstüchtig: Als Gehaltsfragen erörtert wurden, sprach er davon, daß er acht Münder zu füttern hätte. Außerdem schrieb er in einem Brief vom 26. November 1678, daß ihm durch seinen Aufenthalt in Hannover ein Verlust von 300 Reichsthalern entstanden sei. Das war natürlich übertrieben; er wollte einfach nur viel Geld herausschlagen. Sowohl der Herzog als auch Leibniz wußten, daß er in Hamburg viele Schulden hatte, obwohl seine Frau Margarethe bei der Heirat sehr reich gewesen war. Das Hannoveraner Angebot war dennoch nicht attraktiv genug, denn Brand hat die Stelle nicht angenommen.

Abb. 3: Henning Brand entdeckt den Phosphor. Gemälde (Ausschnitt) von Joseph Wright (1734-1797).

Die Alchemie übte eine solche Faszination aus, daß oftmals die Fürsten selbst zu experimentieren begannen. Abb. 4 zeigt den Herzog Francesco de Medici (1541-1587) in seinem Labor. Ein älterer Alchemist hilft ihm. Der Freund des Herzogs hat ein gefülltes Gefäß in der Hand. Der Herzog selbst rührt in einer Abdampfschale, die auf einem Ofen steht. Im Hintergrund wird der Ofen mit Kohle gefüllt, damit der Destilla-

Abb. 4: Großherzog Francesco I. von Medici. Gemälde von Jan van der Straet, gen. Stradanus, 1570. Palazzo Vecchio, Florenz.

tionsapparat weiter läuft. Der Diener im Vordergrund arbeitet mit einem Mörser. Links sieht man, wie Pflanzenöl gepreßt wird. Oben links notiert ein Schreiber die Ergebnisse, und rechts sieht man einen Filtrationsapparat.

Bis ins 20. Jahrhundert gab es, wenn auch nur noch vereinzelt, geheimnisumwitterte Amateurchemiker. So beschreibt Siegfried Lenz in seinem Roman *Heimatmuseum* einen ostpreußischen Quacksalber, der in seinem Hause experimentierte:

> Ständig kamen farbige Dämpfe aus seinem sogenannten Labor, in alle Räume zog der Dampf, über unserem Haus erschienen stark gefärbte Wolken. Tag und Nacht kochte es in seiner geheimnisvollen Küche, etwas briet, brodelte und schmolz, manchmal hörte man kleine Explosionen, und aus Flammenzungen kamen Düfte, die uns träumen ließen.

Nicht nur in Laboratorien, sondern auch auf Marktplätzen waren bis weit ins 19. Jahrhundert hinein Alchemisten und Quacksalber zu sehen, die dort ihre wundersamen chemischen Tricks zeigten, deren genaue Rezeptur sie natürlich zu verheimlichen suchten. So berichtet der große Chemiker Justus von Liebig (1803-1873):

> Auf dem Marktplatz von Darmstadt lernte ich von einem Straßenhändler, wie man Knallsilber in Spielzeugtorpedos bringt. Als er sein Silber löste, zeigten mir die ersten roten Dämpfe, daß er Salpetersäure benutzte und eine Flüssigkeit, die er auch benutzte, um schmutzige Jackenkrägen zu reinigen, und die nach Alkohol roch.

Bei all diesen Experimenten waren es Farbreaktionen, mit denen – nicht ohne Erfolg – die Zuschauer beeindruckt und in den Glauben versetzt werden sollten, man habe den Stein der Weisen gefunden. Nun, das ist bis heute nicht gelungen, aber aus den wundersamen Farbexperimenten der Alchemisten und der Quacksalber hat sich eine Farbchemie entwickelt, die in anderer Weise als ursprünglich gedacht unedle Stoffe, wenn schon nicht in Gold verwandelte, so ihnen doch Goldeswert verschaffte.

Farben aus der Retorte

Bereits prähistorische Menschen waren mit dem Färben von Pelzen, Textilien und anderen Objekten vertraut. Sie verwendeten dafür meist pflanzliche, teilweise auch tierische Farbstoffe sowie anorganische Pigmente. Auf altägyptischen Papyrusrollen wird die Herstellung und Verwendung von Naturfarbstoffen und Pigmenten erklärt. Typische antike Farbstoffe sind Indigo (blau), Purpur (purpurrot) und Alizarin (türkischrot). Der erste synthetische Farbstoff, das sogenannte ›Mauvein‹, wurde durch Zufall von dem englischen Chemiker William Henry Perkin (1838 bis 1907) entdeckt, der daraufhin in Greenford bei London die erste Teerfarbenfabrik errichtete. Nach Perkins Entdeckung begannen mehrere deutsche Farbstoffproduzenten mit der Herstellung synthetischer Farbstoffe ebenso wie mit der industriellen Herstellung von Naturfarbstoffen. Aus der Destillation von Kohle entstand Koks, Gas und Teer. Kohle als Reduktionsmittel wurde benutzt, um Eisen zu gewinnen. Gas diente zur Beleuchtung und Teer wurde noch einmal destilliert. Das Ergebnis waren Grundstoffe für Farben, die zur Gründung der Farbenindustrie führten. In Deutschland waren dies unter anderem die Badische Anilin- und Soda-Fabrik (BASF), die Farbenfabriken Bayer, die Farbwerke Hoechst und die Cassella Farbwerke. Sie wurden 1925 zu dem Großkonzern der I.G. Farbenindustrie zusammengeschlossen, der nach dem 2. Weltkrieg jedoch wieder in Einzelfirmen zerschlagen wurde. Wie man an den Firmenbezeichnungen sieht, spielte die Herstellung synthetischer Farben die entscheidende und damit namensgebende Rolle.

Die Farben hätten sicherlich nicht eine solche Bedeutung erlangt, wenn sie nicht von alters her eine ästhetische Komponente gehabt hätten. Und daher soll im folgenden über das Farbenspiel der Chemie gesprochen werden.[1]

Die Chemie als Künstlerin

Zu Beginn ein Zitat von Wassily Kandinsky (1866-1944):

> Jedes Kunstwerk ist ein Kind seiner Zeit, oft ist es die Mutter unserer Gefühle. So bringt jede Kulturperiode eine eigene Kunst zustande, die nicht mehr wiederholt werden kann. Eine Bestrebung, vergangene Kunstprinzipien zu beleben, kann höchstens Kunstwerke zur Folge haben, die einem totgeborenen Kinde gleichen.[2]

Bilder, besonders farbige Bilder, haben für die Kommunikation unter den Menschen immer eine wichtige Rolle gespielt. Vor vielen tausend Jahren haben Ägypter, Inkas, Chinesen und Europäer ihr tägliches Leben in farbigen Bildern dargestellt. Im Mittelalter wurden Bibeln und Bücher mit prächtigen bunten Miniaturen illustriert, um den Inhalt dieser Bücher anschaulich zu machen. Im 19. Jahrhundert begannen Wissenschaftler zu erforschen, wie wir sehen. Künstler begannen zu malen, was sie sahen. Sie malten einen Gegenstand nicht mehr nur als Gegenstand, sondern sie malten Licht und Farbe. Wissenschaft und Kunst tauschten

1 Mein Dank gilt Henry Fraatz für die Durchführung der Experimente. Herrn Prof. Sitzmann danke ich, daß er mir die Bilder mit den Kristallen und den Fraktalen zur Verfügung gestellt hat.

2 Wassily Kandinsky: *Gegenklänge*, DuMont Schauberg (1970).

ihre individuellen Erfahrungen aus. Diese Kreativität ist auch heute noch aktuell. Wissenschaft, speziell Chemie, kann farbenprächtige Bilder schaffen, die der Malerei des 20. Jahrhunderts vergleichbar sind. Diese Bilder jedoch sind nicht statisch, sie leben, sie ändern sich ständig. Es ist faszinierend zu beobachten, wie durch das Zusammenfügen zweier oder mehrerer unterschiedlicher Flüssigkeiten bewegte, immer wieder neue Bilder entstehen.

Die Farbe Blau

Franz Marc (1880-1916) und Wassily Kandinsky gründeten 1911 in München zusammen mit anderen Malern die Künstlergemeinschaft des *Blauen Reiter*, eine der wesentlichen künstlerischen Bewegungen des 20. Jahrhunderts. Kandinsky sagt dazu:

> Den Namen *Blauer Reiter* erfanden wir am Kaffeetisch in der Gartenlaube in Sindelsdorf, beide liebten wir Blau, Marc Pferde, ich Reiter. So kam der Name von selbst.

Die Epoche des *Blauen Reiter* zeichnet sich durch kräftige Farben und starke, kontrastreiche Formen aus. Selbst Schatten- und Lichtzonen haben ausgeprägte Umrisse und eine intensive Farbigkeit. Vergleichbare Farbkontraste erhält man, wenn man hintereinander Fluorescein, Kongo-Rot, Indigo-Karmin und Methylenblau mittels einer Tropfpipette zu Wasser in eine Glasküvette gibt. Die Farbkompositionen in der Küvette hängen von der Geschwindigkeit der Zugabe und der Farbstoffmenge ab (Abb. 5).[3]

Der soziale, künstlerische und religiöse Gebrauch der Farbe Blau verschwindet nicht im Dunkel der Geschichte, er geht nicht einmal zurück bis in die Steinzeit, als die Menschen, die zwar noch Nomaden waren, aber schon in gesellschaftlichen Verbänden lebten, ihre ersten Wandzeichnungen machten. Hier findet man kein Blau, dagegen Rot, Schwarz, Braun, Ocker in allen Nuancen, aber eben kein Blau, auch kein Grün und kaum Weiß. Viele tausend Jahre später ist es fast das gleiche, als die ersten Farbtechniken entstehen: der jetzt seßhafte Mensch färbt mit Rot und Gelb, lange bevor er Blau benützt. Diese Farbe, die doch bereits seit

3 Die Arbeitsgeräte des Chemikers sind Rundkolben, Reagenzgläser, Erlenmeyerkolben, Bechergläser oder Schlenkkolben. Alle haben gemeinsam, daß sie konkave Oberflächen haben und deshalb für photographische Aufnahmen wegen der Lichtspiegelung und der schlechten Fokussierung wenig geeignet sind. Wir haben deshalb die Experimente in Petrischalen oder Küvetten durchgeführt. Man erhält dadurch scharfe Bilder.

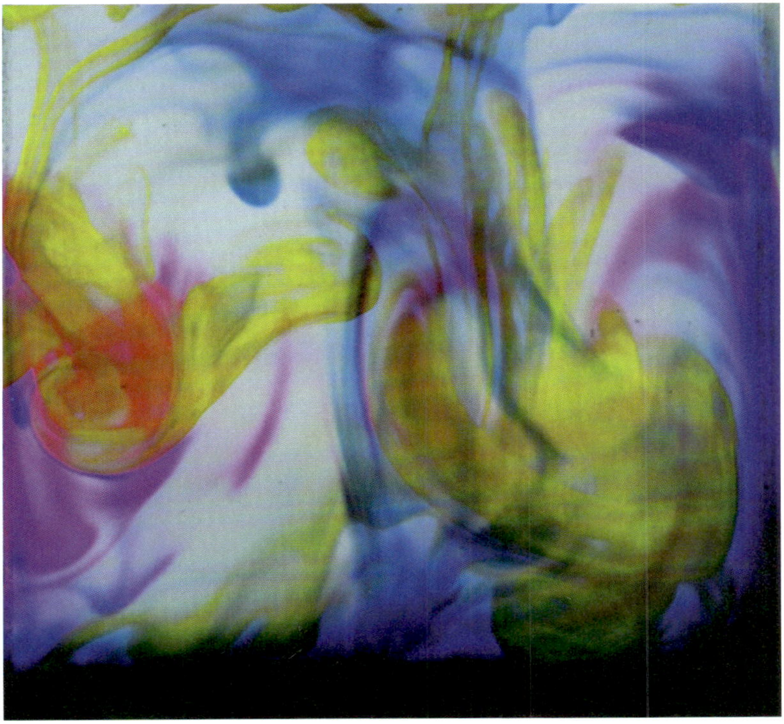

Abb. 5: Fluorescein, Kongo-Rot, Methylenblau und Indigo-Karmin werden in unterschiedlicher Menge und Geschwindigkeit zu Wasser hinzugefügt.

der Entstehung der Erde in großen Mengen vorhanden ist, ist eine Farbe, die der Mensch erst spät und unter großen Schwierigkeiten reproduziert, hergestellt und beherrscht hat.

Das erklärt vielleicht, warum die Farbe Blau in der westlichen Welt so lange Zeit eine zweitrangige Farbe geblieben ist, die weder im gesellschaftlichen und im kirchlichen Leben noch in der Kunst eine bedeutende Rolle gespielt hat. Im Vergleich zu den Farben Rot, Weiß und Schwarz, den drei Grundfarben der alten Kulturen, ist ihre symbolische Dimension zu schwach, um Ideen weiterzugeben, um Emotionen oder starke Eindrücke zu erwecken, um Geheimzeichen oder Systeme zu organisieren, um zu klassifizieren, zusammenzuschließen, Gegensätze zu schaffen, Hierarchien entstehen zu lassen – diese klassifizierende Funktion ist die erste Funktion der Farbe in allen Kulturen – oder auch mit dem Jenseits in Verbindung zu treten.

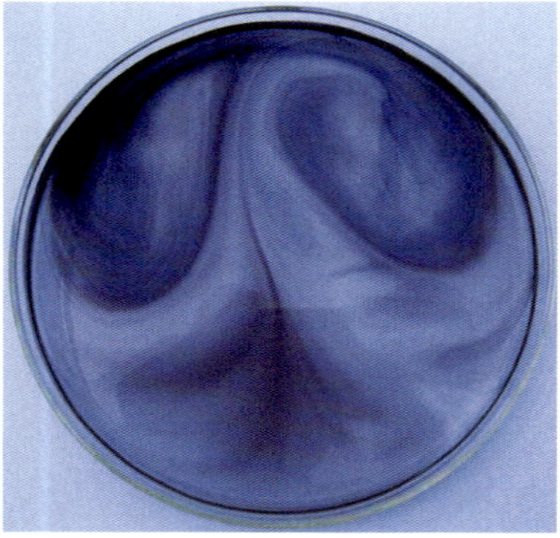

Abb. 6: Jod-Stärke-Reaktion.

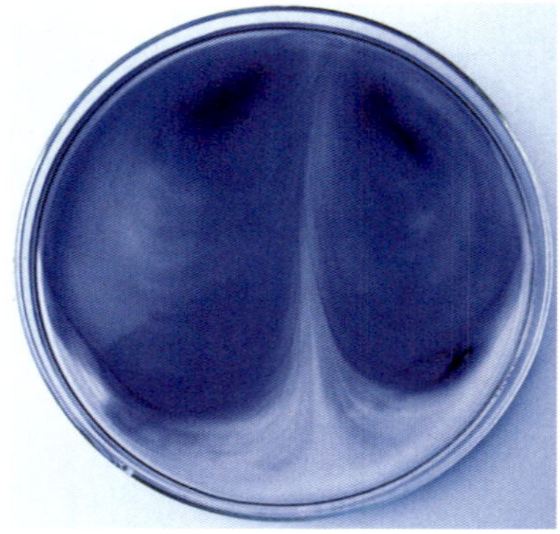

Abb. 7: Jod-Stärke-Reaktion.

Am Ende des Mittelalters wird Blau zur Farbe der Jungfrau Maria, Blau wird die Farbe der königlichen Würde, sie wird modern und in der Literatur immer mehr mit der Freude, der Loyalität und dem Frieden verbunden, sie wird zur schönsten und vornehmsten Farbe. Weit entfernt von ihrer Nebenrolle in der Antike und im frühen Mittelalter, hat die Farbe Blau in der Wissenschaft, der Kunst und der Gesellschaft die Farbe Rot weit überholt und ist heute die Farbe »par excellence«. In der Chemie liefert die bekannte Jod-Stärke-Reaktion hierfür ein schönes Beispiel (Abb. 6, 7).

Farbe, Licht und das Zusammenspiel beider waren für Pierre-Auguste Renoir (1841-1919) die Basis seines Malens. Immer wieder ist er in die freie Natur gegangen, um dort das richtige Licht zu finden, das seine Farben belebte. Zusammen mit seinen Freunden hat er 1874 die erste Ausstellung des ›Impressionismus‹ eröffnet. Die damalige Kritik war niederschmetternd. »Die Bilder sind nachlässig gemalt. [...] es stehen einem die Haare zu Berge«, heißt es in einer zeitgenössischen Rezension. Erst 1881 wird Renoir, der allerdings in der Zwischenzeit seine schönsten Bilder malte, anerkannt. Heute sind wir fasziniert vom Leuchten der Farben, von der Lebendigkeit des Lichts, die seine einzigartige Art des Malens zum Ausdruck bringt.

Etwas von dieser Faszination der Farbe und des Farbzusammenspiels kann ein Chemiker mit einfachen Mitteln und Reaktionen auslösen. Ein Foto einer solchen Reaktion kann manchmal einem Kunstwerk verblüffend ähneln. Die unten beschriebene Reaktion als Bild hat etwas von der Dynamik des Bildes *La Vague* von Renoir (Abb. 8). Dieses Kunstwerk ist einzigartig, und es bleibt es, auch wenn man es mit den heutigen Repro-

Abb. 8: Pierre-Auguste Renoir: »La Vague«.

Abb. 9: Cu^{2+}_{aq}-Lösung unter Zugabe von wäßriger Ammoniaklösung.

duktionstechniken täuschend echt vervielfältigen kann. Auch das chemische Bild (Abb. 9) ist einzigartig, und dies in einer ganz besonderen Weise. Reproduzieren läßt es sich nämlich höchstens als Foto, nicht aber experimentell: Mit jeder neuen Reaktion entsteht ein neues, einzigartiges Bild. Man kann diese hundert- und tausendfachen Variationen desselben Motivs schrittweise mit einer Digitalkamera verfolgen und gewinnt dadurch ein Gefühl für die vielfältigen Möglichkeiten des Experiments und der Chemie samt ihren ästhetischen Komponenten.

Farbexperiment und Planeten

Im Jahre 1664 entdeckte Robert Hooke (1635-1703) einen roten Fleck auf der Oberfläche des Jupiter (Abb. 10). Dieser Fleck ist in den letzten dreihundert Jahren nicht verschwunden. Vergleichbare kleinere rote Flecken kann man auf der Oberfläche von Saturn und Neptun sehen. Bisher weiß man nicht, warum diese Strukturen so stabil sind. Man weiß lediglich aufgrund von Infrarot-Beobachtungen, daß die roten Flecken ein Hochdruckgebiet sind und daß der Wolkenrand höher und kälter als seine Umgebung ist. Ein vergleichbares chemisches Bild erhält man, wenn man Lebensmittelfarben in Wasser gibt (Abb. 11).

Abb. 10: Der Planet Jupiter.

Abb. 11: Farbkomposition aus Lebensmittelfarben.

Abb. 12: Reaktion von metallischem Natrium in Alkohol in Gegenwart eines Indikators.

Abb. 13: Reaktion von Natrium in Gegenwart von 1- und 2-Propanol und Bromthymolblau.

Chemische Muster

Konvektionsströmungen in einer Lösung führen zu einer Musterbildung, die durch einen Farbumschlag erfolgt. Dazu wird eine alkalische Lösung mit einem Indikator und dann über die Gasphase mit Salzsäuredämpfen versetzt. Diese Technik erlaubt es, die Musterbildung verschiedener Reagenzien in Lösung zu studieren. Man erreicht hiermit eine große farbliche und strukturelle Vielgestaltigkeit, vergleichbar den Rosetten der gotischen Kathedralen. Musterbildung in Lösung erhält man auch aus der Reaktion eines Metalls in Gegenwart eines Indikators in einer Alkoholmischung. Bei geeigneter Anordnung des Metalls in einer Petrischale lassen sich Kunstwerke erzeugen, die einer entfalteten Blüte sehr ähnlich sind (Abb. 12, 13).

Diese farbigen Muster sind dadurch entstanden, daß man unterschiedliche Farbstoffe in Wasser gibt. Sie sind mit einer Digitalkamera aufgenommen worden. Diese unterschiedlichen Muster entstehen, je nachdem welche Farbe oder welche Farbkonzentration man verwendet. Unterschiedliche Farben reagieren unterschiedlich mit Wasser, weil der Farbwechsel vom pH-Wert abhängig ist. Es ist faszinierend zu sehen, wie viele Muster entstehen. Ein solches Muster oder Bild ist einzigartig, es kann nicht wiederholt werden.

Musterbilder auf Cellulosepapier, wie sie zuerst Phillip Ferdinand Runge (1794-1867) herstellte, sind von besonderem ästhetischem Reiz.

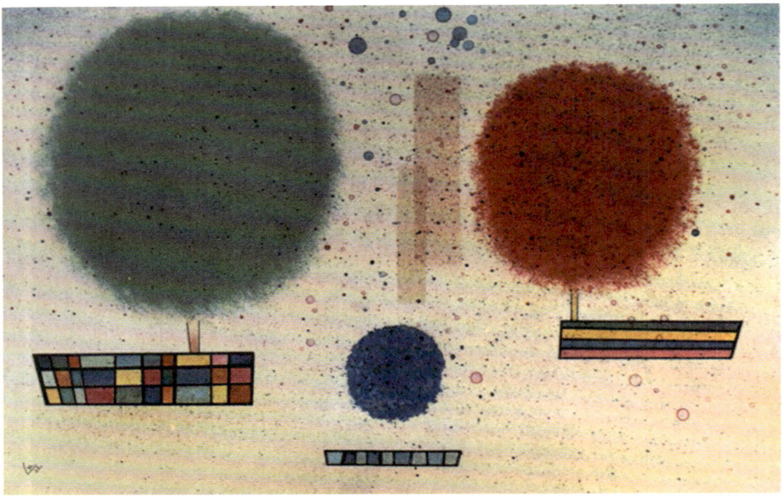

Abb. 14: Wassily Kandinsky: »Wachsende Flecken« (1932).

Man kann ungiftige Lebensmittelfarbstoffe verwenden und hat die Möglichkeit, mit verschiedenen Farben und Formen zu experimentieren. Es ist ein Spiel auf Papier, ohne Pinsel und häufig vom Zufall begleitet. Mit dem Pinsel hat Wassily Kandinsky ein Kunstwerk geschaffen (Abb. 14), das man gut mit einigen der gezeigten chemischen Bilder vergleichen kann. Chemische Blüten oder Blumen (Abb. 15, 16) ähneln den Bildern von Emil Nolde (1867-1946), der den Dreiklang der Farben Gelb, Orange

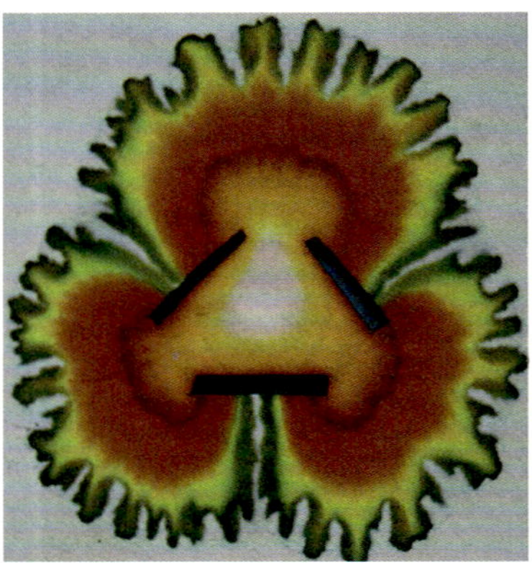

Abb. 15: Rungesche Blüte auf Papier.

Abb. 16: Rungesche Blumenvase durch vorgeformte Schnittflächen.

und Zinnoberrot liebte. Er wendete fast die gleiche, oben beschriebene Technik an: Die sich auf nassem Japanpapier ausbreitenden Flecken entwickelte er weiter, um daraus Figuren oder Landschaften entstehen zu lassen (Abb. 17).

Abb. 17: Emil Nolde: »Gelbe Sonnenblumen und Roter Mohn«.

Die Schönheit farbiger Kristalle wird in Abbildung 18 demonstriert. Besonders die späten Bilder von Lyonel Feininger (1871-1956) sind eine Art kristallin leuchtender Kompositionen, die im Raum zu schweben scheinen. Sein Stil ist stark von graphischen Elementen geprägt und die Farben sind oft zart und klar wie Kristalle (Abb. 19).

Schlußgedanken

Vielleicht erinnern Sie sich an die Zeit, als Sie jung waren, irgendwo im Gras lagen und den Wolken nachsahen. Sie bemerkten unterschiedliche Formen, die einem alten Mann ähnelten, einem Pferd oder einem fliegenden Teppich. Der Wind zerstörte diese Formen, aber Sie erinnern sich an sie. Etwas von dieser Faszination können chemische Experimente bewirken. Sie sind wie leichte Wolken, farbig, flüchtig und von unwie-

Abb. 18: Kupferhaltiger Kristall.

Abb. 19: Lyonel Feininger: »Brücke III«; Öl auf Leinwand, (1917). Museum Ludwig, Köln.

derholbarer Schönheit. – Adalbert Stifter schrieb in seinem 1857 erschienenen Roman »Der Nachsommer«:

> Für Euch Jüngere wird die Wissenschaft viel leichter sein als sie für die Älteren gewesen ist. Heutzutage beobachten wir und machen Experimente, während früher die Leute sich auf Vermutungen, Meinungen oder sogar Einbildungen verließen. Lange Zeit waren diese neuen Wege nicht klar, obwohl der Eine oder Andere sie schon gegangen war.

Und zum Schluß ein Wort von Raymond Chandler (1888-1959):

> Es gibt zwei verschiedene Prinzipien: Das Prinzip, das den Weg zeigt, den man gehen muß, und das Prinzip, das das Herz wärmt. Das erste Prinzip ist die Wissenschaft, das zweite die Kunst. Beide hängen voneinander ab, und keines ist wichtiger als das Andere. Ohne Kunst wäre Wissenschaft so nutzlos wie eine Pinzette in der Hand eines Klempners. Ohne Wissenschaft wäre Kunst ein Durcheinander von Folklore und emotionalem Scharlatanismus. Das Prinzip Kunst schützt die Wissenschaft davor unmenschlich zu werden, das Prinzip Wissenschaft schützt die Kunst davor lächerlich zu werden.

Die Farben des Himmels

VON
GÜNTHER HASINGER

Schwarz-weiß und doch voller Farben

Fast alles, was man mit dem bloßen Auge am Nachthimmel sehen kann, sind die Sterne unserer eigenen Milchstraße, und dieser Sternenhimmel erscheint schwarz-weiß. Nun gibt es aber viele astronomische Aufnahmen mit einem faszinierenden Farbenreichtum, und es ist eine berechtigte Frage, woher eigentlich diese Farben kommen. Auch wenn man mit immer größeren Teleskopen, die immer empfindlichere Messungen erlauben, in diesen Himmel hineinfährt, stellt man fest, daß er im wesentlichen schwarz ist. Erst wenn wir mit den empfindlichsten Instrumenten in die weitesten Tiefen des Weltalls blicken, finden wir am Himmel eine

Abb. 1: Ausschnitt aus dem mit höchstmöglicher Empfindlichkeit vom Hubble-Space-Teleskop aufgenommenen Bild. Der Blick in das »Hubble Ultradeep Field« geht in die entferntesten Regionen des Weltalls (NASA/ESA/STScI/ACS/Beckwith).

Art Tapeten-Muster mit vielen Hunderten von Millionen Galaxien mit einer Vielzahl von Formen und Farben. Abb. 1 zeigt das »tiefste« Bild des Himmels, das jemals aufgenommen wurde. Dort hat das Hubble-Space-Teleskop fast eine Woche lang die gleiche Stelle des Himmels beobachtet, und dann wurden die Farben sichtbar. Auf dem hier dargestellten Ausschnitt sieht man Hunderte von Galaxien in allen möglichen Farben und Formen, die größtenteils ihr Licht ausgesandt haben, als das Universum noch sehr jung war. Wir blicken hier direkt in die Kinderstube des Universums und können den Galaxien beim Wachsen zuschauen.

Um Farben zu bekommen, benötigt man viel Licht. Deshalb heißt es ja zu Recht: »In der Nacht sind alle Katzen grau«. Das liegt daran, daß die Rezeptoren der Augen eine gewisse Lichtmenge brauchen, um überhaupt Farben erkennen zu können. Dasselbe gilt für Kameras und Detektoren. Deshalb brauchen wir so große Teleskope und lange Belichtungszeiten, und erst dann werden Farben für uns sichtbar.

Die schönsten und farbigsten Bilder kommen von Objekten, die sehr exotisch sind, beispielsweise die sogenannten planetaren Nebel (Abb. 2). Sie gehören zu den buntesten Objekten, die wir am Himmel sehen können. Das liegt im wesentlichen daran, daß wir hier einzelne chemische Elemente in ihren charakteristischen Farben leuchten sehen. Die Elektronen in jedem Atom haben nach der Quantenmechanik ganz charakteristische Energieniveaus. Wenn ein Elektron von einem angeregten Zu-

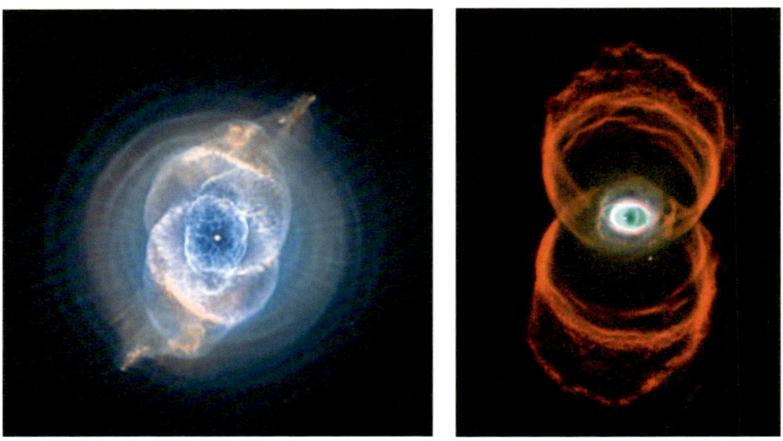

Abb. 2: Zwei mit dem Hubble-Space-Teleskop aufgenommene planetare Nebel. Links der »Katzenaugennebel« NGC 6543 (NASA/ESA/STScI/ACS/Corradi), rechts der »Eieruhr-Nebel« MyCn 18 (NASA/STScI/WFPC2/Sahai & Trauger).

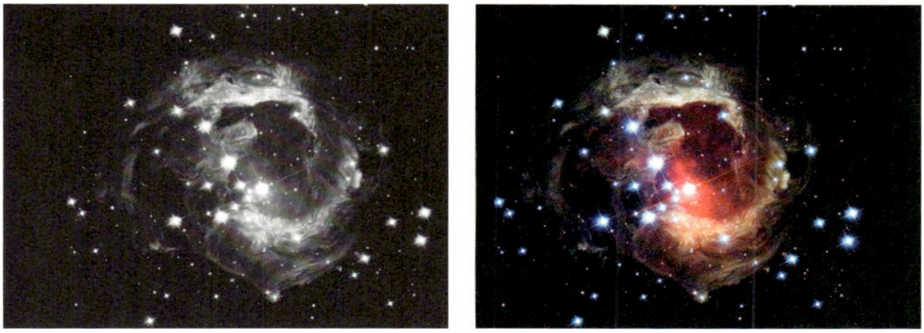

Abb. 3: Hubble-Space-Teleskop-Aufnahme von Licht-Echos um den Stern V838 Mon (NASA/ESA/The Hubble Heritage Team/AURA/STScl). Auf dem linken Bild ist die Farbe weggelassen worden, während das rechte Bild die Originalaufnahme zeigt.

stand in ein tieferes Energieniveau hinunterfällt, sendet es ganz exakt eine charakteristische Wellenlänge aus, und diese Wellenlänge entspricht einer Farbe. Die Farben sind den Wellenlängen eindeutig zugeordnet. Deswegen sehen wir beispielsweise rote, grüne und blaue Farben, hervorgerufen durch Wellenlängen um 700 nm, 500 nm bzw. 400 nm (Nanometer = 10^{-9} Meter). Ich möchte Ihnen im weiteren Verlauf dieses Beitrags ein Gefühl dafür vermitteln, welche der Farben in der Astronomie eigentlich echt, also wirklich in der Natur vorhanden, und welche sogenannte Pseudo- oder Falschfarben sind, also künstlich zur Einfärbung oder Kontrastverstärkung von Bildern benutzt werden.

Nehmen wir beispielsweise die Abb. 3. Die linke Hälfte zeigt uns ein Hubble-Space-Teleskopbild jüngeren Datums, allerdings in Schwarz-Weiß. Wir können zuschauen, wie ein bisher noch unverstandener Helligkeitsausbruch des Sterns V838 Mon dabei im Lauf der Zeit das Material in seiner Umgebung beleuchtet. Das Bild ist sehr scharf und enthält eine Vielzahl von Details, aber erst das richtige Farbbild in Abb. 3 rechts zeigt uns deutlich die verschiedenen Phänomene, gibt uns gleichsam ein dreidimensionales Verständnis dieses Bildes. Wir sehen, daß der Stern in der Mitte deutlich röter leuchtet als die weiß strahlenden Sterne im Vordergrund und im Hintergrund. Vermutlich hat der Stern in der Mitte bereits vor vielen Jahrtausenden durch den Abwurf eines Teils seiner Hülle die Gaswolken verursacht, die er nun durch einen Lichtblitz gespenstisch von innen erleuchtet. Die Farbe hilft dabei, das Auge zu führen und auch die Phänomene am Himmel zu interpretieren.

Farbe – was ist das eigentlich?

Abb. 4 zeigt schematisch, wie Farben entstehen können. Wenn man ein heißes, *dichtes* Gas, beispielsweise eine Kerzenflamme, durch ein Prisma anschaut (Abb. 4 oben), sieht man ein kontinuierliches Spektrum. Wie der Regenbogen teilen sich die Farben auf in rot, grün, gelb und blau. Im Prinzip entspricht eine mittlere Farbe einer gewissen Temperatur. Wenn man einen Eisenstab langsam erhitzt, fängt er an zu glühen, zunächst braun, dann dunkelrot, rot, orange, bis zur Weißglut. Wenn er sich abkühlt, wird er wieder braun. Das heißt, die Farbe, die ein Körper aussendet, hängt direkt mit seiner Temperatur zusammen. Das passiert allerdings nur bei sogenannten »optisch dichten« Körpern, bei denen das Licht, das die Atome der einzelnen Elemente aussenden, durch viele Streu-, Absorptions- und Emissionsprozesse derart stark verfälscht wird, daß es gleichsam seine Herkunft vollkommen vergißt und in ein homogenes, kontinuierliches Spektrum verwaschen wird. Dieses Spektrum wird als »Schwarzkörper-Strahlung« bezeichnet oder nach dem berühmten Begründer der Quantentheorie als »Planck-Spektrum«.

Ein heißes, optisch *dünnes* Gas (Abb. 4 Mitte) kann die Strahlung einzelner Atome hingegen ungehindert verlassen. In diesem Fall leuchtet das

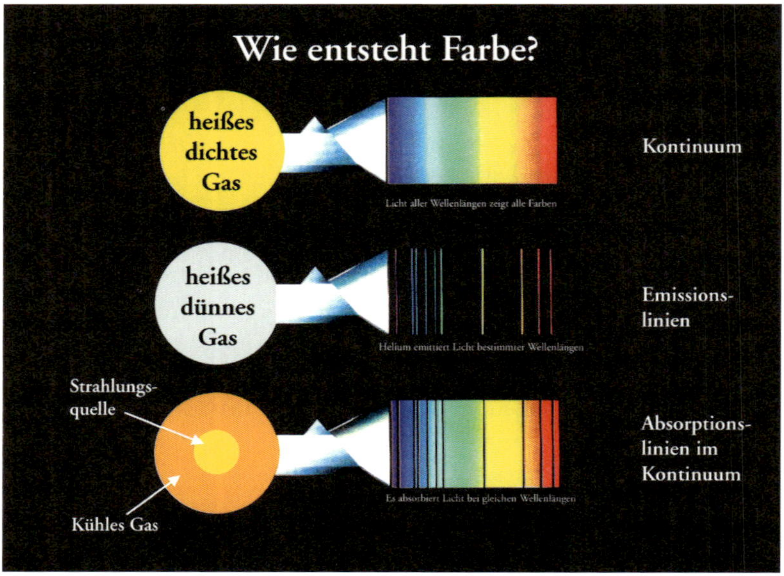

Abb. 4: Schematische Darstellung zur Entstehung von Farben im sichtbaren Licht.

Gas in seinen eigenen, charakteristischen Emissionslinien. Dies läßt sich einfach veranschaulichen, indem man zum Beispiel in der bläulich-durchsichtigen Flamme eines Gasherdes, eines Bunsenbrenners oder in einer Kerzenflamme ein paar Körnchen Kochsalz verbrennt, die dann kurzzeitig in hellem gelben Licht aufleuchten, nämlich in den charakteristischen Emissionslinien des Natriums. Betrachtet man das Licht eines brennenden Salzkorns durch ein Prisma, so sieht man kein kontinuierliches Spektrum, sondern im wesentlichen zwei diskrete, scharfe, gelbe Spektrallinien. Tatsächlich entstehen die Spektren in den vielfarbigen Emissionsnebeln am Himmel auf sehr ähnliche Weise. Man sieht hier einzelne charakteristische Linien der wichtigsten chemischen Elemente, zum Beispiel von Wasserstoff und Sauerstoff.

Im Spektrum von Sternen erscheinen neben der kontinuierlichen Emission des Schwarzen Strahlers dunkle Absorptionslinien, praktisch das Gegenteil der vorher betrachteten Emissionslinien. Diese Linien, die nach ihrem Entdecker »Fraunhofer-Linien« genannt werden, entstehen, wenn ein heißer, optisch dichter Strahler in eine kühlere, optisch dünne Atmosphäre eingehüllt ist (siehe Abb. 4 unten). Heutzutage haben fast alle Artikel, die man irgendwo kaufen kann, sogenannte Scancodes mit verschieden dicken schwarzen Balken, die an der Kasse mit einem Lesegerät abgetastet werden und aus denen ein Computer den entsprechenden Artikel eindeutig identifizieren kann. Die Fraunhofer-Linien liegen ähnlich wie einer dieser Codes als schwarze Balken über den Spektren der Sterne und liefern detaillierte Informationen über die chemische Zusammensetzung und die physikalischen Eigenschaften der Sterne, die Temperatur, die Dichte usw. Die Fraunhofer-Linien waren die ersten »Scancodes« am Himmel, mit denen die Astronomen begonnen haben, die Physik der Sterne zu enträtseln.

Da die Detektoren in der Astronomie meistens nicht farbempfindlich sind, werden Farbbilder hergestellt, indem man einzelne Schwarz-Weiß-Aufnahmen durch verschiedenfarbige Filter belichtet, beispielsweise einen Satz roter, grüner und blauer Filter. Je nachdem, wie groß die Anteile der Komplementärfarben sind, kann man daraus einen Farbwert bestimmen und diesen beispielsweise auf einem Farbbild, auf dem Computer oder dem Fernseher darstellen. Abb. 5 zeigt das anhand eines der berühmtesten Objekte am Himmel, des Crab-Nebels. Die Explosion einer Supernova im Sternbild Stier, die im Jahr 1054 von chinesischen Astronomen entdeckt wurde, stellt heute – beispielsweise im Röntgenbereich – eines der hellsten und wichtigsten Objekte am Himmel dar. Es gibt viele Doktorarbeiten zu diesem Objekt, auch ich habe meine Dissertation dazu angefertigt. Abb. 5 zeigt die einzelnen, durch einen roten, einen grünen

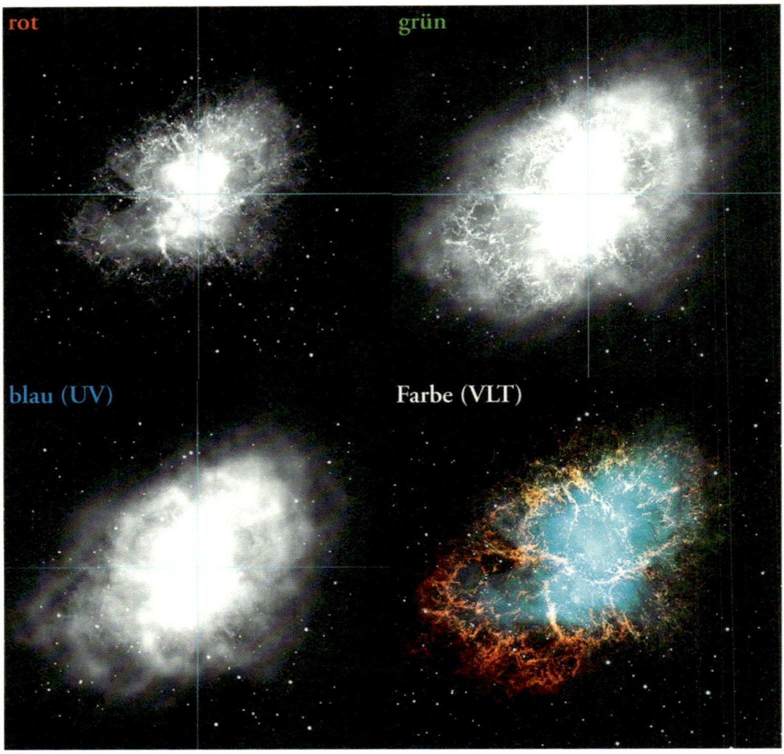

Abb. 5: Verschiedene Aufnahmen des Crab-Nebels. Die Schwarz-Weiß-Bilder wurden vom Hubble-Space-Teleskop mit verschiedenen Farbfiltern aufgenommen (NASA/ESA/STScI/ Albrecht). Die Farbaufnahme rechts unten stammt vom ESO Very Large Telescope (ESO).

und einen blauen Filter belichteten Hubble-Spece-Teleskop-Aufnahmen sowie ein aus Aufnahmen des Very Large Telescope der ESO zusammengesetztes Farbbild.

Hier sieht man sehr schön das rötlich leuchtende Gas der durch die Explosion zu filamentären Fetzen auseinandergerissenen ursprünglichen Sternhülle. Das ist im wesentlichen die Emission von einzelnen Atomen, also der chemischen Elemente, die ursprünglich in dem Stern vor seiner Explosion gebacken wurden. Aus Wasserstoff und Helium entstehen beispielsweise Sauerstoff, Stickstoff, Silizium etc., die man alle in den Spektrallinien dieses Gases wiederfindet. Man kann heute noch beobachten, wie diese Filamente weiterhin auseinanderfliegen, mit etwa 1.000 Kilometern pro Sekunde. Sie bewegen sich nicht einfach nur durch die ursprüngliche Explosion auseinander, sondern sie werden von dem faszinierenden Objekt im Zentrum des Crab-Nebels kontinuierlich weiter beschleunigt.

Ebenfalls sieht man im Zentrum des Nebels ein diffuses, blau leuchtendes Emissionsgebiet. Dabei handelt es sich um die sogenannte Synchrotron-Strahlung, die von energiereichen Elektronen stammt, die im Zentrum des Nebels nahezu auf Lichtgeschwindigkeit beschleunigt werden. Bei genauerer Betrachtung stellt sich heraus, daß im Zentrum dieser Explosionswolke ein bizarres Objekt existiert, ein Neutronenstern, etwa so groß wie eine mittlere Kleinstadt, der sich dreißig Mal in der Sekunde um seine eigene Achse dreht. Bei diesem Drehen überstreicht sein starkes Magnetfeld das Medium mit annähernd relativistischen Geschwindigkeiten und beschleunigt dabei Teilchen nach außen. Das kann man in Abb. 6

Abb. 6: Der Crab-Pulsar und seine unmittelbare Umgebung. Das Bild ist aus einer Aufnahme des Hubble-Space-Teleskops im sichtbaren Licht (rot) und einem Röntgenbild des Chandra Observatoriums (blau) zusammengesetzt (NASA/CXC/ASU/Hester et al.).

sehr schön sehen, in der eine Hubble-Space-Teleskop-Aufnahme im sichtbaren Licht (in roter Farbe) mit einer Röntgenaufnahme des Chandra-Observatoriums (in Blau) zusammengebastelt wurde.[1] In diesem Bild wird das bizarre Objekt im Zentrum des Crab-Nebels, die zentrale Energiequelle, sichtbar. Dieser sogenannte Crab-Pulsar dreht sich rasend schnell und beschleunigt mit seiner elektromagnetischen Energie die Teilchen in seiner Umgebung nach außen.

Ein Klavier mit 56 Oktaven

Das bringt uns zum elektromagnetischen Spektrum. Unsere Augen haben das Maximum ihrer Empfindlichkeit etwa im grünen Bereich, bei einer Wellenlänge von ungefähr 500 nm. Das entspricht ziemlich genau jener Wellenlänge, bei der das Sonnenlicht ein Maximum besitzt. Das ist natürlich kein Zufall, sondern die Evolution hat dahingehend gewirkt, daß unsere Augen ihre höchste Empfindlichkeit genau da haben, wo die Sonne das meiste Licht aussendet. Was wir mit unbewehrtem Auge sehen können, das »sichtbare Licht«, umfaßt den Farbbereich von Violett (ca. 400 nm) bis Dunkelrot (ca. 800 nm), das ist gerade mal eine Oktave, das heißt ein Faktor 2 in der Wellenlänge. In der Akustik entspricht das beispielsweise dem Unterschied vom normalen »C« zum nächst höheren, dem »C^{I}« auf dem Klavier. Das gesamte elektromagnetische Spektrum, aus dem wir Licht empfangen können, hat jedoch insgesamt mindestens 56 Oktaven. Man bräuchte sieben »Grand Pianos«, bei denen jede Saite unterschiedlich gestimmt ist, um tatsächlich das gesamte elektromagnetische Spektrum abzudecken. Dies reicht vom optischen Bereich, also dem für uns unmittelbar mit dem bloßen Auge sichtbaren Bereich, auf der einen Seite zu den langen Wellenlängen, beispielsweise zum Radiobereich, und auf der anderen Seite zu den kurzen Wellenlängen, etwa dem Röntgen- und Gammabereich.

Was ein Instrument von diesem Spektrum »sehen« kann, hängt natürlich von seiner Konstruktion ab. Das menschliche Auge hat eine Bauweise, die genau auf das sichtbare Licht, also im wesentlichen auf das Sonnenspektrum, abgestimmt ist. Wenn man jedoch beispielsweise Radiostrahlen messen will, die Wellenlängen von etwa 49 Metern haben, braucht man natürlich ein Auge, das mindestens 49 Meter groß ist. Das heißt, jede Wellenlänge braucht ihre eigene Technik. Deshalb gibt es in der Astronomie so viele verschiedene Geräte, etwa Radioteleskope, Infrarot-

1 Etwas weiter unten wird die Farbkodierung von Bildern aus unsichtbaren Bereichen des elektromagnetischen Spektrums angesprochen.

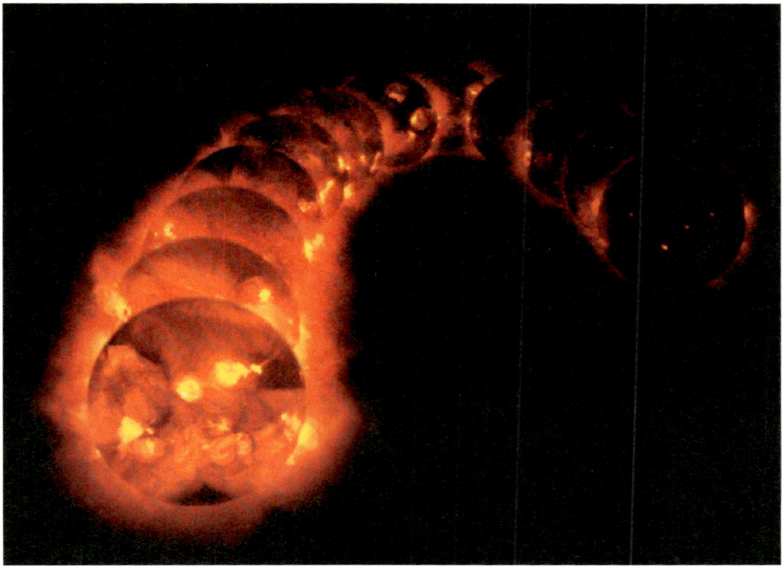

Abb. 7: Das mit dem japanischen Yohkoh-Satelliten über den Zeitraum 1991 bis 1995 aufgenommene Röntgenbild der Sonne (ISAS/NASA/Yohkoh/Slater & Linford).

teleskope, optische Teleskope, Röntgenteleskope, Gamma-Teleskope. Will man Bilder des Himmels in diesen verschiedenen, für uns normalerweise unsichtbaren Wellenlängen erzeugen, so muß man diese in ein Spektrum sichtbarer Wellenlängen übersetzen und diesem ebenfalls Farben zuordnen. Dies nennt man eine »Falschfarben-Darstellung«.

Jetzt komme ich zurück zur Astronomie und möchte einige Bilder von Wellenlängen zeigen, die nicht mit dem unbewehrten Auge beobachtet werden können. Diese Bilder werden, wenn möglich, mit Bildern aus dem sichtbaren Himmel in Beziehung gesetzt. Wenn man unsere Sonne im Röntgenlicht betrachtet (Abb. 7), stellt man fest, daß das, was wir im Sichtbaren als helle Scheibe sehen, im Röntgenlicht relativ dunkel ist und daß die Sonnenflecken, die wir im sichtbaren Licht als dunkle Bereiche sehen, im Röntgenlicht sehr hell erscheinen. Was wir dort sehen, sind Phänomene, die durch starke Magnetfelder auf der Sonnenoberfläche verursacht werden. Man sieht ebenfalls, daß die Sonne im Laufe von insgesamt 11 Jahren einen Zyklus durchläuft, in dem sie von sehr moderater, ruhiger Röntgenemission zu einem Zustand maximaler Aktivität wechselt, bei dem die ganze Sonnenoberfläche von aktiven Strukturen überdeckt ist. Zu Zeiten des solaren Maximums, die wir gerade durchlaufen haben, hat die Sonne ab und an derartig starke Ausbrüche, daß empfindliche Satelliten abgeschaltet werden müssen. Es gibt einen eigenen Zweig der Astronomie beziehungsweise der Sonnensystemforschung, der sich dem Studium des »Weltraumwetters« widmet.

Die Aurora des Saturns

Nun kommen wir zum Saturn, einem unserer schönsten Planeten. Abb. 8 (unten) zeigt ein Hubble-Space-Teleskop-Bild des Saturns. Es ist eine Aufnahme im sichtbaren Licht, bei der versucht wurde, die Farben nach

Abb. 8: Hubble-Space-Teleskop-Aufnahme des Saturns im Ultravioletten und im sichtbaren Licht (NASA/JPL/Trauger).

Abb. 9: Hubble-Space-Teleskop-Aufnahme des Saturns im sichtbaren Licht, in welche die Hubble-Space-Teleskop-UV-Aufnahme der Aurora hineinkopiert wurde (NASA/ESA, J. Clarke [Boston University] / Z. Levay [STScI]).

der oben beschriebenen Methode so realistisch wie möglich wiederzugeben. Man betrachtet den Saturn durch ein rotes, grünes und blaues Filter und setzt dann die Farben im sichtbaren Licht so gut wie möglich zusammen. Wenn wir mit bloßen Augen durch ein Teleskop blicken könnten, das so gut wäre wie das Hubble-Space-Teleskop, dann hätten wir in etwa diesen Eindruck. Vor einiger Zeit hat das Hubble-Space-Teleskop den Saturn nun auch im Ultravioletten (UV) beobachtet, das ist ein für uns unsichtbarer Bereich des elektromagnetischen Spektrums jenseits des blauen Lichtes. Auf dem UV-Bild (Abb. 8 oben) sieht man an den Polen des Saturns ein helles Leuchten, die sogenannte Aurora. Das ist so etwas Ähnliches wie das Nordlicht auf der Erde. Das Nordlicht kommt dadurch zustande, daß Teilchen aus dem Sonnenwind vom Magnetfeld des Planeten eingefangen werden und auf die Magnetpole hin beschleunigt werden. Dort dringen sie in die Atmosphäre ein und beginnen zu strahlen wie ein bunt leuchtender Vorhang (siehe auch Abb. 13). Die Entdeckung der Aurora auf dem Saturn ist hoch interessant.

Das Ultraviolettbild des Saturns für sich allein ist allerdings nicht besonders beeindruckend, um die Dramatik der Beobachtungen der interessierten Öffentlichkeit zu vermitteln. Deshalb haben sich die Wissenschaftler der NASA einen Trick ausgedacht, indem sie einfach die Ultraviolettstrahlung der Saturn-Aurora hellblau eingefärbt in das sichtbare Bild des Planeten hineinmontiert haben, wie man in Abb. 9 sieht. Genau genommen ist das nun kein echtes Bild mehr, wie wir es mit bloßem Auge sehen könnten, sondern eher ein Modell zur Visualisierung unsichtbarer Meßergebnisse. Das geht in die Richtung »künstlerische Wissenschaftsgrafik«, wo man versucht, Meßergebnisse allgemeinverständlich grafisch darzustellen. Wir müssen uns alle im klaren sein, wie weit das geht. Wenn wir astronomische Farbbilder sehen, dann sind das nicht unbedingt jene Bilder, die wir im Prinzip mit unserem Auge wahrnehmen könnten, sondern sie sind oft in gewissen Aspekten verstärkt, indem man die Farbe benutzt, um Phänomene darzustellen, die sonst nicht sichtbar wären. Abb. 9, obwohl natürlich sehr dramatisch und auch visuell sehr ansprechend, ist aus der Sicht eines Wissenschaftlers problematisch, weil sie in Richtung selektive Verfälschung geht. Aus dem Ultraviolett-Bild des Saturns (Abb. 8 oben) wurde nur der Bereich der Aurora am Pol herausgeschnitten und in das visuelle Bild hineinkopiert, während man die Ultraviolett-Strahlung des restlichen Planeten, die ja wesentlich heller ist als die Aurora (siehe Abb. 8 oben), einfach weggelassen hat. Durch das selektive Weglassen von Information beginnt man, die Menschen darin zu beeinflussen, was sie sehen sollen und was nicht.

Ein Loch im Himmel und ein Sombrerohut

Wir begeben uns jetzt in größere Entfernungen von der Erde. Abb. 10 zeigt, wie wichtig Beobachtungen über einen möglichst weiten Wellenlängenbereich sind. Im Jahr 1774 durchmusterte der berühmte deutsch-britische Musiker, Mathematiker, Optiker und Astronom Sir Friedrich Wilhelm Herschel mit seinem riesigen, selbstgebauten Teleskop den Himmel. Aus dieser Zeit ist sein berühmter Ausspruch überliefert: »Hier ist wahrhaftig ein Loch im Himmel«, als er die erste Dunkelwolke entdeckte. Der holländische Astronom Bart Bok hat viel später die Dunkelwolken in der Milchstraße untersucht und den besonders kleinen und kompakten Wolken den Namen »Globule« gegeben. Das Bild zeigt optische und Infrarotaufnahmen einer »Bok-Globule«, die den Namen Barnard 68 trägt. Wegen des dichten Staubes ist sie im sichtbaren Licht komplett undurchsichtig, während im Infraroten die dahinterliegenden Sterne durchscheinen. Interessanterweise befindet sich diese Globule gerade an der Kippe, kurz bevor sie unter ihrer eigenen Schwerkraft zusammenstürzt. Ähnlich wie bei einem Stern wird der Gravitationsdruck so

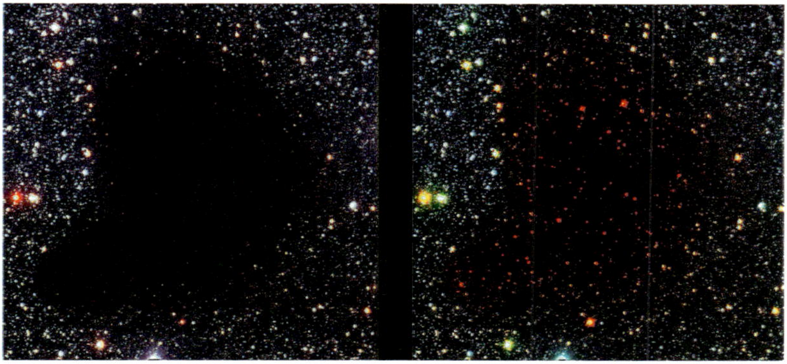

Abb. 10: Aufnahmen der Bok-Globule Barnard 68 im sichtbaren und im infraroten Licht. Links das mit dem ESO Very Large Telescope aufgenommene optische Bild. Rechts ein sogenanntes Falschfarbenbild aus dem optischen Bild (blau und grün) und einer Aufnahme im Infrarotbereich (rot) mit dem SOFI-Instrument am ESO New Technology Telescope (ESO / João F. Alves, ESO / C. J. Lada, CfA / E. A. Lada, U. Florida).

eben noch von dem inneren thermischen Druck der Wolke ausbalanciert. Aber wenn sich die Wolke in naher Zukunft weiter abkühlt, wird sie in ihrem Zentrum einen jungen Stern gebären. Das linke Bild von Abb. 10 ist in den realistischen Farben im sichtbaren Bereich des Spektrums dargestellt. Die Bok-Globule erscheint als absolut dunkler Fleck am Himmel. Wenn man die Ränder genau betrachtet, stellt man fest, daß die Anzahl der Sterne am Rand der Wolke rapide abnimmt und daß sie nach innen hin immer röter werden – aus dem gleichen Grund, warum die Sonne beim Untergang rot erscheint. Auf der rechten Seite ist dasselbe Bild dargestellt, allerdings ist hier der rote Kanal des visuellen Spektralbereiches durch einen Kanal aus der unsichtbaren Infrarotstrahlung ersetzt. Im linken Bild wurde ein roter, ein grüner und ein blauer Filter benutzt, um das Farbbild zusammenzustellen, während im rechten Bild der rote durch einen infraroten Filter ersetzt wurde. Die Infrarotstrahlung kann Staub wesentlich leichter durchdringen, deshalb sehen wir im Infrarotlicht die dahinterliegenden Sterne durch die Wolke scheinen. Dabei stellen wir auch fest, daß sich im Zentrum der Wolke bisher noch kein Baby-Stern gebildet hat.

Sie sehen, wie wichtig es ist, Strahlung aus möglichst vielen Wellenlängenbereichen zur Enträtselung der Himmelsobjekte zu benutzen. Ein weiteres wunderschönes Beispiel dafür ist die berühmte Sombrero-Galaxie in Abb. 11. Diese Galaxie ist eine Milchstraße, die ellipsenförmig erscheint; deshalb spricht man von einer elliptischen Galaxie. Um die Sombrero-Galaxie hat sich ein Staubring gelegt. Es könnte sein, daß wir dabei gerade die Transformation zu einer Spiralgalaxie erleben. Wir wissen heute, daß sich die scheibenförmigen Spiralgalaxien und die elliptischen Galaxien eigentlich gar nicht fundamental unterscheiden, sondern sich durch Wechselwirkungsprozesse ineinander umwandeln können, daß also aus Ellipsen Spiralen werden können und umgekehrt. Wartet man genügend lange, dann sammelt sich außen um die elliptische Galaxie genügend Material, um die Scheibe einer Spiralgalaxie zu bilden. Wenn zwei derartige Spiralgalaxien miteinander in Wechselwirkung treten, gleichsam durcheinander rasen, dann werden alle Sterne in den beiden Scheiben durcheinandergewirbelt, und es ergibt sich wieder eine elliptische Galaxie.

Auf der Abb. 11 sieht man sehr schön den dunklen Staubring, der sich vor dem hellen Hintergrund der optischen Sterne um die Sombrero-Galaxie gelegt hat, gleichsam die Hutkrempe, die der Galaxie ihren Namen gegeben hat. Vor kurzem ist diese Galaxie mit dem NASA-Infrarot-Satelliten Spitzer beobachtet worden. Abb. 11 zeigt ein Falschfarbenbild dieser Galaxie, in dem die Infrarotstrahlung in Rot und die sichtbare Strahlung in Blau dargestellt ist. Dabei stellen wir fest, daß die Infrarotstrahlung die gesamte Galaxie durchdringen kann, so daß man sogar den Staubring im Hintergrund der Galaxie sieht, den man im optischen Licht nicht beobachten kann. Im sichtbaren Licht ein dunkler Schatten im Vordergrund der Galaxie, erscheint der Staubring im Infraroten hell, weil wir nämlich in dieser Wellenlänge den Staub selbst leuchten sehen. Deswegen sieht man hier wunderschön, wie sich um diese elliptische Galaxie ein Band aus Gas und Staub herumgelegt hat und wo eine neue Spiralgalaxie zu wachsen beginnt.

Die Farben des Orion-Nebels

Nun können wir das, was wir über die Entstehung und die Darstellung von Farben gelernt haben, an einem wunderschönen Beispiel anwenden, dem Orion-Nebel. Abb. 12 oben links zeigt ein im hohen Norden aufgenommenes Bild des Himmels, auf dem man sehr schön das Nordlicht sieht und ebenfalls das bekannte Winter-Sternbild Orion. Charakteristisch sind die drei Gürtelsterne und das senkrecht am Gürtel hängende Schwert. Der mittlere »Stern« des Schwertes ist der Orion-Nebel, eines der faszinierendsten Objekte am Himmel. Der Orion-Nebel, in Abb. 12 oben rechts in großem Detail dargestellt, ist die uns am nächsten ge-

Abb. 11: Die Sombrero-Galaxie, die ihren Namen einer markanten Staubscheibe im Außenbereich verdankt. Oben eine Aufnahme des ESO VLT, in der die Farben in etwa dem visuellen Empfinden entsprechen. Die Galaxie besteht hauptsächlich aus alten, roten Sternen; die Staubscheibe erscheint dunkel vor dem hellen Sternenhintergrund (ESO/P. Barthel). Unten eine Kombination des optischen Bildes (blau) mit einer Infrarotaufnahme des Spitzer-Weltraumteleskops. Nun erscheint die Staubscheibe rot glühend, weil der kalte Staub hauptsächlich bei langen Wellenlängen emittiert (NASA/Caltech/JPL/SSC/R. Kennicut, Steward Obs.).

legene Sternentstehungsregion, eine Art Kreißsaal, in dem gerade eine große Zahl neuer Sterne geboren wird. Im Zentrum dieses Nebels stehen vier sehr helle Sterne, das sogenannte Trapez. Dies sind sehr junge, heiße Sterne, die erst vor ein paar Millionen Jahren entstanden sind, etwa zu einer Zeit, als sich auf der Erde gerade die Urmenschen von der Entwicklungslinie der Affen abgespalten haben. Diese Sterne spielen eine sehr wichtige Rolle im Geschehen im Orion-Nebel. Ihr gleißendes Licht, vor allem im ultravioletten Spektralbereich, bestrahlt und ionisiert die umgebenden Gas- und Molekülwolken, die deshalb gespenstisch in ihren charakteristischen Farben zum Leuchten gebracht werden. Gleichzeitig senden die Trapezsterne sehr starke Sternwinde aus, die das umgebende Gas wegblasen und dabei interessante Strukturen aus den umgebenden Dunkelwolken herausfräsen.

In Abb. 12 unten sind zwei mit dem Hubble-Space-Teleskop aufgenommene Ausschnitte mit sukzessiv höherer Auflösung dargestellt, deren Umrisse jeweils in den größeren Bildern angegeben sind. Mehr und mehr Detail- und Farbreichtum wird aus diesen Aufnahmen im sichtbaren Licht offenbar. Mit Hilfe der Farben kann man die physikalischen Eigenschaften des Gases im Orion-Nebel ableiten. Auf dem Hubble-Bild rechts unten sieht man beispielsweise in der linken unteren Ecke eine Art Balken. Dies ist eine Dunkelwolke, ein Gebiet mit hoher Dichte von Gas und Staub, die von den Trapezsternen angestrahlt wird und in ihren charakteristischen farbigen Linien zurückleuchtet. Ihre vom Zentrum des Nebels abgewandte Seite liegt wie ein dunkler Schatten über dem Bild. Wenn man denselben Ausschnitt im infraroten Licht beobachtet, zum Beispiel mit dem Very Large Telescope der ESO in Chile (hier nicht dargestellt), wird diese Dunkelwolke ähnlich wie in Abb. 10 fast vollständig transparent, und man sieht hinter den Gas- und Staubwolken des Orion-Nebels Hunderte schwacher, junger Sterne versteckt. Bei noch genauerer Betrachtung (Abb. 12 unten links) stellt man fest, daß die heißen Trapezsterne im Zentrum ihre ganze Umgebung stark beeinflussen, ja sogar drangsalieren. Man sieht viele kleine, schwache Strukturen. Das sind junge Sterne, die zum Teil aussehen wie Kaulquappen oder tränenförmige Strukturen. Bei genauerer Betrachtung stellt man fest, daß die Köpfe dieser »Kaulquappen« alle auf die Trapezsterne im Zentrum des Nebels ausgerichtet sind.

Vor der Kulisse des hellen Orion-Nebels waren bereits früher dunkle Flecken aufgefallen, die in einigen Fällen fast rechteckig aussahen, als würde man von der Seite den Schatten einer Scheibe sehen. Die schönsten Fälle solcher »Silhouetten-Scheiben« sind in Abb. 13 (links) dargestellt. In jedem einzelnen Fall ist in der Mitte ein Stern-Baby im Alter

Abb. 12: Ausschnitte aus dem Sternbild Orion (links oben) mit sukzessive höherer Winkelauflösung. Rechts oben ein Mosaik des gesamten Orion-Nebels, das mit Hilfe aller drei Kameras auf dem Hubble-Space-Teleskop (ACS, WFPC2 und NICMOS) sowie des ESO/MPI-2.2m-Teleskops in La Silla erstellt wurde. Die Farben sind annähernd Echtfarben, jedoch mit einer Beimischung von Information aus dem infraroten Spektralbereich (NASA/ESA/M. Roberto, ESA/STScI and the HST Orion Treasury Project Team). Das Bild rechts unten ist ein Ausschnitt im sichtbaren Licht, dessen Umrisse in dem Übersichtsbild darüber eingezeichnet sind (NASA/C. O'Dell and S. Wong, Rice U.). Das Bild links unten ist wiederum eine Ausschnittsvergrößerung.

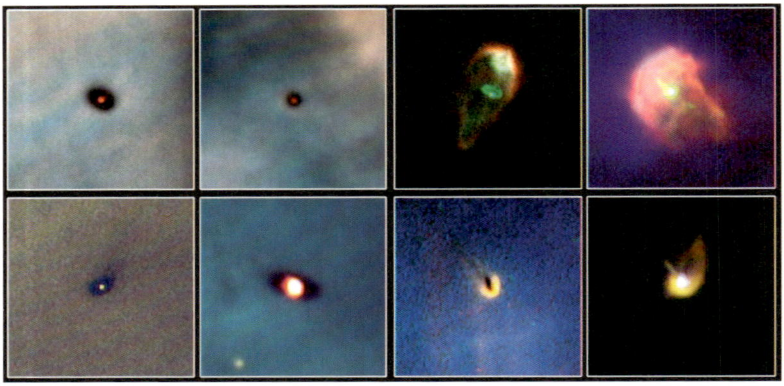

Abb. 13: Hubble-Space-Teleskop-Aufnahmen von protoplanetaren Scheiben im Orion-Nebel. Die linken vier Abbildungen zeigen Gas- und Staubscheiben, die als Schatten vor dem hellen Hintergrund des Nebels erscheinen. Die jungen Sterne im Zentrum dieser Scheiben haben sich bereits aus dem umgebenden Kokon befreit und sind direkt sichtbar (NASA/M. McCaughrean, MPI für Astronomie/ C. R. O'Dell, Rice U.). Die rechten vier Bilder zeigen protoplanetare Scheiben, die von den hellen Sternen im Zentrum des Orion-Nebels drangsaliert werden. Die kometenähnliche oder kaulquappenartige Form rührt daher, daß die hellen Sterne im Orion-Nebel mit ihrer starken Ultraviolett-Strahlung und ihren Sternwinden das Material der Proplyds wegblasen (NASA/ESA/J. Bally [U. Colorado]/ H. Throop [Southwest Research Inst., Boulder]/C. R. O´Dell, Vanderbilt Univ.).

von etwa einer Million Jahren zu sehen. Im Vergleich zur Sonne, die jetzt mit 4,5 Milliarden Jahren den Zenit ihres Lebens erreicht hat, wurden diese Sterne also gerade erst vor einigen Tagen aus dem Kreißsaal entlassen. Sie liegen quasi noch im Wochenbett ihrer Mutter. Man nennt diese Objekte »protoplanetare Scheiben« oder »Proplyds« (vom englischen »protoplanetary disks«). Dort sehen wir Planetensysteme – so wie unser Sonnensystem –, die gerade im Bau befindlich sind. Wir erwarten, daß sich aus dieser Scheibe langsam ein Planetensystem bildet

Auf den vier Bildern auf der rechten Seite von Abb. 13 sehen wir einige der tropfenförmigen oder kaulquappenähnlichen Strukturen, ähnlich denen in Abb. 12 unten links. Wir sehen daran, daß junge Sterne mit protoplanetaren Scheiben zum Teil sehr gefährlich und ungemütlich leben. Diese Nahaufnahmen des Hubble-Teleskops zeigen kometenähnliche beziehungsweise kaulquappenförmige Strukturen, die daher rühren, daß die »Räuberbande« der vier bereits vollentwickelten massereichen

Sterne, die im Zentrum des Orion-Nebels das sogenannte »Trapez« bilden, mit ihrer starken Ultraviolettstrahlung und ihren Stern-Winden das Material um die Proplyds herum wegblasen. Um die Scheiben herum bildet sich auf diese Weise eine Überschall-Strömung, eine sogenannte Schock-Front, die das Gas so stark aufheizt, daß es zu leuchten beginnt. Man kann das etwa mit dem Knall eines Düsenjägers vergleichen, wenn er die Schallmauer durchbricht. Während die Sterne in ihren Scheiben also Planeten bilden könnten, werden sie von außen bereits durch die unwirtlichen Bedingungen ihrer Umwelt abgefräst. Der Prozeß der Planetenbildung muß deshalb sehr schnell gehen. Die Wissenschaftler schätzen, daß die meisten protoplanetaren Scheiben im Orion-Nebel die nächsten 100.000 Jahre nicht überleben werden! Das Objekt im dritten Bild in der oberen Reihe von Abb. 13 ist besonders faszinierend. Es stellt das Orion-Proplyd HST-10 dar. Im Innern ist eine grün leuchtende Scheibe um den Baby-Stern zu sehen. Bei genauerer Betrachtung hat man das Gefühl, daß senkrecht zur Scheibe ein Gasstrahl herausgeschossen wird, der das Material in der Schockfront in Flugrichtung des Proplyds zusätzlich zum Leuchten anregt, während er sich stromaufwärts noch weiter ausbreiten kann. Diese Beispiele zeigen besonders schön, wie Farben etwas über die fundamentalen astrophysikalischen Prozesse verraten. Eine faszinierende dreidimensionale Visualisierung des Orion-Nebels können Sie im Internet unter http://vis.sdsc.edu/research/orion.html herunterladen.

Der Adler-Nebel – eine Sternenkinderstube

Kommen wir nun zum Adler-Nebel. Das ist ein weiteres, aktives Sternentstehungsgebiet, ähnlich dem Orion-Nebel, nur etwas weiter weg. In seinem Zentrum gibt es ebenfalls sehr helle Sterne, die erst vor kurzem entstanden sind und mit ihrem Licht und ihren starken Sternwinden die Umgebung beeinflussen. Insbesondere fräsen sie die in Abb. 14 zu sehenden bizarren und fantastischen Strukturen aus ihrer Umgebung heraus, die sogenannten Elefantenrüssel. Ähnlich wie die kaulquappen- oder tränenförmigen Proplyd-Strukturen im Orion-Nebel sind diese Rüssel auf die hellen Sterne im Zentrum ausgerichtet. Während der Rest der ursprünglichen Molekülwolke bereits weggeblasen ist, haben sich diese Strukturen noch der Abfräsung widersetzt. Man kann sich das so vorstellen wie Wüstensand, der vom Wind weggeblasen wird. Dort, wo ein Stein liegt, entsteht dahinter eine Art Windschatten, wo der Sand nicht weggepustet wird. In seinem Schatten können sich die bizarren Gas- und Staubfetzen noch eine gewisse Zeit lang halten, ihre Oberfläche wird dabei von der UV-Strahlung der Sterne gespenstisch zum Leuchten gebracht.

Dies ist die Art von Hubble-Bildern, die die Astronomie in den letzten Jahren erheblich geprägt haben. Abb. 14 zeigt zwei Hubble-Aufnahmen, oben das berühmte Bild aus dem Jahr 1995 und unten eine Aufnahme aus dem Jahr 2004, die eigentlich noch viel schöner und faszinierender ist. Was in der Abbildung wie Märchenfiguren oder wie riesige Insekten aus einem Fantasy-Roman aussieht, sind in Wirklichkeit gigantische Türme aus Gas und Staub, deren Höhe etwa 10 Lichtjahre beträgt; das entspricht ungefähr dem doppelten Abstand von der Sonne bis zum nächstgelegenen Stern, Proxima Centauri. Die Farben verraten uns wieder eine Menge über die beobachteten Strukturen. Man sieht das reflektierte Licht des Nebels im Hintergrund und ebenfalls, daß die Oberflächen der Dunkelwolken durch die helle UV-Strahlung der Sterne angeregt und ionisiert werden und ihrerseits wieder gespenstisch in ihrer charakteristischen Linienstrahlung leuchten. An der Spitze der Elefantenrüssel, in einigen der dichten Kokons, die zum Teil aussehen wie Adler-Horste, werden möglicherweise in Zukunft neue Baby-Sterne geboren. Die Dichte kann dort lokal so hoch werden, daß sich einzelne Gas- und Staubwolken aufgrund ihrer eigenen Schwerkraft aus dem Gebilde herauslösen und kollabieren.

Die Milchstraße – unser farbiges Zuhause

Nun kommen wir zur Milchstraße. Abb. 15 (oben) zeigt ein Bild des gesamten Himmels im sichtbaren Licht, das von Axel Mellinger in Potsdam aus vielen Fotografien vom Nord- und Südhimmel zusammengesetzt wurde. Durch die Mitte der Abbildung zieht sich das helle Band der Milchstraße. Die diffusen, weißen Strukturen stammen von Sternen. Bereits Galileo hatte ja, als er das erste Mal sein Fernrohr auf die Milchstraße gerichtet hat, vor etwa 400 Jahren festgestellt, daß sie nicht aus Milch besteht, sondern aus Sternen. Was man ebenfalls sehr deutlich sieht, ist das Band der Dunkelwolken, die das Licht der dahinterliegenden Sterne abblocken. Der Himmel im sichtbaren Licht erscheint im

Abb. 14 (S. 105): Oben HST-Aufnahmen der Elefantenrüssel im Adler-Nebel. Oben die 1995 mit der WFPC2-Kamera aufgenommenen Gas- und Staub-Säulen (NASA / J. J. Hester, P. A. Scowen, Arizona State U. / STScI/AURA). Unten der 2004 mit der Hubble-ACS-Kamera aufgenommene Ausschnitt einer anderen Säule (NASA/ESA/The Hubble Heritage Team [STScI/AURA].

wesentlichen schwarz, aber an manchen Stellen gibt es rötlich leuchtende Gebilde, die den Gaswolken ähneln, die wir vorher im Orion-Nebel und im Adler-Nebel gesehen haben. Bei genauer Betrachtung finden wir am Südhimmel zwei diffuse Flecken, die Magellanschen Wolken, die der Seefahrer Magellan im sechzehnten Jahrhundert erstmalig dokumentiert hat. Dabei handelt es sich um zwei kleine, eigenständige nahe Begleiter der Milchstraße. Wegen der Magellanschen Wolken, aber auch aufgrund der Tatsache, daß das Galaktische Zentrum von dort aus beobachtet werden kann, erscheint der Südhimmel deutlich interessanter als der Nordhimmel. Am Nordhimmel kann man, zumindest in dunklen Nächten auch mit bloßem Auge, ein diffuses Fleckchen erkennen. Das ist der Andromeda-Nebel, unsere Nachbargalaxie, die größer als die Milchstraße, aber so weit entfernt ist, daß sie meist nur sehr schwer zu sehen ist. Alle anderen Objekte, die man auf dem Bild der Milchstraße erkennen kann, sind Sterne unserer eigenen Galaxie.

Abb. 15 (unten) zeigt denselben Himmel, aber nun im Röntgenlicht, wie ihn der Röntgensatellit ROSAT aufgenommen hat. Plötzlich sehen wir jede Menge Farbe, und der Himmel sieht völlig anders aus als im sichtbaren Licht. Dabei handelt es sich jedoch um ein Falschfarben-Bild. Die verschiedenen Farben Rot, Grün und Blau sind verschiedenen Röntgenenergien zugeordnet und entsprechen wiederum unterschiedlichen Temperaturen der Röntgenstrahlung. Rot entspricht einer Temperatur von etwa 1 Million Kelvin, Grün und Blau entsprechen 3-10 Millionen Grad Kelvin. Das weiße Band der Milchstraße selbst ist im Röntgenlicht nicht sichtbar, jedoch erkennt man deutlich das gleiche Band der Dunkelwolken, die wie im sichtbaren Licht ebenfalls die dahinterliegende Röntgenstrahlung absorbieren. Wie bei einer medizinischen Röntgenaufnahme werden hier die »Knochen« der Milchstraße durchleuchtet und werfen einen Schatten. Das meiste Röntgenlicht kommt von hohen galaktischen Breiten, also von Gebieten, in denen wir wenige Sterne sehen. Bei genauerer Betrachtung sehen wir eine Menge heißer Gaswolken, die von der Explosion von Sternen herrühren, sogenannte Supernova-Überreste. Wir hatten ja bereits oben ausführlich den Crab-Nebel betrachtet, den Überrest der Explosion aus dem Jahre 1054. Am Röntgenhimmel sehen wir viele dieser Explosionswolken. Insbesondere die helle grüne Struktur in der Mitte des Bildes, die von der Erde aus betrachtet von Horizont zu Horizont reichen würde, ist eine Explosionswolke, die der Sonne ganz nahe steht und deshalb so riesig erscheint. Die rote Strahlung, die den ganzen Himmel ausfüllt, stammt von etwa einer Million Kelvin heißem Gas, der sogenannten »Lokalen Blase«, in die die Sonne selbst eingebettet ist. Es gab eine oder mehrere Supernova-Explosionen

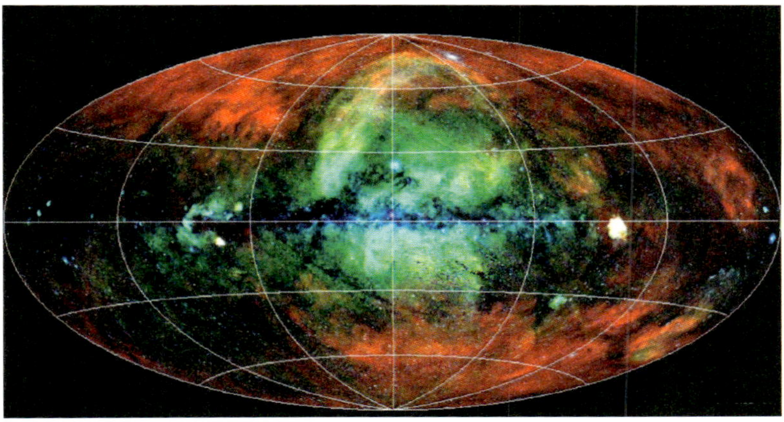

Abb. 15: Oben: Panorama des gesamten Himmels im sichtbaren Licht. In der Mitte der Abbildung ist das Galaktische Zentrum. Die Milchstraßenebene ist als helles, von Dunkelwolken durchzogenes Band erkennbar (Axel Mellinger, Potsdam). Unten: Panorama des gesamten Himmels im Röntgenlicht. Die mit ROSAT aufgenommene Röntgenstrahlung ist farbkodiert, wobei weiche Strahlung mit Temperaturen von etwa 1 Million Grad rot, entsprechend härtere Strahlung mit Temperaturen im Bereich 3 bis 10 Millionen Grad grün beziehungsweise blau dargestellt ist (MPE Garching).

von nahen Sternen, und das Sonnensystem fliegt durch die heißen Gasblasen, die von dieser Explosion stammen. Wir brauchen dabei keine Angst zu haben, das Gas stört das Sonnensystem überhaupt nicht, weil es im Raum so dünn verteilt ist. Es ist zwar Millionen Grad heiß, aber so dünn, daß man sich daran nicht verbrennt. Man kann sagen, über der gesamten Milchstraße liegt eine Art heißer Nebel von den Explosionswolken und heißen Gasen explodierter Sterne.

Eine Reise zum Mittelpunkt unser kosmischen Heimat

Zum Abschluß möchte ich dem geneigten Leser einen kleinen Film empfehlen, den ich in diesem Buchbeitrag nicht zeigen kann, den man aber ohne weiteres im Internet herunterladen kann, und zwar unter der Adresse: http://www.ifa.hawaii.edu/~tully/outreach/movie.html. Man erhält dort ein fantastisches dreidimensionales Bild von der Struktur und der Größe unserer Milchstraße sowie deren großräumiger Umgebung. Der Film beginnt auf der Erde mit einem Bild des Sternbildes Orion, das dann auf dem Flug mit einem virtuellen Raumschiff auf gespenstische Weise lebendig und dreidimensional wird, wenn wir in die Richtung des Orion-Nebels fliegen. Langsam löst sich das Sternbild Orion mit den drei Gürtelsternen und dem Schwert auf. Dann fliegt das Raumschiff durch den Orion-Nebel und kurz darauf durch den Pferdekopf-Nebel hindurch. Alle dargestellten Strukturen sehen wir so, wie sie in großen Teleskopen wirklich im sichtbaren Licht am Himmel erscheinen. Insbesondere sind sie in ihren sichtbaren Farben dargestellt. Wie Schneeflokken in einem dichten Schneegestöber sieht man die Sterne unserer Milchstraße vorbeirauschen, und man fliegt an planetarischen Nebeln und am Crab-Nebel vorbei, der Supernova-Explosionswolke des Jahres 1054, und sieht dann langsam in der Entfernung das gleißende Sternlicht des Galaktischen Zentrums auftauchen. Von dort bis zur Erde wäre das Licht etwa 26.000 Jahre unterwegs, aber das virtuelle Raumschiff ist auf einer gigantischen Überlichtgeschwindigkeitsfahrt. Es verläßt unsere Galaxie, und schon verschwinden unsere Milchstraße und mit ihr die beiden Begleitergalaxien, die Magellanschen Wolken, im Hintergrund.

In der Entfernung erkennt man nun ganze Ketten von vielen anderen Galaxien. Auf seinem Weg fliegt das Raumschiff noch an unserer Nachbargalaxie, dem Andromeda-Nebel, vorbei und durch die große Spiralgalaxie mit dem Namen M33 hindurch. Unsere Milchstraße gehört mit vielen anderen zusammen zu einem Galaxiensystem, dem sogenannten Virgo-Haufen im Sternbild der Jungfrau. Der Virgo-Haufen ist ein Galaxienhaufen, der Hunderte bis sogar Tausende von Galaxien enthält.

In seinem Zentrum steht die gigantische Galaxie M87, die etwa tausendmal so groß ist wie unsere eigene Milchstraße. Diese Galaxie stellt das Gravitationszentrum des lokalen Universums dar, zu dem sich alle anderen Galaxien in unserer Nachbarschaft ebenso wie unsere Milchstraße hingezogen fühlen. Dies ist das Ziel der Reise. Auf dem Weg dahin sieht man, daß die Galaxien nicht gleichmäßig im Raum verteilt sind, sondern daß sie entlang von Filamenten, gewissermaßen wie Dörfer entlang kosmischer Straßen angeordnet sind. Entlang einer dieser Straßen fliegt das Raumschiff ins Zentrum des Virgo-Haufens, gleichsam vom weiten Land in die Mega-City. Die große zentrale Galaxie M87, es ist eine wunderschöne elliptische Galaxie, ist fast vollständig kugelrund.

Im Zentrum dieser gigantischen Galaxie befindet sich ein kosmisches Monster, ein Schwarzes Loch mit etwa drei Milliarden Sonnenmassen. Inzwischen wissen wir, daß in den Zentren aller größeren Galaxien Schwarze Löcher hausen, auch in unserer eigenen Milchstraße. Das ist aber ein anderes Thema – hier geht es ja um Farben, und das Schwarze Loch verschluckt alles Licht und damit auch alle Farben. Dennoch kann

Abb. 16: Künstlerische Darstellung eines Schwarzen Loches (ESA/NASA/J.Wilms).

es passieren, daß ein Schwarzes Loch Materie aus seiner Umgebung aufsaugt. Wenn so ein Schwarzes Loch gut gefüttert wird, dann heizt sich die hineinstürzende Materie in dem Mahlstrom so stark auf, daß sie in allen Wellenlängen vom Radio- bis in den Gammabereich sehr hell zu strahlen beginnt. Sie sendet gleichsam ihren letzten Hilfeschrei in Form von Licht aus, bevor sie auf Nimmerwiedersehen in dem Schwarzen Loch verschwindet. Man könnte also ein Schwarzes Loch tatsächlich »sehen«, wenn man nur nahe genug hinfliegen könnte oder Teleskope mit einem fantastischen Auflösungsvermögen hätte. Bis dahin müssen wir uns mit künstlerischen Darstellungen zufriedengeben, zum Beispiel dem blauen Schwarzen Loch in Abb. 16. Dieses Bild ist zwar leider physikalisch nicht ganz richtig, weil es nicht alle der bizarren relativistischen Effekte berücksichtigt, aber es ist trotzdem künstlerisch sehr schön und anschaulich. Die Farbe wird hier künstlerisch eingesetzt, um physikalische Meßergebnisse zu visualisieren. Sie hat nichts mit den Farben zu tun, die ein menschliches Auge durch ein Super-Teleskop erkennen könnte. Man sieht die Materie, die in einer sogenannten Akkretionsscheibe um das Schwarze Loch herumspiralt. Das Schwarze Loch selbst erscheint als dunkler Fleck, es ist sozusagen der Horizont, von dem aus nichts mehr herauskommen kann. Aber die Materie, bevor sie in das Schwarze Loch hineinfällt, heizt sich so stark auf, wird relativistisch und fängt wirklich an, extrem hell zu strahlen. Außerdem gibt es noch Effekte, die vermutlich mit dem Magnetfeld zusammenhängen und die Materie nach oben hin wegziehen beziehungsweise beschleunigen. Es wird deshalb vermutet, daß starke Winde aus der zentralen Region hinausströmen. Die Umgebung der Schwarzen Löcher und die Physik, die damit zusammenhängt, sind noch nicht vollständig verstanden, sind aber extrem faszinierend und können mit Hilfe von Röntgenstrahlen, aber auch Licht aus dem gesamten Bereich des elektromagnetischen Spektrums studiert werden. Das ist eine wichtige Aufgabe für die Teleskope der Zukunft.

Die Große Hochzeit und ein Schlußwort

Zum Schluß möchte ich noch darstellen, was unserer eigenen Milchstraße in relativ naher Zukunft blüht, in ungefähr 3 Milliarden Jahren. Der Andromeda-Nebel und unsere Milchstraße kommen sich nämlich immer näher, und irgendwann werden sich diese beiden Galaxien miteinander vereinigen, so wie das auf der wunderschönen Aufnahme des Hubble-Space-Teleskops von zwei anderen Galaxien in Abb. 17 dargestellt ist. Diese beiden Galaxien befinden sich gerade in einer Art »Hochzeitstanz« umeinander und werden sich in absehbarer Zeit miteinander

Abb. 17: Hubble-Space-Teleskop-Bild der beiden wechselwirkenden Galaxien NGC 2207 und IC 2163 (NASA/D. M. Elmegreen, Vassar College/Hubble Heritage Team, AURA, STScI).

vereinigen, einander durchdringen und sich gegenseitig verschlingen. Auf diese Weise entsteht eine große, schöne, neue elliptische Galaxie. Von Göttingen aus betrachtet, wenn in etwa drei Milliarden Jahren der Andromeda-Nebel auf uns zukommt, wird der Nachthimmel wirklich wunderschön und farbenprächtig werden.

Wir haben im Verlauf dieses Beitrags gesehen, daß die Farben am Himmel Rückschlüsse auf die physikalischen und chemischen Eigenschaften der Himmelsobjekte sowie ihre dreidimensionale Struktur zulassen. Dies gilt sowohl für die mit unseren Augen erkennbaren Farben des sichtbaren Lichtes als auch für die Falschfarbendarstellungen des Lichtes aus unsichtbaren Bereichen des elektromagnetischen Spektrums. Um jedoch Farbe zu bekommen, benötigt man viel Licht und deshalb auch große Teleskope in verschiedenen Spektralbereichen. Farben sind aber auch Werkzeuge des künstlerischen Ausdrucks und können deshalb sehr gut zur Veranschaulichung anderweitig schwer verständlicher astrophysikalischer Meßergebnisse herangezogen werden. Man muß sich nur jeweils im klaren sein, ob man ein wirkliches Bild betrachtet oder eine künstlerisch eingefärbte Animation. Je faszinierender und farbiger die wirklichen astronomischen Bilder werden – vor allem die fantastischen Aufnahmen des Hubble-Teleskops –, desto schwieriger wird es, Wissenschaft und Kunst zu unterscheiden.

Danksagung

Zum Schluß möchte ich mich bedanken bei dem Organisator der schönen Reihe »Bilderwelten«, Herrn Kollegen Prof. Norbert Elsner, und bei meinem aufmerksamen Publikum. Bedanken möchte ich mich auch bei meinen »Sponsoren«, der Max-Planck-Gesellschaft, dem Forschungs- und dem Wirtschaftsministerium, der DLR und der DFG. Besonderer Dank geht auch auch an Rudi Albrecht von der ESO/ECF, der mich durch einen ähnlichen Vortrag motiviert hat und mir Zugang zu etlichen der schönen bunten Bilder der ESO und vom Hubble-Space-Teleskop gegeben hat.

Literaturhinweise

Bernd Aschenbach, Hermann M. Hahn, Joachim Trümper: *Der unsichtbare Himmel. Röntgenastronomie mit ROSAT*, 1996, Birkhäuser Verlag, Basel.

Lars Christensen & Robert Fosbury: *Hubble. 15 Jahre auf Entdeckungsreise*, 2006, Wiley-VCH, Weinheim.

Günther Hasinger: *Das Schicksal des Universums. Eine Reise vom Anfang zum Ende*, 2007, Verlag C. H. Beck, München (www.schicksal-des-universums.de).

Dirk H. Lorenzen: *Geheimnisvolles Universum. Europas Astronomen entschleiern das Weltall*, 2002, Franck-Kosmos Verlags-GmbH & Co., Stuttgart.

Die Pflanze und ihr Abbild

von
Gerhard Wagenitz

Wie die Abbildungen von Tieren, so sind auch die von Pflanzen weit verbreitet, und noch mehr als jene haben sie ganz verschiedene Funktionen. Sie können Vorlagen für pflanzliche, besonders florale Dekors sein, einen Wert als Kunstwerk haben oder als Repräsentationen des Objekts wissenschaftlichen Zwecken dienen. Um letzteres soll es im folgenden Beitrag gehen. Auch Bilder mit solcher Zweckbestimmung können künstlerische Ansprüche erheben und genügen ihnen auch oft, denn nirgendwo sonst als bei Pflanzen- und Tierbildern berühren sich Wissenschaft und Kunst seit Jahrhunderten so eng.

Bei Pflanzenabbildungen handelt es sich um die Darstellung von etwas Konkretem, das heißt von etwas, was man – in der Regel mit dem bloßen Auge – unmittelbar sehen kann. Darin unterscheiden sich diese Bilder grundsätzlich von bildhaften Modellen des Sonnensystems oder des Atombaus, aber auch von der Anatomie des Gehirns oder des Blutkreislaufs – alles Dinge, die uns nicht ohne weiteres zugänglich sind – ganz zu schweigen von Visualisierungen der Erdgeschichte oder phylogenetischer Abläufe.

Wissenschaftliche Pflanzendarstellungen sind dadurch gekennzeichnet, daß ihnen ein Name beigegeben wird. Ihre Botschaft ist: es gibt eine dem Bild entsprechende real existierende Pflanze, die so heißt. Eine naturgetreue Darstellung ist hierfür unabdingbar. Aber was heißt Naturtreue? Um das zu verstehen, muß man sich mit der Geschichte der Pflanzenabbildungen beschäftigen. Dabei spielt vieles mit herein: der Stand der botanischen Wissenschaft, die Absicht, die man mit einem Werk verfolgt, die technischen Möglichkeiten, die zur Verfügung standen, und nicht zuletzt die Leistung des Künstlers und die Qualität seiner Zusammenarbeit mit dem Wissenschaftler.

Naturtreue

Um es gleich zu sagen: ›Absolute‹ Naturtreue, gleichsam ein Faksimile der Natur ist nicht möglich, übrigens auch nicht durch die Photographie. Es gibt mehrere Probleme, die dem Ideal einer naturgetreuen Abbildung entgegenstehen. Zunächst muß etwas Räumliches in der Fläche abgebildet werden (von den wenigen Fällen, wo – etwa in Museen –

räumliche Modelle hergestellt werden, sehe ich ab). In vielen Fällen wird dabei eine real gepreßte Pflanze als Vorbild genommen,[1] oder sie wird gleichsam virtuell flach dargestellt, so daß alle Blätter im ganzen Umriß zu sehen sind. Spätestens seit der Renaissance gibt es zwar die Möglichkeit der perspektivischen Darstellung, die eine Illusion der Räumlichkeit hervorruft; die aber ist nie vollkommen.[2]

Ein anderes Problem ist das der Farbe. Erste Drucktechniken wie Holz- und Kupferstich waren primär schwarz-weiß, konnten aber nachträglich koloriert werden. Heute stellt die Wiedergabe von Farben höchstens noch darin ein Problem dar, daß bestimmte Farben schwer genau getroffen werden. Das wird jeder wissen, der einmal in einer Kunstausstellung eine Reproduktion mit dem Original konfrontiert hat. Ein weiteres Problem ist das Papierformat, das einen (meist rechteckigen) Rahmen setzt und die Größe der Wiedergabe begrenzt. Kleine Objekte werden vergrößert, große aber verkleinert dargestellt, weshalb die Angabe eines Maßstabes für wissenschaftliche Abbildungen unabdingbar ist. Man darf sich aber nicht täuschen: Es ist unvermeidlich, daß der Eindruck, den man von der Pflanze hat, durch die notwendige Vergrößerung oder Verkleinerung beeinflußt wird, indem je nachdem Einzelheiten über- oder unterbetont werden. Sehr starke Vergrößerungen können Merkmale herausheben, die man sonst nicht beachtet und die das Wiedererkennen erschweren.

Vor allem aber: Pflanzen durchlaufen in ihrer Entwicklung bzw. im Jahresverlauf verschiedene Stadien: Keimling, Jugendstadium, blühende und fruchtende Pflanze. Wie soll man verfahren? Schon von Brunfels (1532)[3] wurde betont, man müsse eigentlich mehrere Abbildungen für jede Art anfertigen. Man hilft sich oft damit, daß neben der blühenden Pflanze die Frucht dargestellt wird. Ein weiteres Problem ist die Variabilität innerhalb einer Art. Von meist vielen Individuen, die man zur Auswahl hat, kann nur eines als Vorlage dienen, das aber häufig nicht in allen Details wiedergegeben wird. Man wird also versuchen, einen Idealtypus darzustellen, den es in dieser Form vielleicht gar nicht gibt. Schließlich nehmen die allermeisten Abbildungen die Pflanzen aus ihrer Umgebung heraus, der Standort (Biotop) wird also nicht gezeigt, und auch das ist nicht unproblematisch.

1 Das gilt für die meisten Abbildungen in dem großen Reisewerk von Alexander von Humboldt.

2 Die in die Form des Satzspiegels eingepaßte Darstellung des Kürbisses von Fuchs zeigt eine perspektivische Darstellung der Blätter.

3 In der Einleitung zu dem *Contrafayt Kreuterbuch* von 1532.

Ebenso wichtig wie die Naturtreue – und nicht damit identisch – ist der Wiedererkennungswert. Das Erkennen der abgebildeten Pflanze hängt zwar von der Qualität der Abbildung ab, aber auch von der Pflanze selbst. Hat sie charakteristische Merkmale, das heißt solche, die bei keiner anderen im Gebiet in ähnlicher Kombination vorkommen? Wir kennen das auch von Menschen. Wir sagen: der eine hat ein markantes Gesicht, ein anderer hat ein Dutzendgesicht. Mit wenigen Strichen kann ich eine Eiche durch Blattform und Frucht charakterisieren, aber für eine der vielen Arten vom Frauenmantel oder der Brombeeren brauche ich sehr detaillierte Zeichnungen.

Bei der gezeichneten Pflanze geht es natürlich nicht darum, das Individuum wiederzufinden, sondern eine gleichartige Pflanze. Gleichartig ist hier ganz wörtlich zu nehmen: eine von der gleichen Art, genauer: *derselben* Art. Der Artbegriff kann hier nicht diskutiert werden, aber auf jeden Fall ist die Variabilität der Arten ein Problem, das dazu führen kann, daß man nicht sicher ist, ob eine Pflanze zu der abgebildeten Art gehört. Wie die Künstler versuchen, das Typische einer Art darzustellen, hat K. Nickelsen[4] an vielen Beispielen eindrucksvoll gezeigt.

Eine gute Abbildung erlaubt es, ihr eine unbekannte Pflanze zuzuordnen und damit dieser einen Namen. Ein solcher Name ist durchaus nicht »Schall und Rauch«. Dabei ist es zwar erfreulich, wenn der Name etwas über die Art aussagt, wie die Bezeichnung Sumpfdotterblume. Entscheidend ist der Name aber als Schlüssel zur Information. Besonders deutlich wird dies heute im Zeitalter von Internet und Suchmaschinen. Kann ich da einen Namen eingeben, so bekomme ich Informationen über die Verbreitung der Pflanze, ihre ökologischen Ansprüche, Merkmale wie die Chromosomenzahl und vieles andere, zumal, wenn ich mich in der Literatur auskenne und Bücher hinzunehme. Nicht alles steht im Internet, aber sicher finden sich Angaben über Inhaltsstoffe und eine eventuelle Wirkung als Arznei.

Die Anfänge: illustrierte Handschriften

Und damit sind wir bei den Anfängen der Botanik als Wissenschaft, denn die ist schon in der Antike und erst recht in der frühen Neuzeit aufs engste mit der Medizin verbunden. Erst im Laufe des 19. Jahrhunderts entstand an den Universitäten ein ›reine‹ Botanik, vorher war sie, wie übrigens auch die Zoologie, Teil der Medizin.

4 Kärin Nickelsen 2000: *Wissenschaftliche Pflanzenzeichnungen – Spiegelbilder der Natur?* Siehe Literaturhinweise.

Die älteste Handschrift, die zahlreiche Arten gut erkennbar darstellt, ist der berühmte *Wiener Dioskurides*, der Juliana Anikia als Dank für die Stiftung einer Marienkirche in Konstantinopel um 512 gewidmet ist. Auf der Grundlage des klassischen Werkes *De materia medica* von Dioskurides (entstanden ca. 80 n. Chr.) ist eine illustrierte Handschrift geschaffen worden, die die Kenntnis der Arzneimittel weitergeben sollte. Der Codex hat eine komplizierte Geschichte, die mit dem Kauf durch den Gesandten Augerius von Busbeck, der als Gesandter des Kaisers an der Hohen Pforte tätig war und ihn 1569 für Kaiser Maximilian II. erwarb, zu einem Abschluß kam. Seine Abbildungen sind offenbar aus mehreren älteren Quellen übernommen, und sie passen oft nicht richtig zum Text. So kommt eine Abbildung, die eindeutig den leicht kenntlichen Hirschzungenfarn zeigt, an mehreren Stellen zur Illustration verschiedener Pflanzen vor. Leider hat der neueste Nachdruck[5] keinen Botaniker herangezogen, der die Abbildungen identifiziert hätte, sondern sich auf ältere Bestimmungen gestützt, die oft nur auf dem Text beruhen. Viele Abbildungen lassen sich durchaus eindeutig bestimmten Arten zuweisen, andere bleiben freilich infolge des ungenauen Abzeichnens rätselhaft. Ein Beispiel für eine naturnahe Darstellung ist die des Hirtentäschelkrautes (*Capsella bursa-pastoris*, Abb. 1). Sie zeigt gleichzeitig, daß sich die Pflanzen unserer Wildflora in 1500 Jahren nicht erkennbar verändert haben (anders ist dies bei vom Menschen gezüchteten Kulturpflanzen). Auch der Ackergauchheil (*Anagallis arvensis*, Abb. 2) ist klar erkennbar, allerdings hat der Künstler die fünfzähligen Blüten (der Einfachheit halber?) vierzählig gezeichnet. Man wußte natürlich damals nicht, wie konstant und daher auch wichtig die Zahlenverhältnisse sind.

Die Genauigkeit der besten Abbildungen dieses Werkes blieb für lange Zeit unerreicht. Handschriften des späten Mittelalters zeigen meist nur symbolische, zeichenhafte Darstellungen, die nicht den Anspruch erheben, Pflanzen erkennbar darzustellen. Sie sind oft nicht mehr als ein schmückendes Beiwerk, das ganz stark stilisiert ist. Sie bleiben sogar an Naturtreue stark hinter gleichzeitigen Pflanzendarstellungen an Kapitellen von Kathedralen oder Tafelbildern zurück.[6] Dies änderte sich erst im 15. Jahrhundert, dem Beginn der Renaissance. Sie war charakterisiert durch eine Wiederbelebung der Antike, aber – für uns viel wichtiger – auch durch die Hinwendung zur Natur. Der Mensch richtete seine Ge-

5 *Der Wiener Dioskurides.* Kommentar von Otto Mazal. Graz: Akademische Druck- und Verlagsanstalt 1998.

6 Siehe hierzu: Christoph Gerhardt & Bernhard Schnell 2002: *In verbis in herbis et in lapidibus est deus. Zum Naturverständnis in den deutschsprachigen illustrierten Kräuterbüchern des Mittelalters.* Trier: Paulinus.

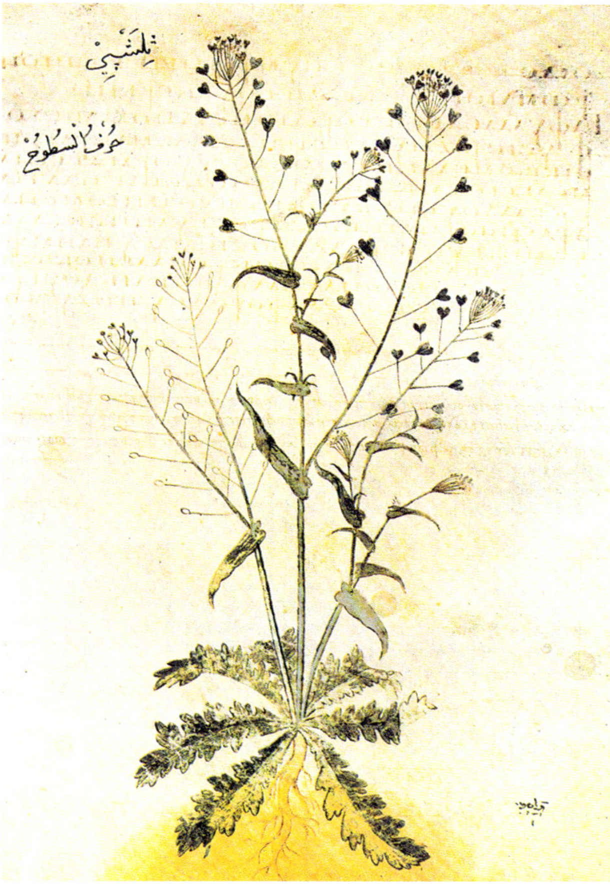

Abb. 1: Hirtentäschelkraut (Capsella bursa-pastoris). Zeichnung aus dem Wiener »Dioskurides« (um 512 n. Chr.) nach dem Reprint (Graz 1998).

danken nicht mehr – neben dem, was er zum Überleben brauchte – auf das Jenseits, sondern er begann sich am Diesseits zu erfreuen, auch wenn es nicht unmittelbar nützlich war. Eine der berühmtesten Handschriften mit Pflanzendarstellungen, das *Erbario Carrarese*, das vor 1400 entstand, zeigt zu einem Teil ganz naturnahe Abbildungen, die offenbar direkt nach den Pflanzen gemalt sind.[7]

7 Baumann (1974) hat gezeigt, wie hierbei neben reinen Naturstudien auch der Einfluß gewisser Schemata deutlich wird. Siehe Literaturverzeichnis.

Abb. 2: Ackergauchheil (Anagallis arvensis). Zeichnung aus dem Wiener »Dioskurides« (um 512 n. Chr.) nach dem Reprint (Graz 1998).

Holzschnitte: Zeit der Kräuterbücher

Bei den bisher erwähnten Werken handelte es sich um illustrierte Handschriften, also Unikate, die allerdings oft als Ganzes oder in Teilen kopiert wurden. Mit dem Beginn des Buchdruckes erwachte der Wunsch, nicht nur Texte, sondern auch Abbildungen zu vervielfältigen. Das erste Verfahren, das dies erlaubte, war der Holzschnitt, den es schon vor Erfindung des Buchdruckes mit beweglichen Lettern gab.[8] Von einer Holzplatte (meist Lindenholz) wird alles weggeschnitten, was nicht drucken soll, das heißt, die Abbildung bleibt erhöht stehen. Es ist dies dasselbe Prinzip (Hochdruckverfahren) wie beim Buchdruck und läßt sich damit leicht verbinden. Man kann also Text und Abbildung zusammen drucken.

Von den vielen sogenannten Kräuterbüchern des 16. Jahrhunderts seien zwei hervorgehoben. Sie zeigen exemplarisch den Konflikt zwischen

8 Erste Einblattholzschnitte, bei denen Bild und Text ins Holz geschnitten wurden, entstanden bereits um 1400.

Abb. 3: Helmknabenkraut (Orchis militaris). Holzschnitt aus O. Brunfels: »Herbarium vivae eicones«. Straßburg 1532.

Abb. 4: Helmknabenkraut (Orchis militaris). Aquarell von H. Weiditz. Vorlage für den nebenstehenden Holzschnitt bei Brunfels, nach der Wiedergabe bei Rytz (1936).

zwei Darstellungsweisen. Im Kräuterbuch von Otto Brunfels (1488-1534)[9] hatte der Künstler offenbar freie Hand bei der Auswahl der Pflanzen, war aber gehalten, sie so genau wie möglich abzuzeichnen (Abb. 3). Wir kennen hier von einem Teil der Holzschnitte die Aquarelle, die ihnen zugrunde lagen, und deren Künstler Hans Weiditz (Abb. 4). Sie sind von großer Naturtreue, aber die abgebildeten Individuen sind nicht selten schlecht erhalten (welk, zerfressen, beschädigt) und im Extremfall da-

9 Zuerst erschien die lateinische Ausgabe *Herbarium vivae eicones* … Straßburg 1530, wenig später die deutsche: *Contrafayt Kreuterbuch* … Straßburg 1532. Es folgten noch weitere Teile.

durch schwer erkennbar.[10] Ganz anders ist es bei Leonhart Fuchs (1501-1566), der für seine ganzseitigen Abbildungen im *New Kreüterbuch* von 1543[11] größten Wert auf gut ausgewählte Exemplare als Vorlagen und auf eine Darstellung aller wesentlichen Teile legt. Dabei hat er zuweilen auch etwas ›geschummelt‹. So sagt er von den Taubnesseln, es gäbe eine rote, eine weiße und eine gelbe, die sonst (vor allem in den Blättern) aber gleich seien. Er bildet nun eine Pflanze ab mit einem verzweigten Stengel, dessen Äste jeweils eine der drei Blütenfarben zeigen, eine Pflanze, die es nicht gibt. Nicht wirklich naturgetreu sind auch seine Darstellungen von Bäumen und Sträuchern. Es sind durchweg vollständige Zwergexemplare mit Wurzeln, die aber bereits blühen. Beim Bergahorn, der nur als ungedruckter Holzstock vorliegt, werden Blüten und Früchte abgebildet, obwohl diese niemals gleichzeitig an einem Baum entwickelt sind. Dies entspringt offenbar dem Wunsch, in einer Abbildung alles Wesentliche darzustellen. Ähnlich idealisiert ist auch die Abbildung eines Kürbis (*Cucurbita pepo*). Die vergrößerte Darstellung einzelner Pflanzenteile war zu dieser Zeit sehr selten. Die Bestimmung bzw. das Wiedererkennen der Pflanzen erfolgte mehr nach dem Gesamtbild (dem ›Habitus‹) und einzelnen auffallenden Merkmalen wie der Blütenfarbe. Details des Blütenbaues wurden kaum beachtet. Eine Analyse verschiedener Kräuterbücher der Zeit zeigt, daß nur relativ wenige Abbildungen Originale sind, die auf Naturstudium beruhen. Vielfach wurden die wertvollen Holzstöcke vom selben Verleger für andere Werke verwendet oder die Abbildungen kopiert, was oft mit einer Qualitätsminderung einherging.[12] Gemeinsam waren allen Kräuterbüchern die Abschnitte über den pharmakologischen Nutzen der Pflanzen, oft als »Kraft und Wirkung« (»krafft und würckung« bei Fuchs) bezeichnet.

Das Problem naturgetreue versus idealtypische Darstellung hat der Anatom Soemmerring, der hervorragende anatomische Abbildungswerke herausbrachte, auf den Punkt gebracht: »Man kann manche Künstler schlechterdings nicht gewöhnen, blos das zu sehen, was eigentlich ausgedrückt werden soll, und Kleinigkeiten, die nicht zur Sache gehören, oder wohl gar bloße Zufälligkeiten wegzulassen.«[13]

10 Eine Pflanze mit schlecht erhaltenen Blättern ist die Karde (*Dipsacus fullonum*), fast unkenntlich ist der Schwarze Nachtschatten (*Solanum nigrum*).

11 Eine lateinische Ausgabe erschien schon 1542. Es waren weitere Bände geplant, von denen aber nur die Aquarelle fertiggestellt wurden.

12 Wie Kärin Nickelsen (2000) an vielen Beispielen gezeigt hat, setzte sich dies Verfahren auch in späterer Zeit noch fort. Siehe Literaturhinweise.

13 Zitiert nach Geus in *Soemmerring-Forschungen* Band 1, S. 266. 1985. Stuttgart & New York: Fischer.

Abb. 5: Wald-Storchschnabel (Geranium sylvaticum). Handkolorierter Kupferstich aus Curtis's »Botanical Magazine« von 1792.

Kupferstiche: Höhepunkte der botanischen Buchillustration

Die große Zeit der Abbildungswerke kam mit der Einführung der Kupferstiche. Sie hatten einen wichtigen Vorteil: man konnte hier auch kleinste Details, wie die einer Blüte oder die Art der Behaarung, darstellen. Die Fortschritte in der Kenntnis der Pflanzen, der zunehmende Gebrauch von Lupen und einfachen Mikroskopen machte das nötig. Das oft gescholtene künstliche System von Linné, das wesentlich auf der Zahl der Staubgefäße und Griffel beruhte, war Anlaß, diese Teile genau anzusehen.

Die Technik war recht alt, sie entstand um 1430 in Deutschland, Martin Schongauer (1450-1491) war der erste weithin bekannte Kupferstecher, Albrecht Dürer (1471-1528) der unübertroffene Meister. Aber zur Buchillustration war diese Technik nicht so gut geeignet. Es handelt sich bekanntlich um ein Tiefdruckverfahren: in die Kupferplatte werden die Linien, die gedruckt werden sollen, mit einem Grabstichel eingeschnitten. Dann wird die Platte eingeschwärzt, alle überflüssige Farbe abgewischt und das Papier mit großem Druck angepreßt. Man kann das nicht in einem Arbeitsgang mit dem Textdruck, der damals immer ein Hochdruck war, kombinieren. Man muß also die Kupferstiche als Tafeln gesondert drucken und später einbinden, am Schluß des Textteils anbinden oder in einem besonderen Band vereinigen. Die Herstellung der Kupfertafeln war sehr aufwendig und teuer. Bei größeren Werken gab es mehrere Möglichkeiten der Finanzierung. Man konnte ein größeres Werk über lange Zeit in Lieferungen herausgeben wie das *Botanical Magazine*[14] (Abb. 5), man konnte eine Subskription auflegen oder Sponsoren für einzelne Tafeln suchen. Einige der großen Werke wurden von einem entsprechend finanzkräftigen Staat oder Staatsoberhaupt getragen, wie dem österreichischen Kaiser, dem Zaren von Rußland, dem Staat Dänemark oder von sehr reichen Privatleuten. Es gibt nicht wenige Werke, die wegen des Fehlens einer soliden Finanzierung unvollendet blieben.

Kleinformatige Kupferstiche finden sich als Illustrationen in frühen Zeitschriften und Lehrbüchern, zumal es kaum noch Holzschneider gab. Etwa ab der zweiten Hälfte des 17. Jahrhunderts werden aber mehr und mehr großformatige Prachtwerke in Quart- oder Folioformat geschaffen, die dann meist von Hand koloriert werden. Diese oft als ›Kupferwerke‹ bezeichneten Bände sind heute der Stolz jeder Bibliothek. Moderne Druckverfahren ermöglichen einen Nachdruck, so daß diese Bände

14 Dies ist eine Zeitschrift, die zunächst nur aus Farbtafeln mit erklärendem Text bestand. Mit wechselnden Titeln und etwas geändertem Format besteht sie seit 1787 bis heute.

Abb. 6: Verschiedene Gartenrosen aus dem »Hortus Eystettensis«. 1613.

inzwischen allgemein zugänglich werden. Nach ihrem Inhalt lassen sich einige Hauptgruppen unterscheiden.

Darstellungen der Pflanzen eines Gartens

Die wissenschaftliche Zielsetzung tritt zurück gegenüber dem Wunsch zu repräsentieren, banal könnten wir auch sagen: der Gartenbesitzer will mit seinen Schätzen imponieren. Aber er will sie auch anderen vorweisen zum Vergleich, zum Kennenlernen und sie dokumentieren. Für die Gartengeschichte sind solche Werke von großem Wert, sie zeigen, wann Pflanzen eingeführt wurden und wie sich Sorten entwickelt haben. Nicht immer wurden die Werke gedruckt, vielfach blieb es bei Sammlungen von Aquarellen, die gerne als *Florilegien* bezeichnet wurden, wie die Arbeiten von Holtzbecker, deren Zusammenhang und Wert erst kürzlich herausgearbeitet wurde.[15]

Eines der ältesten und bekanntesten gedruckten Werke dieser Art ist der *Hortus Eystettensis*, der 1613 zuerst erschien. Er stellt den Bestand des fürstbischöflichen Gartens auf der Willibaldsburg bei Eichstätt dar.[16] Jede Seite zeigt meist mehrere Arten, die nicht immer verwandt sind (Abb. 6). Das ganze Werk ist nach den Jahreszeiten geordnet. Die Kupferstiche sind noch etwas holzschnittartig und vor allem in der farbigen Ausgabe von barocker Prachtentfaltung. Um 1800 konkurrierten die Gärten in Schönbrunn bei Wien und in Malmaison bei Paris um die Darstellung ihrer Schätze. Mehrere Generationen der Habsburger waren große Gartenfreunde. Kaiser Leopold II. beauftragte Nikolaus Joseph von Jacquin, ein großes Werk über den Garten in Schönbrunn herauszugeben, die *Plantarum rariorum horti caesarei Schoenbrunnensis descriptiones et icones,* also die Beschreibungen und Abbildungen der selteneren Pflanzen des Königlichen Gartens in Schönbrunn (1797-1804). Es sind prächtige »illuminierte« Kupferstiche (Abb. 7).

Lange Zeit bestanden die Kupferstiche aus feinen Linien, gegen Ende des 18. Jahrhunderts trat eine neue Manier ihren Siegeszug an: die Darstellung setzt sich aus feinen Punkten zusammen (engl. stipple engraving). Außerdem begann man farbig zu drucken, nur die letzten Feinheiten wurden mit der Hand koloriert. Diese Technik hat Pierre-Joseph Redouté (1759-1840) zur Vollkommenheit entwickelt, und seine großen Werke, von denen *Les Roses* und *Les Liliacées* die bekanntesten sind, werden noch heute gerne reproduziert. Solche Farbkupferstiche konnten von einer Platte gedruckt werden, deren Teile verschieden eingefärbt wurden, oder mit der Tafel wurde erst eine Farbe gedruckt und dann eine weitere, auch ein Druck von mehreren Platten war möglich. All dies verlangte natürlich eine große Sorgfalt und kostete viel Zeit und Geld. Diese Technik wurde auch für das Werk über den Garten von Malmaison verwendet, dessen Anreger und Geldgeber die Kaiserin Josephine war, die

15 Dietrich Roth: *Die Blumenbücher des Hans Simon Holtzbecker und Hamburgs Lustgärten*. Siehe Literaturhinweise.

16 Eine kurze Zusammenfassung der umfangreichen Literatur über den Garten und das Werk gibt das Begleitheft zu einer Ausstellung anläßlich der Eröffnung des teilweise restaurierten Gartens: *Hortus Eystettensis. Ein vergessener Garten?* von Jost Albert, Alexander Laar und Gabriele Ehberger. 4. Aufl. München 2005.

Abb. 7: Ritterstern (Hippeastrum puniceum). Kupferstich aus N. J. Jacquin: »Plantarum rariorum horti caesarei Schoenbrunnensis descriptiones et icones«. Wien 1797.

erste Gemahlin Napoleons. Der maßgebliche Künstler war hier der erwähnte Redouté, der Botaniker Etienne Pierre Ventenat (1757-1808).[17]

Reisewerke

Im 18. Jahrhundert begann die Zeit großer Entdeckungsreisen, die auch Forschungsreisen waren. Unter der Leitung eines erfahrenen Kapitäns wurden neue Seewege und neue Länder erforscht, wobei ein oder auch mehrere Wissenschaftler mitfuhren, um die Natur zu beschreiben und Tiere, Pflanzen und Gesteine, aber auch Ethnographica zu sammeln. Wichtig war auch, daß mindestens ein Künstler dabei war, der die Objekte zeichnen konnte. Seltener war es, daß einer der Naturforscher gleichzeitig ein guter Zeichner war, wie beispielsweise der junge Georg Forster, von dem sehr gute Bilder von Vögeln erhalten sind.

Eine der erfolgreichsten privat finanzierten Reisen war die von Alexander von Humboldt und Aimé Bonpland in Amerika (1799-1804). Sie wurde nicht von einem Künstler begleitet, Humboldt (vielleicht auch Bonpland) skizzierte Pflanzen, die dann mit Hilfe der Herbarexemplare von Künstlern in Paris gezeichnet und gestochen wurden.[18] Die Auswertung der Expedition, die zu einem der umfangreichsten Reisewerke aller Zeiten führte, fand in Paris statt, damals neben London Zentrum der Wissenschaft. Die botanische Bearbeitung erfolgte zunächst durch Aimé Bonpland, dann aber vor allem durch Carl Sigismund Kunth. Nach Humboldts Angaben wurden 3600 neue Arten entdeckt, über 1200 Pflanzen sind auf Kupferstichtafeln abgebildet. Das Werk erschien 1805 bis 1825, das war außergewöhnlich schnell. Es wurde von Humboldt privat finanziert, er hat sein Vermögen dabei aufgebraucht und mußte auch deshalb nachher als Kammerherr in den Dienst des preußischen Königs treten.

Die vielleicht schönste Flora eines Landes und zugleich Ergebnis einer Reise ist die *Flora Graeca* von John Sibthorp und James Edward Smith. Sibthorp reiste 1786/87 mit Hawkins und dem Künstler Ferdinand Bauer durch Griechenland. Auf dem Weg nach Wien wurde er auch in Göttingen empfangen, war hier kurze Zeit als Student inskribiert und wurde korrespondierendes Mitglied der Sozietät der Wissenschaften. In Wien war sein Hauptziel der Einblick in den *Wiener Dioskurides*, denn er wollte

17 Etienne Pierre Ventenat: *Jardin de la Malmaison*. Paris 1803/04.

18 Vgl. hierzu Hans Walter Lack: *Botanische Feldarbeit: Humboldt und Bonpland im tropischen Amerika (1799-1804)*. Annalen des Naturhistorischen Museums Wien, 105 B, S. 493-514.

Abb. 8: Dorniger Akanthus (Acanthus spinosus). Kupferstich nach Ferdinand Bauer aus Sibthorp & Smith: »Flora graeca«, Band 7. London 1830.

in Griechenland die Heilpflanzen der Alten wiederfinden. Außerdem engagierte er einen Künstler, Ferdinand Bauer. Sibthorp machte noch eine zweite Reise (1794/95), diesmal aber ohne einen Künstler mitzunehmen. Bald nach der Rückkehr (1796) starb er. Er hatte verfügt, daß die Erträgnisse seines großen Vermögens für die Bearbeitung der griechischen Pflanzen verwendet werden sollten. Durch das Engagement zweier Botaniker (J. E. Smith und J. Lindley) entstand schließlich diese großartige Flora in 10 Foliobänden mit 966 wunderbaren Farbtafeln (Abb. 8). Allerdings erfaßt sie nur einen Bruchteil der außerordentlich artenreichen griechischen Pflanzenwelt.

Weniger glücklich war das Schicksal der Pflanzenabbildungen der Reisen von James Cook. Dessen erste Reise in die Südsee (1768-1771) diente zunächst der Beobachtung des Venusdurchganges, brachte aber auch wichtige geographische Entdeckungen, so die Erforschung der Ostküste Australiens. Sie war aber auch von erheblicher Bedeutung für die Botanik. An ihr nahmen u.a. teil: Sir Joseph Banks, ein reicher Amateurbotaniker, Daniel Solander, ein Schüler Linnés, und Sydney Parkinson, ein Zeichner und Maler, der die Aufgabe hatte, die Pflanzen im Bild festzuhalten. Vielfach waren es nur Skizzen, an denen kleine Proben farbig ausgemalt waren, er tat das mit großem Fleiß und Erfolg, aber unglückliche Umstände verhinderten die Auswertung. Parkinson starb gegen Ende der Reise. Banks ließ die Aquarelle ausführen und nach den Zeichnungen Kupferstiche anfertigen, es kam aber nicht zur Veröffentlichung, nachdem auch Solander gestorben war. Zwischen 1900 und 1905 erschienen 318 Tafeln als Lithographien (nach den Original-Kupferplatten) als *Illustrations of the Botany of Captain Cooks Voyage. Australian Plants*. Das Unternehmen wurde aus Kostengründen nicht fortgeführt. Die Tafeln waren inzwischen nicht mehr von wissenschaftlichem Interesse, und ihr künstlerischer Wert interessierte damals auch nicht. 1973 gab es noch einen Druck von 30 Tafeln nach den Kupfertafeln: *Captain Cook's Florilegium*. Ab 1979 nahm sich ein Spezial-Verlag (Alecto) der Sache an. Nach 200 Jahren wurden Probeabzüge von den Original-Kupferplatten gemacht und dann ein Farbdruck nach der Art der Werke von Redouté durchgeführt. Mehrere Farben werden »à la poupé« (mit Stoffballen) auf eine Platte gerieben. Nach dem Druck müssen Details, besonders der Blüten, noch mit der Hand koloriert werden. Es ist ein großer Aufwand, und die Tafeln sind von vornherein nicht als Gebrauchswerk, sondern als Sammlerstücke gedacht. Die Auflage in einer Höhe von etwa 100 Exemplaren mit 738 Tafeln erschien 1980-1990 unter dem Titel *Banks' Florilegium*. Dem immensen Arbeitsaufwand entspricht der Preis, der heute um 110.000 $ liegt. Nur in wenigen botanischen Institutionen der Welt

Abb. 9: Gelber Enzian (Gentiana lutea). Kupferstich aus Hayne: »Getreue Darstellung und Beschreibung der in der Arzneykunde gebräuchlichen Gewächse«. Berlin 1837.

sind die Tafeln zugänglich, viele Exemplare waren reine Sammlerstücke zur Geldanlage. Der ursprüngliche Sinn, neu entdeckte und seltene Pflanzen bekannt zu machen, wurde so nicht erfüllt.[19]

19 Die Geschichte der Reise und der Pflanzenabbildungen hat Brian Adams 1986 ausführlich dargestellt. Siehe Literaturhinweise.

Arzneipflanzen

Auch wenn die Zeit der eigentlichen Kräuterbücher schon lange vorbei war, gab es bis ins 19. Jahrhundert wissenschaftliche Abbildungswerke, die sich besonders den Arzneipflanzen widmeten. Ein Beispiel hierfür ist die von F. G. Hayne begründete *Getreue Darstellung und Beschreibung der in der Arzneikunde gebräuchlichen Gewächse, wie auch solcher, welche mit ihnen verwechselt werden können.* Von 1805-1846 erschienen 648 Tafeln, die letzten 24 als Lithographien. Die Darstellungen zeichnen sich durch eine Fülle von Details aus, sie sind dadurch ästhetisch nicht so befriedigend wie manche anderen Werke, sondern ganz auf die genaue Kenntnis der Pflanzen ausgerichtet, wie sie für Apotheker damals notwendig war (Abb. 9).

Florenwerke

Kupfertafeln dienten auch dazu, die Flora eines Landes (meist allerdings nur die sogenannten ›Höheren Pflanzen‹) in Bildern darzustellen. Dies konnten kleinformatige, auch für den privaten Liebhaber erschwingliche Werke sein wie Sturms *Deutschlands Flora in Abbildungen nach der Natur* (1796-1862) oder repräsentative Tafelwerke im Folioformat. Diese wurden häufig mit der Unterstützung von Königshäusern herausgegeben. Die umfangreichste unter ihnen ist die *Flora Danica* (1761-1874) mit 3240 Kupfertafeln, die auch Moose, Algen und Pilze darstellen. Um die Flora des Landes bekannt zu machen, wurde sie großzügig im Lande verteilt, heute ist sie vollständig im Internet zu besichtigen. Einmalig ist es auch, daß ein umfangreiches Porzellan-Service mit Pflanzendarstellungen nach den Vorlagen der Flora entstand, das von der Königlichen Porzellanmanufaktur in Kopenhagen noch heute vertrieben wird. Nach dem Muster der *Flora Danica* plante Georg Friedrich Wilhelm Meyer (1782-1856) seine *Flora des Königreiches Hannover*, ja er wollte sie noch übertreffen. Es erschienen ein Teil des Textes mit einer weit ausgreifenden Einleitung und zwei Florenwerke ohne Abbildungen im Quartformat. Von den geplanten Farbtafeln im Folioformat sind aber nur 30 Tafeln herausgekommen, diese sind allerdings von herausragender Qualität (Abb. 10). Das Fehlen geeigneter Mitarbeiter und einer großzügigen Finanzierung waren die wichtigsten Ursachen. Als großangelegtes Einmannunternehmen war das Werk zum Scheitern verurteilt.

Abb. 10: Roter Fingerhut (Digitalis purpurea). Kupferstich aus G. F. W. Meyer: »Flora des Königreichs Hannover« 1842.

Zwei Sonderfälle: Insekten und Pflanzen

Zwei Werke sollen noch erwähnt werden, in denen Insekten eine wichtige, bzw. sogar die Hauptrolle spielen, und die beide zeigen, daß Künstler durch ihre genauen Beobachtungen auch den Weg zur Naturforschung finden konnten. Maria Sibylla Merian (1647-1717) begann schon in der Jugend Schmetterlinge aus Raupen zu züchten und zu zeichnen. Ihr erstes Werk hieß *Der Raupen wunderbare Verwandlung und sonderbare Blumennahrung*. Von 1699 bis 1701 reiste sie mit ihrer Tochter nach Surinam und aquarellierte dort Pflanzen und die an ihnen lebenden Tiere, besonders Insekten. Sie erschloß damit auch den Naturforschern eine neue Welt. 1705 erschien in Amsterdam ihr Hauptwerk *Metamorphosis insectorum Surinamensium* (Abb. 11). Ein halbes Jahrhundert später stellte sich August Johann Rösel von Rosenhof (1705-1759) eine ähnliche Aufgabe. Seine *Monatlich herausgegebenen Insecten-Belustigungen* (1740-1759) sind nicht nur durch die Genauigkeit der Abbildungen berühmt, sondern ebenso durch seine Beobachtungen, die die zeitgenössischer Fachkollegen oft übertrafen. Wie schon Maria Sibylla Merian trat er energisch (und auch durch eigene Versuche) der Ansicht entgegen, Insekten könnten auf dem Wege der Urzeugung aus faulem Fleisch oder anderen sich zersetzenden Stoffen entstehen. Pflanzen kommen bei ihm nur gelegentlich vor. Die Tafel mit einer Stapelie, auf der eine Fleischfliege sitzt, dürfte der erste Hinweis sein, daß es »Fliegenblumen« gibt, die aasliebende Fliegen durch Geruch und Farbe anlocken (Abb. 12). Rösel ahnte freilich noch nicht, daß dies eine Bedeutung für die Bestäubung hat.

Neue Druckverfahren: von der Lithographie zur Photographie

Im Laufe des 19. Jahrhunderts wurden die Druckverfahren in vielfacher Hinsicht revolutioniert. Es wurde immer schwieriger, Künstler und Stecher zu finden, die Kupferstiche herstellen konnten, und diese genügten auch nicht den Anforderungen der Zeit, die in Richtung auf eine Massenproduktion gingen. Für die Illustration von Büchern und Zeitschriften griff man ab Mitte des 19. Jahrhunderts auf die Holzschnitte zurück, und zwar in einer Variante, die korrekt als Holzstich zu bezeichnen ist. Dabei wird die Zeichnung auf die Stirnseite eines harten Holzes (z.B. Buchsbaum) übertragen, wobei feine Stichel verwendet werden. Man kann mit dieser Methode feinere Linien darstellen und größere Auflagen drucken. Das war auch nötig, denn es gab jetzt populäre Zeitschriften und Bücher mit hohen Auflagen, wobei die Abbildungen nun wieder – anders als beim Kupferstich – in den Text eingefügt werden konnten.

Abb. 11: Granatapfelzweig mit Insekten. Kupferstich aus M. S. Merian: »Metamorphosis insectorum Surinamensium«. Amsterdam 1705.

Abb. 12: Stapelie, auch »Ordensstern« genannt (Orbea variegata). Kupferstich aus Rösel von Rosenhof: »Der monatlich-herausgegebenen Insecten-Belustigung. Zweyter Theil«. Nürnberg 1749.

Abb. 13: Alpenrosen (Rhododendron) und Legföhren (Pinus mugo). Farblithographie aus A. Kerner: »Pflanzenleben«. Leipzig und Wien 1891.

Seit etwa 1800 werden für ganzseitige Abbildungen zunehmend Flachdruckverfahren verwendet, zunächst die Lithographien, später Offsetdruck. Die Darstellung von Farben wird jetzt auf rein maschinellem Wege möglich. So konnten nun auch preiswerte, für einen großen Kreis von Nutzern vorgesehene Werke damit ausgestattet werden, wie beispielsweise die Bände *Sommerblumen* und *Herbst- und Winterblumen* von Carus Sterne.[20] Eine farbige Abbildung der Alpenrose (Abb. 13) in dem seinerzeit bekannten Werk *Pflanzenleben* von Anton Kerner von Mari-

20 Carus Sterne ist ein Pseudonym für Ernst Krause (1839-1903), einen naturwissenschaftlichen Schriftsteller, der zu den Vorkämpfern des Darwinismus gehörte.

laun (1831-1898) ist eines von wenigen Beispielen, bei denen der ganze Standort, also das Biotop mit einbezogen ist.

Im 20. Jahrhundert löst die Photographie allmählich mehr und mehr die Zeichnungen ab, und Pflanzengesellschaften werden überwiegend photographisch abgebildet. Nach dem 2. Weltkrieg wird die Wiedergabe von Farbphotos immer billiger und besser, und es entstehen Werke, welche die ganze Flora von Deutschland oder der Alpen in solchen Aufnahmen darstellen. Solche ›Farbatlanten‹, wie sie in den letzten Jahren erschienen sind, sind ein großartiges Hilfsmittel zur Bestimmung von Arten, es sind allerdings im wahrsten Sinne des Wortes schwergewichtige Werke, die man nicht mit ins Gelände nehmen kann. Im Hinblick auf die Herausarbeitung der wesentlichen Merkmale und die Darstellung von Details in den Blüten, Früchten und Samen sind Zeichnungen den Photographien weiterhin überlegen. Große botanische Institutionen beschäftigen auch heute noch Zeichnerinnen oder Zeichner und dokumentieren vor allem neu entdeckte Arten gerne durch von diesen entworfene Abbildungen.

Pflanzliche Abstraktionen

Die bisher vorgestellten Abbildungen mit verschiedenen Techniken hatten alle das Ziel, eine Pflanze erkennbar mit möglichst vielen Einzelheiten darzustellen. Stark abstrahiert wird von einzelnen Merkmalen bei pflanzlichen Ornamenten, wie sie bis ins alte Ägypten nachweisbar sind. Sie sind nicht Gegenstand dieser Darstellung. Nur ein Grenzfall sei erwähnt. In der Zeit des Jugendstils waren Ornamente aus Pflanzen außerordentlich beliebt auf Möbeln, Lampenschirmen, Vasen und vielem anderen. In dieser Zeit entstand auch die *Flora für das deutsche Volk* von Carl Börner[21] mit einigen Tafeln von Paul Dobe, teils farbig, teils als Silhouetten. Sie stehen an der Grenze zwischen ornamentalem Buchschmuck und realistischer Pflanzendarstellung. Die Silhouette vom Wiesen-Bocksbart (Abb. 14) ist jedenfalls ohne weiteres als solcher zu erkennen. Die fortfliegenden fallschirmartigen Früchtchen bringen sogar ein Moment der Bewegung in dies Bild. Silhouettenartig sind auch die Darstellungen unbelaubter Bäume in einem kleinen Buch *Deutsche Waldbäume*[22]. Sie sollen es ermöglichen, Bäume im Winterzustand an ihrem charakteristischen Verzweigungsmodus zu erkennen (Abb. 15).

21 Carl Börner (mit Unterstützung von L. Lange und P. Dobe): *Eine Flora für das deutsche Volk*. Leipzig: Voigtländer 1912.

22 Walter Rammner: *Deutsche Waldbäume*. Leipzig: Bibliograph. Institut 1934.

Abb. 14: Wiesen-Bocksbart (Tragopogon pratensis). Graphik von P. Dobe aus C. Börner: »Eine Flora für das deutsche Volk«. Leipzig 1912.

Abb. 15: Hänge-Birke (Betula pendula). Graphik aus W. Rammner: »Deutsche Waldbäume«. Leipzig 1934.

Im 19. und 20. Jahrhundert entstanden nicht nur viele neue Druckverfahren, eine veränderte wissenschaftliche Sichtweise erforderte auch andere Darstellungen. Wesentlich von Goethe beeinflußt, entwickelte sich eine allgemeine Morphologie, der es nicht mehr um die exakte Darstellung einer bestimmten Pflanzenart ging, sondern um die Verdeutlichung allgemeiner Gesetzmäßigkeiten. Das führte zu schematischen, stark theoriegeprägten Abbildungen. Ein gutes Beispiel ist die von Mathias Schleiden (in Anlehnung an Goethe) vorgestellte »Urpflanze« (Abb. 16)[23], die den Goetheschen Aphorismus »alles ist Blatt« illustrieren soll. Es ist eine Pflanze, die es nicht gibt, die aber die Abwandlung (Metamorphose im Sinne von Goethe) der Blätter zeigt. Ganz auf einen Punkt abgestellt, nämlich die Stellungsverhältnisse der Organe innerhalb

23 Aus: M. J. Schleiden: *Die Pflanze und ihr Leben*. 3. Aufl. Leipzig: Engelmann 1852. Vgl. hierzu Günther Schmid: *Goethes Metamorphose der Pflanzen*. In: Johannes Walther (Hrsg.): *Goethe als Seher und Erforscher der Natur*. S. 205-226. Halle 1930. Hier sind mehrere ähnliche Versuche, eine abstrakte ›allgemeine‹ Pflanze vorzustellen, einander gegenübergestellt.

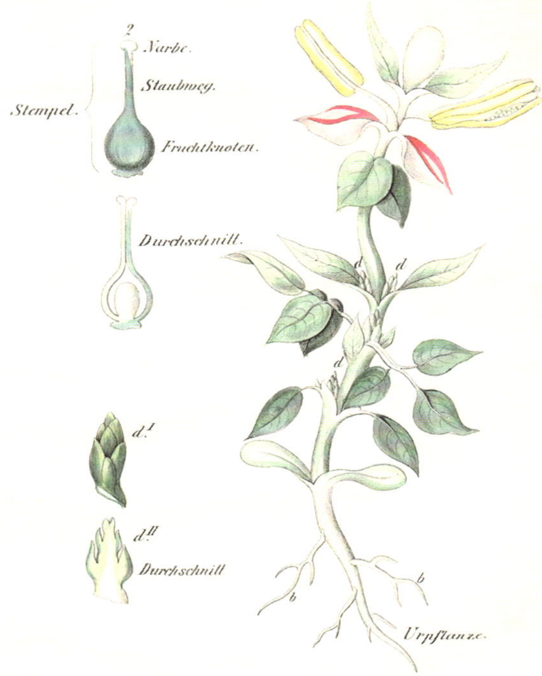

Abb. 16: »Urpflanze« aus M. J. Schleiden: »Die Pflanze und ihr Leben«. Leipzig 1852.

der Blüte, sind die sogenannten »Blütendiagramme«, die oft für große Teile einer Pflanzenfamilie einheitlich sind. Hier wird von Größe, Form und Farbe der Kelch-, Kron-, Staub- und Fruchtblätter abstrahiert, nur ihre Zahl und Stellung zueinander kann man erkennen. Sie sind ein didaktisches Hilfsmittel, um die Blütenmerkmale einer Gattung oder größerer Pflanzengruppen vorzustellen.

Dieser kurze historisch ausgerichtete Überblick sollte zeigen, daß Pflanzenabbildungen, die zunächst eher problemlos erscheinen, von vielen Faktoren abhängig sind. Die Intentionen des Botanikers spielen ebenso eine Rolle wie die technischen Möglichkeiten der Zeit und die Fähigkeiten des Künstlers. Aber gerade diese Vielfalt der Möglichkeiten macht auch den Reiz des Themas »Die Pflanze und ihr Abbild« aus.

Literaturhinweise

Brian Adams: *The Flowering of the Pacific. Being an account of Joseph Banks' travels in the South Seas and the story of his Florilegium*. Sydney: Collins & London: British Museum (Natural History) 1986.

Felix Andreas Baumann: *Das Erbario Carrarese und die Bildtradition des Tractatus de herbis. Ein Beitrag zur Geschichte der Pflanzendarstellung im Übergang vom Spätmittelalter zur Frührenaissance.* – Berner Schriften zur Kunst Band 12. Bern: Benteli 1974

Wilfrid Blunt and William T. Stearn: *The Art of Botanical Illustration.* New Edition. Woodbridge, Antique Collectors' Club 1994.

Eva-Maria Hanebutt-Benz und Kristin Wiedau: *Technik des Abbilds. Die drucktechnische Revolution im 19. Jahrhundert*. In: K. Krause et al. (Hrsg.): *Bilderlust und Lesefrüchte. Das illustrierte Kunstbuch von 1750 bis 1920*, S. 43-58. Leipzig: Seemann 2005.

Hans Walter Lack and David John Mabberley: *The Flora Graeca Story. Sibthorp, Bauer and Hawkins in the Levant.* Oxford etc.: Oxford University Press 1999.

Hans Walter Lack: *Ein Garten Eden. Meisterwerke der botanischen Illustration.* Köln etc.: Taschen 2001.

Kärin Nickelsen: *Wissenschaftliche Pflanzenzeichnungen – Spiegelbilder der Natur? Botanische Abbildungen aus dem 18. und frühen 19. Jahrhundert*. Bern Studies in the History and Philosophy of Science. Bern 2000.

Claus Nissen: *Die botanische Buchillustration, ihre Geschichte und Bibliographie*. 2. Auflage. Stuttgart: Hiersemann 1966.

Dietrich Roth: *Die Blumenbücher des Hans Simon Holtzbecker und Hamburgs Lustgärten. Abhandlungen des Naturwissenschaftlichen Vereins in Hamburg*. N. F. Band 26. Keltern: Goecke & Evers 2003.

Mikrowelten – Robert Hookes Flohzirkus

VON
OLAF BREIDBACH

Rerum natura nusquam magis quam in minimis tota est[1]

Im Jahre 1665 erschien eine Arbeit, über die und über deren weitere Wirkung im folgenden zu berichten ist.[2] Es geht dabei um Bilder, und zwar um Bilder einer Wissenschaft, die vielleicht mit allen Institutionen, Gerätschaften und Hierarchien noch gar nicht so sehr Wissenschaft war. Robert Hooke (1635-1702), der Autor, war Assistent des ersten wirklichen Laborwissenschaftlers, Robert Boyle (1627-1691), und Hooke war der erste, der mit der Wissenschaft sein Geld machte. Er war zunächst Kurator der Gerätesammlung der von Boyle mitgegründeten Royal Society und wurde später dann auch deren Sekretär. Er war kein Dean mit adligem Vermögenshintergrund, er war auch kein Kleriker mit den entsprechenden sozialen Sicherungen. Wissenschaft war ihm Broterwerb. So fängt mit Hooke auch sozialgeschichtlich ein neues Kapitel an, was uns aber in diesem Zusammenhang nicht weiter interessieren wird.

Nur, was für ein Publikum hatte Hooke für eine derart ja noch kaum institutionalisierte Wissenschaft? Kollegen, denen man seine Bilder zeigen konnte, gab es auch, aber dies waren nur wenige.[3] Lohnte es sich, für diese Klientel dann Bücher zu produzieren, das heißt seine Mitteilungen

1 In freier Übersetzung: »Das Wesen der Dinge ist nirgends so klar wie im Kleinsten.« Plinius Hist. Nat. Lib. XI, c. 2; nach August Rösel von Rosenhof: *Insectenbelustigungen*, Bd. 1 (Frontispiz). Nürnberg 1746.

2 Der hier vorgelegte Text hält sich eng an das Vortragsmanuskript meines Beitrages zur Göttinger Ringvorlesung, den ich stilistisch nur leicht überarbeitet habe, ohne dabei den Charakter des Vortrages zu verändern. Ergänzt wurden nur wenige Anmerkungen, biographische Angaben zu Hooke finden sich etwa in: Jardine, L. (2004) *The Curious Life of Robert Hooke: The Man Who Measured London*. New York, empfohlen zur Vertiefung sei ferner Shapin, S., Schaffer, S. (1985) *Leviathan and the Air-Pump: Hobbes, Boyle, and the Experimental Life*. Princeton; Chapman, A. (2005) *England's Leonardo: Robert Hooke and the Seventeenth-Century Scientific Revolution*. Bristol et al., sowie auch meine eigene Arbeit: Breidbach, O. (2005) *Bilder des Wissens*. München.

3 Frank, R. G. (1980) *Harvey and the Oxford Physiologists: a Study of Scientific Ideas and Social Interaction*. Berkeley, Los Angeles; Shapin, S. (1994) *A Social History of Truth: Civility and Science in Seventeenth-Century England*. Chicago.

zu bündeln und in einer höheren Auflage drucken zu lassen? Wenn man um 1660 ein Buch fabrizieren wollte, das auch verkauft werden konnte, dann mußte man auf ein anderes, eben nicht fachlich bestimmtes Publikum zielen.[4] Schließlich waren Fachleute in unserem Sinne einer disziplinär organisierten Wissenschaft um 1665 nur in wenigen Bereichen, und dies keinesfalls als Naturforscher, zu greifen.[5] In dieser Situation stand Hooke, und er nutzte sie. Suchte und fand er doch für seine Arbeit eben nicht eine im engeren Sinne wissenschaftlich geprägte Leserschaft, sondern einen weiten Kreis von Lesenden, das heißt eine größere Gruppe – wie wir heute sagen würden – umfassend und kulturell Interessierter. Solche Leser lockte er nicht mit Fachtermini und auch nicht mit langatmigen Darstellungen von Fachliteratur und Referenzen zu einem weiteren Kollegenkreis. Hooke ging anders vor. Er publizierte einen Reisebericht über eine Exkursion in Welten, die nur mit dem ihm verfügbaren Apparat, nämlich dem von ihm konstruierten Mikroskop, zu unternehmen war. In seinen Beschreibungen und Illustrationen dieser noch nie gesehenen Welt steckte er eine *Terra incognita* ab.

Diese neue Welt durchmessend, schaute er hinter das der alltäglichen Erfahrung Zugängliche, schuf in seiner auf das Kleinste zielenden Analyse ein eigenes Terrain, suchte dies in Vergleich mit dem zu setzen, das allen bekannt war, und entdeckte so seinem Leser eine neue Welt. Dabei interessierte schlicht alles, was derart in seinem Visualisierungsinstrument in Augenschein genommen werden konnte. So ist denn auch der Titel seiner Arbeit programmatisch, seine *Micrographia* vermittelt die Darstellungen einer Welt, die nur mittels des Mikroskops erschlossen werden kann.

Hooke illustriert die feinen Texturen der Gewebe, die die Londoner Weber seiner Zeit fabrizierten, er mikroskopierte die in einer kalten Winternacht auf seinem Nachttopf niedergeschlagenen Urin-Eisblumen, ebenso aber interessieren ihn die Kopfgestalt der Ameisen oder Zusammensetzungen der Sande Indiens und Südenglands. Es ist im übrigen nicht allein das Mikroskopische, das Hooke in diesem Werk seinen Lesern vorstellt. Es finden sich auch Aussagen über die Produktion von Gläsern, Darstellungen des Strahlengangs des Lichtes durch verschiedene

4 Eisenstein, E. L. (1979) *The Printing Press as an Agent of Change: Communications and Cultural Transformations in Early-Modern Europe*. Cambridge, UK, New York.

5 Zitiert ist im weiteren nach der zweiten Auflage von 1667: Hooke, Robert (1667) *Micrographia: Or Some Physiological Descriptions Of Minute Bodies Made By Magnifying Glasses: With Observations and Inquiries thereupon*. London (J. Martyn).

Materialien, Aussagen über die Himmelskörper und Studien über die mittels des Teleskops neu wahrzunehmenden Sterne. Hooke schuf so einen Katalog der instrumentierten Anschauungen, eine Darstellung für einen belesenen Kaufmann, der mittels der Arbeit von Hooke eine Exkursion in eine Welt unternehmen konnte, in die er bisher nicht einzudringen vermochte, obwohl er sie direkt vor Augen hatte.

Und in dieser Welt gibt es nun auch Flöhe (Abb. 1). Diese gewannen hier, im Blickwinkel des Mikroskops, ein ganz eigenes, der alltäglichen Erfahrung doch gänzlich fremdes Gesicht. Hooke beschrieb dieses Tier als eine Existenzform, die, wenn sie schon nicht auf Grund ihres dauernden Kontaktes mit dem Menschen unser eingehendes Interesse verdiente, doch schon wegen ihrer Schönheit und Kraft unbedingt zu beschreiben wäre. Es sei – so schreibt er im Vorwort seiner Arbeit – »my hope, as well as belief, that these my Labours will be no more comparable to the Productions of many other Natural Philosophers, who are now every where busie about greater things; then my little Objects are to be compar'd to the greater and more beautiful Works of Nature, A Flea, a Mite, a Gnat,

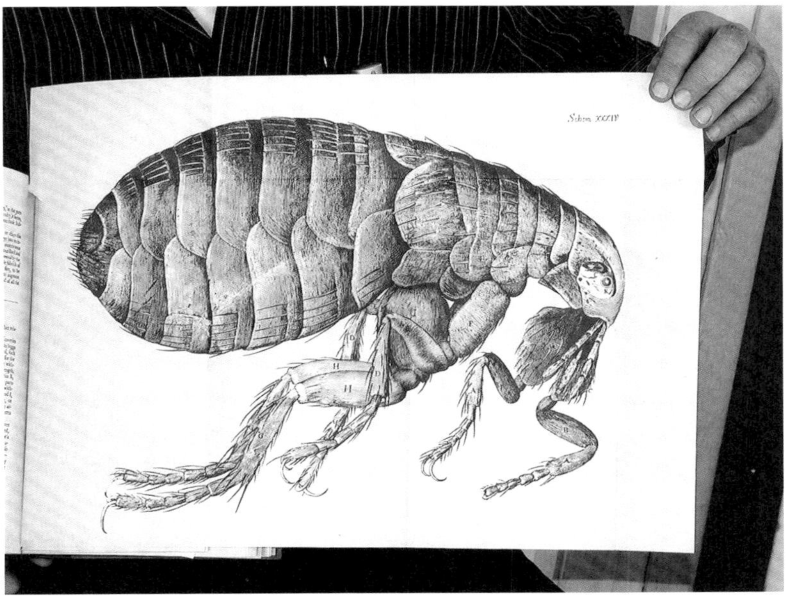

Abb. 1: Überdimensionale Darstellung eines Flohs. In: Robert Hooke: »Micrographia: Or Some Physiological Descriptions Of Minute Bodies Made By Magnifying Glasses. With Observations and Inquiries thereupon«. London 1667.

to an Horse, an Elephant, or a Lyon.«[6] Mit diesem abschließenden, seine Intentionen bündelnden Satz seines Vorwortes transferiert er seine kleine Welt ins Große, und es wird nun vielleicht auch klar, woher die Rede kommt, daß man hier aus einer Mücke einen Elefanten machen kann.

Hooke bleibt in diesem Aufweis potentieller Größe nicht bei der Proklamation. Für ihn gewinnt das Kleine in der Tat denn auch real Größe: Das Kleine wird groß, nicht nur in der Art, wie es beschrieben wird, sondern schlicht in den Dimensionen von dessen Präsentation. So schrieb Hooke denn auch: »The strength and beauty of this small creature, had it no other relation at all to man, would deserve a description.«[7] Es geht um das Wunder der Natur, das auch und gerade im Kleinsten die Dimensionen der Schöpfung ausweisen mag. Dabei erlaubt es die Betrachtung der Formen dann auch, deren Funktionen besser zu begreifen. So ist der Floh unter dem Mikroskop in seiner Sprungkraft darzustellen. Zwar kann aus der bloßen Betrachtung noch nichts zur Stärke der dem Floh möglichen Bewegung ausgesagt werden. Wohl aber erschließt sich eine auch in ihrer Miniaturisierung raffiniert ausgestaltete Konstruktion. Entsprechend muß denn auch die aus dieser Struktur resultierende Bewegung vollkommen sein. Zwar – so Hooke selbst – könne er aus der bloßen Betrachtung des Baus des Beines eigentlich noch nichts zu der mit diesem produzierten Bewegung sagen. Wohl aber kann er zeigen, wie das diese Bewegung ausführende Bein ornamentiert ist, wie es gehalten ist und wie dieses Tier damit dann seine Sprungstärke entfalten könne.

Aufzuweisen ist eine perfekt gearbeitete Rüstung: »But, as for the beauty of it, the Microscope manifests it to be all over adorn'd with a curiously polish'd suit of sable Armour, neatly jointed, and beset with multitudes of sharp pinns [...].«[8] Diese Rüstung beschreibt er nun in allen Details. So gelangt er dann auch zu einer Charakteristik der Saug- und Stechinstrumente des Flohs: »With these Instruments does this little busie Creature bite and pierce the skin [...]«.[9] Unter dem Mikroskop gewinnen so auch die Instrumente des Quälgeistes eine eigene ästhetische Dimension. Diese wird aber nur angedeutet. Hooke verweist für das eingehendere Verständnis dieser hier beschriebenen Kreatur auf deren Abbild: »There are many other particulars, which, being more obvious, and affording no great matter of information, I shall pass by, and refer the Reader to the Figure.«[10]

6 Ebda., letzte Seite des Vorwortes (ohne Paginierung).
7 Ebda., S. 210.
8 Ebda.
9 Ebda., S. 211.
10 Ebda.

Zwei Nachrichten werden hier dem Betrachter durch Robert Hooke vermittelt: Aufgeblasen zu der Größe eines kleinen Ritters, wird ihm das lästige Saug- und Stechinsekt zu einem Streicheltier. Es wird in der über das Mikroskop gewonnenen Ästhetisierung aus seiner Funktion gelöst und gewinnt als Bewohner des neu erschlossenen Mikrokosmos einen eigenen Wert. Das mikroskopische Bild konstituiert so in der Tat etwas Neues, dieser Floh, der in der *Micrographia* seine Abbildung findet, ist nicht einfach ein lästiger Parasit, er ist ein Wunder an präziser struktureller Abstimmung.

Und noch ein Zweites vermittelt uns Hooke explizit. Er formuliert eine Bilderwissenschaft. Nicht nur, daß er beschreibt, was er sieht, also einen Text über ein Abbild schreibt. Dieser Text ist selbst mit Illustrationen durchsetzt, und die Illustration ersetzt den Text. Der Leser wird – wie das obige Zitat ausweist – direkt auf die Illustration verwiesen.

So ist die *Micrographia* auch als Bildfolge zu lesen. Mit dem Vorwort und einer kurzen Kennung dessen, was da abgebildet ist, läßt sich dieses Buch als eine Art von *picture box*, ein Bilderbuch des Mikrokosmos, oder eine Art von Atlas verstehen. Hier, im Kontext dieser neuen Darstellungsweisen, die den Text hinter das Bild stellen und im Text oft nur noch das Bild erläutern, findet sich der *pictural turn* in der Kommunikationslandschaft der Wissenschaften. Hier, in den eben noch nicht für ein spezielles Publikum geschriebenen Werken einer im nachhinein als Naturwissenschaft beschriebenen Diskussionskultur, für die die *Micrographia* exemplarisch ist, finden sich Versuche, die Natur ins Bild zu setzen und sie im Bild zu kommunizieren. Es mag denn auch nicht verwundern, daß nur wenig später ausgebildete Maler und Zeichner wie Maria Sibylla Merian (1647-1717) oder Rösel von Rosenhof (1705-1759) in diesem Sinne dann Fachliteratur, eben Bild-Fach-Literatur, produzieren und mit dieser Bild-Fach-Literatur zum Grundbestand der sich an ihnen orientierenden neuen *picture sciences* der Naturgeschichte gehören.[11]

Das hat auch ganz einfach äußere Gründe. Nach 1650 schrieb man nicht mehr auf Pergament, also Tierhäute, und auch das nicht mehr ausschließlich aus Lumpen hergestellte Papier wurde billiger. Für den Buchdrucker waren nun auch ohne massive Vorfinanzierungen größere Auflagen möglich.[12] Die Adressaten solcher Arbeiten sind dann auch nicht mehr nur der kleine Kreis von direkt interagierenden Kollegen, etwa der Scholaren eines Kollegs oder einer Domschule. Technische Möglichkei-

11 Vgl. Jahn, I. (1990) *Grundzüge der Biologiegeschichte*. Jena.

12 Vgl. Eisenstein, E. L. (1986) *Print Culture and Enlightenment Thought.* Chapel Hill.

ten, Ökonomie und soziale Entwicklungen greifen hier ineinander. Das neue Medium Buch findet ein breiteres Publikum. Das Medium Papier, auf dem Informationen zu fixieren sind, erlaubt es, einzelne Erfahrungen auch im Bild mitzuteilen und so einem breiten Kreis zu erschließen. So findet und formiert diese neue Struktur von Informationsvermittlung ihr Publikum, das mittels der Bilder, und das bedeutet frei von dem Zwang, sich in Denkmuster, Sprachkonventionen und Beschreibungskonventionen einzuarbeiten, zum Wissen kommt.

Die Mikroskopisten vermitteln über ihre Bilder solches Wissen für ein sich nicht aus dem engeren Kreis von Spezialisten rekrutierendes Publikum, die Nachricht ist denn auch nicht die einer Korrektur einer vormaligen Naturgeschichte. Aufgewiesen wird vielmehr so etwas wie eine *Biblia scientiarum,* die, angelehnt an die *Biblia pauporum*, die zumindest in den katholischen Kirchen des 16. Jahrhunderts die Wände schmückte, ihre Anschauungen über Bilder vermittelt.

Dabei funktioniert solch eine Bibel nicht exemplarisch. Für sie zählt die Vielfalt, und so ist auch für Hooke nicht nur über den einzelnen Floh zu berichten. Hooke öffnet vielmehr seinen Präparate-Schatz. Er zeigt, daß in gleicher Weise überall und immer wieder die Struktur des Kleinen analog den Strukturen des Großen auszuweisen ist. So gibt es bei den Insekten ebenfalls Bienen, es gibt Schnaken, Fliegen und auch Läuse (Abb. 2).

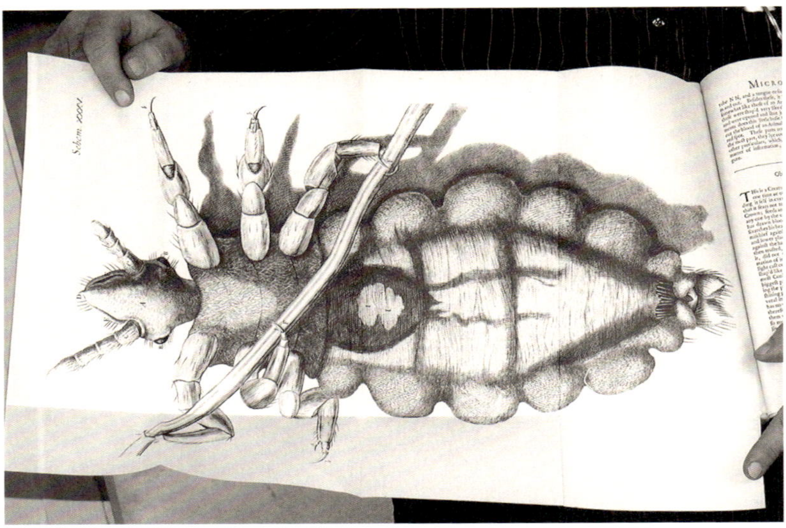

Abb. 2: Die Darstellung einer Laus. In: Robert Hooke: »Micrographia«.

Auch hier zeigt sich die Delikatesse der Darstellungen im Bilde. Aufgezeichnet ist immer wieder und immer wieder neu, wie die Einzelheiten solcher Wesen oder der Feinbau einer Feder oder eines Schmetterlingsflügels mittels des Mikroskops zur Anschauung gebracht werden können. Zu sehen ist, daß die Fliege auf ihrem Flügel steht (Abb. 3), dessen Kon-

Abb. 3: Darstellung einer Schmeißfliege und ihres Flügels. In: Robert Hooke: »Micrographia«.

struktion nun, gezeichnet durch das Mikroskop – ganz wie die Beine des Flohs –, das Anschauungsmaterial an die Hand gibt, das es zu verstehen erlaubt, wie er sich nun bewegen kann. So ist aus der Konstruktion des Flügels abzuleiten, wie dieser funktioniert. Bezeichnet sind denn auch die Chitinwülste, die den Flügel aufspannen, unbezeichnet ist das Flügelgelenk, das nur wiedergegeben, aber nicht verstanden ist.

Ganz ähnlich gewinnt das Fliegenauge Interesse, gezeichnet sind die Facettierungen dieser Augen, deren – je nach Beleuchtung – unterschiedlicher Anblick von Hooke gezeigt wird. Er kann in diesem Auge die Kaleidoskope der Wunderkammern wiederentdecken, nur daß hier die Natur ihre fein gegliederten Linsen sehr viel enger und regelmäßig gesetzt hat.

Zu bemerken ist der immer wieder neue Aufweis des Bekannten, an das sich nun auch die Darstellungen der Schnaken, Milben, Spinnen und Läuse anschließen. In der *Micrographia* ist derart – im Bild – in der Tat ein ganzer Flohzirkus versammelt. Und die Bilder dieses Flohzirkus sind dann auch immer wieder Großformate, in denen das Kleine in seiner neuen, durch die Optik zugänglichen Größe aufgeführt ist. Diese Bilder bleiben nun nicht Episode. Sie entfalten eine ganz eigene Wirkung, sie wurden als Bild wirkmächtig, setzten Standards und wurden als Bilder rezipiert. Damit konstituierten sie eine eigene virtuelle Bildwelt des Mikrokosmos.

Ein Beispiel bildet die Scheuchzersche Kupferbibel.[13] In diesem eigenartigen Werk findet sich eine Folge von Kupferstichen, die an Hand von Darstellungen der Naturanalyse, der Naturgeschichte, Anatomie und Gestaltenlehre eine Natur in Szene setzt, die über den Rahmen, in den diese Details gestellt sind, und über die Zuordnung einzelner Bibeltexte in einen direkten theologischen Zusammenhang gebracht wird. Scheuchzer (1672-1733) macht in dieser Zusammenstellung die Idee der *Biblia scientiarum* explizit. Die Wissenschaft der Natur, dieses zeigt er, bildet eine Offenbarung nach, sie offeriert einen Einblick in das Wirken Gottes; und sie ist denn auch im Gesamtzusammenhang einer Beschreibung der Schöpfung zu sehen. Die Bilder, die Scheuchzer hierzu in seine Kupferbibel aufnimmt, sind keineswegs nun aber einzelne direkt von ihm

13 Scheuchzer, J. J. (1731-1735) *Kupfer-Bibel, In welcher Die Physica Sacra, Oder Geheiligte Natur-Wissenschafft, Derer In Heil. Schrifft vorkommenden Natürlichen Sachen, Deutlich erklärt und bewährt. Anbey, Zur Erläuterung und Zierde des Wercks, In Künstlichen Kupfer-Tafeln, Ausgegeben und verlegt durch Johann Andreas Pfeffel, Kayserlichen Hof-Kupferstecher in Augspurg. Samt Vorbericht und Verzeichnis der Auctorum und derselben in diesem Wercke angeführten Schrifften.* Bd. IV. Augsburg.

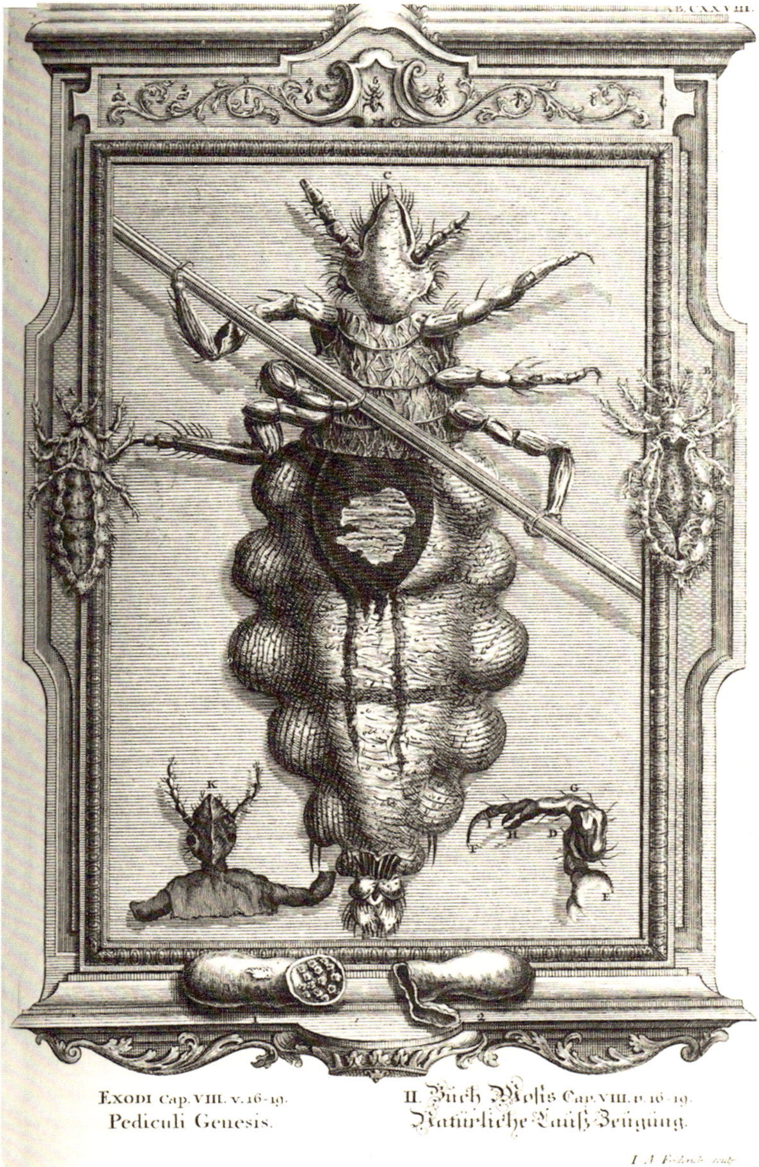

Abb. 4: Die Darstellung einer Laus nach dem Vorbild von Robert Hooke. Aus: Johann Jakob Scheuchzer. »Kupfer-Bibel, In welcher Die Physica Sacra, Oder Geheiligte Natur-Wissenschafft, Derer In Heil. Schrifft vorkommenden Natürlichen Sachen, Deutlich erklärt und bewährt«. T. 1-4. Augsburg (1735).

beobachtete Objekte. Bilder, in denen sich Scheuchzer diese theologische Dimension der Schöpfung verdeutlicht, sind eben auch tradierte Bildgefüge aus diesen Wissenschaften selbst. Und prominent ist hier nicht zuletzt die Kopflaus von Hooke, die in einer der Tafeln Scheuchzers ihre direkte Entsprechung findet (Abb. 4).[14]

Man vergleiche Hookes und Scheuchzers Abbildungen (Abb. 2 und Abb. 4): Die Ähnlichkeit ist offensichtlich. Nicht die Objekte, sondern deren Bilder wurden durchgereicht. Und auch Scheuchzers kurz vor 1700 publizierte Kupferbibel ist schon an sich ein Indikator für die Wirkung des Bildes in der Kultur seiner Zeit. Es ist wohlgemerkt eine Bibel, dabei werden einzelne Zitate durch Naturillustrationen, teilweise höchst kunstvoll gehalten, untermalt. Die neuen Majuskeln dieser neuzeitlichen Bibeln verzichten auf die Ornamente und Drachen der Vorväter, sie nutzen die Daten der Wissenschaften, die Bilder des Mikro- und Mesokosmos einer wissenschaftlich gezeichneten Welt, um zu illustrieren, was Gott meint, und so das Denken des einzelnen damit auf das Religiöse zu bündeln.

Das nächste Bild zeigt noch einmal eine solche Kupfertafel (Abb. 5), in der nun der Blick Gottes durch ein Augentier symbolisiert ist, das sich gleich zweimal in den Bildrahmen setzt. »Kein Spatz fällt vom Himmel, ohne daß euer himmlischer Vater es weiß.«[15] … und auch die Laus erhält in dieser Welt des Schöpfers ihren, ihrer virtuellen Größe gemäßen Platz. Das Kleine wird groß, das Große klein. Aus der Mücke ist nun in der Tat zumindest in der Ästhetik ein Elefant geworden.

Diese Nutzung der Bildwelten Hookes bleibt aber kein Einzelfall. Selbst der Polyhistor Athanasius Kircher (1602-1680), zu dessen *Musaeum Kircherianum* 1709 posthum eine Darstellung erschien, zeigt seine Bildwelt in der direkten Nachfolge von Hookes virtuellem Flohzirkus.[16] Der Vergleich der Darstellung aus der Monographie zu Kirchers Museum mit der vormaligen Darstellung Hookes zeigt, daß nicht etwa ein gleichartiges Präparat, sondern der Druck von Hooke abgezeichnet wurde. Dies zeigt sich in den Konturen des Kopfes und dem Versuch, die Beine nachzuzeichnen, die ausgehend von einem umkopierten Abklatsch der Hookeschen Darstellungen auf den zum Musaeum Kircherianum verwendeten Satz Kupfertafeln gelangten. Der Hookesche Floh findet so gleichsam seine jesuitische Fassung.

14 Vgl. Müsch, I. (2000) *Geheiligte Naturwissenschaft. Die Kupferbibel des Johann Jakob Scheuchzer.* Göttingen.

15 Mt 10, 26-33.

16 Bonanni, F. (1709) *Musaeum Kircherianum, sive Musaeum A P. Athanasio Kirchero In Collegio Romano Societatis Jesu.* Rom.

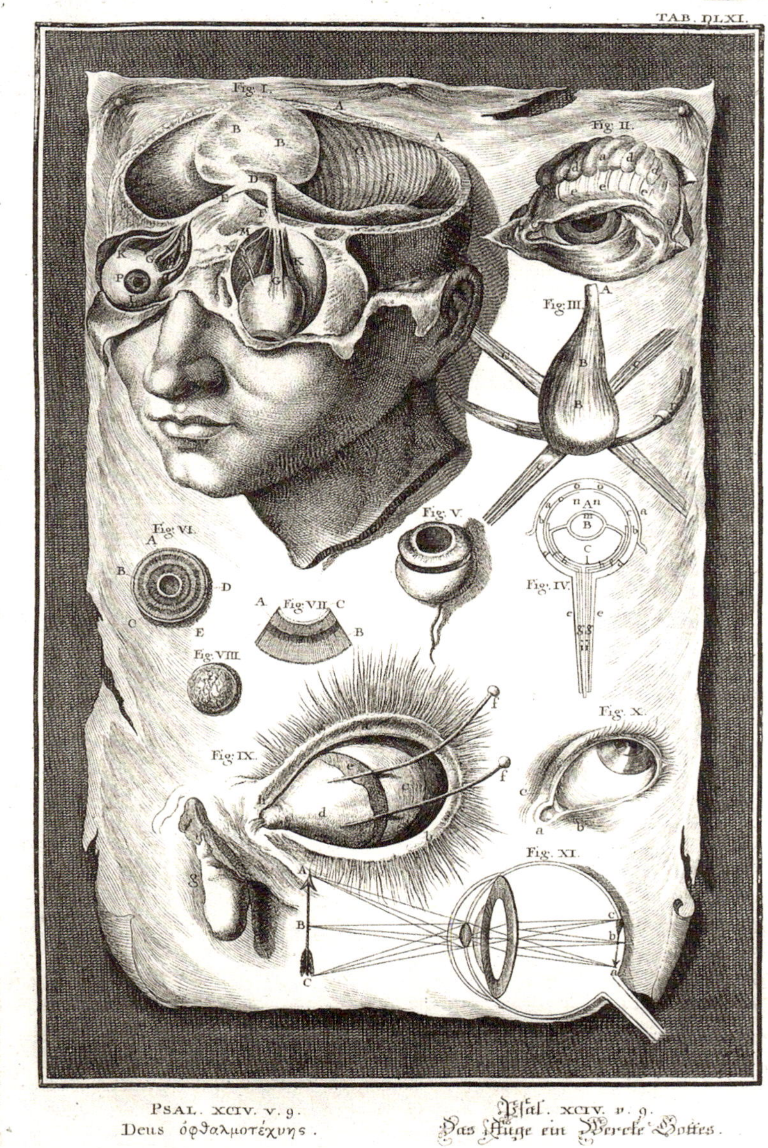

Abb. 5: Das Auge ein Wercke Gottes. Jacob Andreas Fridrich (1684-1751) nach Johann Andreas Pfeffel (1674-1748). Aus: Johann Jakob Scheuchzer: »Physique sacrée«. Amsterdam 1732-1737; Bd. 7, Tafel 561.

Daß dieser Floh von Hooke abgezeichnet wurde, das wird deutlich im Vergleich zu den eigenständigen Blättern des Werkes der Jesuiten, die nun erstmals einen wirklichen Flohzirkus offerieren. Im Anschluß an die Darstellung des Archetyps zeigt das *Musaeum Kircherianum* eine Tafel mit unterschiedlichen Arten von Flöhen (Abb. 6). Gezeichnet ist hier aber jeweils nur der Kopf der Tiere, die in der Darstellung jeweils unterschiedliche Helmzierate und verschieden gestaltete Mundwerkzeuge ausweisen. Diese sind nun aber weder in ihrer Gestalt noch in ihrer Funktion begriffen. Der Zeichner hat hier nicht etwa die Stech- und Beißwerkzeuge eines Insektes wiedergegeben. Er hat vielmehr aus den ihm bekannten Formen des Mesokosmos abstrahiert und so die links und rechts angeordneten Beißwerkzeuge der Insekten in das Oben-Unten-Gefüge eines Vogelschnabels umgedeutet. Die entsprechenden Verwerfungen in der Ausprägung der Cuticularformen der so dargestellten Insekten sind augenfällig. Was hier zu sehen ist, sind keine Vogelköpfe, sondern Flohfronten. Es sind aber eindeutig Schnäbel und keine Saugrüssel, die gezeichnet sind. Beschrieben ist die Variation der Helmzier dieser Arten ganz in der Manier von Hookes Flohrüstung, doch ist die Funktion der Mundwerkzeuge so nicht erfaßt. Dargestellt sind hier denn auch die Köpfe von Kleinst-Kolibris. Die Mundwerkzeuge wurden qua Analogie etwa schon Bekanntem zugeordnet und derart an sich unverstanden auch gezeichnet. So fällt die gesamte Darstellung gegen Hookes Originalbild ab.

Zweierlei ist damit zu sehen: Zum einen gibt es schon um 1700 so etwas wie Bildanleihen und einen Bildraum der neuzeitlichen Mikroskopie, der so in die Öffentlichkeit in ziemlich homogener Weise vermittelt wurde. Dabei gewinnt die Ästhetik des Objektes Interesse und befördert die Auswahl des Dargestellten. Zugleich, das zeigen die Vogelmaskenflöhe, wird versucht, diese neue Welt des Mikroskopischen zu interpretieren. Der Floh wird zum Drachen, seine Mundwerkzeuge zu dem Schnabel eines kleinen Vogels. Es ist eine analog dem Großen gestaltete Welt, in der das Kleine so ist wie das Bekannte und demnach denn auch in den vertrauten Anschauungsformen begriffen werden kann. Daß dabei nicht die Qualität der Apparaturen, sondern die interpretatorischen Fähigkeiten des Betrachters ausschlaggebend sind, zeigt gerade der Vergleich der Jesuiten mit Hooke, auch in bezug auf deren Instrumente.

Was machte nun aber Hooke, wenn er mit diesem Instrument in die Welt der Kleinteile hineintauchte? Er entdeckte und bemaß eine *Terra incognita* und suchte darin nach Strukturen, nach Kontinua, in denen er seine kleine Welt als kleine große Welt begreifen konnte. Hierzu sucht er

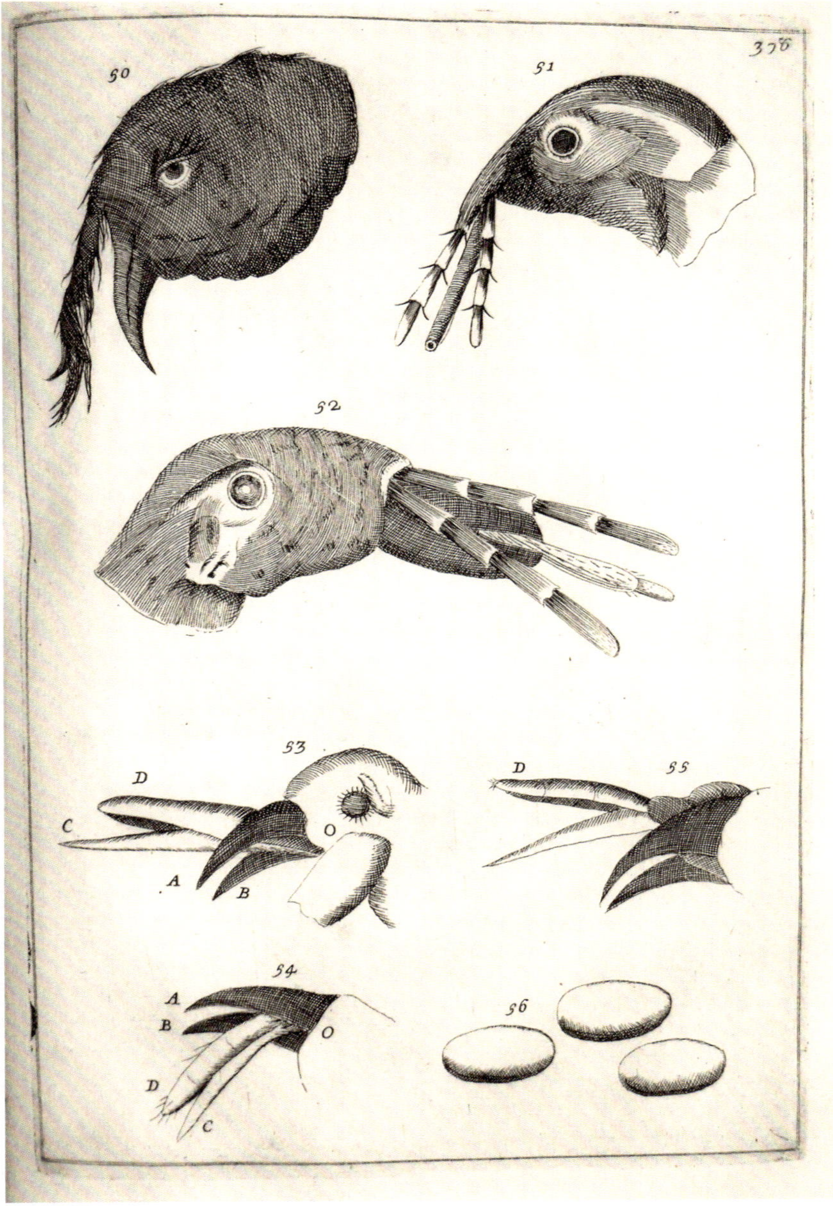

Abb. 6: Köpfe verschiedener Flöhe aus dem Präparatebestand des Museums von A. Kircher; aus: F. Bonanni (1709) »Musaeum Kircherianum«, Rom, S. 377.

denn auch alles und jedes aufzunehmen. Kork zerschneidet er und entdeckt an ihm Texturen, *Cellulae*, die er dann auch in der Rinde und im Holz selbst wiederfindet. Das Mikroskop setzt ihn hier auf die Texturspuren, erlaubt ihm einmal bekannte Figurationen des Kleinen dann immer wieder zu entdecken. Er sucht denn auch nach solchen Regelmäßigkeiten, beschreibt beispielsweise Leitbündel in versteinertem Holz. Und gewinnt hier heraus eine Melodie, die ihm gleichsam eine Notenführung seines Blickes erlaubt. Der Mikrokosmos wird da, wo er in keine Analogien des Großen paßt, in eigene Partituren geschrieben, die nun aber im Mikrokosmos selbst immer wieder neu aufgesucht werden. Alles muß nun herhalten, frostige Substanzen, von Wasser bis zum Urin. Schneekristalle untersucht er mittels seiner Lupe, entdeckt dabei Kontinuitäten im symmetrischen Gefüge der verschiedenen Eisblumen, Schneeflocken und Kristallisierungen. Und in all diesen Strukturen gewinnt er somit so etwas wie Minimalflächen: Winkelbestimmungen kleinster für ihn noch aufzulösender Einheiten. Diese – so Hooke – sind in ihrer Gestalt nicht beliebig. Sie sind Gefüge der kleinsten Einheiten, aus denen die Materie besteht. Diese, so Hooke, kann ich im Mikroskop damit indirekt sehen. Schließlich sind die Regularitäten im Kleinsten nicht reiner Zufall, sondern Ausfluß der möglichen Kombinationen.

Und so zeichnet er dann Kugeln in seine Kristallrisse hinein, beschreibt die Variation im Aufbau der Kristalle als Variation der Gefüge dieser kleinsten Kugeln der Materie. Ganz wie die Tunnelmikroskopiker von 2005 beschreibt er uns damit im Mikroskop das Bild der Grundelemente unserer Materie. Im Mikroskop kann ich so, nach Hooke, indirekt eben auch Atome sehen (Abb. 7).

Ist das noch zu steigern? Es galt die kleine Welt zu vermessen, in der an Hand der Bilder von Hooke eine Exkursion nachzuvollziehen war, die der Ungeübte so nicht zu unternehmen vermochte. Aufgezeigt wurde diesem in den Beschreibungen und Bildern von Hooke ein Mikrokosmos, in dem analog unserer Landschaft Wälder und freie Flächen zu finden waren. Es zeigten sich Tiere, die diese Wälder bewohnten, sie beweideten oder in ihnen jagten.

Abgebildet wurden Landschaften, aber auch künstliche Formen, die – wie ein Stoff unter dem Mikroskop – aber merkwürdig natürlich wirkten. Das Gewebe, mit dem wir heute ja zunächst immer tierisches und pflanzliches Gewebe meinen, wird bei Hooke noch in einer Dimension verstanden, die die Resultate technischer Verfahren und natürlicher Entwicklungen nicht wirklich differenziert; beides sind Texturen, deren Strukturierungen sie analogisierbar machen. Und diese Gewebe zeigt er dann auch seinen Londoner Bürgern. Er beschreibt die neue Welt dieser

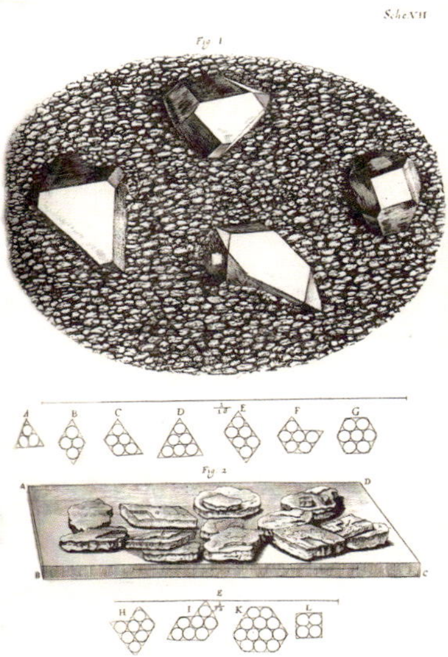

Abb. 7: Kleine Diamanten und Einschlüsse im Flint. In: Robert Hooke: »Micrographia«.

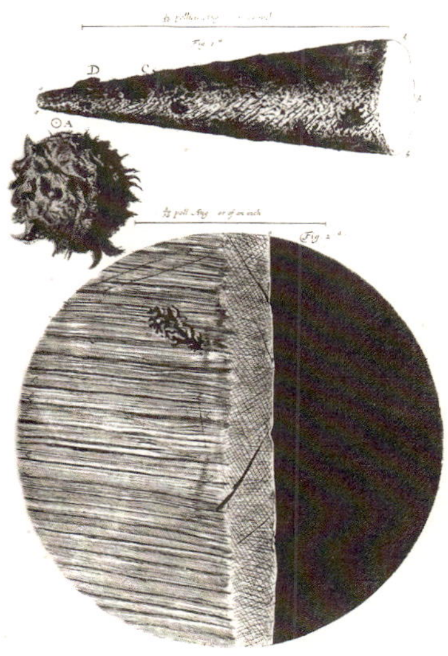

Abb. 8: Die Spitze einer kleinen Nadel und die Schnittkante eines Rasiermessers. In: Robert Hooke: »Micrographia«.

Texturen genauso wie seine Flöhe und Läuse. Seine Exkursion führt so immer wieder ins Bekannte, das er aber – durch seinen mikroskopischen Blick geführt – doch immer wieder völlig neu umzeichnet.

Und so kann er das Ganze in der Tat auf die Spitze treiben. Darstellung finden dann auch beispielsweise sein Rasiermesser und eine Stecknadel (Abb. 8). Er beschreibt an den daran gewonnenen Bildern die Berge, die selbst auf diesen Strukturen noch Platz finden, und öffnet damit die Dimension des Mikrokosmos zu einer in sich ganz analog zum Großen gestalteten Welt, deren untere Grenze allein durch die Atome bestimmt scheint, ansonsten aber in diesem Kleinen genau das zur Geltung bringt, was wir auch im Großen finden.

Und genau das zeigt er dann auch, wenn er die *Micrographia* makrographisch beendet, indem er die Sterne und den Mond beschreibt. Hierzu wechselt er das Instrument, steigt vom Mikroskop auf das Teleskop um. Doch bleibt die Botschaft die gleiche: Auch auf dem Mond gibt es Gebirge. Auch dieses Ferne ist gestaltet wie das uns Nahe. Das Fernrohr zeigt uns mehr Sterne, als wir bisher kennen, aber auch diese Sterne sind nichts wirklich Neues, es ist nur mehr von dem da, was wir an sich schon kennen. So detailliert auch die Darstellung im Teleskop ist, sie zeigt nur das, was wir bereits wissen. Sehen, speziell mikroskopisch sehen, heißt also nicht einfach entdecken, es ist wie bei Brechts Herrn Keuner: Ich mache mir ein Bild von dem anderen und gehe dabei davon aus, was ich schon weiß, um dann das Neue in das, was ich schon weiß, auch einbinden zu können.[17]

Das ist aber nur die eine Seite dieses *pictural turn* um 1650. Der auf der anderen Seite in der Darstellung eben auch das zeichnet, von dem wir noch nicht so recht wissen, was da der Fall ist. Hooke hatte ebenso künstlerisch vorgesorgt, einer seiner Illustratoren war niemand Geringerer als Christopher Wren (1632-1723). Der *pictural turn* beginnt denn auch in England – analog zur Anatomie Vesals, der die Tizian-Schule bemühte – auf hohem ästhetischem Niveau.

Nur, was heißt das nun? Wir alle kennen unseren Goethe und wissen daher, daß ich nur das, was ich schwarz auf weiß besitze, ruhig nach Hause tragen kann. Das hat zur Konsequenz, daß ich die Umwelt zeichnen, sie registrieren und aufnehmen muß. Das Ideal dieser Natursicht wäre die Polaroid-Kamera. Und diese Sofortbildkamera des Robert Hooke, die freilich noch etwas mehr an Handarbeit erforderte, ist uns zumindest in Form von dessen Entwurf enthalten. Dieses in seinen Dimensionen eher unhandlich erscheinende Gerät demonstriert uns die Auffassung eines Empiristen (Abb. 9).

See what to get, und zeichne, was dir wichtig ist. Die fest installierte Camera obscura eines Jesuiten wie Kircher, der diese nutzte, um zu demonstrieren, wie Sehen funktioniert, wird bei Hooke durch ein praktisch einzusetzendes Modell ersetzt. Dessen Konstruktion und dessen Einsatz zeigt denn auch, was für Hooke, im Gegensatz zu einem Jesuiten wie Kircher, bedeutete, zu sehen und darzustellen. Hooke zeichnet die Natur ab, die er so sieht oder besser zu sehen sucht, wie sie ist, und das heißt für ihn, wie sie sich ihm darstellt. Im Zeichnen wird derart Natur erfaßt. Und so sagen ihm denn auch die Bilder mehr als Worte, die ja doch nur die Bilder umschreiben würden. Seine Bildwelten sind ihm seine Naturwelten.

Was machte nun aber gerade solch einen Flohzirkus im endenden 17. Jahrhundert so interessant? Schließlich war der Floh, für die von

17 »Was tun Sie«, wurde Herr K. gefragt, »wenn Sie einen Menschen lieben?« »Ich mache einen Entwurf von ihm«, sagte Herr K., »und sorge, daß er ihm ähnlich wird.« »Wer? Der Entwurf?« »Nein«, sagte Herr K., »der Mensch.«, Brecht, B. (2004) *Geschichten vom Herrn Keuner* – Zürcher Fassung. Frankfurt am Main.

Abb. 9: Die transportable »Camera obscura« des Robert Hooke von 1694, nach: J. H. Hammond »The Camera Obscura«. A Chronicle. Bristol 1981, S. 23.

Epidemien und Hautkrankheiten geplagten Gesellschaften Europas um 1650, kein neutrales Wesen mehr. In gewisser Weise werden also die Laus und der Floh hier auch zu einer moralisierenden Größe gebracht, die selbst in solchen Quälgeistern das Wunder Gottes zu erkennen erlaubt. So erweitert sich die schon benannte Analogisierung, die in allem das sieht, was wir schon kennen, noch um eine Handlungsdimension. Demnach ist auch in dem Unbekannten, selbst da, wo es uns schädlich erscheint, eine größere Macht am Werke, die wir – wenn wir es nur wollen – eben auch erkennen können.

Ausgehend von hier ist dann noch einmal danach zu fragen, was denn dieses »Wühlen im Gewürm und Geschmeiß« (um Hegels Bewertung empirischer Naturforschung zu paraphrasieren) rechtfertigen konnte. Denn bei näherem Hinsehen ist die Idee, die Mücke als Elefant darzustellen, zwar überraschend, aber doch nicht so richtig überzeugend.

Hooke, und das erlaubt die Antwort auf beide hiermit angedeutete Fragen, steht in seinem Tun um 1650 nicht allein. Bekannt etwa war zeitgleich Anton von Leeuwenhoek (1632-1723), der wie auch Hooke mikroskopierte. Wie Hooke suchte auch er in den Formen des Kleinsten nach Analogien aus der ihm bekannten Welt. Wie Hooke suchte er in den Formen des ihm vor Augen Geführten Aussagen über mögliche Funktionen zu gewinnen, und wie Hooke hatte er in der sich soeben etablierenden Royal Society ein Forum, seine Illustrationen der Wirklichkeit einem Fachpublikum zur Diskussion zu stellen. Dabei bildet dann auch für Leeuwenhoek dieses Gremium der Fachgelehrten zunächst eine Instanz, die die Validität seiner Beobachtungen überprüfen kann. Er selbst zielt auf ein breiteres Publikum, dem er die von ihm entdeckten Geheimnisse der Natur zu offerieren sucht.

Auch Leeuwenhoek analogisiert. Er entdeckt kleinste Lebensformen in den verschiedenen Flüssigkeiten und untersucht so auch das Sperma. Dort entdeckt er Lebensformen, die er nach seinen Vorstellungen zu interpretieren sucht. Dabei sieht er die kleinen Männchen, und zwar nicht nur als Analoga zum Wirklichen, vielmehr geben ihm diese kleinen Teile die Bausteine unserer Wirklichkeit, die Grundformen, in denen sich die Realität des Mesokosmos nur nach Maßgabe des in ihnen Angelegten entfalten kann; es ist das noch nicht Fertige, das bloß Angelegte unserer Dimension, das sich ihm im Mikroskop zeigt. Und so sieht er denn auch im Sperma-Kopf des Mannes den fertigen Menschen und kann damit – religiös passend – als Präformist agieren. Ihm zufolge ist die Welt eben Schöpfung, und als Schöpfung ist sie so, wie sie ist, erschaffen. Da bleibt kein Raum für blinde Naturkräfte, da findet sich alles in eine Ordnung, in der sich die Präsenz Gottes dann auch im kleinsten, eben präformierten Teil begreifen läßt.[18]

Wie interessanterweise vor 1800 überhaupt das Mikroskop zur Waffe der Bibeltreuen wurde, die im Kleinen die Wunder Gottes und in diesen Wundern die Wunderbarkeit dieses Gottes entdecken. Leeuwenhoek ist da explizit. Schließlich führt ihn seine Entdeckung zu einer Antwort gegenüber den Epigenetikern, die da meinten, die Vielfalt der Formen könnte zumindest im Prinzip durch eine einfache Assimilation von Grundbestandteilen entstehen.[19]

18 Palm, L. C., Snelders H. A. M. (Hrsg.) (1982) *Antoni van Leeuwenhoek 1632-1723. Studies on the Life and Work of the Delft Scientist.* Amsterdam.

19 Dobell, C. (1932) *Antony van Leeuwenhoek and his »Little Animals«*. London, Amsterdam.

Wenig später nur schreibt der Niederländer Swammerdam (1637-1680) am Manuskript seiner *Bibel der Natur*.[20] Hier wird für das Kleinste das wundersame Wirken Gottes aufgewiesen. Swammerdam bleibt dabei nicht bei der einfachen Beschreibung verschiedener Kleinstformen stehen, er seziert vielmehr die ihm vor Augen kommenden Insekten, zeigt nicht nur deren Rüstung, sondern auch das Wunderbare von deren Innenleben, analysiert die Metamorphose und den in ihr nachzuvollziehenden Umbau der Formen und entdeckt so im Kleinsten und Unförmigsten immer wieder die Wunder Gottes. Im Reigen seines Anschauens faßt sich eben im Kleinsten das Wunderbare. Das Kleinste wird Selbstzweck. Der Floh ist dann in der Tat – und dies in theologischer Dimensionierung – schön. Dabei sind zwischen Hookes Arbeit und Swammerdams Schrift keine 30 Jahre vergangen, es dauert dann zwar noch geraume 30 Jahre, bis die Swammerdamsche Arbeit auch publiziert ist, aber das ist wieder eine andere Sache.

Und nun noch ein Letztes. Diese hier besprochenen Autoren, die hier besprochenen Bücher oder Beobachtungen wurden äußerst populär. Diese Beschreibungen des Innenlebens von Raupen, des Aufbaus der Tönnchenpuppen oder des Feinbaus des Flohbeines sind Arbeiten, die keineswegs nur für Taxonomen, das heißt für Leute, die Tiere und Pflanzen bestimmen, geschrieben sind. Sie werden von einem breiten Publikum gelesen. Sie etablieren damit in diesem Publikum eine mikroskopische Naturgeschichte. Es ist nunmehr gar nicht lächerlich, Jauchewasser zu analysieren. Auch darin findet sich die Allmacht Gottes. Die – vorab benannte – Tönnchenpuppe wird für Swammerdam so in der Tat und explizit zur Offenbarung.

Dies aber ist das eine, die Bildwelt, das andere ist die Praxis eines Mikroskopierens, die dann diesen Flohzirkus auch als solchen und damit die Natur erschließt, die in diesen Abbildungen immer wieder dargestellt wird.

Und auch hierzu ist ein Sachverhalt anzudeuten, der knapp 100 Jahre nach Hookes *Micrographia* die Geschichte noch einmal auf den Punkt bringt. Hierbei geht es nicht mehr um Flöhe, nun geht es um die Hydra. Dieses vielköpfige Tier der Antike, dessen Köpfe immer wieder nachwuchsen und so jeden sie bekämpfenden Helden verzweifeln ließen, dieses Ungeheuer wurde in der Monsterbrühe entdeckt, die auch schon Hooke seinen Praktikanten als Übungsfeld empfohlen hatte: im Teichwasser. Ergo wurde es schick, sich dieser Miniaturmonster zu versichern: Das Teichwasser-Gucken wurde dann um 1750 noch einmal äußerst

20 Swammerdam, J. (1737) *Biblia naturae, sive historia insectorum.* Leydae.

populär, und zwar dank eines Mannes, der eben diese Hydra in diesem Wasser entdeckte – Abraham Trembley (1710-1784).[21]

Der hierbei entscheidende Punkt war: dieser Organismus, der Süßwasser-Polyp, zeigte eine enorme Regenerationsfähigkeit, und die konnte Trembley entdecken. Der Mikroskopist konnte demnach zeigen, wie aus Einfacherem etwas nicht Vorhergesehenes zu entstehen vermochte. Hier bewahrheitete sich die klassische Sage und machte so das an sich ansehnliche Tierchen, an dem dies mittels des Mikroskops zu demonstrieren war – ganz ähnlich unserem Floh –, äußerst populär.

Erwähnen sollte man, daß es auch um 1700 möglich war, wenn schon nicht selbst zu schauen, so doch sich vorführen zu lassen, was da an Formen vorhanden war. So finden sich bereits um 1700 sogenannte Solarmikroskope, die das Bild der Objekte an die Wand zu projizieren erlaubten, dies waren die Videofilmprojektionen des 18. Jahrhunderts. Diese Schaudarstellungen konnten damit im höfischen Raum ersetzen, was die Jesuiten vorab schon im klerikalen Kontext genutzt hatten, wo sie mittels ganz ähnlicher Verfahren schon einmal einen Teufel an die Wand malten oder einen Geist erscheinen ließen.[22]

Hookes Flohzirkus erlebte dann auch noch im 18. Jahrhundert ein Revival. Um 1745 entstand noch einmal ein Remake der *Micrographia*: die *Micrographia restaurata*. Gezeigt, und das paßt zu einer Wissenschaft in Bildern, wurden dabei nur mehr diese. Der ursprüngliche Text Hookes wurde kondensiert und dabei in Teilen auch aktualisiert, ohne aber vor die alten Bilder zu treten. So bleibt der Befund, das Bild, die Repräsentation der Natur in der Zeichnung zu finden, die Nachricht auch dieses Buches. Damit wurde für die Darstellung Hooke noch einmal ein weiter Interessentenkreis gewonnen. Seine wissenschaftliche Reiseliteratur machte noch einmal Furore. Seine Idee, in seinen Bildern die Leser in eine eigene, aber eben auch ihnen vor Augen liegende Welt mitzunehmen, hatte weiterhin Erfolg. Diesen hatte Hooke denn auch schon unmittelbar nach Erscheinen seiner Arbeit. So schrieb etwa sein Zeitgenosse Samuel Pepys in sein Tagebuch: »Before I went to bed I sat up till two o'clock in my chamber reading Mr. Hooke's Microscopical Observations, the most ingenious book that ever I read in my life.«[23] Die Welt war nicht genug. – Das Bild gibt den Rahmen, in dem sich das Wirkliche zu ereignen vermochte.

21 Trembley, A. (1744) *Mémoires pour servir à l'histoire d'un genre des polypes d'eau douce.* Leiden. Vgl. Köchy, K. (1997) *Ganzheit und Wissenschaft. Das historische Fallbeispiel der romantischen Naturforschung*, Würzburg.

22 Kircher, A. (1646) *Ars magna lucis et umbrae, in decem libros digesta.* Rom.

23 http://www.pepysdiary.com/

Ramón y Cajals Taschenuhren. Schöne Neurone in schönen Gehirnen[1]

von
Nicholas J. Strausfeld

Im Jahre 2006 feierte die Stadt Madrid die einhundertste Wiederkehr der Verleihung des Nobelpreises an Ramón y Cajal (Abb. 1). Er war seinerzeit Professor für Anatomie und Direktor des Madrider Instituts für Hygiene und schon damals weltberühmt. Cajal erhielt den Preis zusammen mit einem anderen Mediziner, dem Italiener Camillo Golgi, der um 1880 eine Methode entwickelt hatte, mit der man Nervenzellen, auch Neurone genannt, anfärben konnte. Aufgrund der so gewonnenen neuroanatomischen Bilder hatte Golgi angenommen, daß die – bei Wirbeltieren – vom Zellkörper ausgehenden Verästelungen, genannt Dendriten, lediglich zur Ernährung der Zelle dienten. Ferner schloß er aus seinen Präparaten, daß die längeren Zellfortsätze, man nennt sie Neuriten oder Axone, mit denen anderer Nervenzellen ein sogenanntes Syncytium bilden, also ein Netzwerk, innerhalb dessen die Zellen kontinuierlich ineinander übergehen. Als Cajal 1906 den Nobelpreis erhielt, hatte er diese Ansicht bereits mit einer großen Zahl von Publikationen widerlegt und so eine lange vorherrschende Meinung vieler Neurologen korrigiert. Bereits 1888 hatte Cajal Golgis Färbemethoden schon so weit verbessert, daß er – auch in Verbindung mit anderen Evidenzen – eine neue Doktrin verkünden konnte: Jede Nervenzelle ist eine in sich abgeschlossene Einheit und nicht nur Teil eines kontinuierlichen Netzwerks. Diese Doktrin hat Bestand gehabt, wobei wir freilich heute, zu Beginn des 21. Jahrhunderts, wissen, daß die Nervenzellen mit anderen Neuronen über spezielle chemische Botenstoffe, genannt Neurotransmitter, kommunizieren, die sie an besonders gestalteten Endigungen, den Synapsen, ausschütten. Es gibt zahlreiche dieser Transmitter, beispielsweise solche, die das nachgeschaltete – postsynaptische – Neuron erregen, andere, die dessen Aktivität hemmen, und wieder andere, genannt Neuromodulatoren, welche die Sensitivität des Folgeneurons zu beeinflussen und, teilweise drastisch, seine elektrischen Eigenschaften zu verändern vermögen. Zu Cajals Zeit,

1 Das englische Original mit dem Titel *Cajal's Hunting Case Watch: Beautiful Neurons in Beautiful Brains* wurde vom Herausgeber ins Deutsche übertragen. Eine PDF-Datei der Originalfassung kann beim Autor unter der E-mail-Adresse flybrain@neurobio.arizona.edu angefordert werden.

Abb. 1: Santiago Ramón y Cajal in seinem Madrider Laboratorium. Selbstporträt (1899).

um die Jahrhundertwende 1900, waren diese Phänomene noch nicht bekannt, obwohl natürlich viele Mutmaßungen darüber angestellt wurden, wie die Nervenzellen wohl miteinander kommunizieren würden. Daß sie Information übertragen, war klar, unbekannt aber, wie sie dies bewerkstelligen. Auch Cajal machte sich darüber Gedanken, und in den Zeichnungen, die er von den Nervenzellen bestimmter Hirnregionen, beispielsweise des Kleinhirns (Cerebellum), anfertigte, markierte er mit

Pfeilen die von ihm angenommene Richtung des Informationsflusses von einem Neuron zum nächsten.

Der Name Cajal ist heute jedem Neurobiologen bekannt, zumindest sollte er es sein. Und Spanien ist zu Recht auf diesen großen Wissenschaftler stolz: Nicht nur hat Spanien durch Cajal einen herausragenden Platz auf der Landkarte der internationalen Wissenschaft erhalten, sein Werk ist auch das feste Fundament, auf dem alle nachfolgende neuroanatomische Forschung aufbaut, und das ist nichts weniger als unsere gegenwärtige Kenntnis von der zellulären Organisation des Gehirns. Bereits 1906 hatte Cajal nicht nur die berühmten beiden Bände über die Anatomie des menschlichen Gehirns,[2] sondern auch Dutzende weiterer wissenschaftlicher Arbeiten publiziert. In seinem Gesamtwerk beschrieb er den neuronalen Aufbau aller nur denkbaren Hirnareale, und dies nicht nur bei Säugetieren und beim Menschen, sondern auch bei Reptilien und Vögeln.

Die Bedeutung von Cajals Werk zeigt sich nicht zuletzt darin, daß viele seiner Schriften und Abbildungen immer wieder neu publiziert werden. Seine anatomischen Studien des Gehirns und seine Untersuchungen über die Entwicklung der Neuronen liefern auch heute noch wichtige Daten, auf die sich die aktuellen Forschungen beziehen. Cajals Arbeiten bieten eine Überfülle von Zeichnungen der Neurone und deren Begleitzellen (Gliazellen). Es sind sowohl Einzelbilder darunter als auch größere Arrangements von funktionellen Gruppen. Ferner werden der Verlauf der Nervenfasern und ihre Organisation dargestellt, dazu auch der innere Aufbau und die Struktur des sogenannten Zytoskeletts sowie das Wachstum der Nervenzellen. Die oft als Legende abgetane Erzählung, Cajal habe die Gestalt der Nervenzellen und der neuronalen Netzwerke, die er im Mikroskop sah, im Gedächtnis gespeichert und erst später gezeichnet, wird durch seine eigenen Erzählungen belegt, aber auch durch Zeitgenossen, die berichteten, daß er ohne Hilfe eines Zeichenspiegels, den er als hinderlich empfand, arbeitete.[3] Ramón y Cajal war ohne Zweifel ein begabter Zeichner, und es überrascht nicht, daß er auch ein Ama-

2 *Textura del sistema nervioso del hombre y de los vertebrados* (1899).

3 Ich danke Miguel Freire, dem Kurator des Legado de Santiago Ramón y Cajal am Instituto Ramón y Cajal, Madrid, dafür, daß er meine Aufmerksamkeit auf diese Aspekte von Cajals Werk gelenkt hat (siehe: García, P., Marín, V. G., Osuna, Mª C. y, Freire, M. [2003] *Valoración científica y tratamiento documental de los dibujos histológicos de Santiago Ramón y Cajal (1852-1934)*. In: *Santiago Ramón y Cajal [1852-2003]. Ciencia y Arte.* V. A. Impresores, S. A., Spain, pp. 55-60.). Außerdem hat er mich auf das Treffen Cajals mit August Forel im Jahre 1899 aufmerksam gemacht.

teurkünstler mit einem scharfen Blick für das Kompositorische war. Auch die Photographie fesselte ihn, und zwar in solchem Maße, daß er 1912 ein Buch über die Technik der Farbphotographie publizierte. Seine Kenntnisse dieser Technologie sind nicht zufällig, denn die Chemie zur Aufnahme und Entwicklung photographischer Bilder ist in vielem ähnlich der zur Anfärbung von Nervenzellen. Cajals Farbfotos – sie zeigen geschmackvolle Stilleben, Familienporträts, exotisch gekleidete spanische Damen und vieles mehr – sind für ihre Zeit bemerkenswert.

Ramón y Cajal äußert sich nicht präzise darüber, warum er sich entschloß, auch das Gehirn eines Insekts, und noch dazu das einer als unappetitlich geltenden Schmeißfliege, anzuschauen. Er besaß einige Erfahrungen mit solchen Tieren, denn im Jahre 1890 hatte er das später als Golgi-Apparat bezeichnete Zellorganell in Muskelfasern von Insekten entdeckt. Auch faszinierten ihn seit jeher Augen und deren Optik, und das Komplexauge der Insekten übte auf ihn eine besondere Anziehungskraft aus. Vielleicht war es aber auch ganz einfach die technische Herausforderung, ein so winziges Gehirn zu untersuchen, die er spürte, wenn eine dieser Fliegen in seinem Laboratorium herumschwirrte, angezogen durch dessen besonderen Duft in einem heißen spanischen Sommer. Auch hatte ihm sein schwedischer Freund und Korrespondent, der bekannte Anatom Gustav Retzius aus Stockholm, bereits einige Kopien seines privat gedruckten Journals »Biologische Untersuchungen« gesandt. Darin fanden sich Abbildungen und Beschreibungen exotisch geformter Neuronen des Zentralnervensystems von Krebsen und Würmern. Möglicherweise haben diese Bilder Cajals Appetit geweckt, seine Färbetechniken an Insekten auszuprobieren. Zwei dieser Bilder und ein Porträt des jungen Retzius zeigt die Abb. 2; links ein mit Methylenblau gefärbtes Krebsganglion[4] und daneben einen Teil der Bauchganglienkette eines Regenwurms, angefärbt mit der von Golgi entwickelten Silberimprägnationstechnik.

Ramón y Cajal kam auch mit August Forel, dem bekannten Schweizer Psychiater und Humanisten, zusammen, der ein früher Anhänger der Neuronentheorie war. Dessen psychiatrische und sozialwissenschaftliche Interessen wurden in späteren Jahren abgelöst von der Faszination, die Ameisen auf ihn ausübten. Er publizierte über diese sozialen Insekten berühmte und auch heute noch lesenswerte Studien. Die beiden Männer

4 Diese Technik wurde 1886 von Paul Ehrlich entwickelt, um Neuronen in lebendem Gewebe zu färben, das anschließend fixiert und in Öl aufgeklart wurde. Ehrlich ist bekannt für seinen Beitrag zur chemischen Behandlung der Syphilis und gilt als einer der Begründer der modernen Chemotherapie. Er erhielt 1908, zwei Jahre nach Cajal, den Nobelpreis für Medizin.

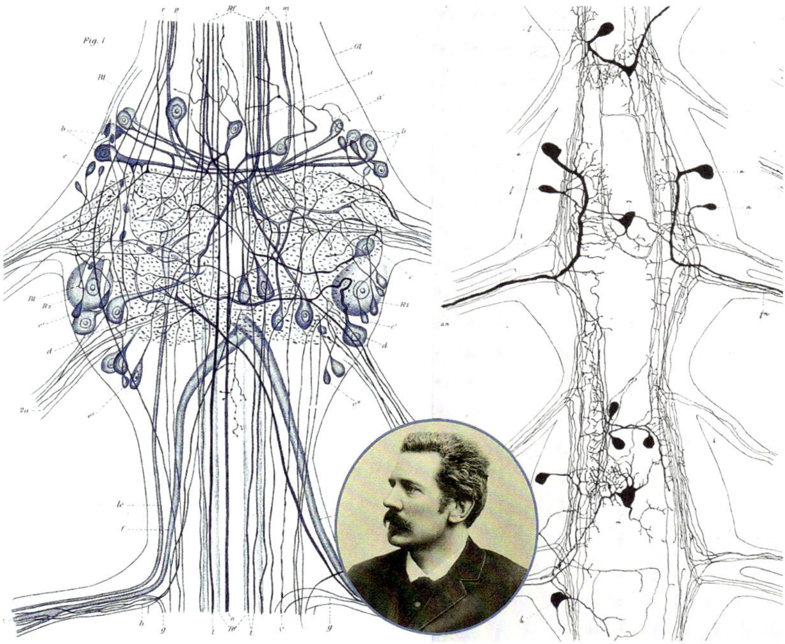

Abb. 2: Zwei Abbildungen von Gustav Retzius aus seinen Studien über das Nervensystem der Krebse mittels Methylenblaufärbungen (links) und die Bauchganglienkette des Regenwurms (Lumbricus terrestris) unter Anwendung der Golgi-Imprägnationen. Das kleine Bild zeigt den jungen Retzius.

trafen an der Clark-Universität in Worcester, Massachusetts (USA) zusammen, die Cajal im Jahre 1899 die Ehrendoktorwürde verlieh. Wir wissen, daß Cajal auch den französischen Anatomen Pierre Vigier kannte, der 1907 und 1908 Arbeiten veröffentlichte, in denen er Nervenzellen unterhalb des Komplexauges der Fliegen beschrieb, und der 1909 die physiologische Signifikanz von Axonen erkannte, die, von den einzelnen Facetten des Auges herkommend, auf diesen Neuronen konvergieren.[5]

5 Vigier erkannte das Prinzip der »Neuronalen Superposition« fünfzig Jahre bevor es im Jahre 1967 Valentino Braitenberg und Kuno Kirschfeld, die am Max-Planck-Institut für Biologie in Tübingen arbeiteten, mit Hilfe von histologischen und optischen Methoden im Detail beschrieben. Vigiers Entdeckung ist 1973 in einem Kapitel des Handbuchartikels von Braitenberg und Strausfeld dargestellt: *Principles of the mosaic organization in the visual system's neuropil of Musca domestica L*, published in: Jung, R. (ed) *Handbook of Sensory Physiology*, Vol VII/3A: *Central Processing of Visual Information*. Berlin, Springer, pp 631-660.

Es gab also Anregungen genug, und um 1909 begann Cajal die Golgi-Methode und andere Silberimprägnationstechniken zu nutzen, um das Gehirn von Fliegen neuroanatomisch zu studieren. Es war dies für ihn und die Wissenschaft ein bedeutsamer Schritt.

Wir sollten für einen Augenblick innehalten und uns vorstellen, in Cajals Laboratorium zu sitzen und ihn bei der Arbeit zu beobachten: einen hochgeachteten und vielfach ausgezeichneten Mediziner, den Empfänger zahlreicher Ehrendoktorwürden und anderer Diplome, einschließlich der Londoner Royal Society, geehrt mit kaum mehr zu zählenden Preisen, darunter der begehrten Helmholtz-Medaille, dem Nobelpreis, berühmt in Europa und in beiden Amerikas, ein Wissenschaftler, der Abertausende neuroanatomischer Präparate angefertigt hatte, unzählige Neurone verschiedenster Form und die aus ihnen gebildeten Netzwerke gezeichnet hatte – kurzum: ein Mann, der mehr als jeder andere über den Aufbau des Nervensystems der Wirbeltiere und des Menschen wußte. Und nun sehen wir ihn an seinem Mikroskop, wie er das erste Präparat mit Schnitten eines Fliegenhirns auf den Objekttisch legt. Vorsichtig betätigt er den Feintrieb, um das Objektiv dem Präparat zu nähern und auf das Gewebe zu fokussieren. Man spürt die Stille, das Anhalten des Atems, das Erstaunen und die Ehrfurcht vor dem Wunder, das sich seinem Auge bietet. Es ist nicht im mindesten verwegen, wenn wir diese Stimmung nachempfinden, in der sich Cajal befunden haben muß. Er selbst schreibt in seiner Autobiographie, wie sehr ihn das bewegte, was er sah. Es ist eine wahrhaft lyrische Passage:[6]

> Die Komplexität der Insektenretina ist etwas Erstaunliches, Verwirrendes, die nichts Vergleichbares bei anderen Tieren hat. Wenn man über die unendliche Zahl und äußerst feine Ausformung dieser histologischen Befunde nachdenkt, die so wunderbar sind, daß selbst die höchstmögliche mikroskopische Vergrößerung sie kaum darzustellen vermag, dann ist man völlig überwältigt.

Abb. 3 zeigt eine von Cajals Zeichnungen. Rechts sind einige Typen säulenförmig angeordneter Neurone des Schmeißfliegengehirns zu sehen,

6 Die Zitate sind Cajals Autobiographie (Santiago Ramón y Cajal: *Recuerdos de Mi Vida [Recollections of My Life]*. Translated by E. Horne Craigie. 1937 MIT Press. Cambridge, Massachusetts and London, England] entnommen, die einen faszinierenden Einblick in die europäische Neurobiologie seiner Zeit bietet. Eine gute Dokumentation von Cajals Wurzeln, seiner Karriere in Madrid und auch seinen Photographien ist zu finden in: *Santiago Ramón y Cajal. O la Pasión de España* by A. Abarracín. 1997. Editorial Labor, S. A. Barcelona.

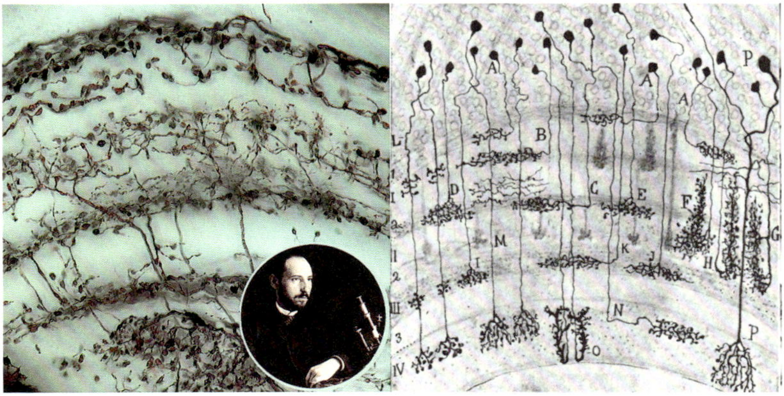

Abb. 3: Lagen tangentialer Neurone (links) im zweiten visuellen Zentrum der Taufliege (Drosophila melanogaster), gefärbt von Cajal mittels der Golgi-Imprägnationstechnik. Die rechte Zeichnung ist Cajals und Sánchez' Monographie entnommen und zeigt columnäre Neurone in dem gleichen Hirnzentrum bei der grünen Goldfliege (Lucilia). Das kleine Bild ist ein Porträt des jungen Cajal zu der Zeit, als er in Valencia arbeitete.

welche die vom Komplexauge kommenden Erregungen verarbeiten.[7] Auf der linken Seite sind Lagen tangentialer Nervenzellen aus demselben Teil des Gehirns, der sogenannten Medulla, zu sehen, und zwar diesmal von der Taufliege[8] *Drosophila melanogaster*. Es ist mehr als erstaunlich: Die

7 Ich bin Alberto Ferrus, dem derzeitigen Direktor des Ramón y Cajal-Instituts in Madrid sehr dankbar für die Erlaubnis, Abb. 1 und Teile von Abb. 3 verwenden zu dürfen. Der rechte Teil von Abb. 3 stammt aus der berühmten, 1915 erschienenen Monographie von Cajal und Sánchez: *Contribución al conocimiento de los centros nerviosos de los insectos. Parte I Retina y centros opticos*. Trab. Lab. Invest. Biol. Univ. Madrid, 13:1-168.

8 Im Englischen wird *Drosophila melanogaster* »fruit fly« genannt, was dazu geführt hat, daß sich im Deutschen immer mehr die Übersetzung »Fruchtfliege« durchsetzt. Puristen unter den Zoologen nehmen dies, je nach Temperament, mit Resignation oder Ingrimm zur Kenntnis, lautet doch der alte deutsche Name für die Gruppe der *Drosophilidae* »Taufliegen«. »Fruchtfliegen« werden eigentlich – wohl demnächst: wurden – die Angehörigen eines ganz anderen Fliegenclans genannt, nämlich die *Trypetidae*, zu denen beispielsweise die Kirschfruchtfliege *Rhagoletis cerasi* oder die Spargelfliege *Platyparea poeciloptera* gehören. Der Übersetzer des vorliegenden Artikels hat sich entschlossen, die alte Bezeichnung »Taufliege« für *Drosophila melanogaster* beizubehalten.

Komplexität der optischen Ganglien dieses winzigen Insekts ist nicht im mindesten kleiner als die bei der ungleich größeren Fliege. Es ist daher kein Wunder, daß *Drosophila melanogaster* das bevorzugte Tier für Untersuchungen der neurogenetischen Grundlagen des Verhaltens ist.[9]

Man könnte vielleicht annehmen, daß Cajal das Insektengehirn zwar faszinierend fand, aber doch als etwas betrachtet hätte, was sehr verschieden von den Gehirnen anderer Tiere wäre. Dies war jedoch ganz und gar nicht der Fall. In seinen Arbeiten betont er immer wieder die bemerkenswerte Ähnlichkeit zwischen den visuellen Systemen der Insekten- und denen der Wirbeltier-, Vogel- und Tintenfischgehirne. In seiner Autobiographie bekennt er, daß diese Vergleiche ihn kurzfristig in seinem Glauben an den Darwinismus beunruhigten. Er fühlte »ernsthafter als bei allen anderen Studien eine schaudernde Erregung bei dem Gedanken an das unergründliche Geheimnis des Lebens«. Aber sein Vertrauen in die Theorie Darwins kehrte bald zurück, und heute sind wir angesichts der Ähnlichkeiten zwischen Insekten und Wirbeltieren überzeugt davon, daß diese den Alten Herrn von Down House ohne Zweifel gefesselt hätten.[10]

Im Jahre 1910 gewann Cajal die Unterstützung eines seiner engsten Kollegen, Domingo Sánchez y Sánchez, eines überaus angenehmen und bescheidenen Menschen. Zusammen mit ihm schuf Cajal eine großartige Monographie, in der die visuellen Nervensysteme aller Arten von Insekten, beispielsweise Libellen, Schmeißfliegen, Bienen, Bremsen etc., miteinander verglichen wurden. Bereits 1912 sann Cajal darüber nach, ob das Studium des Insektengehirns nicht vielleicht die »anatomische Basis der Instinkte« enthüllen könnte. Wie wir aus seiner Autobiographie wissen, hatte Cajal die Bücher des französischen Entomologen Jean-Henri Fabre gelesen, der, ähnlich wie Felix Dujardin und andere vor ihm, sich gefragt hatte, ob die Insekten fähig sein könnten, wie Cajal es ausdrückte, »auf unvorhergesehene Ereignisse zu reagieren«, ein Phänomen, das wir heute als adaptives Verhalten beschreiben.

9 Dies ist heute ein riesiges Forschungsgebiet, auf dem weltweit Tausende von Forschern arbeiten. Begründet wurde es durch Seymour Benzer, der zu Recht als einer der bedeutendsten Biologen des 20. Jahrhunderts (und möglicherweise auch des 21.) gilt. Eine anregende und zugleich anrührende Darstellung seines Werkes und dessen Folgen ist zu finden in: Jonathan Weiner: *Time, Love, Memory* (Knopf, New York, 1999).

10 Down House war Charles Darwins Wohnsitz in der Grafschaft Kent in Südwest-England. Hier schrieb er seine Bücher, von denen das berühmteste *Der Ursprung der Arten* war, das für immer unser Verständnis über unsere Stellung inmitten der Lebewesen und über die Geschichte des Lebens veränderte.

Für fast 60 Jahre war Cajals und Sánchez' elegante Monographie von 1915 über die optischen Ganglien der Insekten die einzige Beschreibung der Anatomie des visuellen Nervensystems der Insekten, ehe 1966 meine Lehrer am University College London, Brian Boycott und David Blest, mich ermutigten, mit neuen Studien zu beginnen. Damals wußte ich noch nicht, daß Domingo Sánchez zwischen 1920 und dem Beginn des Spanischen Bürgerkriegs nahezu zwei Dutzend Arbeiten über die Anatomie des Zentralhirns der Insekten publiziert hatte. Einige von Sánchez' Kästen, in denen er die Präparate aufbewahrt hatte, überstanden jenen unheilvollen Krieg und werden nun im Cajal-Institut in Madrid aufbewahrt.

Cajals Weiterentwicklung von Golgis Silberimprägnationstechnik zur Anfärbung von Nervenzellen gehört auch heute noch zu den wichtigsten neuroanatomischen Methoden. Bei der Golgi-Technik gibt es, bis zum heutigen Tage, zwei Merkwürdigkeiten: erstens, man weiß nicht, warum die Technik überhaupt funktioniert, und zweitens, es ist reiner Zufall, welches einzelne Neuron angefärbt wird. Jede Präparation birgt daher Überraschungen, und das erklärt die große Faszination, welche diese Methode auf die Forscher ausübt. Wie Cajal kann man Zeichnungen einzelner Neurone entwerfen und versuchen, eine Vorstellung davon zu bekommen, wie das visuelle System organisiert ist. Man muß sich immer bewußt bleiben, daß solch ein Bild, wie es beispielsweise im oberen Teil von Abb. 4 zu sehen ist, immer nur einen winzigen Teil der beteiligten Neurone wiedergibt. Mit anderen Methoden läßt sich ein realistischeres Bild gewinnen. Abb. 4 zeigt unten links einen Dünnschnitt (etwa 15 Mikrometer dick) von zwei inneren Regionen eines optischen Ganglions der Fliege, angefärbt mit der Bodian-Methode. Diese Technik wird bei Gewebeschnitten angewendet, die mit einer kolloidalen Silberlösung behandelt werden. Die Proteinstrukturen der Nervenzellen dienen als Substrat für die Reduktion der Silber-Kationen zu metallischem Silber. Anschließend wird das Gewebe mit einem reduzierenden Agens behandelt und dann mit kolloidalem Gold beschichtet. Dies gibt den Präparaten einen tiefen Farbton von Purpur bis Rosa, wobei die größten Neurone am dunkelsten erscheinen. Solche Dünnschnitte geben einen guten Eindruck von der außerordentlichen Dichte der Neurone im Gehirn.

Um nun aber wenigstens einige hundert dieser Nervenzellen darzustellen, muß man wiederum andere Methoden anwenden, welche bestimmte Populationen von Zellen mit Farbstoff füllen. Der Trick besteht darin, Kobalt-Ionen aus einer Kobaltchlorid-Lösung von den Axonen der Neurone aufnehmen zu lassen und anschließend das Metall als unlösliches Kobaltsulfid auszufällen. Diese, leider übelriechende, Methode hat

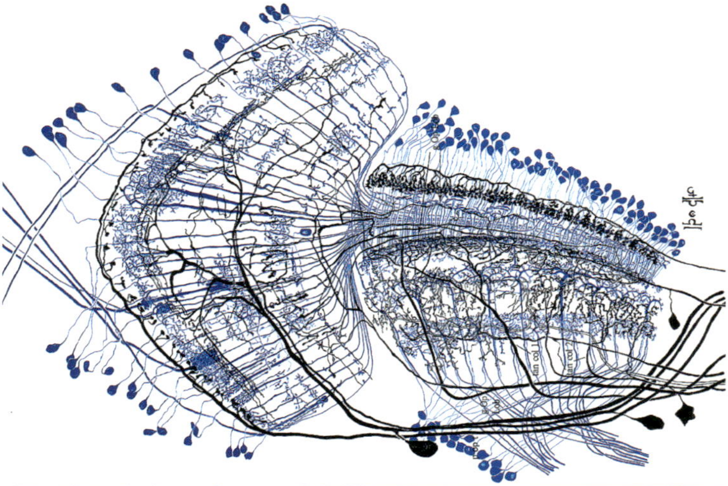

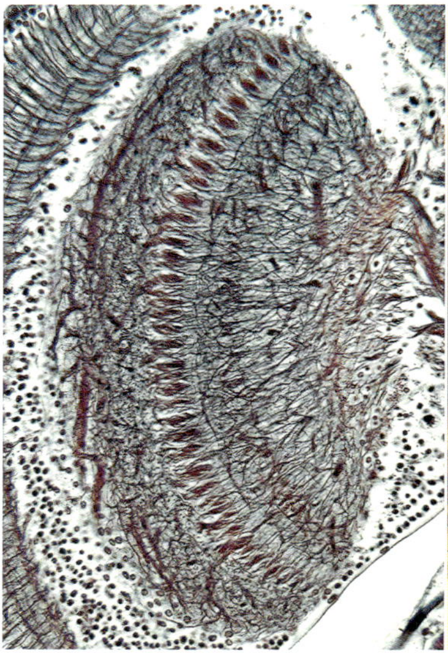

Abb. 4: Die obere Reihe zeigt Zeichnungen von Neuronen im 2., 3. und 4. visuellen Hirnzentrum (Medulla, Lobula und Lobulaplatte) der Hausfliege (Musca domestica) aus der Ansicht von oben, wobei das Komplexauge links zu denken ist. Die Bilder sind entnommen aus N. J. Strausfeld (1976) »Atlas of an Insect Brain« (Springer-Verlag Heidelberg). Die unteren Bilder zeigen Frontalansichten von zwei Schnitten durch das 3. und das 4. visuelle Zentrum, wobei das Komplexauge außen zu denken ist. Palisadenneurone bilden das dem Cortex der Wirbeltiere ähnliche 3. visuelle Zentrum, das am Formen- und wahrscheinlich auch am Farbensehen beteiligt ist.

den Vorteil, daß das Kobaltsulfid als wirkungsvoller Katalysator für die Reduktion von Silber genutzt werden kann. Nach einem Rezept des berühmten deutschen Kolloidchemikers Raphael Eduard Liesegang läßt sich das Silber aus einer Silber-Kolloid-Lösung ausfällen, und damit werden dann die Nervenzellen deutlich angefärbt. Eine Reihe palisadenartig angeordneter Neurone, die mit dieser Methode angefärbt wurden, zeigt der rechte Teil von Abb. 4, und andere Kobalt-Silber-gefärbte Nervenzellen sind in Abb. 5 zu sehen.

Oft erscheint schon eine einzelne Zelle in herausragender Schönheit, wie es der rechte Teil von Abb. 5 zeigt. Ein anderes Mal sind es Ensembles von Neuronen, die elegante Gitter von Ästen und Zweigen bilden. Injiziert man metallische Marker oder Farbstoffe in jene Regionen des Insektengehirns, in denen diese Neurone enden, wird ein dichtes, kunstvoll verzweigtes Gebüsch sichtbar, das jeden Gärtner entzücken könnte. Im ganzen visuellen Nervensystem, gleich welche Methode man anwendet, zeigen die Nervenzellen eine nahezu kristalline Anordnung, welche die facettenartige Organisation des Auges widerspiegelt. In Abb. 6 sind hierfür zwei Beispiele zu sehen. Es handelt sich um eine Ebene der optischen Loben, die mit Antikörpern gegen Neurotransmitter markiert wurden,

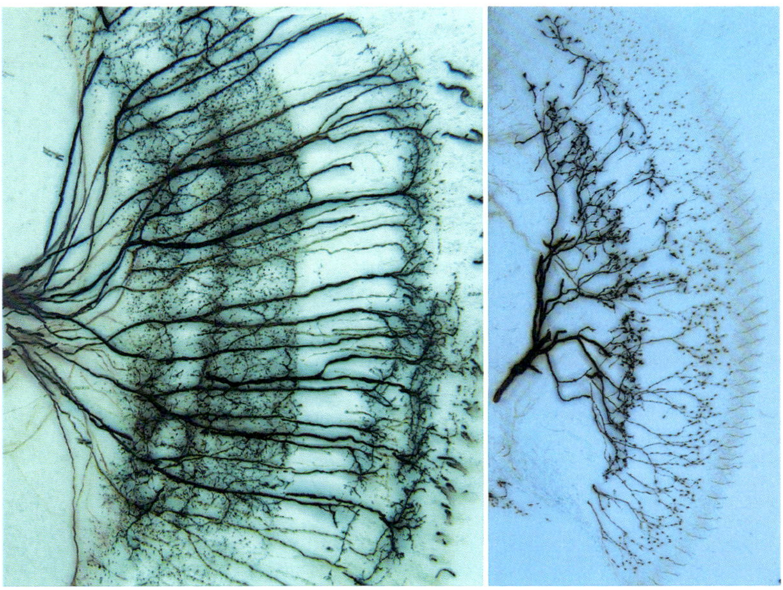

Abb. 5: Die palisadenartige Anordnung von Neuronen und eine einzelne Zelle im 3. visuellen Zentrum, der Lobula.

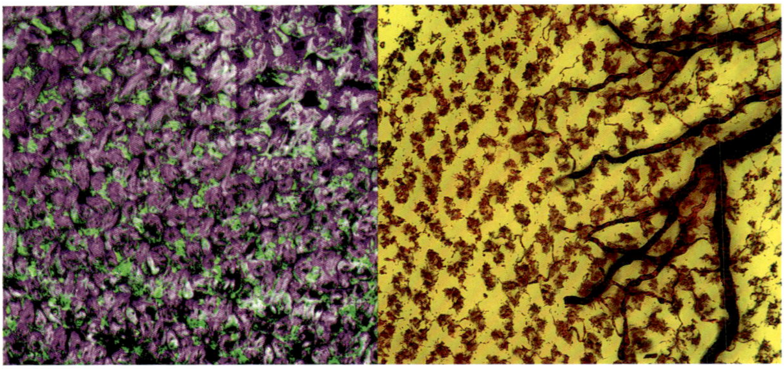

Abb. 6: Die regelmäßige, nahezu kristalline Anordnung von Neuronen oder deren Teilen wird sichtbar, wenn man von der Retina aus in das visuelle Fasernetzwerk blickt.

einer Methode, die meisterhaft von meiner Kollegin Irina Sinakevitch beherrscht wird. Daneben ist der Teil eines größeren Neurons zu sehen, dessen Fortsätze ein rechteckförmiges Muster bilden. Einen Hobby-Gärtner und Amateur-Künstler, wie ich es bin, entzücken diese natürlichen Strukturen, die in dem winzigen Gehirn einer Fliege verborgen sind, auch wenn andere Netzwerke, wie beispielsweise in Abb. 7, den Eindruck unvergleichlicher Komplexität erwecken.[11]

Auch heute, dreißig Jahre, nachdem ich meine ersten Schnitte angefärbt hatte, erweckt jedes neue histologische Präparat in mir gespannte Erwartung. Die ästhetischen Anordnungen der Neurone sind freilich nur ein Aspekt, der das Studium des Insektengehirns so anziehend macht. Insekten sind auch ausgezeichnet für experimentelle Studien geeignet. Viele ihrer Hirnareale haben ihre Gegenstücke im Gehirn von Säugetieren, einschließlich unseres eigenen. So können Insekten in vielerlei Hinsicht als Modelle für die Erforschung der Hirnleistungen höherer Tiere dienen.

Auch wenn Insekten sehr kleine Lebewesen mit sehr kleinen Gehirnen sind, so ist ihre strukturelle Feinheit verblüffend. Einige der kleinsten Insekten sind winzige wespenartige Lebewesen, kaum einen Millimeter lang, die ihre Eier in Raupen von Schmetterlingen oder in die Maden

11 Diese Illustration zeigt Gruppen von Nervenzellen, die mit einem rot fluoreszierenden Farbstoff gefüllt sind. Die Fortsätze daneben liegender Neurone sind über eine Glasmikroelektrode intrazellulär mit dem gelb fluoreszierenden Farbstoff Lucifer Yellow (»Teufels Gelb«) angefärbt.

von Fliegen legen. Die ausschlüpfenden Larven ernähren sich dann von ihren weiterhin lebenden Wirten. Diese mikroskopisch kleinen Insekten besitzen Gehirne, die Entscheidungen fällen können, adaptives Verhalten steuern und die Fähigkeit zu lernen haben. Ein anderes Insekt, ebenfalls ein Hautflügler wie die eben beschriebenen, legt seine Eier ebenfalls in lebende, in diesem Falle paralysierte, Wirte. Es ist die gefürchtete Tarantelwespe *Pepsis thisbe*, die immerhin mehr als 3 ½ cm lang ist. Ihr Gehirn enthält etwa eine Million Nervenzellen. Die meisten Neurobiologen, die an Gehirnen von Affen oder anderen Wirbeltieren arbeiten, mögen über eine solche Zahl spotten und feststellen, daß dies nicht mehr

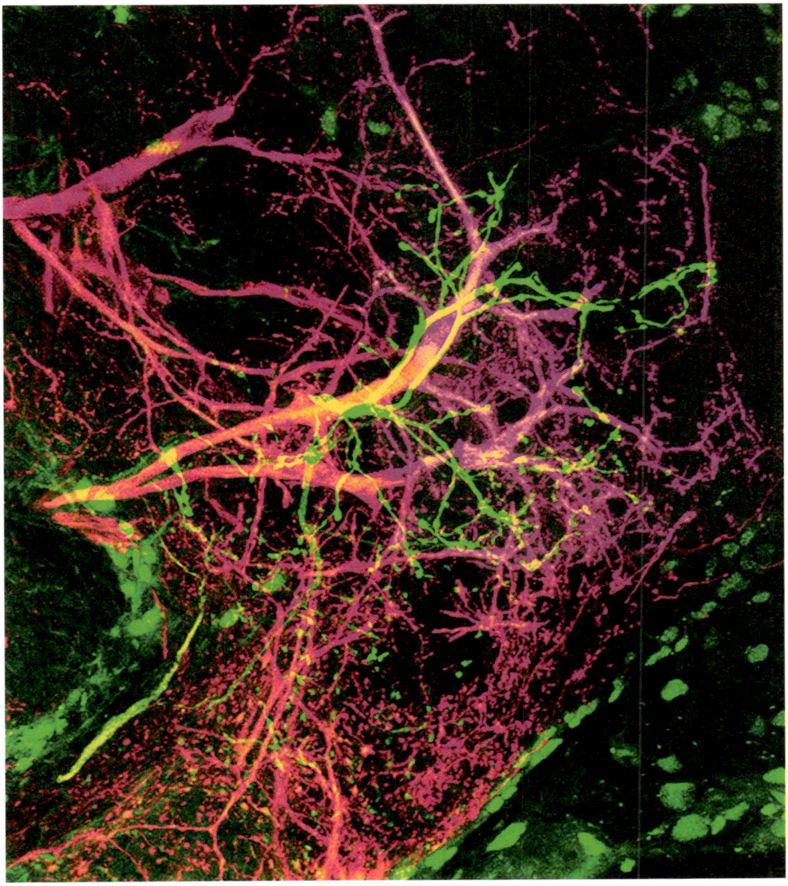

Abb. 7: Die verschiedenartige Anfärbung von Neuronen enthüllt die große Komplexität im Gehirn (zentral zu den visuellen Zentren).

als ein winziger Teil der Neurone ist, über die das Gehirn einer Maus verfügt. Aber das Verhaltensrepertoire dieser Wespe ist sicherlich reichhaltiger als das jeder Maus, die Fledermaus vielleicht ausgenommen. Nun ist die Maus freilich auch, betrachtet man die Erdgeschichte, ein Neuling auf der Bühne des Lebens, während unsere heutigen Insekten das Ergebnis eines etwa 480 Millionen Jahre währenden evolutionären Experiments sind. Wie ihre entfernten Kusinen, die Spinnen und Skorpione, oder ihre näheren Verwandten, die Krebse, haben die Insekten ausgeklügelte Strategien entwickelt, um mit den verhältnismäßig wenigen Nervenzellen ihrer Gehirne beträchtliche Verarbeitungsleistungen zu vollbringen. Es fällt auf, daß viele Neurone im Insektengehirn geradezu exotische Formen besitzen, die den Eindruck vermitteln, daß einzelne Teile der Zellen als unabhängige Einheiten fungieren können. Man könnte annehmen, daß dies auf 50% der Nervenzellen zutrifft, und das würde bedeuten, daß das Gehirn eines großen Insekts eine ebenso große Verarbeitungskapazität besitzt wie das eines kleinen Wirbeltiers. Man erkennt das am Verhalten vieler Insekten, das oft unglaublich elegant und vielfältig ist. Im Gehirn eine Küchenschabe – ich weiß, viele Leute mögen sie nicht, aber ich finde, es ist ein wunderbares Tier – gibt es die beiden sogenannten Pilzkörper, auf die ich später noch genauer zu sprechen komme. Diese Strukturen bestehen aus Tausenden von parallel angeordneten Neuronen, von denen jedes zu einem von etwa fünfzig diskreten lokalen Netzwerken beiträgt, die in Serie entlang der verzweigten Teile – es sind dies die sogenannten Loben – dieses Hirnzentrums angeordnet sind. Da Insekten recht klein sind, zumindest im Vergleich zu Wirbeltieren, besteht ein weiterer evolutionärer »Trick« darin, Gehirne zu entwickeln, bei denen die Stoffwechselmaschinerie der Neurone so wenig Platz wie möglich einnimmt. Jedes Neuron besteht aus einem Zellkörper – darin befinden sich der Zellkern und die für den axonalen Transport nötigen Organellen –, von dem ein dünner Fortsatz, Neurit geheißen, ausgeht, der sich dann vielfach verästelt. Dieses dichte Fasernetzwerk aus sogenannten Dendriten und axonalen Verzweigungen bildet den funktionalen Teil der Zelle, in dem Aufnahme, Verarbeitung und Weitergabe der Information geschieht. Bei Insekten und anderen Gliedertieren, auch bei Würmern, sind die Zellkörper der Neurone dicht an der Oberfläche des Gehirns zusammengefaßt und bilden dort eine Art Rinde. Diese Zellkörper sind kleine runde Gebilde, die in Abb. 4 in der unteren linken Hälfte außerhalb der gefaserten Bereiche liegen. Die von den Zellkörpern gebildete Rinde umschließt viele verschiedene Hirnareale, von denen jedes ein außerordentlich komplexes dendritisches und axonales Fasernetzwerk besitzt.

Betrachtet man die neuroanatomischen Bilder, dann könnte man den Eindruck gewinnen, daß, einmal gebildet, die neuronalen Netzwerke fortan etwas Starres seien, aber dies ist keineswegs der Fall. Es war eine der bemerkenswertesten Entdeckungen innerhalb der letzten dreißig Jahre, daß diese Strukturen durch das Wirken von Neuromodulatoren umgestaltet werden können. Das bedeutet, daß die Verarbeitungskapazitäten eines bestimmten Netzwerkes beträchtlich erweitert werden können. Dieses Phänomen wurde intensiv bei Hummern, die bekanntlich verwandtschaftlich nicht allzuweit von Insekten entfernt sind, studiert. Sie besitzen außer dem normalen Gehirn ein kleines Ganglion, eine Art Mikrogehirn, das für die Kau- und Schluckvorgänge zuständig ist. Seine Neuronen kontrollieren nämlich jene Muskeln, welche die Zähne des Kauapparats, der die Nahrung zerkleinert, in einem komplizierten Rhythmus bewegen, bevor diese dann durch die kontraktile Kehle in den Magen befördert wird. Dieses winzige »Gehirn« – die Wissenschaftler nennen es das Stomatogastrische Ganglion –, enthält kaum drei Dutzend Nervenzellen, erzeugt aber eine erstaunliche Fülle verschiedener motorischer Rhythmen. Wie ist das möglich? Studien, durchgeführt zusammen mit ihren Mitarbeitern von Ron Harris-Warwick (Cornell University) und von Eve Marder (Brandeis University), haben ergeben, daß das Netzwerk des Stomatogastrischen Ganglions von Neuronen angesteuert wird, die chemische Botenstoffe ausschütten, welche seine Aktivitätsrhythmen beeinflussen.[12] Es sind dies neuromodulatorische Signalstoffe, beispielsweise Peptide, Hormone und Neurotransmitter verschiedener Art. Jeder dieser Stoffe vermag in charakteristischer Weise die biophysikalischen Eigenschaften der Neuronen des Ganglions zu verändern, indem ihre Synapsen und Ionenkanäle beeinflußt werden. Das führt dann zu einem neuen Muster der Aktivität und folglich zu neuen Kontraktionsrhythmen der Muskeln und schließlich zu neuen Bewegungsmustern. Diese eleganten Studien haben viele Jahre in Anspruch genommen, und sie haben eine nahezu beunruhigende Frage aufgeworfen: Wenn die musterbildenden Fähigkeiten – die gleiche Frage stellt sich bei musterverarbeitenden Netzwerken – bereits eines so winzigen und einfachen Netzwerks durch chemische Stoffe in so vielfältiger Weise moduliert werden können, was mag geschehen, wenn solche Substanzen in ein neuronales

12 An dieser Forschung haben viele Laboratorien ihren Anteil, was sich in mehr als 1000 Publikationen auf diesem Gebiet zeigt. Einen Überblick geben: Eve Marder and Dirk Bucher: *Understanding circuit dynamics using the stomatogastric nervous system of lobsters and crabs* (The Annual Review of Physiology for 2007, volume 69, 291-316).

Netzwerk mit Hunderten oder gar Tausenden von Nervenzellen ausgeschüttet werden?

Mit dieser Möglichkeit haben sich an der Universität Stockholm Dick Nässel, einer der führenden Experten auf dem Gebiet der Neurochemie des Insektengehirns, und seine Mitarbeiter beschäftigt. Sie haben gezeigt, daß bestimmte Areale des Insektengehirns vollgepackt mit Neuronen sind, welche neuromodulatorische Substanzen enthalten. Eine seiner berückend schönen immunozytochemischen Anfärbungen ist im oberen linken Teil von Abb. 8 wiedergegeben. Es lohnt auch ein Blick auf weitere seiner Bilder, die im Internet auf einer dem Gehirn der Taufliege gewidmeten Website (www.Flybrain.org) zu finden sind. Das in Abb. 8 wiedergegebene Präparat zeigt den sogenannten fächerförmigen Körper, ein Fasernetzwerk – Neuropil –, das Teil einer Zentralkomplex genannten Hirnregion ist, der eine Kardinalrolle in der Kontrolle und Steuerung des Verhaltens zugeschrieben wird. Dieser Zentralkomplex wird von mehreren miteinander verbundenen Zentren gebildet. Sein Name rührt daher, daß einige seiner Teile, wie beispielsweise der fächerförmige Körper (Abb. 8 unten links und rechts), genau in der Mitte des Gehirns liegen. Entwicklungsstudien zeigen, daß jedes dieser im erwachsenen Tier unpaaren Areale ursprünglich aus je zwei Teilen, einem in der rechten und einem in der linken Hirnhälfte, besteht, die erst später zusammenwachsen.

Mit dem Zentralkomplex beschäftigen sich derzeit zahlreiche Wissenschaftler. Neben seiner weitreichenden Bedeutung hat dies auch rein praktische Gründe. Da diese Struktur mitten im Gehirn liegt, kann man verhältnismäßig leicht Mikroelektroden einstechen und die elektrischen Antworten seiner Neurone auf bestimmte Sinnesreize registrieren. So hat beispielsweise Uwe Homberg (Universität Marburg) mit eleganten Experimenten an Heuschrecken gezeigt, daß der Zentralkomplex Information über den Polarisationswinkel des Himmelslichts erhält.[13] Hierbei ist die Ortsinformation über das in der visuellen Hemisphäre vorliegende Muster der Polarisation in verschiedenen Regionen des Zentralkomplexes repräsentiert. Wie man in Abb. 8 unten rechts und in Abb. 9 unten links sieht, besteht der fächerförmige Körper aus etwa 16 diskreten Teilen, sogenannten Blättern.

Studien an der Taufliege geben weitere Hinweise darauf, daß bestimmte Merkmale der äußeren Welt im Zentralkomplex repräsentiert sind. Bei dieser Art, sie ist ja *der* Modellorganismus in der Genetik, kann

13 Siehe die jüngst erschienene Arbeit von S. Heinze & U. Homberg: *Maplike representation of celestial E-vector orientations in the brain of an insect* (Science; 315, 995-997).

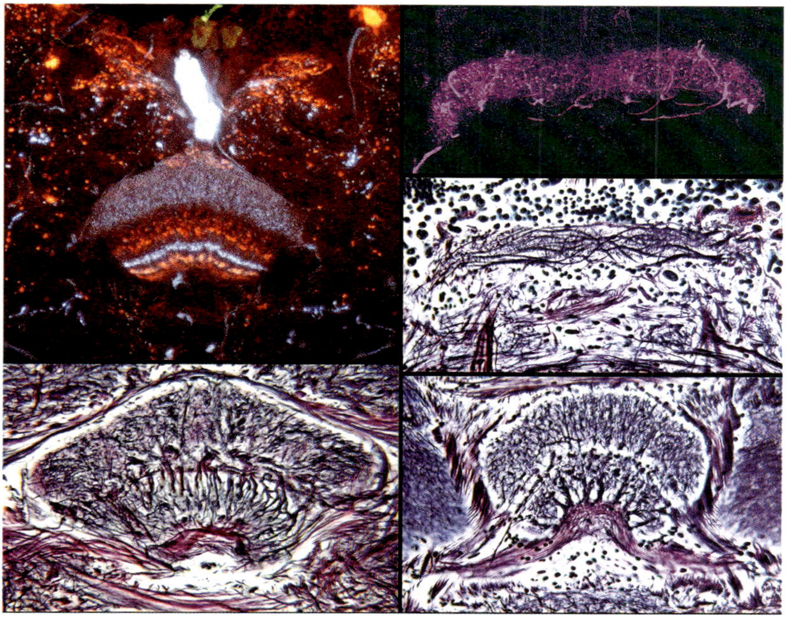

Abb. 8: Der Zentralkomplex des Insektengehirns besteht aus mehreren Zentren. Zu sehen sind hier der fächerförmige Körper der Schmeißfliege (linke Seite) und die protocerebrale Brücke (die beiden oberen Bilder rechts), ferner der fächerförmige Körper und der ellipsoide Körper (einer über dem anderen; rechte Seite unten) der Honigbiene. Das obere Teilbild zeigt mit Hilfe von Antiseren dargestellte modulatorische Neurone, hergestellt von Professor Dick Nässel (Stockholm).

man einzelne Neurone dazu bringen, ein Gen der eigenen Wahl, das man vorher in das Erbgut der Fliege eingeschleust hat, abzulesen. Das Gen kann dann beispielsweise die Synthese eines Proteins veranlassen, das bei einer bestimmten Temperatur die synaptischen Signale dieser Zelle blockiert. Man kann sich aber auch ein Gen aussuchen, das bestimmte Ausfälle im Bereich des Kurzzeitgedächtnisses behebt. In einer Zusammenarbeit zwischen den Arbeitsgruppen von Martin Heisenberg und Reinhard Wolf (Universität Würzburg) auf der einen und Liu Li (Chinesische Akademie der Wissenschaften) auf der anderen Seite wurden Taufliegen dahingehend genetisch verändert, daß ihr gesamtes Nervensystem eine Mutation in einem Gen aufwies, das notwendig für das Kurzzeitgedächtnis ist. Diese Fliegen waren nicht in der Lage, zu lernen, zwischen verschiedenen optischen Mustern zu unterscheiden. Wenn jedoch bestimmte Neurone, die verschiedene Teile des fächerförmigen Körpers versorgen, dazu gebracht wurden, die nicht-mutierte Form dieses Gens abzulesen, wurden diese Fliegen wieder lernfähig. Sie konnten beispielsweise lernen, die Höhe eines Objekts in ihrem Gesichtsfeld zu bestimmen oder zu unterscheiden, ob es nach rechts oder links gekippt war.[14] Die Fortsätze dieser Neurone mit Verzweigungen im fächerförmigen Körper entspringen in anderen Regionen des Mittelhirns. Sie sind nicht nur am visuellen Kurzzeitgedächtnis beteiligt, sondern melden auch das Gelernte an den fächerförmigen Körper. Bei derart vorteilhaften Experimentiermöglichkeiten verwundert es nicht, daß der Zentralkomplex der Insekten für viele Wissenschaftler so attraktiv ist. Dabei geht es bei weitem nicht nur um die Verarbeitung visueller Informationen. Hochentwickelte Zentralkomplexe findet man auch bei blinden Ameisen, bei Termiten und sogar bei Taufliegen, die aufgrund gentechnischer Manipulationen ihre Augen verloren haben. Die visuelle Repräsentation in diesem Hirnteil ist also nur ein Teil der Geschichte, und man überlegt derzeit intensiv, welche anderen Sinnesmodalitäten ebenso an der Repräsentation der Sinneswelt in diesem Hirnteil beteiligt sein könnten. Und noch etwas: obwohl die allgemeine Architektur des Zentralkomplexes bei den verschiedenen Insekten recht ähnlich ist, gibt es doch interessante Unterschiede, die uns etwas über die spezifische Funktion verraten könnten. Man betrachte beispielsweise Abb. 8, die links unten den fächerförmigen Körper einer Schmeißfliege zeigt. Er ist homolog dem einer Honigbiene, der rechts unten zu sehen ist. Darüber erkennt man eine damit assoziierte Struktur, die protozerebrale Brücke, die man auch aufgrund ihrer Affinität zu Antikörpern gegen die neuromodulatorische Substanz Octopamin anfärben kann. Nun vergleiche man diese Architekturen mit dem Zentralkomplex einer Feldwespe in der linken Hälfte von Abb. 9 oder dem einer Schabe in den beiden oberen Teilen von Fig. 9.

14 Diese bedeutende Studie wurde im Jahre 2006 publiziert: G. Liu, H. Seiler, A. Wen, T. Zars, K. Ito, R. Wolf, M. Heisenberg, L. Liu: *Distinct memory traces for two visual features in the Drosophila brain* (Nature; 439, 551-556). Die Arbeitsgruppe von Kei Ito, einem der Ko-Autoren dieser Arbeit, der an der Universität von Tokio arbeitet, hat zusammen mit einer Gruppe japanischer Kollegen Tausende von Fliegenstämmen gezüchtet, von denen jede das Fremd-Gen in jeweils einer definierten Population von Nervenzellen abliest. Troy Zars, einer der anderen Ko-Autoren, hat, als er im Labor von Martin Heisenberg in Würzburg arbeitete, die Methode der lokalen genetischen »Rettung« im Gehirn eingeführt und damit zeigen können, daß ein bestimmter Teil des Gehirns, nämlich die Gamma-Loben der Pilzkörper, notwendig und hinreichend für das olfaktorische Kurzzeitgedächtnis sind.

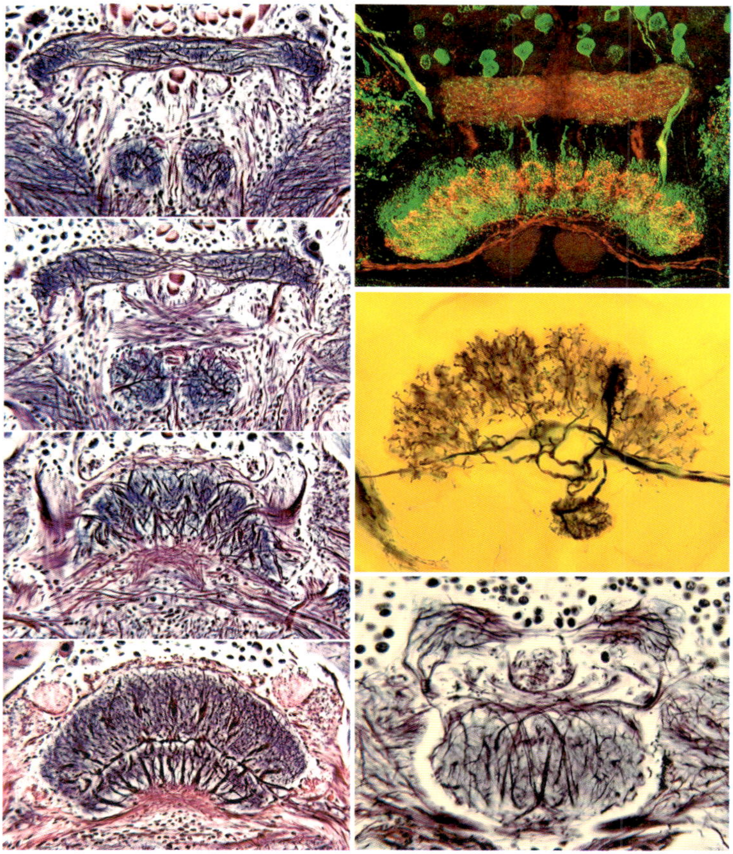

Abb. 9: Verschiedene Ansichten des Zentralkomplexes im Insektengehirn. Die linke Reihe zeigt eine Schnittserie des Gehirns der Feldwespe (Polistes castaniensis) mit der protocerebralen Brücke und den beiden benachbarten kugelförmigen Zentren, genannt Noduli (die beiden oberen Bilder), ferner die obere Teilung des fächerförmigen Körpers (mittleres Bild) und den fächerförmigen Körper sowie den ellipsoiden Körper unmittelbar darunter (unteres Bild). Man beachte die wunderschöne Organisation der acht »Blätter« zu jeder Seite der Mittellinie. Die oberen beiden Bilder auf der rechten Seite zeigen Ansichten des Zentralkomplexes der Küchenschabe (Periplaneta americana). Das obere Bild, gefärbt mit Antiseren gegen Neuropeptide, stammt von Dr. Rudi Loesel (TH Aachen). Darunter ist eine Golgi-Imprägnation zu sehen, welche die eleganten Verzweigungen innerhalb des fächerförmigen Körpers sowie ein kleineres Neuron, mit Verbindungen zu einem der Noduli zeigt. Die Teilabbildung rechts unten stellt den weitgehend reduzierten Zentralkomplex des Rückenschwimmers (Notonecta glauca) dar, bei dem die protocerebrale Brücke gespalten ist.

Die oberste Teilabbildung stammt von meinem Kollegen Rudi Loesel (Technische Hochschule Aachen), der verschiedene Antisera gegen unterschiedliche Neuropeptide und Transmitter angewandt hat, um solche Hirnareale bei verschiedensten Insekten und Krebsen miteinander zu vergleichen. Die vielen wohldefinierten strukturellen Eigenschaften dieser Hirnzentren, wie sie etwa auch in den mit der Golgi-Imprägnationstechnik angefärbten Neuronen von Abb. 9 (Mitte rechts) zu sehen sind, geben wichtige Hinweise auf die phylogenetische Verwandtschaft der Insekten und ihrer Gehirne.[15]

Eine weitere Funktion des Zentralkomplexes ist die Kontrolle motorischer Aktivitäten. Dies legen Mutationen nahe, wiederum in Taufliegen, bei denen Teile des Zentralkomplexes pathologisch verändert sind. Sie sehen aus, als seien sie in zwei Teile zerfallen. Dies ist wahrscheinlich auf einen entwicklungsbiologischen Defekt zurückzuführen, der dazu geführt hat, daß sich die ursprünglichen beiden Hälften der protocerebralen Brücke nicht miteinander vereinigen konnten. Roland Strauss (Universität Mainz) hat gezeigt, daß ein solches Insekt zwar in der Lage ist, geradeaus zu laufen, es aber über seine eigenen Beine stolpert, wenn es versucht, sich nach rechts oder links zu wenden.[16] In Roy Ritzmanns Labor an der Case Western Reserve University (Ohio) hat man winzige Läsionen im fächerförmigen Körper des Schabengehirns gesetzt. Je nach seitlicher Lage der Schädigung waren die Tiere nicht fähig, nach rechts bzw. links zu drehen. War die Läsion genau in der Mitte des Zentralkomplexes, liefen die Schaben in Hindernisse hinein und waren nicht in der Lage, zur Seite auszuweichen.[17] Aus Mutationen und solchen Läsionsexperimenten kann man schließen, daß der Zentralkomplex die Tiere in die Lage versetzt, die Richtung des Laufes zu bestimmen und so einem

15 Die Verwendung neuronaler Merkmale in der Systematik findet als eine neue Strategie immer mehr Aufmerksamkeit in der phylogenetischen Forschung, die sich darum bemüht, die Verwandtschaftsverhältnisse zwischen den Taxa (»Stämmen«) der wirbellosen Tiere, insbesondere der Gliederfüßler (Arthropoda) aufzuklären. Ein Beispiel hierfür ist die Arbeit von N. J. Strausfeld, C. M. Strausfeld, R. Loesel, D. Rowell, S. Stowe: *Arthropod phylogeny: onychophoran brain organization suggests an archaic relationship with a chelicerate stem lineage* (Proc Biol Sci. 2006; 273, 1857-1866).

16 Einen Überblick über die genetischen Studien an diesen Hirnzentren gibt R. Strauss: *The central complex and the genetic dissection of locomotor behaviour* (Current Opinion in Neurobiology. 2001; 12:633-638).

17 Siehe hierzu: A. L. Ridgel, B. E. Alexander, R. E. Ritzmann: *Descending control of turning behavior in the cockroach, Blaberus discoidalis* (J Comp Physiol A. 2007; 193, 385-402).

Netzwerk eine Asymmetrie aufzuprägen, das normalerweise als ein symmetrischer Mustergenerator fungiert. Weiterhin deuten diese Experimente darauf hin, daß im Gehirn der Insekten eine Art von Beschreibung über mögliche Richtungen niedergelegt ist, aus denen dann in der konkreten Situation ausgewählt wird.

Aber das ist bei weitem nicht alles. Manche Insektenarten haben bemerkenswerte motorische Fähigkeiten entwickelt, um beispielsweise komplizierte Nester zu bauen. Sie können Objekte manipulieren – man denke an den Pillendreher –, balancieren, springen, tanzen – jeder kennt den Schwänzeltanz der Bienen und vielleicht auch die verrückten Balzen der Heuschrecken –, sie können sich putzen und – durchaus handfest – sogar miteinander kämpfen. Grab- und Papierwespen, nicht zuletzt viele Ameisenarten, gelten als besonders geschickt. Solche Insekten weisen hochentwickelte Strukturen ihrer Zentralkomplexe auf, in denen jede Hälfte der sie bildenden Neuropile acht keilförmige Teile enthält, die mit den jeweils entsprechenden Teilen der anderen Hälfte über wunderbar präzise verflochtene Axone verbunden sind (Abb. 9 linke Seite). Freilich: solch eine Organisation ist nicht typisch für Insekten, die über keine so hoch entwickelten motorischen Fähigkeiten verfügen, zumindest wenn es um Bewegungen auf festem Boden geht. So fasziniert uns der Wasserläufer *Gerris lacustris* mit seinem eleganten Dahingleiten auf der Wasseroberfläche, wird er aber auf die Erde gesetzt, zeigt er sich wahrlich unbeholfen und fällt über seine eigenen Füße. Ähnlich ist es bei Insekten, die ein besonders langes Beinpaar haben, um ruderartig unter Wasser zu schwimmen. Die Abb. 9 (unten rechts) zeigt den Zentralkomplex des Rückenschwimmers *Notonecta glauca*, der auf dem Lande nicht ordentlich zu laufen vermag. Vergleicht man dieses Bild mit dem des Zentralkomplexes einer Feldwespe (Abb. 9 links unten), die ein Nest bauen und Objekte mit den Vorderbeinen manipulieren kann, sieht man den Unterschied: Der Zentralkomplex des Rückenschwimmers verfügt über weniger Unterteilungen, und es ist eine klaffende Lücke in der Mittellinie seiner protocerebralen Brücke zu erkennen, welche die linke und rechte Hälfte deutlich voneinander trennt. Dies erinnert an die Fliegenmutante, die weiter oben beschrieben wurde. Auch andere Arten, die kaum laufen, wie beispielsweise Zikaden, die aber hoch in die Bäume zu klettern vermögen, haben einen einfach strukturierten Zentralkomplex.[18]

18 Weitere Informationen über diese Vergleiche finden sich in: N. J. Strausfeld: *A brain region in insects that supervises walking*, veröffentlicht in: Progress in Brain Research. 1999; 123, 273-284.

Aus all diesen verschiedenen Evidenzen kann man schließen, daß diese Hirnstrukturen mit ihren faszinierend angeordneten Neuronen eine entscheidende Rolle bei der Steuerung der Motorik spielen. Je kunstvoller diese Areale gebaut sind, um so höher entwickelt und um so reichhaltiger sind die motorischen Fähigkeiten des betreffenden Insekts. Viele Insektenarten vermögen ihr Verhaltensrepertoire zu ändern, beispielsweise in Abhängigkeit von ihrem Alter oder ihrer Bereitschaft, um einen Partner zu werben. Solche Verhaltenswechsel beobachtet man auch innerhalb eines Tages oder zu Zeiten, wenn sie sich, wie etwa die Monarchfalter, zu langen Wanderflügen aufmachen. Man fragt sich unwillkürlich, ob wohl die Fähigkeiten dieser Hirnregionen, deren anatomische Ausgefeiltheit ohne Zweifel die Komplexität ihrer Informationsverarbeitung widerspiegelt, noch gesteigert werden könnten. Angesichts der zahlreichen neuromodulatorischen Elemente, die das Netzwerk des Zentralkomplexes versorgen, erscheint dies möglich. Aber man sollte vorsichtig sein und solche Überlegungen nicht allein über dieses eine Hirnzentrum anstellen. Wie die Anfärbungen mit Antikörpern gegen neuroaktive Peptide zeigen, kann die Aktivität fast jedes Hirnareals in dieser Weise moduliert werden. Dies legt Abb. 10 nahe, wo die Markierungen mit Antikörpern gegen den Neuromodulator Octopamin ein schemenhaftes Abbild des gesamten Gehirns ergeben.

Über eine Region des Gehirns, deren Untersuchung, vor allem in den USA, fast im industriellen Maßstab mit entsprechender staatlicher Förderung betrieben wird, ist noch zu sprechen. Es ist dies ein Paar lappenartiger Zentren, auf jeder Seite gekrönt von zwei Kappen. Der Name spricht für sich: es sind dies die beiden Pilzkörper. Sie wurden im Jahre 1850 von dem französischen Polymathematiker Félix Dujardin entdeckt, der meinte, diese *corps fongiformes* würden den Insekten einen gewissen Grad von Intelligenz verschaffen, ja sogar freien Willen ermöglichen. Dies insbesondere bei Bienen und Wespen, wo die Pilzkörper in der Tat recht komplex gestaltet sind und, so Dujardins Meinung, an die Furchen der menschlichen Großhirnrinde erinnern.[19] Seit Dujardins erster Beschreibung vor mehr als anderthalb Jahrhunderten haben zahlreiche Forscher versucht zu beweisen, daß die Pilzkörper für Lernen und Gedächtnis notwendig sind. In den letzten zehn Jahren haben sich insbesondere die mit der Taufliege *Drosophila melanogaster* arbeitenden Molekular-

19 Ein umfassender Überblick über die ältere Literatur mit einem Vergleich der Pilzkörper verschiedener Insektenarten ist zu finden in: N. J. Strausfeld, L. Hansen, Y. Li, R. S. Gomez, K. Ito: *Evolution, discovery, and interpretations of arthropod mushroom bodies* (Learning & Memory, 1998; 5, 11-37).

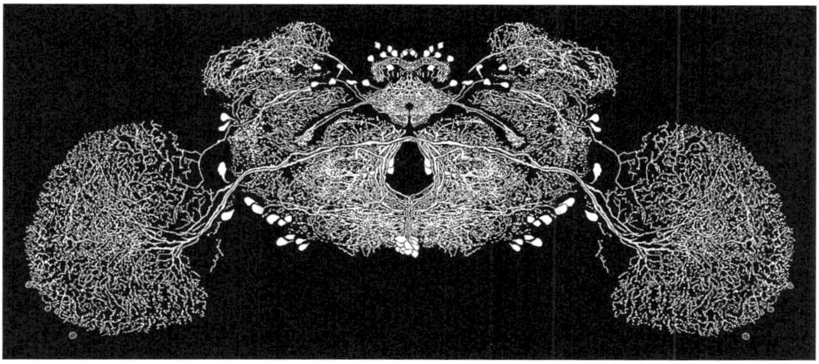

Abb. 10: Der schemenhafte Umriß des Gehirns der Taufliege (Drosophila melanogaster), wie er sich nach Anfärbung mit Antikörpern gegen den Neuromodulator Octopamin ergibt.

genetiker dieser Sache angenommen. Obwohl viele dieser Arbeiten eine erschreckende Ignoranz hinsichtlich der neuronalen Organisation dieser Hirnstrukturen verraten,[20] vergeht kaum eine Woche, in der nicht neue Behauptungen auf den Markt kommen, daß die Expression dieses oder jenes Genes in den Pilzkörpern notwendig für das Kurzzeit- oder das Langzeit- oder das Zwischenzeitgedächtnis oder eine sonstige Form des Gedächtnisses sei.

Zweifellos ist die Taufliege, wie kein anderes Insekt, für neurobiologische Untersuchungen mittels molekularbiologischer Techniken geeignet. Größere Insekten, wie Honigbienen oder Schaben, bieten andere Vorteile: Sie erlauben dem Untersucher, mit Mikroelektroden einzelne Neurone anzustechen, ihre elektrische Aktivität zu registrieren und sie anschließend mit fluoreszierenden Farbstoffen zu füllen, so daß man sie in die Gesamtarchitektur des Gehirns einordnen kann. Die am besten zugänglichen Nervenzellen der Pilzkörper sind verhältnismäßig groß und fungieren als sogenannte Ausgangsneurone, welche diese Zentren mit anderen Hirnarealen verbinden. Sie antworten auf viele verschiedene

20 Es gibt natürlich ehrenwerte Ausnahmen, insbesondere jene Forscher, welche Pionierarbeiten durchgeführt haben, um die Organisation des Gehirns der Taufliege *Drosophila melanogaster* aufzuklären. Um nur drei Namen zu nennen: Martin Heisenberg am Institut für Genetik und Neurobiologie der Universität Würzburg, Karl Fischbach an der Universität Freiburg i. Brsg. und Kei Ito an der Universität Tokio in Japan.

Sinnesreize, beispielsweise auf Duft, Berührung, Schall oder die Bewegung von Objekten. In einer berühmten Studie der leider früh verstorbenen Juliane Mauelshagen, die in den 1990er Jahren an der Freien Universität Berlin arbeitete, wird gezeigt, daß die Aktivität bestimmter Ausgangsneurone tatsächlich Lernvorgänge widerspiegelt. Diese Nervenzellen ändern ihre Antworten auf Duftreize, wenn die Biene mit einem Tropfen Zuckerwasser belohnt wurde, und sie behalten dies für eine gewisse Zeit bei, auch wenn der Duft nicht mehr mit Belohnung verbunden ist.[21] Registrierungen von Ausgangsneuronen der Pilzkörper bei Schaben zeigen, daß einige dieser Nervenzellen auf bestimmte Modalitäten antworten, wenn dem Reiz eine andere Reizmodalität vorausgeht. So kann ein Neuron beispielsweise auf Schall nach einem mechanischen Reiz reagieren, aber nicht, wenn zuvor ein Duftreiz gegeben wurde. Dies zeigt, daß diese Pilzkörperneuronen nicht blindlings auf Reize antworten, sondern den sensorischen Zusammenhang beachten, in dem diese geboten werden.[22]

In anderen Registrierungen hat man Nervenzellen in den Pilzkörpern von Schaben gefunden, die aktiv sind, bevor das Insekt zu laufen beginnt, und die dann ihre Erregung modifizieren, wenn es in die eine, aber nicht in die andere Richtung dreht. Solche Neurone ähneln jenen, die man im Neocortex von Affen gefunden hat und die dort die Intention von Bewegungen anzeigen und dann auch während deren Durchführung aktiv sind.[23] Wenn man diese Leistungen und auch andere Eigenschaften der Pilzkörper betrachtet, ist es kaum verwunderlich, daß sie eine solch komplexe Organisation und kunstvolle Architektur besitzen – in einigen Arten ausgestattet mit Hunderten und Tausenden von Nervenzellen –, und, wie auch andere Hirnteile, durch ein faszinierendes Muster neuromodulatorischer Aktivität gekennzeichnet sind. Die schönsten und den Forscher ob ihrer Komplexität immer wieder verblüffenden Pilzkörper besitzen jene Insekten, die über ein hochentwickeltes Futter-

21 Siehe: J. Mauelshagen: *Neural correlates of olfactory learning paradigms in an identified neuron in the honeybee brain* (J Neurophysiol. 1993; 69, 609-625).

22 Siehe: Y. S. Li, N. J. Strausfeld: *Multimodal efferent and recurrent neurons in the medial lobes of cockroach mushroom bodies* (J Comp Neurol. 1999; 409, 647-663).

23 Zwei Arbeiten, die 1998 publiziert wurden, zeigten zum ersten Male, daß die Pilzkörper Ort für das Gedächtnis sind und Einheiten besitzen, die dem Neocortex der Wirbeltiere ähneln: M. Mizunami, R. Okada, Y-S. Li, N. J. Strausfeld: *Mushroom bodies of the cockroach: activity and identities of neurons recorded in freely moving animals* (J Comp Neurol 402, 501-519); M. Mizunami, J. M. Weibrecht, N. J. Strausfeld: *Mushroom bodies of the cockroach: their participation in place memory* (J Comp Neurol 402, 520-537).

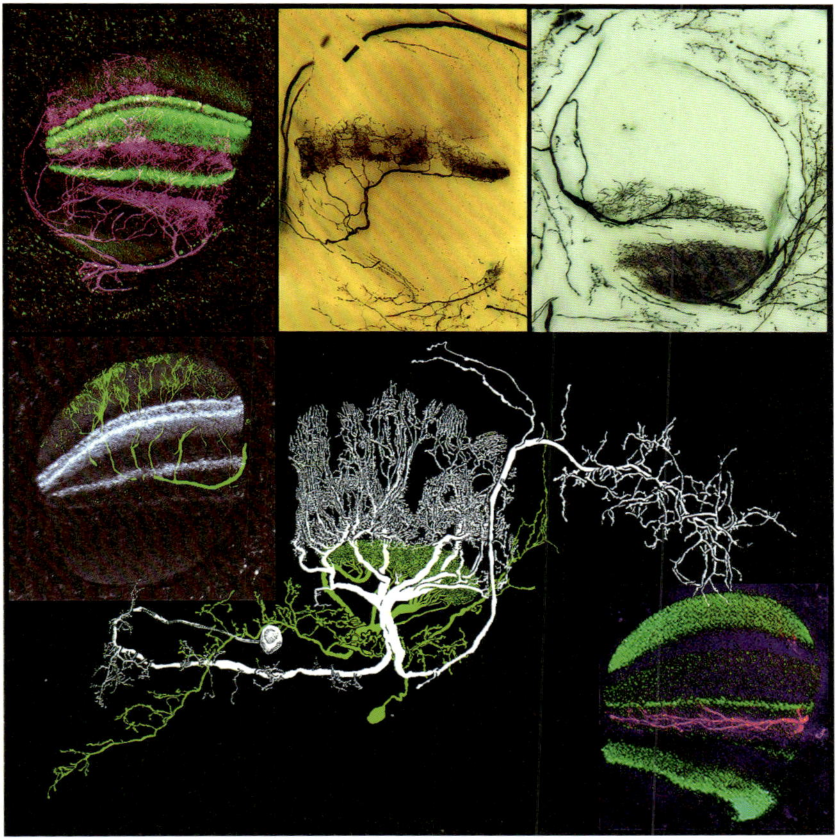

Abb. 11: Die Loben der Pilzkörper sind in viele diskrete Teile gegliedert, was man am besten an Querschnitten erkennen kann. Das untere Bild zeigt die zeichnerische Rekonstruktion von zwei mit der Golgi-Methode angefärbten Ausgangsneuronen bei der Honigbiene. Diese verbinden die Pilzkörperloben mit umgebenden Hirnarealen. Die anderen Bilder, von links ausgehend angeordnet im Uhrzeigersinn, sind Querschnitte durch diese Loben. Sie zeigen Endverzweigungen von Eingangsneuronen (die beiden linken Bilder) gegenüber Lagen von immunochemisch markierten Zellfortsätzen, Golgi-imprägnierte Eingangsverzweigungen, zwei geschichtete Verzweigungen von Ausgangsneuronen und schließlich, rechts unten, ein weiteres Beispiel einer immunochemisch gefärbten Faser sowie eine Ausgangsverzweigung.

suchverhalten verfügen, wie beispielsweise Ameisen, Schaben, Honigbienen und Wespen.[24] Abb. 11 illustriert zwei zeichnerische Rekonstruktionen von Ausgangsneuronen in einem der Stiele des Pilzkörpers einer Biene. Die um diese Zeichnung herum arrangierten Teilbilder zeigen sogenannte Loben, wobei in jedem Schnitt einige hundert von den Tausenden kleiner paralleler Nervenfasern getroffen sind. Sie sind entsprechend den jeweiligen Sinnesmodalitäten, die sie repräsentieren, gruppenweise in Bändern angeordnet und haben – wieder einmal – spezifische Verbindungen zu den Neuromodulatoren. Hereinkommende und hinausgehende dendritische und axonale Fasern durchdringen diese Gruppen, um Information zu den Pilzkörpern zu bringen bzw. von dort zu anderen Hirnarealen zu leiten.

Zu Unrecht fast vollkommen vergessen sind elegante Studien, die Domingo Sánchez in den zwanziger und dreißiger Jahren des 20. Jahrhunderts in Fortführung der Tradition seines Mentors Ramón y Cajal an den Pilzkörpern von Schaben und Honigbienen durchgeführt hat. Unter den erhaltenen Präparaten finden sich auch etliche, die Neurone in Entwicklungsstadien und voll ausgebildeten optischen Loben von Schmetterlingen und anderen Insekten zeigen. Wenden wir uns noch einmal den Untersuchungen der optischen Ganglien zu. Was einen hierbei so fasziniert und was auch schon Cajal diskutierte, ist der Umstand, daß ihre Organisation so sehr dem visuellen System der Säugetiere ähnelt. Auch wenn das Komplexauge der Insekten keine so gute Auflösung wie das der meisten Wirbeltieraugen zuläßt, so ist die zugrundeliegende Organisation der Neurone doch genauso vollendet wie die in der Retina jedweden Vogels. Die vom Komplexauge kommende Information wird zunächst auf zwei parallele Bahnen verteilt. Eine davon dient dazu, das Gehirn über Bewegungen im Gesichtsfeld zu informieren. Das ist für die Fähigkeit der Insekten bedeutsam, sehr schnell visuell zu navigieren und Objekte mit bemerkenswerter Genauigkeit anzusteuern oder ihnen auszuweichen. Dieser Teil des visuellen Systems wird unterstützt durch Lagen von Neuronen, welche die Information über den ganzen Bereich der visuellen Hemisphäre sammeln und vergleichen. Abb. 4 (rechts) zeigt eines

24 Hier sind drei Kardinal-Arbeiten zu nennen, welche die außerordentlich verwickelte Struktur der Pilzkörper der Honigbiene beschreiben: 1. B. Ehmer, W. Gronenberg: *Segregation of visual input to the mushroom bodies in the honeybee Apis mellifera* (J Comp Neurol. 2002; 451, 362-373); 2. N. J. Strausfeld: *Organization of the honey bee mushroom body: representation of the calyx within the vertical and gamma lobes* (J Comp Neurol. 2002; 450, 4-33); 3. S. Kirschner, C. J. Kleineidam, C. Zube, J. Rybak, B. Grunewald, W. Rössler: *Dual olfactory pathway in the honeybee Apis mellifera* (J Comp Neurol. 2006; 499, 933-952.

dieser großen Neurone, mit seinem weitgespannten flachen Dendritenbaum. Diese Nervenzellen übergeben die Information an Instanzen, die – analog zu den absteigenden Neuronen des Wirbeltier-Rückenmarks – ihrerseits motorische Nervenzellen aktivieren. Diese wiederum kontrollieren die Muskeln, die, beispielsweise bei fliegenden Insekten, an den Flügelgelenken ansetzen und so die Richtung des Fluges bestimmen. Über die andere Bahn wird die Information geleitet, die etwas mit dem Farbensehen und mit anderen Aspekten der visuellen Welt zu tun hat, die uns fremd sind, aber für die Fähigkeit der Insekten wichtig sind, die Orientierung und die Gestalt von Objekten zu erkennen. Dieser Teil des visuellen Systems wird von palisaden- oder säulenartigen Neuronen gebildet, von denen jedes ein charakteristisches Verzweigungsmuster aufweist. Solche Palisaden von baumartig verzweigten Nervenzellen sind im rechten und ihre Gegenstücke im linken Teil von Abb. 4 zu sehen. Bemerkenswerterweise ist der Teil der optischen Loben, dessen Aufgabe es ist, diese Aspekte der visuellen Welt zu repräsentieren, ähnlich organisiert wie der visuelle Cortex der Wirbeltiere – mit einem kleinen Unterschied: die Zellen sind zwar ähnlich arrangiert, aber längst nicht so schön wie die der Insekten. Natürlich muß man zugeben, daß das visuelle System der Insekten die Welt nicht so komplett erfaßt wie das, beispielsweise, einer Katze. Dennoch: Insekten können unzweifelhaft Formen, Objektorientierung und Farben lernen; sie können andere Insekten entdecken und verfolgen, und sie können visuell erkennen, ob diese zu einer anderen oder zur eigenen Art gehören.[25]

Cajals Erkenntnisse über die Ähnlichkeit der optischen Loben von Insekten und Wirbeltieren haben in den letzten Jahren durch aufregende Entdeckungen eine Parallele erhalten. Es hat sich nämlich gezeigt, daß es über die verschiedenen Tierstämme hinweg Ähnlichkeiten in der Organisation des olfaktorischen Systems gibt – ein höchst überzeugendes Beispiel konvergenter Evolution. Nicht nur bei Insekten und Wirbeltieren, sondern auch bei Ringelwürmern, Spinnen und Krebsen sind die Riechzentren als eine Ansammlung kleiner Inselchen, genannt Glomeruli, organisiert. Jedes davon scheint Information über einen begrenzten Typ von Duftmolekülen zu erhalten. Die Nervenzellen, die diese Riechzentren bilden, ähneln sich sehr stark über alle Insekten- und Wirbeltiergruppen hinweg, und so ist es auch mit ihren synaptischen Verbindun-

25 Für einen umfassenden Überblick über die Organisation und Funktion des visuellen Systems der Insekten sei der Leser auf das 2006 erschienene Sammelwerk *Invertebrate Vision* hingewiesen, eine Sammlung von Aufsätzen führender Forscher, herausgegeben von Eric Warrant und Dan-Eric Nilsson (Cambridge University Press).

gen. Das olfaktorische Ganglion einer Fliege (Abb. 12 oben) und der sogenannte olfaktorische Bulbus einer Kuh (Abb. 12 links unten, gezeichnet von Cajal) finden sich bei zwei Arten, deren letzter gemeinsamer Vorfahr vor etwa 530 Millionen Jahren gelebt hat. Es ist einerseits denkbar, daß solche komplexen und dabei eleganten Nervennetze schon damals vorhanden waren. Andererseits ist es aus vielerlei Gründen – sie sind zu zahlreich, um hier diskutiert zu werden – unwahrscheinlich. Nur ein Hinweis: die heute lebenden, sehr ursprünglichen und primär flügellosen Insekten, die Archaeognatha (Felsenspringer), haben keine solchen olfaktorischen Zentren. Gleiches gilt für die Eintagsfliegen, die ebenfalls stammesgeschichtlich sehr alt sind. Es ist wohl eher wahrscheinlich, daß das olfaktorische System in den verschiedenen Tierstämmen unabhängig voneinander, also konvergent entstanden ist. Die Ähnlichkeit dürfte ihren Grund darin haben, daß es nur *eine* besonders günstige neuronale Struktur gibt, in der solch eine besondere Sinnesmodalität wie Duft optimal verarbeitet werden kann.[26] Andere, weniger effektive Netzwerke mögen ebenso entstanden sein, aber weil wir sie nicht kennen, ist anzunehmen, daß sie sich nicht bewährt haben und deshalb wieder verschwunden sind.

Ramón y Cajal hat das olfaktorische System von Insekten nicht untersucht. Aber seine Golgi-Färbungen des olfaktorischen Bulbus der Kuh zeigen eine Struktur der Glomeruli, die nicht nur ähnlich der glomerulären Organisation der Antennalloben von Insekten ist (Abb. 12 oben; gezeigt sind die paarigen olfaktorischen Zentren einer Schmeißfliege), sondern sich auch auf der Ebene einzelner Nervenzellen widerspiegelt, wie beispielsweise in den olfaktorischen Glomeruli einer Küchenschabe (Abb. 12 rechts unten). Solche Ähnlichkeiten über die Tierstämme hinweg zeigen, daß das olfaktorische System der Insekten und ebenso deren visuelles System, die beide so viele Parallelen zu den entsprechenden Strukturen bei Wirbeltieren aufweisen, wunderbare und nützliche Modelle für die Erforschung grundsätzlicher Eigenschaften des Gehirns darstellen.[27] Möglicherweise gilt dies auch für den Zentralkomplex, der

26 Zur Diskussion über die konvergente Evolution der olfaktorischen Systeme siehe: H. L. Eisthen: *Why are olfactory systems of different animals so similar?* (Brain Behavior & Evolution. 2002; 59, 273-293). Ferner: N. J. Strausfeld & J. G. Hildebrand: *Olfactory systems: common design, uncommon origins?* (Current Opinion in Neurobiology. 1999; 9, 634-639).

27 Ein kurzer und treffender Artikel, der die Nützlichkeit von *Drosophila* als »Modell-System« für die Erforschung des Riechsystems beschreibt, ist: G. S. Jefferis: *Insect olfaction: a map of smell in the brain.* (Current Biology. 2005; 15, 668-670).

ein plausibles Modell für den entsprechenden Teil des Wirbeltiergehirns, nämlich das Kleinhirn oder Cerebellum, abgeben könnte. Und die Pilzkörper der Insekten? Zusammen mit meinem Kollegen Makoto Mizunami von der Sendai University in Japan konnten wir zeigen, daß die Pilzkörper der Küchenschaben für das Ortsgedächtnis benötigt werden und insofern vergleichbar dem Hippocampus der Säugetiere sind, der ebenfalls für das Gedächtnis von Ort und Raum wichtig ist.

Wenn man diese beeindruckenden Ähnlichkeiten zwischen den Gehirnen von Insekten und Wirbeltieren betrachtet, erkennt man, wie wichtig Ramón y Cajals Erkenntnisse gerade heute sind, in einer Zeit, wo

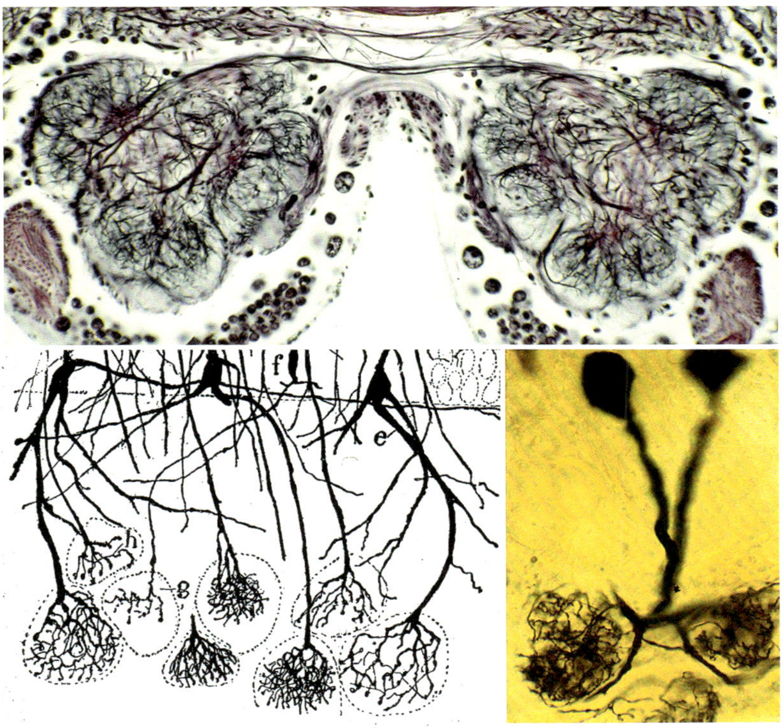

Abb. 12: Die olfaktorischen Zentren von Insekten und Wirbeltieren haben vieles gemeinsam. Das obere Bild zeigt die paarigen olfaktorischen Loben einer Fliege, die aus inselartigen Einheiten, genannt Glomeruli, bestehen. Das untere Teilbild ist von Cajal gezeichnet und stellt Neurone aus den Glomeruli des olfaktorischen Bulbus einer Kuh dar. Rechts unten sind schließlich ähnliche Neurone aus dem olfaktorischen Zentrum der Küchenschabe zu sehen.

so viele forschungsfördernde Institutionen die Forschung an wirbellosen Tieren wie Insekten sträflich vernachlässigen. Sie tun dies aus der vornehmlich in Medizinerkreisen vorherrschenden ignoranten und arroganten Haltung (eine fatale Kombination, die jedes intellektuelle Bestreben erstickt) heraus, daß man, um das Nervensystem zu verstehen, ausschließlich anthropozentrisch zu denken und nur in den Gehirnen von Katzen, Ratten oder – am liebsten – Affen herumzustochern habe. Ein Zitat von Cajal, der selber Mediziner war, sollte an prominenter Stelle in jedem medizinischen Hörsaal an die Wand geschrieben werden:

»Es ist unzweifelhaft, daß Zoologen, Anatomen und Psychologen Insekten mißachtet haben. Verglichen mit der Retina dieser scheinbar ärmlichen Vertreter des Lebens, erscheint einem die Netzhaut eines Vogels oder höheren Säugetiers als etwas Grobes, Rohes und bedauernswert Primitives. Der Vergleich einer gewöhnlichen Wanduhr mit einer winzigen und doch exquisiten Taschenuhr reicht nicht aus, um eine Vorstellung von dem Unterschied zu vermitteln.«

Der schöne Schein der Magnetresonanz-Tomografie des Gehirns. Bilder des Unsichtbaren als Modelle der Wirklichkeit

von
Jens Frahm

Ziel der Naturwissenschaften ist es, die Natur und das, was sie zusammenhält, zu verstehen. Das bedeutet, die Stoffe und Materialien zu analysieren, die Wechselwirkungen und Mechanismen aufzuklären und die Naturgesetze festzustellen. Leider können wir das nur in sehr begrenztem Umfang mit unseren eigenen Sinnesorganen bewerkstelligen. Die Geschichte der Naturwissenschaften ist daher seit langem auch eine Geschichte der technischen Errungenschaften und Erfindungen, die es unserem bescheidenen Körper ermöglichen sollen, seine Empfindlichkeit zu verbessern – beispielsweise durch Fernrohr und Mikroskop für das Auge.

Leider erkaufen wir diesen Fortschritt damit, daß wir uns bei einer Darstellung des eigentlich nicht Sichtbaren – gewissermaßen blind – auf die eingesetzten Geräte oder Verfahren verlassen müssen. Sie zeigen uns Dinge, die wir eben nicht mehr selbst sehen können und von denen wir daher glauben, daß wir ihre Wirklichkeitsnähe nicht mehr direkt beurteilen können. Ob oder wie weit dies allerdings überhaupt möglich ist, wirft weitergehende Fragestellungen auf, die über den Rahmen dieses Beitrages hinausgehen. So sollen die modulierte Wahrnehmung, die unser eigenes Gehirn aus unseren Sinneseindrücken rekonstruiert, oder gar grundsätzlichere, erkenntnistheoretische Probleme nicht Gegenstand unserer Betrachtungen sein.

In besonderem Maße gelten die Probleme einer künstlichen Visualisierung für alle diejenigen Verfahren, die im Rahmen des Abbildungsprozesses auf den Computer zurückgreifen und sich bei der Darstellung auf die Berechnung eines Bildes verlassen, das es in dieser Form ursprünglich gar nicht gegeben hat. Als Beispiel soll die Magnetresonanz-Tomografie (MRT) dienen, die eben nicht wie ein Mikroskop (oder Endoskop) ein inneres Bild aus dem Körper aufnimmt und irgendwie herausprojiziert, sondern mit technischen Hilfsmitteln Radiofrequenzsignale von Wassermolekülen im Gewebe anregt, diese räumlich kodiert, aufzeichnet, zu einem Bild verrechnet und es uns beispielsweise wie in Abb. 1 als Abbild unseres Gehirns präsentiert. In der Tat sehen MRT-Bilder oft überraschend ähnlich aus wie wirkliche, anatomische Schnittbilder durch

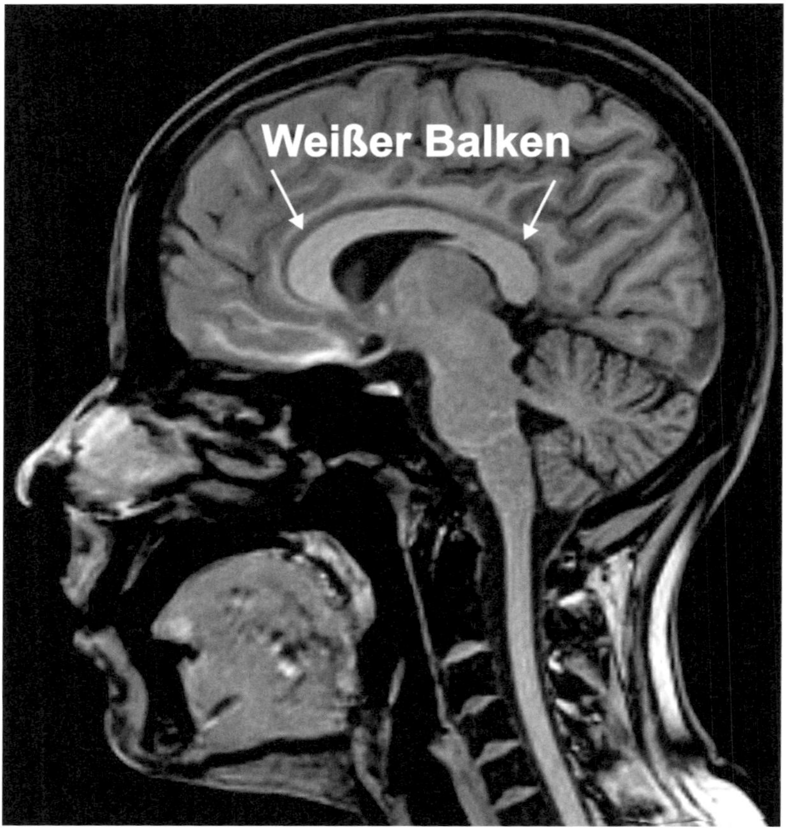

Abb. 1: Anatomische Darstellung einer mittleren Schnittebene durch das menschliche Gehirn mit Hilfe der Magnetresonanz-Tomografie. Die graue Hirnsubstanz in der kortikalen Rinde erscheint dunkler als die weiße Hirnsubstanz aus Nervenfasern. Die zentrale Struktur der weißen Substanz, der weiße Balken (Corpus Callosum), verbindet kortikale Zentren der rechten und linken Hemisphäre des Gehirns.

ein menschliches Gehirn – zumindest solange wir es nicht beliebigen Farbkodierungen oder anderen Nachverarbeitungstechniken unterwerfen. Falschfarbenbilder demonstrieren auf besonders eindrucksvolle Weise die Willkür vieler Computer-Darstellungen, da sie durch Farbumschläge Grenzen einführen, die oft keinerlei (anatomische) Entsprechungen im Original haben.

Vor einer Diskussion über den Nutzen oder die Gefahr des Bildes in der Wissenschaft ist festzustellen, daß das naturwissenschaftliche *Bild* der Wirklichkeit in Wahrheit nur ein *Modell* der Wirklichkeit ist. Statt direkt die Wirklichkeit zu untersuchen, beschäftigen sich die Naturwissenschaftler in der Regel mit den Modellen und der Modellbildung. So werden im Rahmen des wissenschaftlichen Fortschritts ständig neue Modelle entworfen, geprüft, verworfen, verbessert und trotz ihrer möglichen Mängel genutzt, um konkrete Fragen an die Natur zu stellen und zu beantworten. Dieses Spannungsfeld zwischen Bild und Wirklichkeit soll an einem speziellen MRT-Verfahren illustriert werden, das eine Darstellung der Nervenfaserbahnen in unserem Gehirn ermöglicht.

Das Schöne

Die Abb. 1 zeigt die von den Zellkörpern der Nervenzellen gebildete graue Hirnsubstanz der kortikalen Rinde in grauen Tönen. Die weiße Hirnsubstanz erscheint dagegen in solchen anatomischen MRT-Bildern als homogenes helles Signal. Sie besteht aus den Nervenfaserverbindungen zwischen den funktionellen Zentren in der grauen Hirnsubstanz. Die zentrale Struktur in der Mitte des Gehirns ist der weiße Balken (*Corpus Callosum*). Hier kreuzen alle Nervenfasern, die gleichartige funktionelle Zentren in der Großhirnrinde der linken und rechten Hälfte unseres Gehirns miteinander verbinden. Ob es gelingen kann, diese Verbindungen wirklichkeitsnah abzubilden, soll im folgenden untersucht werden.

Die Abb. 2 präsentiert ein dem aktuellen Forschungsstand entsprechendes Ergebnis: die Rekonstruktion aller kreuzenden Nervenfaserbahnen des weißen Balkens einer gesunden Versuchsperson. In diesem Fall zeigt dieser *farbige Abglanz der Natur* die lokale Richtung der Faserbahnen an. Ob allerdings der Anspruch auf Korrektheit gerechtfertigt werden kann oder der schöne Schein derartiger Bilder nur der Komplizenschaft von Wissenschaft, Öffentlichkeit und Medien geschuldet ist, gilt es im Detail zu prüfen.

Das Reale – Modellierung der Nervenfaserbahnen im Gehirn

Ziel dieses Abschnittes ist es, die Methode, mit der die Nervenfaserbahnen des menschlichen Gehirns rekonstruiert werden können, Schritt für Schritt zu erläutern, um anschließend in einem weiteren Abschnitt die Schwachstellen aufzuzeigen, die bei der Gewinnung solcher Bilder unvermeidbar auftreten. Erst die genaue Kenntnis der Verfahren ermög-

Abb. 2: Darstellung von Nervenfaserbahnen, die den weißen Balken kreuzen. Die Bahnen wurden aus Daten der diffusionsgewichteten Magnetresonanz-Tomografie rekonstruiert, die Unterschiede in der molekularen Beweglichkeit der Wassermoleküle im Gewebe aufzeichnet. Die Farbgebung entspricht der lokalen Richtung der Faserbahn: rot = rechts-links, grün = vorne-hinten, blau = oben-unten. Der Blickwinkel ist von vorne rechts oben auf das Gehirn bzw. den Kopf.

licht ihre Analyse: die Demontage der Glaubwürdigkeit, das Zerreißen des schönen Scheins, oder zumindest doch die kritische Bewertung der Verläßlichkeit der Ergebnisse.

Die Grundlage der Methode ergibt sich aus der unterschiedlichen molekularen Beweglichkeit des Wassers im Hirngewebe. Das für die Darstellung der Abb. 2 verwendete Verfahren stellt sich daher als eine Kombination der MRT mit einer Messung dieser Bewegungs-Eigenschaften heraus. Die erste Frage lautet daher: wie bewegen sich Wassermoleküle im Gewebe, und mit welchen Gesetzmäßigkeiten (oder Modellen) kann dieser Vorgang (quantitativ) beschrieben werden? Eine Annäherung ermöglicht Abb. 3, welche die Bewegung als freien Diffusionsprozeß eines einzelnen Moleküls (Abb. 3a) bzw. eines Ensembles unterschiedlich schneller Moleküle darstellt (Abb. 3b, c). Freie Diffusion findet man in der Regel nur in fluiden Medien und im Gehirn beispielsweise in den mit cerobrospinaler Flüssigkeit gefüllten Hirnkammern (schwarzer Bildanteil direkt unterhalb des weißen Balkens in Abb. 1).

Im zellulären Gewebe des Gehirns stößt jedes Molekül nach einer gewissen Diffusionszeit an eine molekulare Wand, die seine weitere Entfernung vom Ursprungsort behindert (Abb. 3d). Man spricht daher auch von eingeschränkter Diffusion, die in der grauen Hirnsubstanz vor allem durch die Membranen der Nervenzellkörper verursacht wird. Eine weitere Besonderheit ergibt sich in der weißen Hirnsubstanz. Sie besteht aus gebündelten Nervenfasern, die über längere Distanzen eine gemeinsame Vorzugsrichtung besitzen. Hier gilt die eingeschränkte Diffusion im wesentlichen nur für zwei Raumrichtungen, während die Bewegung in Richtung der Nervenfaserbahn – entlang der mit Myelin ummantelten Nervenzellfortsätze – nahezu ohne Begrenzung fortgeführt werden kann (Abb. 3e). Diese Art der Bewegung wird als anisotrop bezeichnet. Da sie im Gehirn vor allem auf die weiße Substanz zutrifft, ergibt sich durch

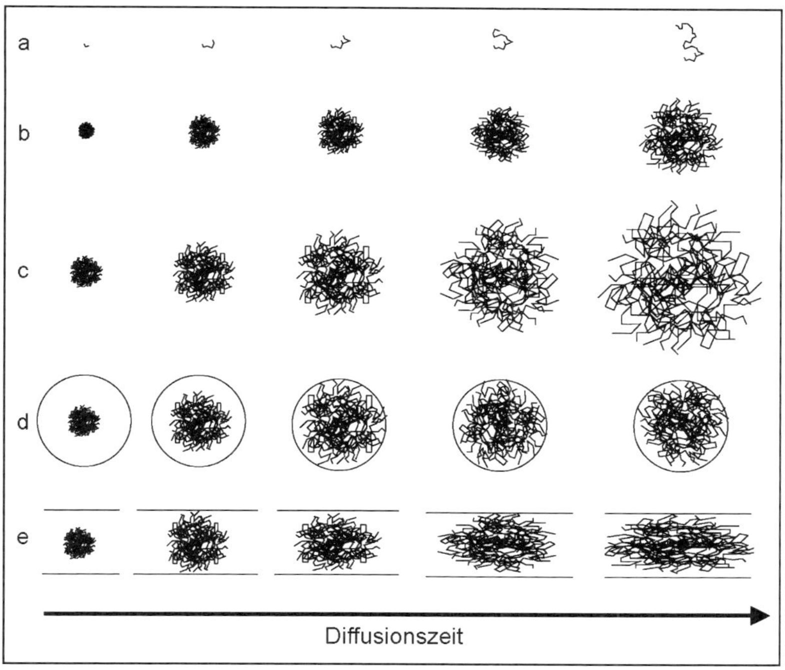

Abb. 3: Schematische Beschreibung der Bewegung von Wassermolekülen im Hirngewebe als Diffusionsprozeß. (a) Freie Bewegung eines einzelnen Moleküls und (b, c) vieler Moleküle mit langsamer bzw. schneller Diffusion. (d) Eingeschränkte Bewegung durch das Erreichen zellulärer Grenzen. (e) Eine anisotrop eingeschränkte Bewegung führt zu einer Vorzugsrichtung der Bewegung entlang der am wenigsten eingeschränkten Richtung.

eine bildgebende MRT-Messung der Diffusion, das heißt ihrer Anisotropie und Hauptdiffusionsrichtung, die Möglichkeit, die Nervenfaserbahnen aufgrund der durch ihre Struktur verursachten dynamischen Eigenschaften der Wassermoleküle zu identifizieren und in ihrem Richtungsverlauf zu charakterisieren.

Die Messung der Diffusion kann auf besonders elegante Weise mit der der MRT zugrundeliegenden Technik der nuklearmagnetischen Resonanz (NMR) erfolgen. Bereits vor der Entwicklung der bildgebenden MRT wurde ein Meßverfahren beschrieben, das – ohne räumliche Auflösung – die Diffusionseigenschaften einer Probe bestimmen kann.[1] Zunächst daher einige Worte zur grundlegenden Technik.

Das Grundexperiment der NMR bzw. MRT findet in einem starken Magnetfeld statt und benötigt zumindest einen Radiofrequenzimpuls (RF), der mit Hilfe einer RF-Antenne die Kernspins der Wassermoleküle im Gewebe anregt. Die dadurch erzeugte Magnetisierung der Probe zerfällt anschließend rasch durch physikalisch bedingte Relaxationsprozesse. Dabei wird von den angeregten Kernspins wiederum ein RF-Signal abgestrahlt, das mit der gleichen Antenne aufgenommen und im Computer aufgezeichnet werden kann. In der bildgebenden MRT werden während dieses Ablaufes zusätzliche Magnetfeldgradienten geschaltet, welche die Ortskodierung der aus dem Gewebe empfangenen NMR-Signale übernehmen.[2] Auch wenn die Kerne verschiedener Atomsorten über einen resultierenden Kernspin verfügen, verwendet die MRT nur die NMR-Eigenschaften der Wasserstoffatomkerne (= Protonen). Sie besitzen die höchste Empfindlichkeit und sind zudem in Form von Wassermolekülen in biologischem Gewebe am häufigsten vertreten.

Um das aufgezeichnete NMR-Signal für eine Diffusionsmessung zu nutzen, wird eine Sequenz aus zwei RF-Impulsen in Kombination mit zwei sich in ihrer Wirkung selbst kompensierenden Magnetfeldgradienten eingesetzt. Das in Abb. 4 dargestellte Prinzip der Messung besteht in einer Abfolge aus (i) Anregung der Kernspins mit einem ersten RF-Impuls, (ii) Zerfall der angeregten Magnetisierung in Anwesenheit eines diffusionskodierenden Magnetfeldgradienten während eines ersten TE/2-Intervalls, (iii) Umkehr der Zerfallsbewegung durch einen zweiten RF-Impuls und einen identischen Diffusionsgradienten sowie (iv) Bildung eines Echosignals zum Zeitpunkt TE. Für die Messung von Diffusions-

1 E. O. Stejskal, J. E. Tanner: *Spin diffusion measurements: Spin echoes in the presence of a time-dependent field gradient* (J Chem Phys. 1965; 42, 288-292.)

2 P. C. Lauterbur: *Image formation by induced local interactions: Examples employing nuclear magnetic resonance* (Nature. 1973; 242, 190-191.)

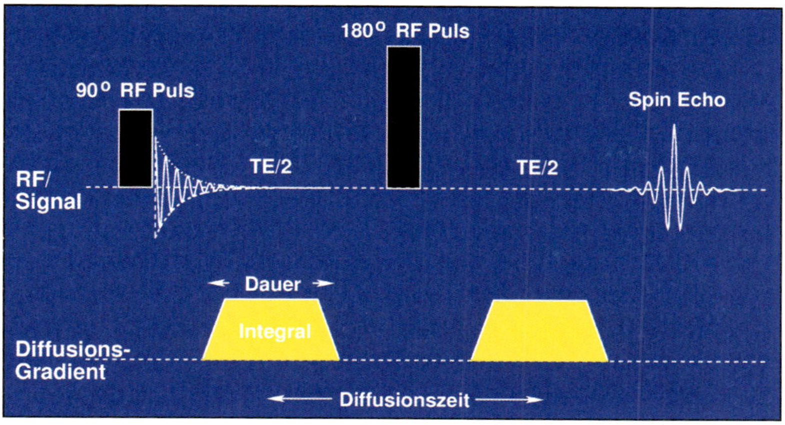

Abb. 4: Magnetresonanz-Tomografie des Diffusionsprozesses. Die primäre Messung erfolgt mit Hilfe eines Spin-Echo-Signals (Echozeit TE), das von zwei Radiofrequenzimpulsen (RF) erzeugt wird und dessen Signalintensität je nach Stärke (Beweglichkeit) der Wassermoleküle abnimmt. Dagegen wird für unbewegte Kernspins die signalzerstörende Wirkung des ersten Magnetfeldgradienten (gelb) durch den zweiten Magnetfeldgradienten vollständig kompensiert. Die Richtungsabhängigkeit der Diffusion kann dadurch bestimmt werden, daß die Messung mit Diffusionsgradienten in unterschiedlichen Richtungen wiederholt wird. Das Spin-Echo ist Ausgangspunkt für eine Hochgeschwindigkeits-Bildgebung (nicht gezeigt).

eigenschaften ist die Tatsache entscheidend, daß nur die Signale stationärer (unbewegter) Wassermoleküle nach ihrer Defokussierung im ersten Intervall eine vollständige Refokussierung im zweiten Intervall erfahren. Für bewegte Wassermoleküle, die sich in der Zeit zwischen den beiden Diffusionsgradienten (Diffusionszeit) von ihrem Ort entfernen, entsteht ein Signalverlust, der dadurch zustande kommt, daß jeder andere Ort durch die Anwesenheit der Diffusionsgradienten einer anderen Magnetfeldstärke ausgesetzt ist. Damit erfahren bewegte Wassermoleküle bzw. ihre Kernspins im ersten und zweiten TE/2-Intervall unterschiedliche Magnetfeldstärken, die einen vollständigen Ausgleich der Signalverluste verhindern. Der Signalverlust ist umso größer, je weiter sich die Moleküle vom Ausgangsort entfernen, also je schneller die molekulare Bewegung bzw. je größer der Diffusionskoeffizient ist. Aus mindestens zwei Messungen mit unterschiedlichen Gradientenstärken, die ebenfalls Einfluß auf den Signalverlust haben, läßt sich der Diffusionskoeffizient errechnen.

Um die geschilderte Diffusionsmessung in einem Bild räumlich aufzulösen, kann sie mit der MRT kombiniert werden. Dazu wurden in den vergangenen zwei Jahrzehnten zahlreiche technische Varianten vorgeschlagen. Da für Untersuchungen am Menschen jedoch dem Problem begegnet werden muß, daß die Bewertung kleinster Bewegungen im Mikrometerbereich nicht durch unvermeidbare Körperbewegungen des Patienten korrumpiert wird, verwendet man für die diffusionsgewichtete Bildgebung ausschließlich Hochgeschwindigkeits-Messverfahren.[3] Mit Meßzeiten einzelner MRT-Bilder, die nur Bruchteile einer Sekunde betragen, wird derartigen Problemen durch das »Einfrieren« eventueller Bewegungen in einem »Schnappschuß« effektiv begegnet. Zu diesem Zweck nutzt man das diffusionsgewichtete Spin-Echo-Signal in Abb. 4 als Ausgangspunkt einer entsprechenden MRT-Sequenz.[4]

Für die avisierte Rekonstruktion von Nervenfaserbahnen im Gehirn ist die Messung diffusionsgewichteter MRT-Bilder allerdings nur der erste Schritt. Wie in Abb. 3 angedeutet, müssen wir die Diffusionsmessung für eine angemessene Charakterisierung der weißen Hirnsubstanz richtungsabhängig beschreiben. Statt, wie in Abb. 4, mit nur einem einzigen Diffusionsgradienten nur einen einzigen (mittleren) Diffusionskoeffizienten in jedem Bildpunkt zu bestimmen, muß die Messung daher um Diffusionsgradienten in möglichst vielen Raumrichtungen erweitert werden. Die anschließende Berechnung sollte als Ergebnis mehrere Diffusionskoeffizienten in definierten Richtungen ergeben. Sind die entsprechenden Werte sehr verschieden, wie für die Nervenfaserbahnen der weißen Hirnsubstanz zu erwarten, dann ergibt sich daraus ein Index für die Anisotropie der Wasserbewegung sowie die Möglichkeit, eine Hauptdiffusionsrichtung zu berechnen. Die einzelnen Schritte von der Bestimmung der Anisotropie über die Darstellung der Hauptdiffusionsrichtung bis hin zur Verfolgung von Faserbahnen sind in den Bildern der Abb. 5 zusammengestellt.

Das einfachste Modell für die Bestimmung der lokalen Bewegungsanisotropie ist der Diffusionstensor. In vereinfachter Form repräsentiert er die tatsächliche Bewegung durch die Angabe von drei Hauptrichtungen mit den dazugehörigen Diffusionskoeffizienten. Für die zugrunde-

3 J. Frahm, A. Haase, D. Matthaei, K. D. Merboldt, W. Hänicke: *Rapid NMR imaging using stimulated echoes* (J Magn Reson. 1985; 65, 130-135).

4 S. Rieseberg, M. Küntzel, K. D. Merboldt, J. Frahm: *Diffusion tensor imaging using partial Fourier single-shot stimulated echo acquisition mode magnetic resonance imaging with projection onto convex subsets reconstruction* (Magn Reson Med. 2005; 54, 486-490.)

liegende Messung der diffusionsgewichteten MRT sind mindestens ein Bild ohne Diffusionswichtung sowie sechs diffusionsgewichtete Bilder mit verschiedenen Gradientenrichtungen notwendig – also sieben Einzelmessungen. In der Praxis ergeben sich allerdings wesentlich robustere Ergebnisse, wenn die Anzahl der Richtungen auf beispielsweise 24 erhöht wird und diese sich gleichmäßig über die Oberfläche einer Kugel verteilen (Ikosaeder-Schema). Auf diese Weise sind auch die hier verwendeten Karten der Anisotropie (Abb. 5a) und der farbkodierten Hauptdiffu-

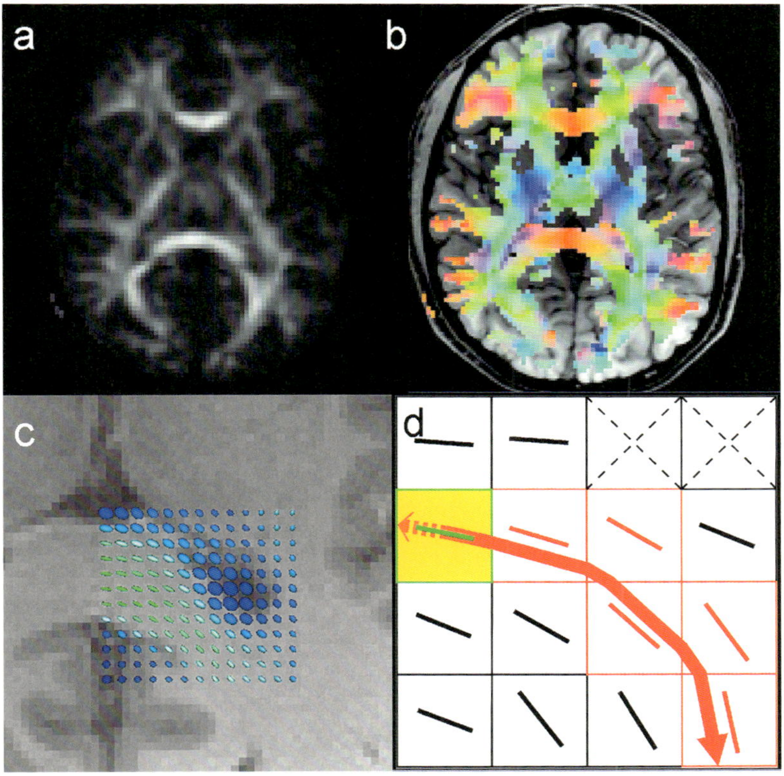

Abb. 5: Verfolgung von Nervenfaserbahnen mit der diffusionsgewichteten Magnetresonanz-Tomografie. (a) Die Karte der Anisotropie ergibt ein Bild der weißen Hirnsubstanz. (b) Ihre Farbkodierung (wie in Abb. 2) entspricht der lokalen Hauptdiffusionsrichtung und damit der Richtung der Nervenfaserbahn. (c) Darstellung der lokalen Hauptdiffusionsrichtung mit Hilfe des Diffusionsellipsoids (hinterer Bereich des weißen Balkens). (d) Vorschrift zur Identifikation fortlaufender Faserbahnen. Detaillierte Erläuterungen im Text.

sionsrichtung (Abb. 5b) aus dem menschlichen Gehirn gemessen und berechnet worden.[5] Wie erwartet, ergibt das Bild hoher Anisotropie (helle Bereiche in Abb. 5a) fast ausnahmslos eine Darstellung der weißen Hirnsubstanz aus stark gerichteten Faserbündeln. In der gewählten Bildebene in transversaler Schnittführung durch das Gehirn geben rote Farben Hauptdiffusionsvorgänge in Rechts-links-Richtung an, während grüne Farben für Vorne-hinten-Richtungen kodieren (Abb. 5b). Blaue Farben weisen auf Diffusionsrichtungen senkrecht zur Bildebene.

Die vereinfachte mathematische Form des Diffusionstensors mit drei Diffusionsrichtungen läßt sich besonders anschaulich darstellen, wenn man die drei Diffusionswerte als die drei Hauptachsen eines Ellipsoids interpretiert (Abb. 5c). Im isotropen Fall, etwa in der cerebrospinalen Flüssigkeit der Hirnkammern, sind alle drei Diffusionswerte gleich groß, so daß sich für das Diffusionsellipsoid eine Kugel ergibt (blau in Abb. 5c). Für ein stark gerichtetes Bündel aus Nervenfasern erhält man jedoch im wesentlichen nur eine Vorzugsrichtung mit einem Diffusionswert, der sehr viel höher ist als die beiden anderen. Dementsprechend verformt sich der Diffusionsellipsoid zu einer Zigarre (grün). In dem in Abb. 5c gezeigten Bildausschnitt findet man diese Formen vor allem in denjenigen Bildpunkten, die den hinteren weißen Balken mit seinen besonders ausgeprägten Nervenfaserverbindungen betreffen. Bemerkenswert ist, daß die (visuelle) Aneinanderreihung der jeweils etwas anders gerichteten Diffusionsellipsoide benachbarter Bildpunkte bereits intuitiv eine Verknüpfung zu einer kontinuierlichen Bahn nahelegt. Dieser Gedanke kann in der Tat als einfache (mathematische) Vorschrift so formuliert werden, daß ein Computer ohne manuelle Intervention entsprechende Verknüpfungen vornimmt und als dreidimensionale »Fäden« visualisiert (Abb. 5d).

Die Grundannahme der Traktografie von Nervenfaserbahnen besteht dabei in einer Gleichsetzung der Hauptbewegungsrichtung mit der zugrundeliegenden Faserbahn.[6] Ausgehend von einem beliebig wählbaren Startpunkt (gelb in Abb. 5d), wird die Hauptdiffusionsrichtung bis zum Rand des Bildpunktes fortgeschrieben, um von dort mit der Hauptdiffusionsrichtung des benachbarten Bildpunktes fortgesetzt zu werden. Der Algorithmus führt diesen Vorgang sukzessive von Bildpunkt zu Bildpunkt aus, und zwar in beiden Richtungen vom Startort. Es ist auch zu

5 M. Küntzel: Dissertation. Fakultät für Physik, Universität Göttingen (2006)

6 S. Mori, B. J. Crain, V. P. Chacko, P.C. van Zijl: *Three-dimensional tracking of axonal projections in the brain by magnetic resonance imagin.* (Ann Neurol. 1999; 45, 265-269).

beachten, daß die Faserverfolgung dreidimensional verläuft, da die Bildpunkte in Wirklichkeit keine Quadrate, sondern Würfel repräsentieren und die Hauptdiffusionsrichtungen (als Diffusionsellipsoid) ohnehin dreidimensional bestimmt werden. Die automatische Fortschreibung wird durch verschiedene Abbruchkriterien eingeschränkt, die beispielsweise eine Mindest-Anisotropie in einem Bildpunkt verlangen oder die maximale Krümmung einer Bahn zwischen zwei benachbarten Bildpunkten begrenzen.

Die Abb. 6 zeigt Nervenfaserbahnen, die als Assoziationsbahnen vornehmlich kortikale Zentren des Gehirns von vorne nach hinten (und umgekehrt) verbinden. Dabei wurden zwei unterschiedliche Farbgebungen gewählt, die einerseits wie in Abb. 2 der lokalen Hauptdiffusionsrichtung bzw. der Richtung des Faserbündels entsprechen (Abb. 6a), andererseits jedoch dazu dienen, einzelne Faserstränge voneinander zu unterscheiden. Um letzteres zu erreichen, ist es in der Regel notwendig, nicht nur ein Startgebiet für die automatische Traktografie zu definieren, sondern ein zweites (Ziel-)Gebiet, das von den gewünschten Nervenfaserbahnen aufgrund anatomischer Vorkenntnisse oder anderer Erwartungen ebenfalls erreicht oder durchquert werden sollte. Die Gesamtheit der Nervenfaser-

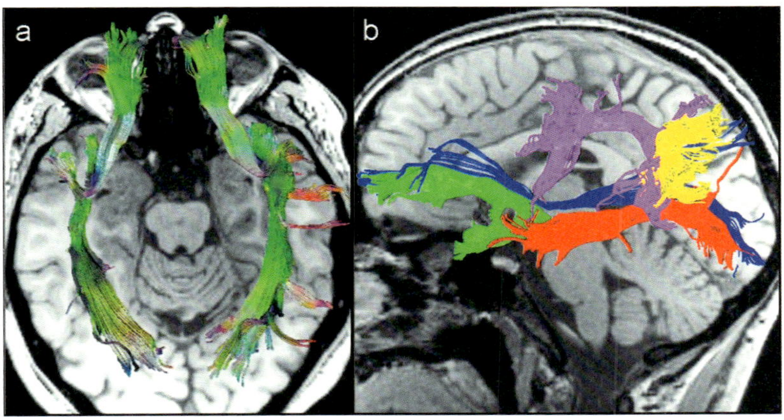

Abb. 6: Darstellung von Nervenfasern, die als Assoziationsbahnen kortikale Zentren des Gehirns in anteriorer-posteriorer Richtung verbinden. (a) Ansicht von oben mit einer Farbgebung, die (wie in Abb. 2) der lokalen Richtung der Faserbahn entspricht. (b) Seitenansicht der einzelnen, farblich getrennten Faserbündel: grün = Fasciculus uncinate, blau = F. occipitofrontalis, rot = F. longitudinalis inferior, violett = F. longitudinalis superior, gelb = F. occipitalis perpendicularis.

bahnen in Abb. 2, die den weißen Balken kreuzen, wurde durch die Definition nur eines Startgebietes erzielt, das den gesamten Balken in einer zentralen sagittalen Schnittführung wie in Abb. 1 markiert. Die differenzierten Assoziationsbahnen in Abb. 6b erforderten dagegen zur Trennung benachbarter Bahnen eine geeignete Definition von jeweils zwei eingrenzenden Gebieten.

Das Reale – Verschwiegene Probleme

Mit der Abb. 6 sind wir wieder bei den schönen Bildern angelangt. Ihr ästhetischer Eindruck und ihre suggestive Kraft vermögen oft mehr zu überzeugen, als uns alle reale Vernunft gestatten sollte. Wir müssen daher kritisch fragen, ob dieses Bild der Wirklichkeit entspricht, oder etwas bescheidener, ob es zumindest ein brauchbares Modell ist. In der Tat muß bei genauer Betrachtung der im vorigen Abschnitt vorgestellten Ansätze auf erhebliche Schwierigkeiten aufmerksam gemacht werden, wobei die Gesamtheit der Vergehen von schlecht gerechtfertigten Annahmen und groben Vereinfachungen bis zu tatsächlichen Fehlern reicht.

Ein erstes – vielleicht unerwartetes – Problem von hoher praktischer Relevanz hat nicht einmal mit der Diffusionsmessung (Abb. 4), sondern mit dem Hochgeschwindigkeits-Meßverfahren zu tun, das bisher üblicherweise für die diffusionsgewichtete MRT verwendet wird. Durch die physikalischen Eigenschaften der von dieser echo-planaren MRT-Technik genutzten Signale (Gradientenechos) führt das Verfahren unter bestimmten Voraussetzungen zu erheblichen Verzerrungen und Signalveränderungen in den gemessenen MRT-Bildern. Diese Probleme werden von unvermeidbaren Magnetfeldveränderungen im Körper verursacht, die durch die Nachbarschaft verschiedener Gewebe (Hirngewebe, Knochen, Luft) entstehen. Da die mit der diffusionsgewichteten echoplanaren MRT ermittelten Nervenfaserbahnen jedoch anatomischen MRT-Aufnahmen, die von den Verzerrungen nicht betroffen sind, zur genauen räumlichen Zuordnung überlagert werden, kann dies unter Umständen zu erheblichen Abweichungen und fehlerhaften Zuordnungen führen. Insbesondere für klinische Anwendungen ist eine unsichere räumliche Darstellung der Nervenfaserbahnen auf keinen Fall akzeptabel. Trotz dieser Bedenken wird die echo-planare MRT zur Zeit fast überall für die diffusionsgewichtete MRT eingesetzt, da sie Bilder mit einem guten Signal-zu-Rausch-Verhältnis liefert. Das Verzerrungsproblem wird dabei weitestgehend ignoriert.

Sämtliche in diesem Beitrag dargestellten Ergebnisse wurden dagegen mit einer alternativen Hochgeschwindigkeitstechnik gewonnen, die in unserem Labor entwickelt wurde. Das Verfahren verwendet andere NMR-Signale (stimulierte Echos) als die echo-planare MRT, die von den genannten Problemen grundsätzlich nicht betroffen sind, dafür aber ein etwas kleineres Signal-zu-Rausch-Verhältnis liefern. Dennoch erscheint dieser Nachteil tolerierbar, wenn sich damit anatomisch korrekte Faserbahnen errechnen lassen, die anderen (konventionellen) MRT-Aufnahmen direkt überlagert werden können. Die bisherige wissenschaftliche wie klinische Praxis zeigt jedoch, daß in diesem Fall das Bemühen um ein möglichst genaues Abbild der Wirklichkeit nicht immer im Vordergrund steht, wohl aber die oberflächliche Schönheit, die durch das Signal-zu-Rausch-Verhältnis erreicht wird. Es werden also wissentlich substantielle Ungenauigkeiten übersehen.

Ein zweites Problem ergibt sich aus dem implizit angenommenen Strukturmodell des Hirngewebes, das die komplexe Kompartimentierung des Wassers im Gewebe außer acht läßt und in gröbster Vereinfachung durch die Annahme mittlerer Eigenschaften ersetzt. Beispielsweise umfaßt der innere Aufbau der weißen Hirnsubstanz hochorganisierte intraaxonale Strukturen, die axonale Membran, die ummantelnden Myelinschichten, ihre Versorgung durch Oligodendrozyten, Astrozyten und eine große Anzahl weiterer, spezialisierter Zellen, das System intrakranieller Gefäße und schließlich die makroskopische Bündelung der Fasern. In allen Bereichen befinden sich Wassermoleküle mit unterschiedlichen Bewegungsmöglichkeiten. Dennoch geht die Traktografie davon aus, daß die groben Unterschiede zwischen grauer und weißer Hirnsubstanz als Rechtfertigung dafür dienen können, »homogene« Eigenschaften für die Messung eines jeden Bildpunktes anzusetzen.

Eine dritte, dem vorigen Problem eng verwandte Schwierigkeit betrifft das dynamische Modell der Wasserbewegung im Hirngewebe, das der diffusionsgewichteten MRT zugrunde gelegt wird. Die Beschreibung als passiver Diffusionsprozeß wird der Realität nur unvollständig gerecht. Wassermoleküle sind daran beteiligt, wenn Blut fließt, das Gewebe perfundiert und mit Nährstoffen versorgt wird, Moleküle im Inneren von Zellen aktiv transportiert oder Ionen durch Zellmembranen gepumpt werden. Physikalisch »reine« Diffusion findet nur für diejenigen Wassermoleküle statt, die sich in ihren Kompartimenten frei, das heißt ohne eine Bindung an andere (Makro-)Moleküle, in flüssiger Phase bewegen können. Die Beobachtung eines angenommenen, homogenen Mittelwertes, der als Diffusionseigenschaft quantifiziert wird, ist ein praktisches Konstrukt mangels besserer Alternativen.

Der vierte Problembereich umfaßt die mathematische Modellierung der Wasserbewegung. Mit einem einfachen Tensor (Diffusionsellipsoid) läßt sich die tatsächliche Komplexität der lokalen Wasserbeweglichkeit kaum angemessen beschreiben. Vielmehr ist von einer dreidimensionalen Verteilung richtungsabhängiger Diffusionskoeffizienten auszugehen, deren Oberfläche wohl eher einem verbeulten Fußball ähnelt. Eine besondere Konsequenz des Tensormodells besteht darin, daß es für die Traktografie nur eine Vorzugsrichtung ermitteln kann. Sollte dies nicht den gemessenen Diffusionseigenschaften entsprechen, wird das Tensormodell versuchen, einen Kompromiß zu rechnen. Mit anderen Worten, wenn in einem Bildpunkt zwei wohldefinierte Faserstränge (senkrecht) kreuzen, dann ist das Tensormodell nicht in der Lage, diesen Ort eindeutiger Anisotropie zu erfassen. Im Gegenteil, eine solche Kreuzung, die gemäß Abb. 5c eigentlich als zwei kreuzende Zigarren dargestellt werden müßte, erscheint im Tensormodell als Scheibe (Kreis mit zwei gleichen Diffusionswerten als Radius). Dies entspräche einer isotropen Diffusion in krassem Widerspruch zu den zwei tatsächlich vorliegenden, kreuzenden und hoch anisotropen Nervenfaserbahnen.

Die geschilderte Situation ist im menschlichen Gehirn leider häufig anzutreffen. Ein typisches Beispiel ist die frontale weiße Hirnsubstanz, die auch in Abb. 5a, b gut dargestellt wird. Hier kreuzen die Bahnen aus dem weißen Balken (rot: rechts-links) mit den Assoziationsbahnen (grün: vorne-hinten). In der Tat zeigt die Anisotropie-Karte (Abb. 5a) für die rechtshemisphärische frontale weiße Hirnsubstanz (linker oberer Bereich des MRT-Bildes) in der Mitte geringere (dunklere) Werte, die auf die Mittelung der anisotropen Beiträge durch das Tensormodell zurückzuführen sind. Die Traktografie kreuzender Bahnen würde daher an solchen Punkten in der Regel versagen.

In praktischer Hinsicht stellt die begrenzte räumliche Auflösung der diffusionsgewichteten MRT als das fünfte Problem eine weitere wichtige Hürde dar. Die mangelnde Trennung sich berührender oder parallel verlaufender Faserbahnen führt bei der Faserverfolgung sehr leicht zum Überspringen und damit zu einer Rekonstruktion von falsch positiven Bahnen. Ohne zusätzliche (anatomische) Annahmen und Kriterien lassen sich solche Fehler aus den Meßdaten allein nicht identifizieren. Sie stellen daher eine erhebliche Herausforderung für die wissenschaftliche und klinische Nutzung des Verfahrens dar. Außerdem soll an dieser Stelle der starke Einfluß genannt sein, der durch die Wahl der experimentellen Parameter ausgeübt wird, mit denen der Diffusionstensor bestimmt wird. Sowohl die Diffusionssequenz in Abb. 4 als auch die sich unmittelbar anschließende MRT-Sequenz verfügen über eine Vielzahl von Parametern, die durch den Nutzer variiert werden können. Insbesondere gilt dies für die Diffusionszeit, die Stärke der Diffusionsgradienten und die

Anzahl und Verteilung ihrer unterschiedlicher Richtungen, die alle maßgeblich die beobachtbare Anisotropie und die Richtungsgenauigkeit bestimmen.

Als letzter und sechster Problemkreis stellt sich der für die Traktografie eingesetzte Algorithmus dar. Es ist offenkundig, daß über das hier vorgestellte einfache Verfahren der geometrischen Fortsetzung benachbarter Hauptdiffusionsrichtungen hinaus vielfältige Erweiterungen denkbar sind. Beispielsweise läßt sich die Robustheit eines einzelnen Stranges durch die Wahl mehrerer, gegeneinander verschobener Startpunkte innerhalb eines tatsächlich gemessenen Bildpunktes ebenso verbessern wie die Kontinuität eines Stranges durch die Berücksichtigung der Information aus mehreren aufeinanderfolgenden Bildpunkten. Auch andere mathematische Ansätze befinden sich in der Erprobung. Grundsätzlich gilt jedoch, daß sich alle Veränderungen als sichtbare Maßnahme im Endergebnis manifestieren. Da aber außer einer *post mortem*-Präparation keine vergleichende Technik zur Verfügung steht, ist für den Betrachter unklar, welches der vielen möglichen Bilder der Wirklichkeit am nächsten kommt. In der Tat ist die Frage zu stellen, ob nach der Kritik dieses Abschnittes mit den schönen Bildern überhaupt ernsthaft etwas anzufangen ist und glaubwürdige Antworten auf wissenschaftliche Fragestellungen zu erwarten sind.

Das Sinnvolle – Topografie des weißen Balkens

Die Antwort auf die letzte Frage wird von den Naturwissenschaftlern täglich auf ähnliche Weise gegeben: einerseits bemüht sich die wissenschaftliche Forschung um die Beseitigung der verschiedenen kritisierten Mängel durch die Entwicklung besserer Modelle. Andererseits muß sich die Nutzung der jeweils aktuellen Möglichkeiten auf das Sinnvolle beschränken: auf diejenigen Fragestellungen, die sich mit nur wenigen Annahmen, mit weitestgehend gerechtfertigten Vereinfachungen und möglichst unter Umgehung wirklicher Fehler untersuchen lassen.

Für das hier vorgestellte Beispiel bedeutet dies, eine geometrisch korrekte MRT-Technik auszuwählen und zunächst den Blick auf die großen Faserbahnen des Gehirns mit starker Anisotropie und ausgeprägter Vorzugsrichtung zu werfen. Eine solche Wahl und Beschränkung wird kaum durch eine unzureichende räumliche Auflösung belastet und verspricht Toleranz gegenüber dem Tensormodell sowie vertretbare Annahmen über die einzuhaltenden Traktografie-Kriterien. Der Bedarf nach Aufklärung ist auch auf diesem groben Maßstab hoch, da es bisher keine einzige Methode gab, um Nervenfasern im lebenden Gehirn zu untersuchen.

Die Abb. 2 hat bereits gezeigt, daß sich die Bahnen des weißen Balkens besonders gut eignen, um die aktuellen Möglichkeiten in angemessener Form zu nutzen. Wir haben daher im Detail die topographische Zuordnung derjenigen kreuzenden Bahnen innerhalb des Balkens hinterfragt, die gleichartige kortikale Areale der linken und rechten Großhirnrinde miteinander verbinden. Dazu wurde eine vollständige Kartierung aller Bahnen des weißen Balkens mit der bereits erwähnten Methode einer Start-Ziel-Traktografie erarbeitet. Während das Startgebiet stets den gesamten Balken in einer zentralen sagittalen Schnittführung (siehe Abb. 1) umfaßte, definierte die zweite Region nacheinander alle kortikalen Areale der Großhirnrinde, die sich anatomisch eindeutig voneinander trennen lassen.

Die Abb. 7 stellt die Ergebnisse der Untersuchung des weißen Balkens an gesunden Versuchspersonen zusammen.[7] Insbesondere zeigt die Abb. 7a eine Anordnung von Nervenfaserbahnen, deren farbliche Markierung der Zuordnung zu einem bestimmten kortikalen Areal entspricht. Für drei Versuchspersonen dokumentiert die Abb. 7b mit entsprechend farblich gekennzeichneten Bereichen des weißen Balkens die interindividuelle Übereinstimmung dieser Anordnung ebenso wie kleinere individuelle Schwankungen in der Größe einzelner Bereiche. Entscheidend aber ist, daß das daraus – in Analogie zu bisherigen Ergebnissen von Witelson[8] – abgeleitete, geometrische Schema für die Einteilung des weißen Balkens erhebliche Abweichungen zum Witelson-Schema ergibt. Dies gilt in ganz besonderem Maße für eine ausgeprägte posteriore Verschiebung der primären motorischen (dunkelblau) und primären sensorischen Faserbahnen (rot). Während Witelson in morphologischen *post mortem*-Studien die Bahnen aus primären motorischen Arealen in der vorderen Hälfte des Balkens vermutete, zeigen die *in vivo*-Ergebnisse der MRT-basierenden Topografie eine eindeutige Lokalisierung in der hinteren Hälfte des Balkens bei allen Versuchspersonen. Diese Beobachtungen besitzen nicht nur Bedeutung für die Beteiligung des weißen Balkens an krankhaften Veränderungen des Gehirns, sondern sind zur Zeit Gegenstand weiterer grundsätzlicher Untersuchungen, beispielsweise im Vergleich des Menschen zu nicht-menschlichen Primaten.

7 S. Hofer, J. Frahm: *Topography of the human corpus callosum revisited – Comprehensive fiber tractography using magnetic resonance diffusion tensor imaging* (Neuroimage. 2006; 32, 989-994).

8 S. F. Witelson: *Hand and sex differences in the isthmus and genu of the human corpus callosum. A postmortem morphological study* (Brain. 1989; 112, 799-835).

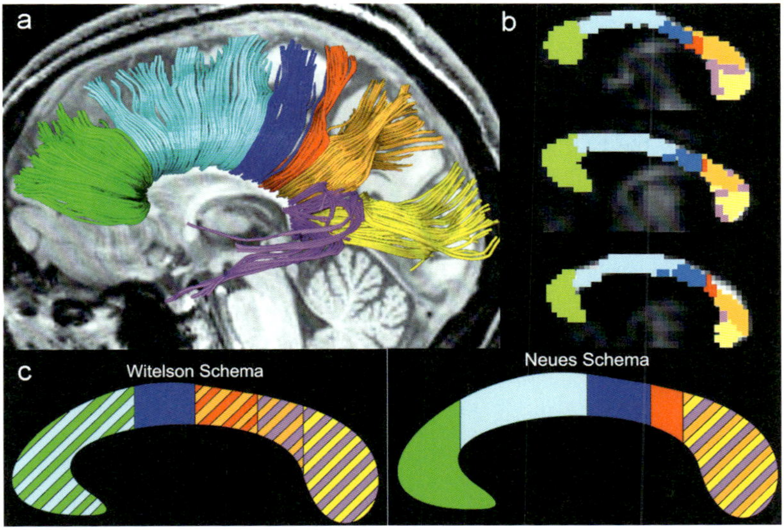

Abb. 7: Topografie der Nervenfaserbahnen des weißen Balkens. (a) Anordnung von Bahnen, die gleichartige kortikale Areale der linken und rechten Großhirnrinde miteinander verbinden: grün = frontal, hellblau = prämotorisch und supplementär-motorisch, dunkelblau = primär motorisch, rot = primär sensorisch, orange = parietal, violett = temporal, gelb = okzipital. (b) Entsprechend farblich gekennzeichnete Bereiche des weißen Balkens von drei gesunden Versuchspersonen und (c) das daraus abgeleitete geometrische Schema für die Einteilung des weißen Balkens im Vergleich zum bisherigen Schema von Witelson.

Schlußbemerkung

Damit ist der Bogen geschlossen – vom Schönen über das Reale zum Sinnvollen. Er soll einen Eindruck davon vermitteln, daß (i) die modernen Naturwissenschaften ohne Bilder nicht auskommen, (ii) die Bilder nur Modelle der Wirklichkeit sind und (iii) man daher mit den Modellbildungen so umgehen muß, daß der schöne Schein den Blick auf die Wirklichkeit nicht verstellt. Am Ende ist die Lehre so einfach und naheliegend, daß sie in ihrer Schlichtheit ebenso vertraut wie trivial klingt: heute gehört zu einer wissenschaftlichen Untersuchung der Wirklichkeit nicht nur das eigentliche Objekt der Untersuchung, die Natur selbst, sondern auch die Wirklichkeit der Untersuchungsmethode. Die genaue Kenntnis der Methode ist eine unabdingbare Voraussetzung für jede Bewertung der mit ihr erzielten Ergebnisse. Oder – in direktem Bezug zum Thema der Ringvorlesung –, es gilt für das Bild in der Wissenschaft: nur wenn wir die Bildgebung verstehen, können wir auch das Bild verstehen und das, was es uns über seinen Gegenstand zu sagen vermag.

Der Bedeutungswandel der Bilder in der Medizin. Bilder zwischen Deutung und Wissen

VON
HEINZ-OTTO PEITGEN[1]

Als Mathematiker habe ich ein besonderes Verhältnis, oder sollte ich sagen: Mißverhältnis, zu Bildern. Für jemanden wie mich, der in den 1960er Jahren als Mathematiker erzogen wurde, spielten Bilder anfangs überhaupt keine Rolle. Bilder in der Mathematik waren verpönt; sie wurden selten und bestenfalls zur Illustration verwendet. Das lag daran, daß in den 30er Jahren des 20. Jahrhunderts in Frankreich eine mathematische Erneuerungsbewegung begonnen hatte, die sich in den folgenden Jahren in der ganzen Welt verbreitete. Sie hieß nach einem Kunstnamen die Bourbaki-Bewegung. Die Bourbakisten hatten die Vorstellung, daß Bilder ungeeignet sind, Mathematik zu kommunizieren, denn Bilder sind archaisch, Bilder sind etwas Unpräzises, Bilder sind vielschichtig deutbar. Kurz: Bilder sind mit Vorsicht zu genießen, und sie zu gebrauchen deutet bestenfalls auf eine gewisse Hilflosigkeit des Wissenschaftlers hin, daß er seine Sache nicht wirklich exakt und präzise abhandeln kann. Insbesondere scheint dies gerade für medizinische Bilder zu gelten, denn sie repräsentieren – nach Meinung der Bourbakisten – so etwas wie eine archaische Wissenschaft. Doch diese Einschätzung hat sich grundlegend geändert.

Röntgenstrahlen: Der Blick ins Körperinnere

Zunächst einmal: Zumindest die medizinischen Bilder, von denen im folgenden die Rede sein wird, sind tatsächlich noch gar nicht so alt, um wirklich archaisch genannt zu werden. Denn es gibt sie erst seit gut 110 Jahren. Am Anfang steht ein Ereignis, das die Medizin verändert hat wie kaum etwas, nämlich die Entdeckung der später nach ihm benannten Strahlen durch Wilhelm Conrad Röntgen im November 1895, deren medizinische Anwendbarkeit er sofort erkannte. Daß man nun Bilder vom Körperinneren eines lebenden Menschen erhalten konnte (Abb. 1),

1 Ich danke Herrn Dipl.-Inf. Lars Bornemann, MeVis Research, für die sorgfältige und mühevolle Überarbeitung des Transkripts meines Vortrags. Ziel der Überarbeitung war es, den Stil des frei gehaltenen Vortrags weitgehend zu erhalten.

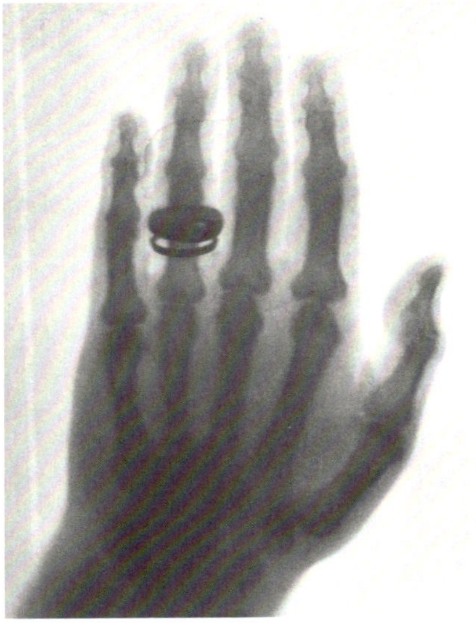

Abb. 1: Albert von Koellikers Hand, aufgenommen von Wilhelm Conrad Röntgen am 23. Januar 1896.

war seinerzeit eine Sensation, und zu Recht erhielt Röntgen 1901 den ersten Nobelpreis für Physik.

Die mit den von Röntgen entdeckten Strahlen gewonnenen radiologischen Bilder, welche die Medizin verändert haben, waren über gut 100 Jahre an ein Medium gebunden, nämlich den Film. Dabei handelte es sich um transparente Filme, die erst im Lichtkasten betrachtet werden konnten. Bald entwickelte sich der Berufsstand des Radiologen, und dessen Techniken verfeinerten sich immer mehr. Die Radiologie wurde eine fundamental neue medizinische Deutungswissenschaft pathologischer Krankheitsphänomene auf der Grundlage von Bildern – etwas, was vor Röntgen nicht denkbar gewesen war. Diese Entwicklung der Medizin ist heute in einem rasanten Umbruch, dem Umbruch von der bloßen »Deutung« von Bildern zum gesicherten »Wissen«, das aus Bildern gezogen werden kann. Um es noch einmal klarzustellen: Deutung ist an eine Persönlichkeit gebunden, sie ist individuell und nicht sicher, auch kann sie kaum, oder doch nur schwer, kommuniziert werden. Wissen, jedenfalls in dem Gebrauch an dieser Stelle, hat eine gewisse Festigkeit, ist kommunizierbar und vermittelbar, überprüfbar und wiederholbar. Dies soll in den folgenden Abschnitten veranschaulicht werden anhand einiger ausgesuchter Beispiele aus dem Forschungszentrum MeVis Research an der Universität Bremen, das sich als gemeinnützige GmbH mit etwa 50 multidisziplinären Wissenschaftlern in dieser Umbruchsituation bewegt. Mit mathematisch-naturwissenschaftlichen Methoden sucht man den Bildern der Medizin im Hinblick auf Fragen der Diagnostik, der Therapie und insbesondere der Chirurgie zu Leibe zu rücken. Allein die Tatsache, daß solche Institute heutzutage existieren, deutet an, daß sich etwas mit den medizinischen Bildern grundlegend geändert hat, etwas, das vor 20 Jahren nicht vorstellbar war, weil in jener Zeit die Bilder noch filmbasiert und an die menschliche Deutung gebunden und einer mathematisch-naturwissenschaftlichen Methodik wenig zugänglich waren.

Was heißt nun aber mathematisch-naturwissenschaftliche Methodik? In erster Linie bedeutet es messen und nicht sehen. Auf der Grundlage der Messung gibt es vorsichtige Versuche, Theorien zu entwerfen, und auf dieser Vorlage gibt es wiederum Modelle, die sich hoffentlich der Wirklichkeit so gut annähern, daß sie bei der Interpretation von schwierigen Fragen helfen. Daß dies jetzt möglich und notwendig ist, zeigen die Hauptaktivitäten des Forschungszentrums MeVis Research, welche vornehmlich auf die Verbesserung der Diagnose von tumorösen Erkrankungen und ihrer Therapie mit Einschluß der Chirurgie hin ausgerichtet sind. Zwar wird in der Bevölkerung große Hoffnung auf neue chemotherapeutische Methoden in der Tumorbekämpfung gesetzt, jedoch muß man dabei wissen, daß für die Patienten, die nach einem tumorösen Geschehen geheilt worden sind, ganz überwiegend die Chirurgie, gefolgt von der Radiotherapie, die heilbringende Methode war. Es wird oft vergessen, daß nur wenige Patienten der Chemotherapie allein die Heilung verdanken. So ist die Chirurgie immer noch die beste Möglichkeit, ein tumoröses Geschehen zu bekämpfen oder sogar zu heilen. Dies ist statistisch gesichert, und im Hinblick darauf wird jede Verbesserung der chirurgischen Maßnahmen besondere Effekte haben. Das ist einer der Gründe, warum es erfolgversprechend ist, sich in der Analyse medizinischer Bilder mit chirurgischen Fragen zu beschäftigen. Zwei dieser chirurgischen Fragen sollen im folgenden näher betrachtet werden. Nach einem kleinen Präludium über neue Bildansichten in der Medizin folgen je ein kurzer Absatz zur Modellierung und einer zur Simulation. Der anschließende Hauptteil widmet sich dann der bildgestützten Chirurgie.

Noch einmal zurück zu Wilhelm Konrad Röntgen, dem 1895 die bahnbrechende Entdeckung der später nach ihm benannten Strahlen – er selbst hatte sie X-Strahlen genannt – gelang. Schon eines der ersten Röntgenbilder (Abb. 1) deutet das große Potential der neuen Disziplin Radiologie an. Man sieht hier etwas, das in der damaligen Medizin bisher nur durch die Möglichkeit der Anatomie, also des Sezierens, offengelegt werden konnte. Nun aber konnte man in das Innere des Körpers sehen, ohne diesen aufschneiden zu müssen. Das muß seinerzeit eine Wirkung gehabt haben, die man sich heute kaum mehr vorstellen kann. Dies auch deshalb nicht, weil die Überflutung mit Bildern, wie wir sie in den letzten beiden Jahrzehnten erleben, natürlich um die Wende vom 19. zum 20. Jahrhundert nicht vorhanden war. Man darf annehmen, daß in jener Zeit die meisten Bilder in der Kunst erzeugt wurden. Zwar gab es bereits die Photographie, aber gewiß nicht eine Kamera in jedermanns Hand.

Es entwickelte sich bald die medizintechnische Industrie. Große Namen, die, wie beispielsweise Siemens, bis heute führend sind, traten auf die Bildfläche. Man machte Fortschritte, die zuvor kaum vorstellbar waren: in der Diagnose, in der Beschreibung von Krankheiten und auch in den Möglichkeiten, sie sicherer einer Therapie zuzuführen.

Die ersten Röntgenapparate waren noch sehr gefährlich. Die Strahlenquellen waren nicht abgeschirmt und ungeheuer stark – um das 50- oder 100-fache intensiver als das, was heute eingesetzt wird. Man schützte sich damals nicht. Der radiologische Arzt saß am Durchleuchtungskasten und war jedesmal, tagtäglich, jahraus, jahrein, fast derselben Strahlung ausgesetzt wie jeder der einzelnen Patienten. Im Laufe seines Berufslebens kam auf diese Weise eine ungeheure Strahlenbelastung zusammen. Radiologische Ärzte und Röntgenschwestern haben in der Anfangszeit große Opfer gebracht, und viele sind an den Folgen der Strahlung gestorben. Dieser Aspekt wird oft vergessen, aber auch er gehört zur Geschichte dieser bildgebenden Technik. Die ersten Menschen, die diese Technik entwickelt und benutzt haben, waren im besten Sinne Heroen – sie haben sich für ihre Kranken und den medizinischen Fortschritt geopfert. Doch bereits in den 20er Jahren hat man gelernt, daß die Röntgenstrahlung nicht nur heilbringend, sondern auch äußerst gefährlich ist. Trotzdem hat man, auch nachdem die Technik als gefährlich bekannt war, weitergemacht, weil der diagnostische Nutzen so unverzichtbar groß erschien. Die Älteren von uns werden sich noch an die Reihenuntersuchungen mittels des »Durchleuchtens« in den Röntgenbussen erinnern, die in den 1950er Jahren von Schule zu Schule fuhren. All dies ist heute Geschichte: die Strahlendosis bei Röntgenaufnahmen ist um vieles geringer als früher, und das Personal ist nicht mehr der Strahlung ausgesetzt.

Bilderfluten: Computer- und Kernspintomographie

Aber nicht genug damit. Im letzten Viertel des 20. Jahrhunderts begann mit der sogenannten Computertomographie (CT) eine Entwicklung, die noch einmal, wie die Entdeckung Röntgens, etwas bis dahin Unvorstellbares erlaubt. Im Gegensatz zur klassischen Röntgenaufnahme, die ja eine Projektionsaufnahme ist, bei der alle Strukturen in einem Bild »zusammengebacken« werden, liefert die Computertomographie sogenannte Schnitt- oder Schichtbilder. Für das Folgende ist es nicht wichtig, im Detail zu verstehen, wie dies genau funktioniert, es genügt, sich einen Röntgenstrahl vorzustellen, der den zu untersuchenden Patienten umkreist. Genau gegenüber von diesem Strahl ist ein Detektor, der mißt, wieviel von der Strahlung durch den Körper geht. Es ist nun so, daß Knochen, die im Weg des Strahls liegen, diesen blockieren und absorbieren, Weichteile dagegen den Strahl nur wenig abschwächen. Aus diesen Messungen für den umkreisenden Röntgenstrahl kann man mit raffinierten mathematischen Methoden Schnittbilder berechnen. Die Methode heißt deswegen Computertomographie, weil die Berechnungen so umfangreich sind, daß ein Computer unerläßlich ist. Die Mathematik der Computertomographie basiert auf einem Verfahren, das 1917 von dem österreichischen Mathematiker Johann Radon entwickelt wurde. Damals ein rein mathematischer Erkenntnisgewinn fern jeglicher Aussicht auf Anwendung, ermöglicht die Radontransformation heute die zerstörungsfreie räumliche Aufnahme eines Objektes mit seinen gesamten Innenstrukturen. Nach Vorarbeiten des Physikers Allan M. Cormack in den 1960er Jahren realisierte der Elektrotechniker Godfrey Hounsfield mehrere Prototypen. Die erste CT-Aufnahme wurde 1971 an einem Menschen vorgenommen. Beide, Cormack und Hounsfield, erhielten für ihre Arbeiten 1979 gemeinsam den Nobelpreis für Medizin.

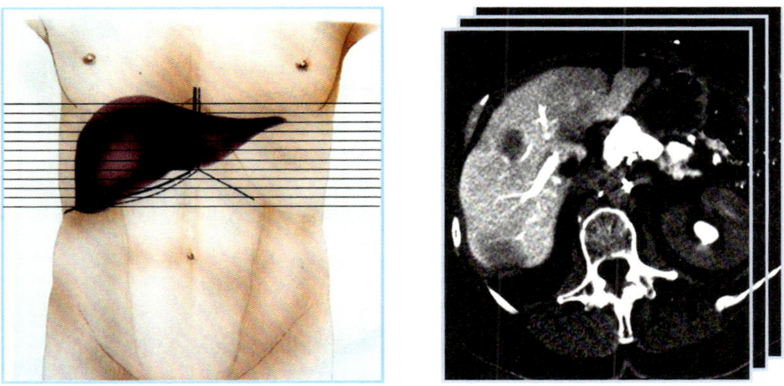

Abb. 2: Links: Prinzipskizze für Schichtbilder. Rechts: Drei von etwa 60 computertomographischen Schichtbildern einer Leber. Die dunkleren Flecken in der Leber sind Metastasen. Die weißlichen Strukturen, die erst durch ein sorgfältig verabreichtes Kontrastmittel sichtbar werden, bilden die Pfortader ab.

In Abb. 2 ist eine von vielleicht 40 oder 60 Schichten der menschlichen Leber zu sehen, auf denen man schwach einige gefäßähnliche Strukturen erkennen kann. Diese sind übrigens nur deswegen sichtbar, weil der Radiologe ein Kontrastmittel in das Organ eingebracht hat, das röntgendicht ist und sich somit wie ein Knochen verhält. Ohne dieses Kontrastmittel könnte man die Gefäße überhaupt nicht sehen, denn im Hinblick auf die Röntgenstrahlen bestehen die Gefäße aus derselben Substanz wie die Leberzellen. Die beiden Schatten sind Metastasen, die wiederum nur deshalb sichtbar werden, weil das Kontrastmittel zum Zeitpunkt der Aufnahme in den Metastasen noch nicht absobiert wurde. Warum das so ist, ist eine spannende medizinische Geschichte, auf die an dieser Stelle aber nicht näher eingegangen werden kann. Der neuen Technik der Computertomographie folgt in den 80er Jahren die Magnet-Resonanz-Tomographie (MRT), die im Grunde genommen ähnliche Schichtbilder liefert, freilich mit einem anderen und weitaus komplizierteren physikalischen Prinzip, das im Beitrag von Jens Frahm (S. 191-208) näher erläutert wird.

Damit kamen nun am Ende des 20. Jahrhunderts große Mengen von Bildern auf das radiologische Auge zu, und man brauchte neue mechanische Geräte, um diese Bilderflut überhaupt ansehen zu können. Es wurden die sogenannten Alternatoren entwickelt, in denen die Filme – jeder Film enthält viele Einzelaufnahmen aus der Computertomographie oder der Magnet-Resonanz-Tomographie – aufgehängt sind und per Knopfdruck wie bei einem Fließband bewegt werden konnten. Es war dies anfangs – und ist es vielerorts noch heute – der einzige Weg, dieser ungeheuren Mengen von Bildern Herr zu werden. Der Radiologe sitzt vor dem Alternator, sieht sich diese Bilder an und spricht seine Kommentare in ein Diktaphon (Abb. 3). Es ist eine bewundernswerte kognitive Leistung, ja wahrhaft eine unglaubliche Kunst, aus diesen Schnittbildern den menschlichen Körper dreidimensional zusammenzusetzen und aus den Veränderungen, die dem Radiologen in den vielen Schnittbildern vorgelegt werden, eine Pathologie, eine Krankheit zu erkennen. Das Ganze, wenn man einmal zugesehen hat, erscheint für den Laien unfaßbar.

Aber die Methode der Bildauswertung am Alternator stieß an Grenzen, je mehr Bilder zu betrachten waren. So kam schließlich der Wunsch auf, sie als Volumendaten, das heißt als räumliche Darstellungen in Rechnern zusammenzustellen. Hierzu mußten mathematische Verfahren zur kompakteren Darstellung entwickelt werden, und sie waren der eigentliche Anstoß, diese Bildwelten von Filmen in den Computer zu bringen. Hierzu ist es gewinnbringend, das betreffende Organ, beispielsweise ein Gehirn, eine Leber oder eine Brust, in drei verschiedenen Ebe-

Abb. 3: Die Arbeit eines Radiologen am Alternator: Befundung von radiologischen Bildern.

nen darzustellen, also im transversalen, coronalen und im sagittalen Schnitt. Mit diesen drei Schichten kann man ein Volumen gut »durchscannen«, wie der Radiologe sagt. Bemerkenswert ist, daß diese Idee, ein Volumen durch drei Ebenen sicher zu erfassen und darzustellen, schon lange vorher existierte, wie ein schönes Bild von Albrecht Dürer zeigt (Abb. 4), der aus ganz anderen Gründen – wie man vermuten kann – diese Idee der sagittalen, coronalen und transversalen Beschreibungen eines Volumens, hier eines Kopfes, erfunden hat.

Das Problem der Bilddeutung

Im folgenden Abschnitt soll nun aufgezeigt werden, warum das radiologische Arbeiten eine so raffinierte Kunst ist, und in diesem Zusammenhang noch einmal vergegenwärtigt werden, daß der Radiologe in diesen Bildern, die ja immer nur Grauwerte sind, im Grunde genommen nur zwei Parameter zur Verfügung hat, mit denen er eine pathologische Veränderung erkennen kann. Der eine Parameter ist die Änderung der Form gegenüber dem Normalzustand. Was heißt aber Normalzustand? Jeder Mensch, und das gilt für alle seine Organe, ist ja ein eigenständiges Indi-

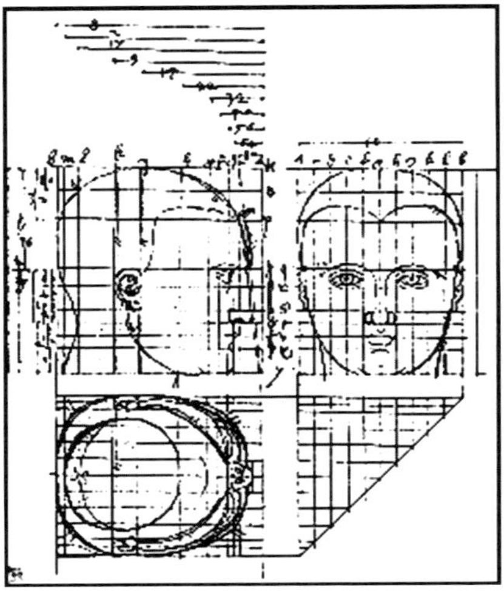

Abb. 4: Eine Skizze von Albrecht Dürer, die seine Vorstellung von der besten Darstellung eines Kopfes in verschiedenen Ansichten zeigt.

viduum. In der Masse ist durchaus eine starke Ähnlichkeit zu verzeichnen, aber im Detail stellt man eine beträchtliche Individualität fest. Inwiefern eine Form also vom Normalzustand abweicht, ist sehr schwierig festzustellen, und diese Änderung ist in Worten auch kaum zu beschreiben. Es erfordert eine ungeheure Arbeitsintensität im Lernen durch Erfahrung. Man muß ganz viele Fälle gesehen haben, um pathologisch eine Idee zu entwickeln und um zu bewerten, was nicht normal ist. Die Erfassung einer Formänderung gegenüber dem nicht sicher zu bestimmenden Normalzustand ist also das eine, was der Radiologe immer sucht.

Der andere Parameter, der dem Radiologen zur Verfügung steht, ist die Änderung der Schwärzung, und hier tun sich weitere Schwierigkeiten auf. Die Änderung der Schwärzung des Films bedeutet ja eine Änderung der Dichte des Mediums, das durchstrahlt wurde. Wenn etwas im Vergleich zur Nachbarschaft dichter wird oder weniger dicht bleibt, dann bedeutet dies möglicherweise eine pathologische Veränderung gegenüber dem Normalzustand, wobei hier wieder das erste Problem zu Tage tritt. Aber das ist nicht alles, denn bekanntlich kann unser Wahrnehmungsapparat Grauwerte nicht »objektiv« erkennen. Wir bewerten sie in Abhängigkeit von ihrer Umgebung. Abb. 5 veranschaulicht dies in beeindruckender Weise. Die Quadrate weisen in beiden Teilabbildungen dieselben Grauwerte auf, und in der linken Hälfte des Bildes, vor weißem Hintergrund (vor schwarzem wäre es nicht anders), empfinden wir dies auch so. Stellt man nun aber die Quadrate vor einen von Hell nach Dunkel verlaufenden Hintergrund, so ändert sich unsere Wahrnehmung dramatisch. Vor hellem Hintergrund erscheinen uns die grauen Quadrate dunkler, vor dunklem heller. Was ist das, was hier das Auge, die Wahrnehmung so stark manipuliert? Neuronale Mechanismen in unserer Retina bzw. im Gehirn, die Sinnesphysiologen sprechen von lateraler Inhibition, ermöglichen uns diese Kontrastverschärfung. Im Alltagsleben ist dies durchaus eine sinnvolle Sache, können wir doch auf diese Weise Konturen besser erkennen. Die Wahrnehmung ist also immer eine Mischung aus dem, was wir im fokalen scharfen Gesichtsfeld in der Fovea und dem peripheren Gesichtsfeld in der Parafovea sehen, und diese Bildmischung führt hier zu einer dramatischen Veränderung in unserer Wahrnehmung.

Wie gesagt, normalerweise ist dies von Nutzen. Bei der Betrachtung radiologischer Bilder und ihrer Bewertung ist dies aber ein Problem, denn im Einzelfalle könnte einer jener gefürchteten »Schatten« vorschnell als pathologisch gedeutet werden. Es muß noch einmal betont werden: Die erstaunlichen Ergebnisse solch wahrnehmungspsychologischer Experimente bedeuten etwas ganz Wesentliches für das Bildsehen der Radiologen. Manchem von ihnen wird gar nicht bewußt sein, daß die zweifelsfreie Wertung einer Grauwertveränderung von der Peripherie abhängig ist, wobei dies in einer sehr subtilen Weise der Fall sein kann.

Das macht deutlich, daß die Wahrnehmung von Schärfe, Kontrast und Helligkeit von dem Parafovea-Sehen, also dem Sehen in der Peripherie abhängig ist. Man kann sich im fokalen Gesichtsfeld konzentrieren, so sehr man mag, und wird doch fehlgeleitet. Dies ist zu berücksichtigen, wenn man, die eher archaische Kunst der Radiologen betrachtet. Es ist eine große Herausforderung, auf solchen Bildern Veränderungen in Form und Grauwert zu sehen. Natürlich können die Radiologen das

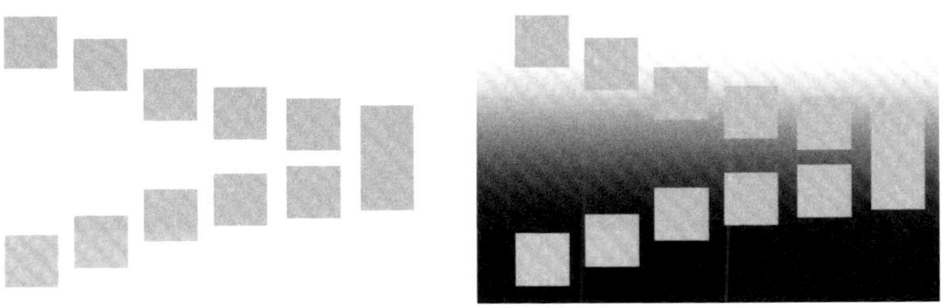

Abb. 5: Links: Eine Ansammlung gleichgrauer Quadrate auf weißem Hintergrund. Rechts: Die gleichen Quadrate wie rechts, aber auf einem Hintergrund mit Verlauf von Hell nach Dunkel. Jetzt erscheinen die Quadrate nicht mehr gleich grau.

nicht immer gleich gut, und daher gibt es eine große Streuung. Außerdem fällt es ihnen schwer, zu vermitteln, wie ihre Wahrnehmung zu einer Diagnose führt. Das liegt natürlich nicht daran, daß sie bei ihren hohen Fähigkeiten, Bilder zu deuten, dies prinzipiell nicht vermitteln könnten. Das Problem ist, daß die klassische Radiologie eine archaische, weitgehend an das Individuum und seine Erfahrung gebundene Wissenschaft ist. Sie besitzt nur rudimentär jene Objektivierbarkeit, die erst durch Messungen, Theorien und Modellierungen entsteht.

Computergestützte Bildauswertung

Seit einigen Jahren werden nun aber die Bilder der Radiologie digital aufgenommen, liegen als Dateien im Rechner und sind damit den mathematisch-naturwissenschaftlichen Methoden, die mit Daten, insbesondere mit Bildern, operieren können, zugänglich. Damit ist es möglich, die erstaunlichen Fähigkeiten von Radiologen ein bißchen algorithmisch nachzubilden und auf diese Weise verständlich zu machen, was im Diagnoseprozeß passiert. Dafür waren mehrere Schritte notwendig. Der erste und einfachste Schritt führte zu dem, was die Radiologen den »Cineview« nennen – damit meinen sie nichts anderes, als die vielen transversalen Schichten eines CT oder MRT nacheinander wie einen Film abzuspielen. Das ist etwas ganz Raffiniertes, denn es ist zum einen ökonomisch, weil man die vielen Schichten, die sonst vor der Leuchtscheibe des Alternators hängen, jetzt hintereinander sieht. Zum anderen, und das ist besonders bedeutsam, bekommt man nun plötzlich den Eindruck von Dreidimensionalität, was die Veränderung eines Organs im Raum erkennen läßt. Heute ist das eine der ganz gebräuchlichen Formen des Betrachtens dieser Bilderfluten, welche die Radiologie produziert. Aber auch das ist noch nicht das Ende der Entwicklung.

Eine ganz neue Möglichkeit des Betrachtens dieser Unmengen an Bildern ist der sogenannte »Peeling-View«, der im Forschungszentrum MeVis Research entwickelt wurde. Es ist eine im Grunde ganz einfache, aber sehr wirkungsvolle Idee der Bildinterpretation. Angenommen, man hat ein Organ, beispielsweise einen Zylinder, und in diesem sind Strukturen, die man sehen möchte. Der klassische Weg, wie er eben beschrieben wurde, wären schichtenweise Aufnahmen von oben nach unten, um dann auf die Daten und Strukturen zu schauen. Warum kann man aber nicht ähnlich wie bei einer Zwiebel von außen die Schalen abtragen und sich so nach innen vorarbeiten? Das geht natürlich nur, wenn man das Organ mathematisch deskriptiv im Rechner in der Hand hat und dann über Distanztransformationen ein solches Peeling des Organs berechnen kann. In Abb. 6 sieht man beispielsweise eine Lungenaufnahme, und im Peeling-View auf der rechten Seite erkennt man weiße Flecken, für jeden einfach erkennbare Läsionen. In diesem Fall handelt es sich, um genauer zu sein, um Tumoren. Die einfache Erkennbarkeit ist darin begründet,

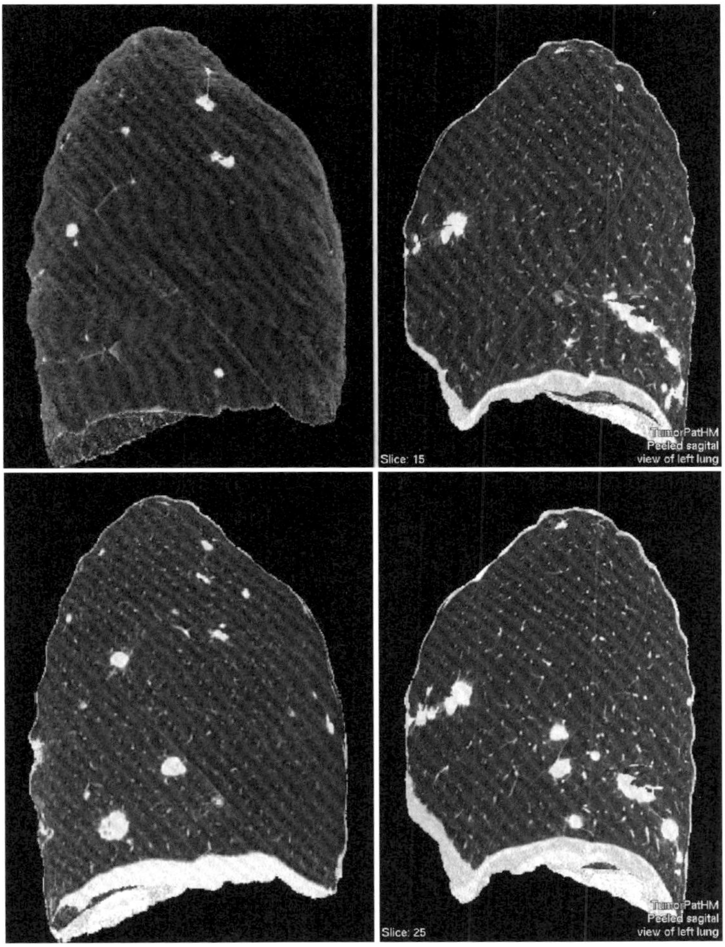

Abb. 6: Ansicht einer computertomographischen Aufnahme einer Lunge in einer neuartigen, mathematisch errechneten Darstellung. Im Gegensatz zu der üblichen schichtweisen Darstellung wird die Lunge hier in einer Art Abschälung von außen nach innen dargestellt. So werden Veränderungen – hier die weißlichen Flecken, die Tumoren sind – leichter und sicherer erkennbar.

daß der Peeling-View in der Lunge Strukturen gleicher Skalen sichtbar macht. Die Blutgefäße der Lunge und die Bronchien sind zentral groß und werden peripher immer kleiner. In dem Peeling-View sieht man zunächst die kleinen Strukturen, und die im Verhältnis dazu größeren Tumoren treten sichtbar hervor. Das ist ein Beispiel einer einfachen, jedoch nur mit dem Computer realisierbaren Idee, neue Ansichten zu schaffen, und davon gibt es viele.

Modellierung

Wirft man einen Blick auf die Gefäßsysteme der Leber – Abb. 7 zeigt ein Ausgußpräparat einer menschlichen Leber –, so erkennt man ein Problem, vor dem die Chirurgie schon immer gestanden hat. Wie kann man dieses Wirrwarrs der Gefäßsysteme in einem Organ Herr werden? In der Abbildung sind zwei der vier Gefäßsysteme zu sehen. In Gelb sehen wir die Pfortader, die das Blut in die Leber bringt, und die Lebervene in Grau, die das Blut wieder abführt. Dann gibt es noch die Arterie und das Gallengangsystem, beide sind hier nicht dargestellt. Insgesamt muß man sich die Leber als Chemiefabrik vorstellen, und durch die Gefäßsysteme muß die Chemie zu jeder einzelnen Leberzelle hin- und dann wieder

Abb. 7: Ausgußpräparat von Gefäßen einer menschlichen Leber. Die Pfortader ist gelb und die Lebervene ist grau gefärbt. Das Präparat wurde von Professor J. Fasel, Genf, angefertigt.

abtransportiert werden. Diese Chemiefabrik zu operieren bedeutet natürlich, in die Gefäßsysteme zerstörend hineinzugehen, und dafür muß ein Chirurg ihre Struktur verstehen. Darum ist die Medizin bemüht, seit es die Leberchirurgie gibt. Wie kann man eine Ordnung in diese hohe Individualität – von Mensch zu Mensch sieht man immer wieder andere Strukturen – bringen? Kann man solche Gefäße als Struktur modellieren? Gibt es vielleicht irgendwelche Prinzipien, nach denen sich Gefäße bilden? Eine mögliche Modellierung, die nach dem Prinzip der Selbstorganisation funktioniert, soll nun im Folgenden beschrieben werden, ohne dabei auf die Einzelheiten der mathematisch-physikalischen Grundlagen einzugehen. Worum es hier geht, ist, ein Prinzip zu suchen, nach dem sich die Lebergefäße organisieren. Dies würde dem Chirurgen einen Anhalt dafür geben, möglichst gefäßschonend zu operieren.

Die Annahme, die der Modellierung zu Grunde liegt, ist die Vorstellung, daß ein Gefäßsystem, wie auch immer es individuell ausgeprägt ist, dann besonders effizient ist, wenn es die physikalische Arbeit für die Bewegung des Blutes, für das Pumpen der Flüssigkeiten in den Gefäßsystemen, minimiert. Was man erreichen kann, wenn man diese Idee in ein präzises Modell überträgt und einen Algorithmus entwickelt, der eine Selbstorganisation über die Zeit berechnet, soll im folgenden Beispiel illustriert werden.

In Abb. 8 a sieht man am Rand die Hülle einer menschlichen Leber und im unteren Bereich den sogenannten Hilus, den Gefäßeingang der Pfortader. Solche Gefäßeingänge hat man in der Lunge, in der Leber, überall, und deshalb sind die folgenden Modellierungen auch für andere Organe von Bedeutung. Als Anfangszustand für die Simulation des Selbstorganisationsprozesses wählen wir strahlenförmige Gefäßverbindungen vom Hilus zu den Leberzellen. Das ist im Hinblick auf die zu leistende Arbeit eine besonders ungünstige Wahl, die nun Schritt für Schritt verbessert wird. Dazu werden nach dem Zufallsprinzip in jedem Schritt zunächst Gefäßverzweigungen eingebaut, und danach werden die Verzweigungen so gewählt, daß die Arbeit minimal wird. Dann werden wieder neue Verzweigungen hinzugefügt, deren Lage wiederum optimiert wird, und so läuft der Selbstorganisationsalgorithmus weiter und weiter (Abb. 8 b-f). Neue Verzweigungen dienen dazu, die Arbeit schrittweise immer geringer zu gestalten. Am Ende formt sich in selbstorganisierter Weise ein Gefäßbaum aus diesem zunächst völlig unnatürlichen Ansatz, vom Hilus zu jeder Zelle ein eigenes Gefäß zu legen. Übrigens sind die Rechenzeiten, die hinter einem Simulationslauf stehen, so gewaltig, daß auch ein schneller Computer durchaus einige Stunden rechnen muß. Wiederholt man das Experiment, kommt wegen der zufälligen

Abb. 8 a-f: Ergebnis einer mathematischen Modellrechnung der anatomischen Entwicklung einer Pfortader in einer vorgegebenen Leberhülle. Ausgehend von einer irrealen Gefäßversorgung, in der jede Leberzelle ihr eigenes Gefäß besitzt, wird Schritt für Schritt die Versorgung der Leberzellen vom Standpunkt der Minimierung der physikalischen Arbeit, die beim Bluttransport in den Gefäßen verrichtet wird, mathematisch modifiziert. Dazu werden in jedem Schritt zunächst per zufälliger Wahl neue Verzweigungen eingebaut und danach so lange variiert, bis die Arbeit in dieser Konstellation minimal ist. Am Ende sieht man die Struktur eines Gefäßsystems, das einer Pfortader täuschend ähnlich sieht.

Wahl der Verzweigungspunkte und der Wahl, welche Gefäße sich verzweigen, nicht das gleiche Endergebnis heraus. Die mathematische Ausformung des Modells und seine effiziente Programmierung ist also keine Sache von kurzer Zeit. Als Mathematiker kann man durchaus ein paar Monate oder auch Jahre hineinstecken, um eine Modellbildung so weit zu bringen, daß sie brauchbar und rechenbar wird.

Nun muß man freilich aufpassen: Es ist ja nicht erstrebenswert, daß genau das Gefäß entsteht, das man beispielsweise in dem in Abb. 7 gezeigten Ausgußpräparat sieht. Das wäre sinnlos, da man dann die Individualität einer Leber überhaupt nicht erfaßt hätte. Vielmehr soll ein Gefäßbaum entstehen, der so aussieht wie der eines anatomisch korrekten Lebergefäßes. Erstaunlicherweise gibt es bis heute keine brauchbare mathematische Theorie für baumartige Verzweigungen und ihre Eigenschaften, die geeignet wäre, die Komplexität eines vollständigen Lebergefäßes zu erfassen und seine anatomische Korrektheit mathematisch festzulegen. Deswegen ist der geeignete Weg im Augenblick, Modelle im Hinblick auf ihre Brauchbarkeit für die wirkliche Natur zu entwerfen und das entstehende Bild zu beurteilen. Diese Bilder sollten letztendlich natürlich nicht von einem Mathematiker auf ihre Gültigkeit überprüft werden, sondern von einem Anatomen. Ein Anatom, der auf seine Weise die Gültigkeit, die Stimmigkeit eines solchen Gefäßbaumes sehen kann, ohne daß er – in einem naturwissenschaftlich scharfen Sinne – sagen kann, warum das richtig oder falsch ist. Ein wunderschöner Test ist natürlich, Radiologen und Anatomen solche modellierten Strukturen zu zeigen, und parallel dazu Strukturen aus realen klinischen Daten, und diese Kollegen dann beurteilen zu lassen, welche Strukturen echten Lebern entsprechen und welche dem mathematischen Modell. Wenn dann herauskommt, daß ein guter Anatom und ein guter Radiologe nicht mehr sicher zwischen Original und Modell unterscheiden können, dann hat man in erster Annäherung ein gutes Modell gemacht, auch wenn man es mathematisch noch nicht besser fassen kann.

Simulation

Zu dem Begriff der Simulation betrachten wir ein Beispiel aus dem Bereich der menschlichen Atmung. Es gibt wohl kaum etwas Wichtigeres als Herzschlag und Atmung, und es ist klar, daß die menschliche Atmung etwas ganz Essentielles für viele Krankheitsbilder ist: Asthma, chronisch-obstruktive Lungenerkrankungen, Emphyseme und vieles andere mehr – alles Erkrankungen, bei denen die Atmung durch Veränderung der Bronchien behindert ist. Was dabei erstaunlich ist – wir können auf den

Mond fliegen, wir können nanogroße Löcher bohren, aber wir, damit meine ich die »scientific community«, verstehen nicht den Gastransport während der Atmung in einem wirklich naturwissenschaftlichen Sinn. Wir beschreiben ihn in den medizinischen Lehrbüchern, wir beschreiben auch die Erkrankungen, die damit verbunden sind, aber in einem wirklich naturwissenschaftlichen Sinn verstehen wir die Erkrankungen der Atemwege in Hinblick auf den Stofftransport nur rudimentär. Der Grund dafür ist, daß die strömungsmechanischen Verhältnisse in einer Lunge alles übersteigen, was man heute wirklich mathematisch und physikalisch beurteilen kann. Deswegen lohnt es, sich an die Arbeit zu machen und Computermodellierungen für die Ein- und Ausatmung zu entwickeln.

In Abb. 9 a-d sieht man Ergebnisse von Modellen, die im Forschungszentrum MeVis Research in Zusammenarbeit mit der Universität Gießen entstanden sind. Dabei wurde Blau für die Phase vor dem Atemeinzug und Rot für die Phase nach dem Atemeinzug eingesetzt. Dabei kann man sich Rot als ein Gas vorstellen. Atmet man dieses nun ein, ist die

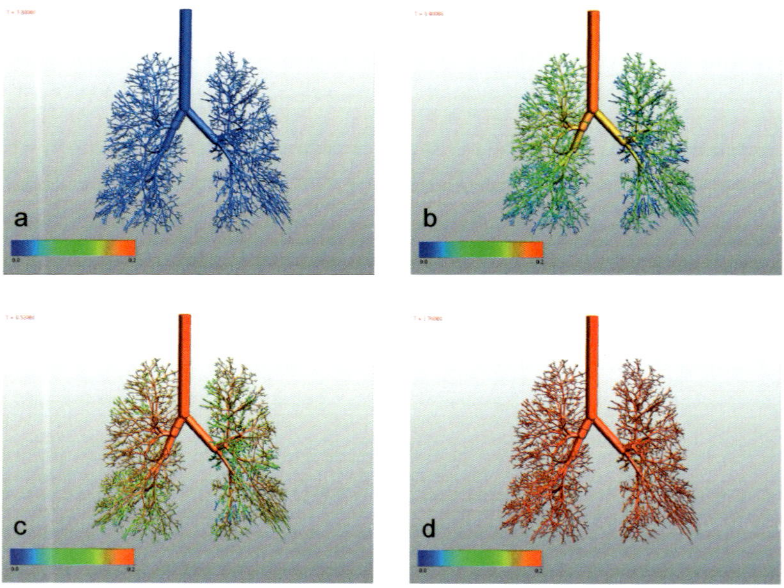

Abb. 9 a-d: Mathematische Modellrechnung des Atemeinzuges in vier Schritten. Vor dem Einatmen blau und dann in zunehmender roter Färbung das Eindringen eines Gases (z.B. Sauerstoff oder ein Aerosol) in die Tiefe des Bronchialsystems.

Frage, wie und wie weit das Gas in die Lunge hineingeht und wie es sich dort verteilt. Oder man könnte an ein Aerosol denken, das ein an Asthma Erkrankter beim Atemeinzug in den Mund gibt, um seine Atemfähigkeit temporär zu verbessern. Wenn man an den bronchialen Strukturen nun kleine pathologische Veränderungen so vornimmt, wie man sie etwa in einem Computertomogramm beobachtet, wenn sich Emphyseme, wie sie beispielsweise als Folge des Rauchens entstehen, in einer Lunge gebildet haben, kann man durch die im Rechner simulierte Atmung untersuchen, wie sich die erkrankten Lungenregionen auf die Atmung des Patienten auswirken. Soviel als bescheidenen Hinweis zu den neuen medizinischen Bildwelten, Unsichtbares sichtbar zu machen, bisher unverstandene Welten zu erschließen und ein erstes Verstehen zu erreichen. Von einem wirklichen und vollständigen mathematisch-physikalischen Begreifen ist man noch weit entfernt, und es wird bis dahin noch lange dauern.

Chirurgische Risikoanalyse

Um das Problem der chirurgischen Risikoanalyse bei der Resektion – sprich: dem chirurgischen Entfernen – eines Tumors aus einem Organ zu verstehen, ist es wichtig, sich Folgendes vor Augen zu führen: Es gibt keine sichere Methode der Diagnostik, die uns sagt, wo genau der Tumor aufhört und wo er anfängt. Das ist nach dem gegenwärtigen Stand des medizinischen Wissens unmöglich. Deshalb geht der Chirurg so vor, daß er versucht, im gesunden Gewebe, soweit er das erkennen kann, zu operieren, das heißt, er plant um den Tumor, den er auf CT-Schnittbildern sieht, einen Sicherheitsrand, der dann hoffentlich so geartet ist, daß nach der Operation der Pathologe den Tumor tatsächlich in diesem Rand eingeschlossen findet oder wenigstens im Schnittrand keine Tumorzellen sind. Denn wenn einige Tumorzellen in dem Organ verbleiben, war die Operation praktisch sinnlos. Das Problem ist nun aber, daß das Organ in sich allerlei Strukturen hat; es ist lokal und auch über die Distanz in sich vernetzt, was wir ja eben bei der Betrachtung der Lebergefäße gesehen haben. Wenn man beim Operieren des Tumors einen solchen Sicherheitsrand einbezieht, wird diese Vernetzungsstruktur unweigerlich verletzt. Damit wird es dann irgendwo in der Distanz Organausfälle geben.

Hierzu wieder die Leber als ein Beispiel. Dazu betrachten wir eine Studie, die wiederum eine ganz starke Wirkung über das Bild vermittelt, etwas sichtbar und begreifbar macht, das sich die chirurgische Fachwelt nicht vorstellen konnte. Wieder soll bisher Unsichtbares sichtbar gemacht werden. Was ist die Verteilung und das Ausmaß des Risikos in einer Leber in Abhängigkeit von der Lage des oder der Tumoren? Zur Veranschaulichung sieht man in Abb. 10 die vereinfachte Skizze einer Leber mit einer Läsion. Wir fordern einen Sicherheitsrand von einem halben Zentimeter, und dabei werden wir unweigerlich die Gefäße, die durch den Sicherheitsrand verlaufen, durchtrennen müssen. Wenn es sich um ein einbringendes Gefäß handelt, bedeutet dies, daß natürlich die Gefäße oben nicht mehr verbunden sind, und daß folglich ein ganzer Bereich nicht mehr versorgt werden kann und ausfallen wird (Abb. 10 a). Das also ist das Risikogewebe. Stellen wir uns nun vor, wir wählen den Sicherheitsrand größer, beispielsweise 1 cm, dann ist klar, daß das Risikogebiet entsprechend wachsen wird (Abb. 10 b). Wenn wir 1 1/2 Zentimeter Sicherheitsrand fordern würden, was manchmal empfehlenswert ist – auf Grund der Bildgebung ist manchmal sehr unsicher, wo der Tumor eigentlich ist –, dann könnte möglicherweise die halbe Leber ausfallen (Abb. 10 c). Dies erscheint dramatisch, und das ist richtig und falsch zugleich. Ein Mensch kann mit einer halben, ja sogar weniger als einer halben Leber gut überleben, wenn diese halbe Leber, die übrigbleibt, wirklich noch funktional ist. Das, was dann passiert, ist nicht nur reines Überleben, sondern diese halbe Leber wächst in einem Zeitraum von einem halben bis zu einem Jahr wieder zu einer ganzen Leber aus. Die Leber ist das einzige Organ, das dieses Vermögen der Regeneration hat (wovon viele von uns unnötig Gebrauch machen). Übrigens: diese er-

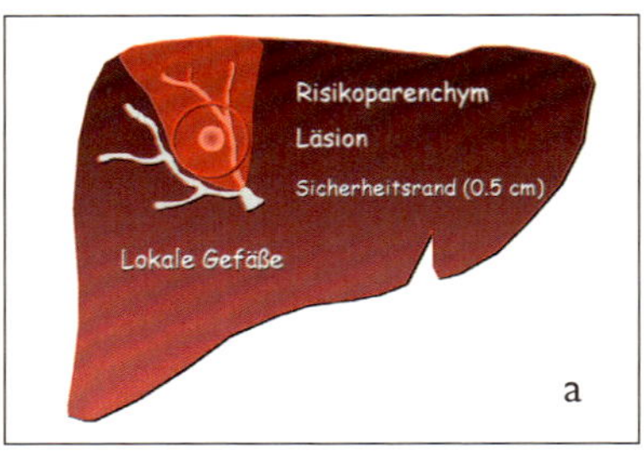

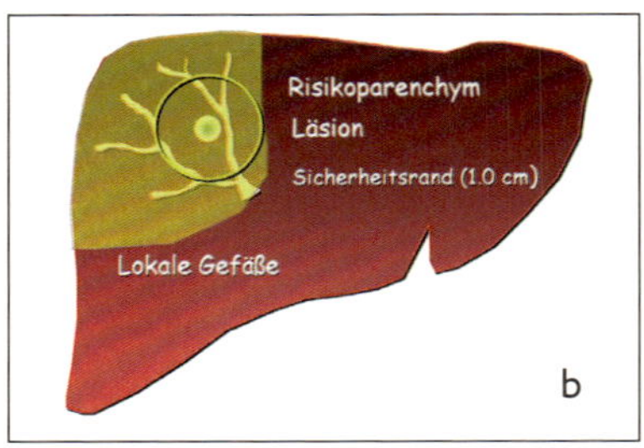

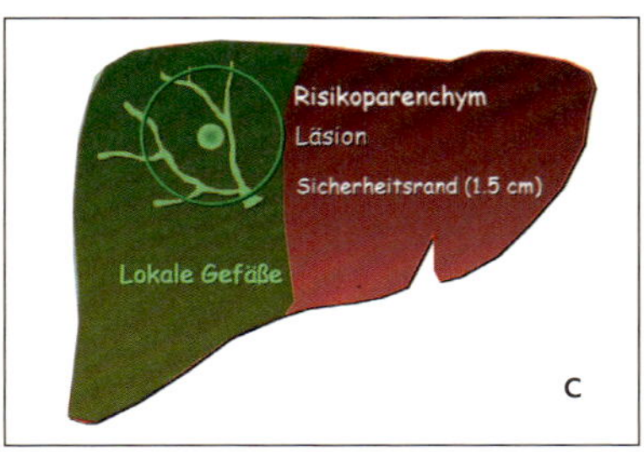

Abb. 10 a-c: Prinzipskizze des Risikos von Gewebeausfall bei Entfernung eines Tumors in einer Leber: Bei einem Sicherheitsrand von 0,5 cm, 1,0 cm oder 1,5 cm um den Tumor wird das rote, gelbe oder grüne Gebiet nicht mehr versorgt.

staunliche Fähigkeit der Leber war offensichtlich bereits den alten Griechen bekannt, wie die Sage von Prometheus zeigt. Zur Strafe dafür, daß er den Menschen das Feuer gebracht hatte, hatte ihn Zeus an einen Felsen ketten lassen, wo ihm ein Adler die Leber aushackte, die jedoch beständig nachwuchs, was so seine Qual verlängerte, bis ihn schließlich Herakles befreite.

Doch zurück zur Medizin. Wie ist es nun mit der Verteilung und dem Ausmaß der Risiken bei Leberoperationen? Anhand eines Ausgußpräparates von Professor Fasel, Genf, das durch eine raffinierte computertomographische Bildgebung in den Rechner gebracht wurde und das Gefäßsystem einer menschlichen Leber zeigt, wurde dies genauer untersucht, mit anderen Worten: Ein echtes Gefäßsystem liegt nach einem guten Stück Arbeit als drei-dimensionales Objekt im Rechner vor, so daß nun eine Serie von sorgfältigen Experimenten möglich ist. Wiederholt wurde in das Gefäßsystem – es handelt sich übrigens um eine Pfortader – künstlich ein Tumor in Form einer Kugel gelegt und gefragt, was passiert, wenn wir um diese Kugel einen Sicherheitsrand von 0,5 cm, 1,0 cm und 1,5 cm fordern. Welche und wie viele von den Gefäßen fallen dann aus? In einer Studie wurden nun diese künstlichen Läsionen immer wieder an andere Positionen in dem Lebergefäßsystem gelegt, und es wurde das jeweilige Risikogewebe berechnet. Die verschiedenen Farben kennzeichnen ausfallende Gefäße zu verschiedenen Sicherheitsrändern. Was zunächst noch recht unspektakulär anmutet, offenbart doch etwas völlig Überraschendes. In Abb. 11 a-b sieht man nämlich, daß bereits kleine Verschiebungen der Position des angenommenen Tumors unterschiedlich große Bereiche der Leber, unter Umständen das halbe Organ, zum Ausfall bringen. Bisher konnte ein Chirurg diese Risikoverteilung bei einem Patienten nur sehr unvollständig einschätzen.

Diese Studie ist ein weiteres Beispiel für die Wirkung und das Potential der Computerisierung medizinischer Bilder und auch dafür, wie bisher Unsichtbares sichtbar wird. Das sind die Beiträge, die Forschungszentren wie MeVis Research liefern können. Die nun möglichen Modellierungen und Simulationen gehen weit über das Mit-dem-Auge-Betrachten und anschließende Deuten radiologischer, filmbasierter Bilder hinaus. Hier wird gemessen, berechnet und objektiv bewertet. Allein die Studie für sich bedeutet eine große Hilfe, Bewußtsein für die Komplexität der Risikoverteilung zu erzeugen. Aber der nächste Schritt ist natürlich, sich die Frage zu stellen, ob man individuell für jeden Patienten, für seine individuelle Leber, das Risikogewebe tatsächlich bestimmen kann. In der Studie haben wir »nur« einen sehr aufwendigen Laborversuch gemacht, und dieses Experiment hat Wochen gekostet.

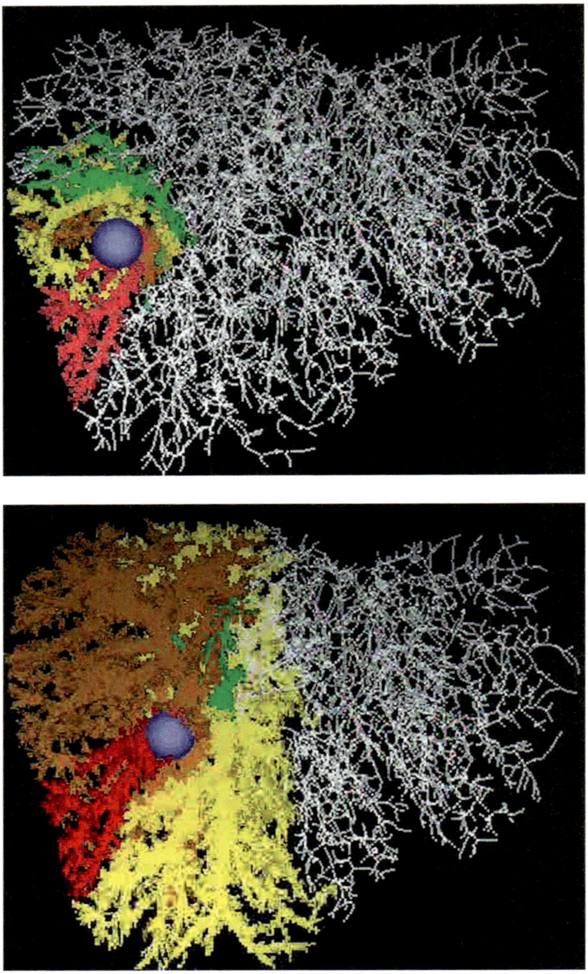

Abb. 11 a-b: Modellrechnung des Gewebeausfalls an einem Ausgußpräparat. Bei verschiedenen Lagen des Tumors – als blaue Kugel dargestellt – werden unterschiedlich große Bereiche des Gefäßes vom Blutfluß abgeschnitten, wenn der Tumor mit einem Sicherheitsrand entfernt wird. Der ausfallende Bereich hängt also von der Lage des Tumors und der Größe des Sicherheitsrandes ab. Die Größe des ausfallenden Bereichs ist in einem Farbverlauf von rot über gelb nach grün dargestellt, je nachdem, ob ein Sicherheitsrand von 0,5 cm, 1,0 cm oder 1,5 cm gewählt wurde. Man beobachtet, daß bei Tumoren, die zum Rand der Leber liegen, die ausfallenden Bereiche eher klein bleiben, während bei zentraler Lage die ausfallenden Gefäßteile bis zur Hälfte des gesamten Gefäßes umfassen können.

Vom Modell zur klinischen Routine

Jetzt aber stellt sich die Frage, kann man das auch außerhalb des Labors? Kann es nutzbringend für den Patienten angewandt, gar zur Routine werden? Das herauszufinden, hat fünf Jahre Arbeit gekostet und dann noch einmal sieben für die Perfektionierung, was zeigt, daß hinter diesen Lösungen große Anstrengungen und ein gutes Maß an Beharrlichkeit stecken. Und das Beste, was man einem Mathematiker zutrauen kann, ist genau das – Mathematiker arbeiten auf ganz langen Zeitskalen, sie arbeiten an Problemen, die manchmal erst über Hunderte von Jahren reifen müssen, bis sie gelöst werden können. Mathematiker arbeiten in einer Forschungskette, der eine liefert hier einen Baustein, der andere dort – das ist typisch für Mathematiker, und deshalb sind auch die langen Zeiten, die wir manchmal für den Erfolg benötigen, für uns überhaupt nicht erschreckend.

Die Abb. 12 illustriert nun einen Fall aus der klinischen Routine. Links sieht man eine menschliche Leber, in der Metastasen zu erkennen sind. Um diese Metastasen kann nun der Chirurg mit unserer Software tumorfreie Ränder legen. Man sieht die Lebervene des Patienten und die zugehörigen Läsionen, dreidimensional dargestellt auf der rechten Seite. Dort ist auch gezeigt, welche Teile der Vene bei verschiedenen Sicher-

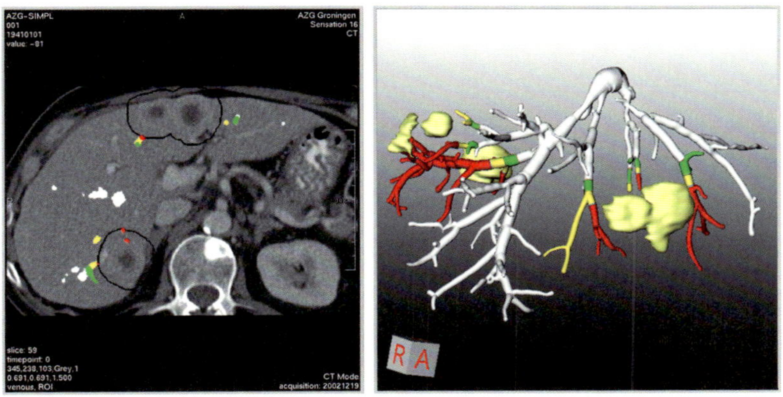

Abb. 12: Ergebnis der mathematischen Risikonalyse für einen Patienten mit mehreren Metastasen: Das linke Bild zeigt eine typische Schichtaufnahme der Leber. Die drei dunklen Flecken sind Metastasen. Das rechte Bild zeigt die Lebervene und alle Metastasen in räumlicher Darstellung. Die rot, gelb, bzw. grün markierten Gefäßteile wären betroffen, wenn man die Metastasen mit einem Sicherheitsabstand von 0,5 cm, 1,0 cm bzw. 1,5 cm entfernen würde.

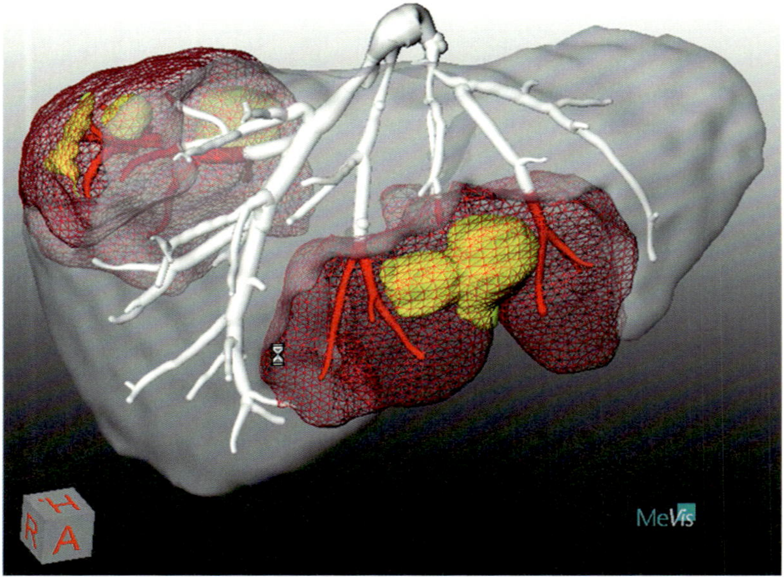

Abb. 13: Auf der Grundlage der Gefäßanalyse in Abb. 12 zeigt dieses Bild für die chirurgische Operationsplanung, welche Gewebebereiche der Leber nicht mehr von der Lebervene entsorgt werden, wenn die Metastasen mit einem Sicherheitsrand von 1,0 cm entfernt würden.

heitsrändern in Mitleidenschaft gezogen werden. Zu beachten ist, daß die Gefäßstrukturen, die von einem Patienten durch Computertomographie gewonnen werden können, bei weitem nicht so detailreich sein können wie die Strukturen in einem Ausgußpräparat. Der nächste Schritt ist deshalb der entscheidende. Es wird analysiert, welche Lebergebiete betroffen sind, wenn die betroffenen Gefäße infolge des Sicherheitsrandes beschädigt werden. Das ist natürlich eine sehr viel tiefere Frage, die aus den Daten der Bildgebung allein nicht beantwortet werden kann. Deshalb wird hierfür die mathematische Modellierung auf Grundlage der Modelle der Selbstorganisation herangezogen. Die Antwort für diesen Fall gibt Abb. 13. Dort sieht man die Gefäße und die Risikogebiete, die ausfallen, wenn die roten Gefäße kompromittiert sind, was der Fall wäre, wenn ein Sicherheitsrand von einem halben Zentimeter gewählt würde. Die Leber hat nun aber vier Gefäßsysteme, und in Abb. 14 sehen wir dieselbe Leber mit der Pfortader, die das Blut in die Leber hineinbringt. Es liegen dieselben Läsionen wie in Abb. 13 vor, und es sind die

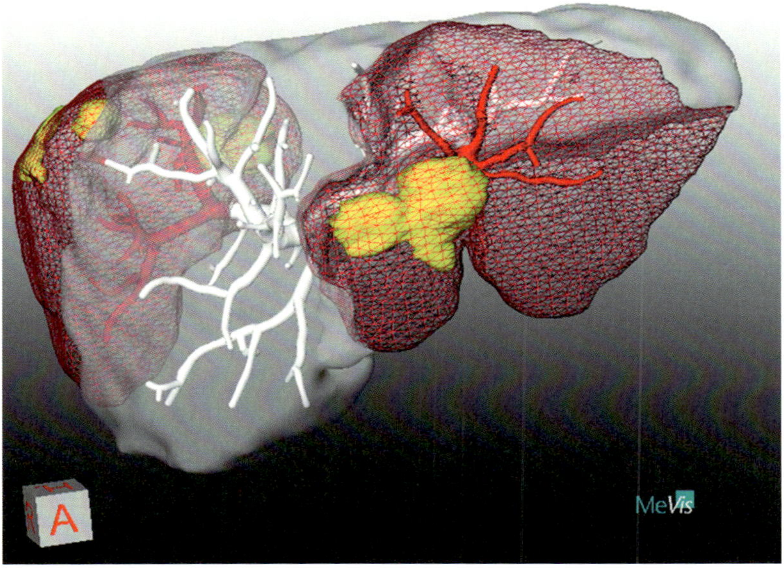

Abb. 14: Auf der Grundlage der Gefäßanalyse in Abb. 12 zeigt dieses Bild für die chirurgische Operationsplanung, welche Gewebebereiche der Leber nicht mehr von der Pfortader versorgt werden, wenn die Metastasen mit einem Sicherheitsrand von 1,0 cm entfernt würden. Die Ermittlung des Gesamtrisikos bezüglich ausfallender Gewebebereiche erfordert also die Zusammenfassung der Bereiche aus Abb. 13 und 14. Ähnliche Risikobetrachtungen lassen sich für die Leberarterie und die Gallengänge durchführen.

Risikogebiete, bezogen auf die Pfortader, dargestellt. Wenn man die ausfallenden Gebiete, bezogen auf Lebervene und Pfortader, vergleicht, erkennt man, daß die Gebiete völlig unterschiedlich sind.

Mit diesen Methoden kann dem Chirurgen vor dem Eingriff vermittelt werden, wieviel Gewebe bei einem gewählten Sicherheitsrand ausfallen wird. Jetzt kann er entscheiden, ob ein Eingriff durchgeführt werden kann und wie dieser im Hinblick auf die optimale Schonung der Leber zu planen ist. Es wird natürlich immer darum gehen, den richtigen Kompromiß zwischen den verschiedenen Risiken zu finden. Ziel muß es sein, daß das, was nach der Chirurgie verbleibt, insgesamt ausreichend ist, also über der kritischen Grenze liegt, die dieser Patient aus Vitalitäts-, Alters- und anderen Gründen verträgt.

Damit sind neue, meßbare und objektive Grundlagen für die Beurteilung chirurgischer Risiken geschaffen worden, die einen neuen wissenschaftlichen Prozeß angestoßen haben und nicht zuletzt patientenindividuell mitteilbar und kommunizierbar sind. Die geschilderten mathematischen Methoden geben Anlaß für die Entwicklung neuer chirurgischer Standards. Sie finden bereits jetzt weltweite Verbreitung, und wir werden bald an dem Punkt sein, daß die Leberchirurgie routinemäßig für jeden Patienten auf eine Risikoplanung zurückgreifen kann. Wir haben seit Herbst 2002 mehr als 2500 komplexe leberchirurgische Eingriffe weltweit für mehr als 80 Kliniken begleitet und unsere Forschungsergebnisse in eine internet-basierte Dienstleistung überführt (MeVis Distant Services AG). Mehr als die Hälfte der Fälle entfällt auf die Chirurgie der Leber-Lebend-Spende, in der einem gesunden Spender ein Teil seiner Leber für einen an Leberversagen Leidenden entnommen wird.

Betrachtet man die vorangegangenen Beispiele, so kann man auf eine lebendige und kraftvolle Entwicklung hoffen, die von medizinischen Bildern ausgeht und neue Werte für Diagnostik und Therapie schafft. Gemeinsam ist diesen Entwicklungen der Übergang von der bloßen Deutung hin zu Wissen. In jedem Fall steht dabei Messen, Rechnen, Modellieren und Bewerten, so wie wir Mathematiker und Naturwissenschaftler es gelernt haben, am Anfang, und man braucht für die Gewinnung medizinischen Nutzens eine enge und tiefe Kooperation mit den Medizinern.

Von Affenmenschen und Menschenaffen oder Visuelle Traditionen in der neuzeitlichen Anthropologie

von
Hans-Konrad Schmutz

Wundersame Begegnungen

Wild ging es zu und her auf den Londoner Jahrmärkten zu Shakespeares und zu Hogarths Zeiten. Zwischen Marktständen und Schaubuden, unter Zahnbrechern und Starstechern wurden Mißgeburten und Merkwürdigkeiten aus nah und fern angepriesen. Dazu gehörte im Sommer 1698 vielleicht auch ein kleingewachsenes, wild behaartes Wesen aus dem heißen Afrika. Als die Jahrmarktattraktion nach einigen Monaten am ungewohnt kalten Klima zugrunde gegangen war, wurde der Kadaver vom Arzt, Anatom und ehrenwerten Mitglied der Royal Society, Edward Tyson (1650-1708), fein säuberlich seziert. Akribisch stellte er fest, daß sein ›Pygmie‹ in achtundvierzig Merkmalen dem Menschen gleiche und bloß in vierunddreißig dem Affen. Aus dieser Buchhaltung zieht der Anatom den Schluß, es handle sich wohl um ein menschenähnliches Geschöpf, das seinen angestammten Platz in der göttlichen Stufenleiter zwischen dem Menschen und den Affen haben müsse. Die gedachte Zwischenstellung spiegelt sich auch in den fein gearbeiteten Tafeln seines Sektionsberichtes, insbesondere in der Pose des dargestellten Pygmies, die stark an Vesals stilbildende humananatomische Tafeln von 1543 erinnern (Abb. 1).[1]

Auch Daubentons Occipitaliswinkel (1764) oder Campers Fazialiswinkel (1792) entstammen diesem Denkmuster der *scala naturae*.[2] Beide waren letztlich nur als kabinettaugliche Methoden gedacht, um die

1 Tyson, E. 1699: *Orang-Outang, sive Homo Sylvestris: or, the Anatomy of a Pygmie compared with that of a Monkey, an Ape and a Man. To which is added a philological essay concernded the Pygmies, the Cynocephalie, the Satyrs and Sphings of the Antients,* Bennet, London.

2 Daubenton, L. J. M. 1764: *Mémoire sur les différences de la situation du grand trou occipital dans l'homme et dans les animaux* – Mémoires de l'Académie Royale des Sciences – Paris. Camper, P. 1792. *Über den natürlichen Unterschied der Gesichtszüge in Menschen verschiedener Gegenden und verschiedenen Alters, über das Schöne antiker Bildsäulen und geschnittener Steine – nebst Darstellung einer neuen Art allerlei Menschenköpfe mit Sicherheit zu zeichnen, nach des Verfassers Tode hrsg. von seinem Sohne Adrian Gilles Camper, übersetzt von S. Th. Sömmerring,* Voss, Berlin.

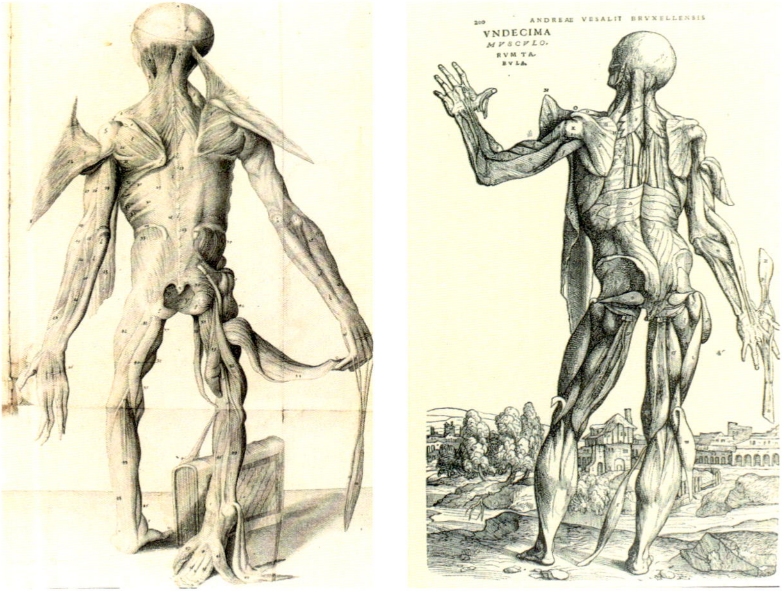

Abb. 1: (Links) Edward Tyson: Pygmy sive Homo sylvestris (1699). (Rechts) Andreas Vesal: De Humani corporis fabrica (1543).

lückenlose Kette aller Lebewesen zu demonstrieren. Dies deckt sich auch mit Tysons Buchhaltung menschlicher und äffischer Merkmale.

Mit seinem Vesalzitat unterstreicht Tyson auch bildnerisch den menschenartigen Charakter der verstorbenen Jahrmarktattraktion. Hinter dem Bildaufbau und dem Namen Pygmie steckt auch die antike Tradition der Erdrandsiedler und Mischwesen, die, halb Mensch, halb Tier, nach Plinius unwegsames Gelände und den lebensfeindlichen Erdrand besiedeln würden. Von Plinius d. Ä. (23-79) aufgelistet und von Soliander im 3. Jahrhundert kolportiert, wurden die Erdrandsiedler bald ein wichtiges Element der mittelalterlichen Weltsicht. Mit Kain verknüpft, im endlosen Süden angesiedelt, mit Noahs Fluch belegt, lebten sie unter der unbarmherzig brennenden Sonne in Chams Reich. Auch Alexander der Große, hieß es, sei ihnen mehrfach begegnet. In den mittelalterlichen Alexanderepen schloß der christianisierte Held aus Makedonien die apokalyptischen Wundervölker Gog und Magog am Kaspischen Meer hinter hohen Mauern ein, begegnete im sagenumwobenen Osten dem Volk der Amazonen und diskutierte angeregt mit den Gymnosophisten. Tief ins Gespräch versunken, stehen auch in Konrad von Megenbergs *Buoch von*

Abb. 2: Die Wundermenschen aus Konrad von Megenbergs »Buch der Natur« (um 1442-1448?), Blatt 360v, cod. Pal. germ. 300 (UB Heidelberg).

den natürleichen dingen ein archetypischer *Blemyer* mit zwei affenartigen *Homines orientes* (Erdrandsiedler) zusammen.[3] (Abb. 2) Isidor von Sevilla (um 560-636) siedelte Erdrandsiedler in Äthiopien an, Marco Polo (um

3 Herrn Elsner danke ich für den Hinweis auf das Blatt im Heidelberger Codex.

1254-1324) traf sie in Indien. Jean de Mandeville, der über Asien und Afrika wortreich fabulierte, war ihnen auf seinen imaginären Reisen laufend begegnet. Doch nicht nur an den lebensfeindlichen Rändern der Welt, auch in den dichten Wäldern Frankreichs – so wurde erzählt – tauchten gelegentlich Hundsköpfige auf, und im Hochgebirge trieben Riesen ihr Unwesen. Man mag viele der Vorstellungen über Erdrandsiedler auf körperliche Defizite, auf das beeindruckende Erscheinungsbild fremdartiger Helmzieren, ungewohnter Trachten, auf geschmückte Brustpanzer zurückführen, doch ebenso gewiß ist die Tatsache, daß es sich dabei immer um Bewohner lebensfremder, angstmachender Zonen handelte, um merkwürdige Wesen, die Reisenden ebenso unerbittlich nachstellten wie Meerungeheuer, die Schiffe in feindlichen Zonen mit Mann und Maus verschlangen. Der Mainzer Domherr Bernhard von Breydenbach (um 1440-1497) behauptete, löwenköpfige Kameltreiber im heiligen Land gesehen zu haben, und Conrad Gessner kanonisiert den Wahrheitsgehalt, indem er den wilden Kameltreiber in die Menagerie seines Tierbuches aufnahm (Abb. 3a).[4] Auch Tysons Schimpanse, als Muskelmann auf einen Stock gestützt dargestellt (Abb. 3b), erinnert zwar an Vesals berühmte Tafeln, aber besonders an Breydenbachs Kameltreiber.

Erdrandsiedler und Wundervölker haben so die Einführung des Buchdruckes überlebt und bis weit in die Aufklärung hinein Reiseberichte und Naturgeschichten besiedelt. Ein Jahr nach der Entdeckung Amerikas porträtierte Hartmann Schedel (1440-1514) einundzwanzig der merkwürdigen Mischwesen. Abenteurer, Seefahrer und Chronisten reisten mit Plinius' Katalog und mit Solianders Listen als Vor-Bildern im Kopf. Ebenso gewiß fuhr die Angst vor der unbekannten Gefahr am lebensfeindlichen Erdrand im Kielwasser der Galeonen mit. Entsprechend dieser Bereitschaft, Erdachtes zu finden, traf man an den neuentdeckten Erdrändern Hundsköpfige und Brustgesichtler – oder hörte mindestens von ihnen. Laevinus Hulsius (1550-1606) berichtete über sie in seinem 1599 gedruckten Bericht über das neuentdeckte Guyana, und noch 1724 stellte Joseph François Lafitau (1681-1746) kopflose Mischwesen symbolisch unter die realen Völker Amerikas.[5]

Mit den alten Vorbildern im Kopf stieß man im tropischen Urwald bald auf die erwarteten Mischwesen. Da sich das reale Verbreitungsgebiet der Pongiden mit dem gedachten Verbreitungsgebiet vieler Wundervöl-

4 Breydenbach, B. von 1486: *Peregrinationes in Terram Sanctam, Erhardum Reüwich*, Mainz. Gessner, C. 1551-1587. *Historiae Animalium*, Froschauer, Zürich.

5 Hulsius, L. 1599: *Kurtze Wunderbare Beschreibung dess goldreichen Königsreiches Guianae in America*, Hulsius, Nürnberg.

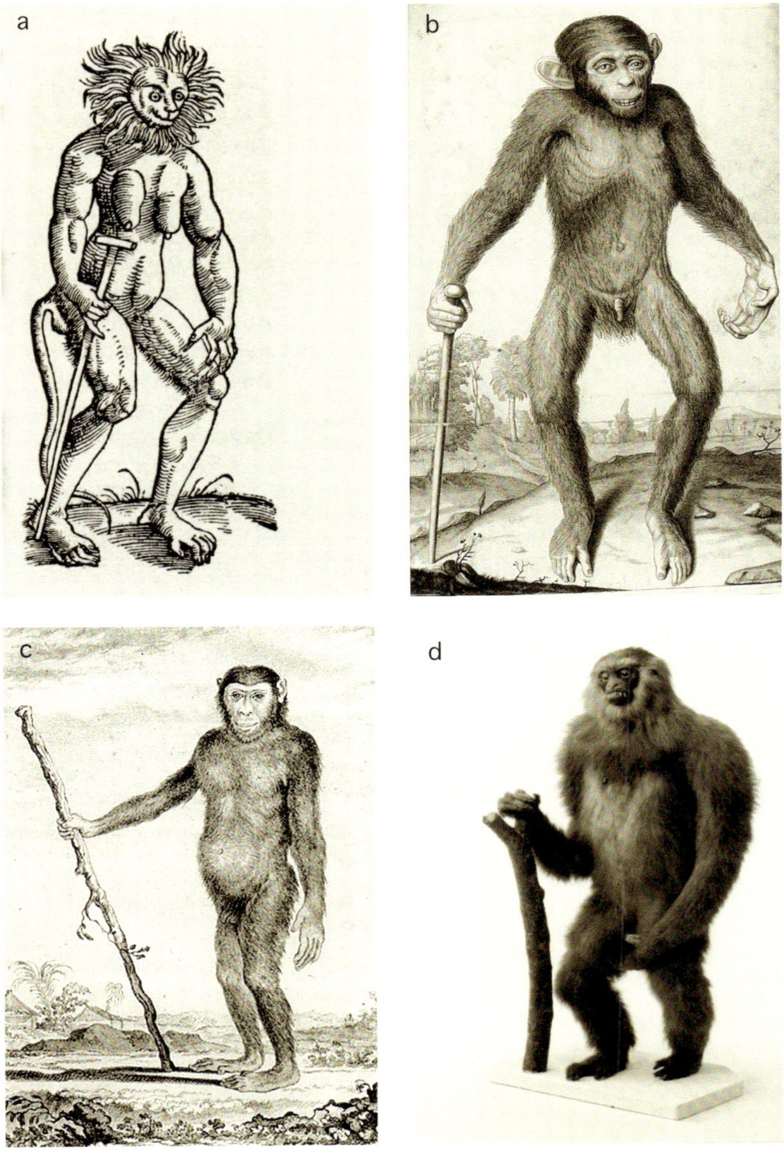

Abb. 3: Die Bildtradition des aufrechten, mühsam auf einen Stock gestützten Schimpansen. Beleg für den zögerlichen Wandel im Denkstil der frühen primatenarmen Pongidenforschung. (a) Wilder Mann aus Conrad Gessners Thierbuch (1563). (b) Edward Tysons »Pygmy sive Homo sylvestris« (1699). (c) »Le Jocko« Buffon (1765). (d) »Hylobates spec.«, unbekannter Präparator (vor 1900).

ker am neu entdeckten Weltrand deckte, spielten tradierte Mischwesen in der frühen Pongidenforschung eine entscheidende Rolle. So berichtete der holländische Arzt Jacob de Bondt (Jacobus Bontius) (1592-1631) aus Batavia von merkwürdigen Waldmenschen, die er mit dem malayischen Namen »Ourang Outang« (Orang-Outang) belegte:

> I myself have seen several and of both sexes walking erect, first that young female satyr (whose figure I here exhibit) hiding her secret parts with so great modesty from unknown men, and also her face with her hands (if one may speak thus), weeping copiously, uttering groans, and expressing other human acts so that you would say nothing human was lacking in her but speech. The Javanese say, in truth, that they can talk, but do not wish to, lest they should be compelled to labour: ridiculous, by Hercules. The name they give to it is »Ourang Outang«, which means a man of the woods, and they affirm that they are born from the lust of the Indian women, who mix with apes and monkeys with detestable sensuality.[6]

Die Kurzbeschreibung enthält alle Elemente, welche die frühe Faszination ausmachen: Von der tierischen Nähe zum Menschen, der listigen Verweigerung bis zur sexuellen Projektion.

Der posthum erschienene Bericht ist mit einer groben Skizze illustriert (Abb. 4).[7] Sie zeigt eher einen aufrecht stehenden, wild behaarten Waldmenschen als einen rezenten Orang. Das beigefügte Bild gleicht Edward Reuwichs Holzschnitt, den er für Bernhard von Breydenbachs Bericht seiner Pilgerreise ins Heilige Land entworfen und geschnitten hatte. Hier posiert zwischen Krokodil, Indischer Ziege und Giraffe ein geschwänzter Kameltreiber mit allen Attributen des tradierten Waldmenschen.

Kolonisten und Matrosen beschrieben sie als gelehrige, aber liederliche Kartenspieler, Säufer, Schlitzohren oder als kleine Diebe – schilderten sie als menschliche Zerrbilder. Dies hat wenig zu tun mit unserem heutigen Pongidenbild, aber viel mit Plinius und Soliander. Oft stützten sich die Berichterstatter auf die Jagdgeschichten der Eingeborenen. Für die Zeitgenossen lag der Wahrheitsgehalt gerade darin, daß sich das Gehörte und Gesehene mit dem tradierten Bild deckte. Dies gilt für die veröffentlichten Bilder von Bontius (1658), Leguat (1708) und Boremann (1739) oder die vom Linnéschüler Christian Emanuel Hoppius 1760 zu-

6 Bontius, 1658, p. 85; zit. nach Yerkes et.al., 1929, p. 12.

7 Bontius, J. 1658: *Historiae Naturalis & medicae indiae orientalis Libri sex.* In: G. Piso, *De Indiae utrisque re naturali et medica, libri quatuordecim*, Band V, Elzevir, Amsterdam.

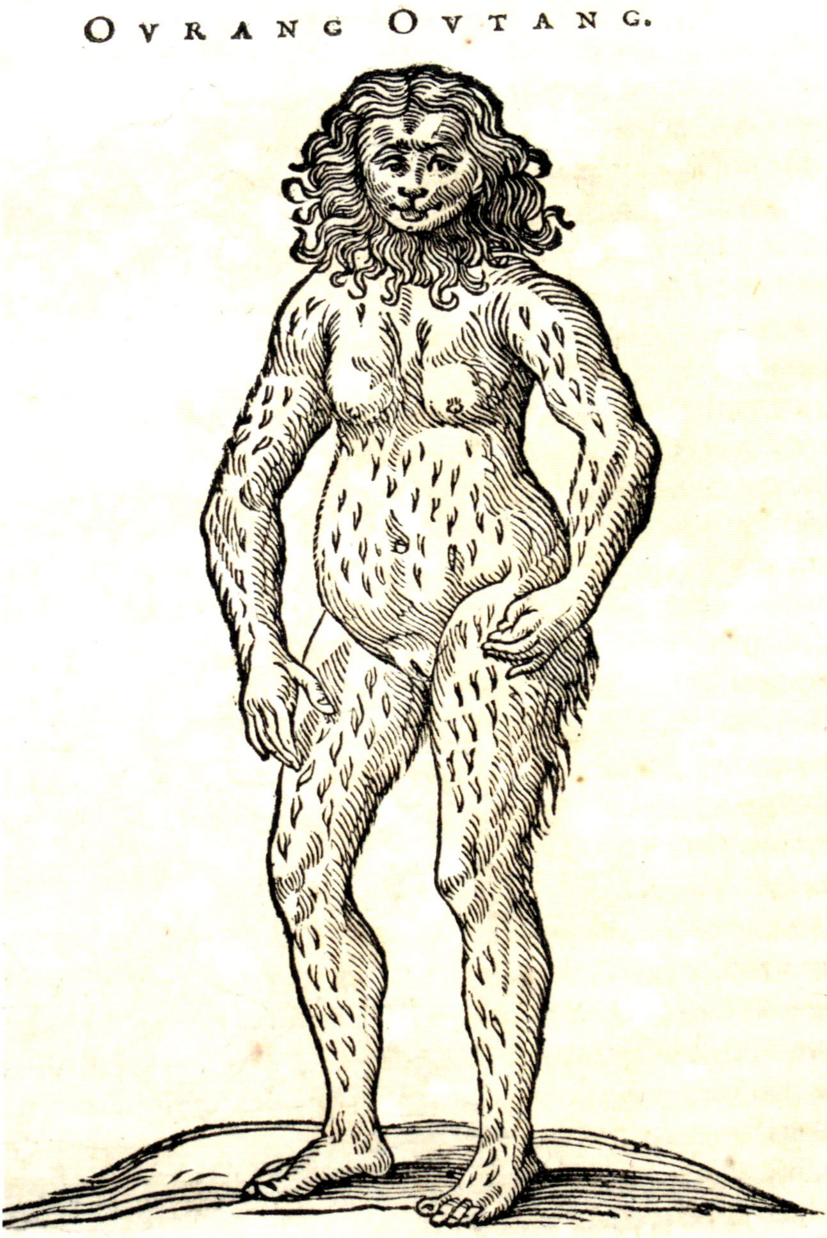

Abb. 4: Ourang Outang nach Bontius (1658).

sammengestellte Bildserie und erklärt ihre Attraktivität.[8] Gerade deshalb wurden die Bilder im Laufe der nächsten hundert Jahre häufig kopiert; Leguats Abbildung findet sich beispielsweise noch 1714 in Valentinis Kompilationswerk.[9] Bontius' Waldmensch wurde erst nach 1758 durch Georges Edwards Orangtafel ersetzt.[10]

Um 1630 kam der erste Schimpanse nach Europa, genauer in die Menagerie des Stadhouder van de Verenigde Nederlanden. Der Anatom Nicolaas Tulp (1593-1674) hat ihn, wiederum in Anlehnung an Plinius (Bk. VII. Kapitel 3), als merkwürdigen Beleg für den antiken Satyr (*Satyrus indicus)* beschrieben.[11]

Tysons Sektion ist zwar als erste anatomische Untersuchung eines Schimpansen in die Literatur eingegangen, im zeittypischen Denkstil eingebettet, hat der konservative Tyson aber in erster Linie einen jungen menschenartigen Pygmäen nach Plinius seziert. Tyson und Tulp haben als geschickte Anatomen ihre exakten Beobachtungen der visuellen Tradition untergeordnet. Dies ist ein entscheidender Punkt für die weitere Pongidenrezeption.

Linnés Puzzle

Carl von Linné (1707-1778) hat bekanntlich die Naturgeschichte revolutioniert. Er führte die binäre Nomenklatur ein und fügte 1758 Mensch, Affe und Fledermaus zu ein und derselben Ordnung, den *Primates*. Damit gilt er vielen als Vater der Primatologie.[12] Zwar stellt er den

8 Leguat, F. 1708: *Voyages et aventures de François Leguat, et de ses compagnons en deux îles desertes des Indes Orientales*. vol 2, Mortier, London. – Boreman, T. 1739: *A Description of some curious and uncommon creatures – omitted in the description of three hundred animals, and likewise in the supplement to that book.* Richard Ware, London. – Hoppius, C. E. 1760: *Anthropomorphae*, Amoenitates academicae 10, 63-76.

9 Valentini, M. B. 1714: *Musei Museorum Oder der Vollständigen Schau Bühne frembder Naturalien Zweyter Theil / Worinnen die rareste Natur-Schätze aus allen biss daher gedruckten Kunst-Kammern / Reiss-Beschreibungen und andern Curiosen Büchern enthalten / und benebenst einer Neu-auffgerichteten Zeug- und Rüst-Kammer der Natur / auch vielen Curiosen Kupffer-Stücken vorgestellet sind*, Zunners und Jungen, Frankfurt.

10 Edwards, G. 1758: *Gleanings of Natural History, exhibiting of Quadrupeds, Birds, Insects, Plants, etc. Most of which have not, till now, either figured or described.* Band I, Royal College of Physicians, London.

11 Tulp, N. 1641: *Observationes medica – libri tres*, Elzevir, Amsterdam.

12 Linné, C. von 1758-1759: *Systema naturae [...] editio decima reformata*, Laurenti Salvii, Holmiae.

Menschen zu den Menschenaffen und Affen, verzichtet aber auf eine anatomische Beschreibung. Linnés Primatengruppe entpuppt sich bei der genauen Lektüre als bunter Flickenteppich, als ein wilder Haufen überlieferter Monstren, beobachteter Tiere und Menschen.

Er trennt die Affen aufgrund der unterschiedlichen Bezahnung von den »Gespenst- oder Faultieraffen« (*Lemures*) und unterteilt sie nach antiken Vorbildern anhand der Schwanzlänge in die eigentlichen Affen (*Simiae*), die kurzgeschwänzten (*Papiones*) und die langgeschwänzten Meerkatzen (*Cercopitheci*). Seine Ordnung der Primaten basiert auf wenigen Augenzeugenberichten, vielen Kompilationswerken und einigen antiken Quellen.

Das Geschlecht Homo besteht beispielsweise aus zwei heterogenen Arten: dem vernünftigen Tagmenschen (*Homo sapiens diurnus*) und der bunten Schar der Nachtmenschen (*Homo nocturnus*). Zu ihnen gehören Helblings geschwänzte Menschen (*Homo caudatus*), die Troglodyten nach Plinius und Solinus samt Bondts Waldmenschen oder Tysons Pygmie. Tulps *Satyrus indicus* stellt er dagegen zu den schwanzlosen Affen (*Simiae*). So revolutionär Linnés Ansatz auf den ersten Blick auch scheinen mag, so stark ist er in die Tradition eingebunden.

Jocko, der stumme Waldmensch

Linnés Gegenspieler, Georges-Louis Leclerc de Buffon (1707-1788), hielt sich in der Menagerie seines Pariser Jardin Royal über längere Zeit einen lebenden Schimpansen. Er bildet ihn 1765 nicht nur analog zu Tyson als Stockgänger ab, sondern berichtet vom menschenartigen Verhalten seines angolesischen Schützlings Jocko.[13] Er beschreibt ausführlich dessen Lust an Putz und schönen Kleidern oder die noble Angewohnheit, gesittet im Kreis von Damen galant Tee zu trinken.

Auch Buffon ließ seinen Jocko in menschlich bipeder Stellung auf einen Stock gestützt abbilden (Abb. 3c). In der Primatologie spielt Buffons reich illustriertes Monumentalwerk und damit dessen Bildtradition eine wichtige Rolle. Viele Sammler in ganz Europa identifizierten Affen und Menschenaffen anhand der Buffonschen Tafeln. Noch um 1900 hielten sich Konservatoren beim Ausstopfen und Ausstellen gelegentlich an eine der vielen Ausgaben des »petit Buffon illustré«. Selbst ein Gibbon wurde in die Traditionslinie des bipeden Stockgängers gezwängt und erhielt so eine realitätsferne museale Zweitrealität. (Abb. 3d)

13 Buffon, G.-Leclerc, Comte de 1765: *Histoire naturelle, générale et particulière, avec la description du Cabinet du Roi Tome XIV*, Imprimerie Royale, Paris.

Die meisten Berichte sprechen übereinstimmend von einem struppigen, vollständig aufrecht gehenden, scheuen Mischwesen. Immer wieder taucht die schon von Bondt geäußerte Vermutung auf, Waldmenschen wären aus der Vereinigung eingeborener Frauen mit Affen entstanden. Noch Buffon zitiert in Anlehnung an Guy De la Brosse:

> [Il] assure que les orangs-outans qu'il appelle quimpezes, tâchent de surprendre des Negresses; qu'ils les gardent avec eux pour en jouir; qu'ils les nourissent très bien: j'ai connu, dit-il, à Lowango une Négresse qui est restée trois ans avec ces animaux [...].[14]

Das sexuell aufgeladene Pongidenbild taucht hundert Jahre später wieder auf. Die Darstellung des Gorillas, der die unschuldige weiße Frau verschleppt, etablierte sich mit der Plastik »Gorille enlévant et femme« des Künstlers Frémiet im Jahre 1859, dem Erscheinungsjahr von Darwins *Origin of species*. Charles Baudelaire fragt ironisch nach: »Er verschleppt sie; wird sie ihm widerstehen können?«

Pieter Camper (1722-1789) entzauberte vorerst das Pongidenbild. Er sprach den Pongiden aufgrund seiner vergleichenden anatomischen Untersuchungen 1791 den aufrechten Gang und das Sprechvermögen ab. Man könne am Stimmwerkzeug zeigen, daß »Affen und Orangs eben so wenig wie das Renthier, dem wohl niemand ein solches übereinstimmendes Stimmwerkzeug beygelegt hat, geschickt sey, Töne zu bilden«.

Darum fragt er, gut hundertfünfzig Jahre nachdem der erste Schimpanse seziert worden war:

> Warum wird man mit Recht fragen, haben denn Tyson, Büffon und verschiedene andere ihre Orangs und Jockos mit rechten menschlichen Knieen vorgestellt ? Gewiß, um Menschen daraus zu machen, ohne zu bedenken, daß sie nicht allein durch ihr Ansehen andere irre führten, sondern auch die Vorzüge des Menschen über alle anderen Geschöpfe erniedrigten und benachtheiligten.[15]

Nichts zeigt den Stilwandel deutlicher als seine Kritik an der Suggestivkraft der Buffonschen Darstellung: »Nie war mein Erstaunen größer, als ich den im Werke des Buffon so schön abgebildeten Jocko am 18ten July 1777 zu Paris auf der königl. Kunstkammer sah. Es ist daselbst ein kleines, unansehnliches ausgestopftes Thier.«

14 Buffon 1765, p. 77.

15 Camper, P. 1791: *Naturgeschichte des Orang-Utang und einiger andern Affenarten, des Africanischen Nashorns und des Rennthiers*, Dänzer, Düsseldorf. p. 195.

Mohr und Affe

Campers Zeitgenosse, Johann Friedrich Blumenbach (1752-1840), hat ebenfalls den Menschen scharf vom Affen geschieden, indem er ihn als Zweihänder (Bimana) dem Heer der Vierhänder (Quadrumana) gegenüberstellte. Öffnete Blumenbach einen tiefen Graben zwischen Tier und Mensch, so schüttete er ihn zwischen den menschlichen Varietäten zu: den Menschen teilte er in fünf gleichwertige Rassen, beließ aber den weißhäutigen Kaukasier als ästhetischen Bezugspunkt bei. Sein monogenistisches Rassensystem erhielt vor dem Hintergrund der zeitgenössischen Sklavendiskussion politische Bedeutung. Betrachtet man menschliche Varietäten als gleichwertig, so entfällt die Legitimation, Afrikaner zu versklaven und auf den überseeischen Zuckerrohrplantagen bluten zu lassen. Dies mußte auch Samuel Thomas Soemmerring (1755-1830) schmerzlich erfahren, als er 1784 behauptete, Mohren würden anatomisch mehr dem Affen gleichen als der Weiße. Selbst Georg Forster (1754-1794) meinte zur mehrdeutigen Schlußfolgerung seines Kasseler Freundes bei der Rezension von Nisbets Sklaventraktat: »So unanmaßend und behutsam dieser Satz hingestellt war, so ungeschickt ward er aufgefaßt und zum Beweise gebraucht, nicht etwa nur, daß ein geringeres Maaß von Geistesfähigkeiten dem Neger zu theil worden sey, sondern daß auch diese von der Natur schon eine schiefe Richtung nahmen, und in einem Mißverhältnisse gegeneinander stünden, wobey das Phänomen der Sittlichkeit nicht möglich werde.«[16]

Anders als Soemmerring bezog sich der Heidelberger Anatom und Physiologe Friedrich Tiedemann (1781-1861) 1836 direkt auf die Sklavendebatte im englischen Parlament. Er verglich das Schädelvolumen von Europäern und Afrikanern, mit dem der Menschenaffen und Affen. Akribisch wies er über lange Meßreihen nach, daß kein grundsätzlicher Unterschied zwischen Schwarzen und Weißen bestünde. »Das Hirn des Negers«, schrieb er abschließend, »ist dem des Ourang-Outangs nicht ähnlicher als das des Europäers«, und er fühlte sich daher

> zu dem Schlusse berechtigt, daß weder im Baue des Hirns, noch in den Seelen-Fähigkeiten ein wesentlicher Unterschied zwischen den Negern und Europäern obwalte. Wie mögen daher die Europäer in geistiger Hinsicht sich ihren Brüdern mit schwarzer Haut so sehr überlegen denken, und die Behauptung aussprechen, die Natur habe die Neger-Völker nicht mit der Fähigkeit begabt, zur geistigen Cultur

16 Zitiert nach *Georg Forsters Werken,* Bd. 11, Rezensionen (AA XI) 2. Auflage (Akademie Verlag, Berlin 1992), p. 287-288.

und zur Civilisation zu gelangen, und sie seihen daher zu ewiger Sklaverei, den grausamsten Mißhandlungen, und zu Lastthieren der Europäer bestimmt.[17]

Die Verzeitlichung der Naturgeschichte

Durch die Verzeitlichung der Naturgeschichte geriet Blumenbachs Modell ins Abseits. Bimana und Quadrumana wurden vertikal verknüpft, der Graben zwischen Tier und Mensch zugeschüttet, aber zwischen den menschlichen Varietäten neu aufgerissen. Schon Jean-Baptiste Lamarck (1744-1829) hielt es 1809 für wahrscheinlich, »daß die Vierhänder schließlich zu Zweihändern umgebildet würden«.[18]

Das Ergebnis war eine hierarchische Neugliederung der menschlichen Varietäten je nach zugestandener Evolutionshöhe. Der Afrikaner kam näher bei den afrikanischen Menschenaffen zu liegen. Haeckels Darstellung katapultiert den Afrikaner bildnerisch zurück in die Bäume. (Abb. 5)

Hatte Darwin 1859 die Stammesgeschichte des Menschen bekanntlich formal ausgeklammert, so verknüpfte »Darwins Bulldogge« Thomas Henry Huxley (1825-1895) vier Jahre später den Menschen evolutiv mit dem Stamm der Menschenaffen.[19] Daraus ergab sich die Frage nach dem gesuchten, längst verschwundenen Bindeglied. Im eben erst vor wenigen Jahren (1856) freigelegten Überrest aus dem Neanderthal bei Düsseldorf sahen nur wenige das gesuchte Bindeglied. Wegen der hierarchisch gegliederten Rassenmodelle lag der Neanderthaler lange Jahre am Rande der großen Variationsbreite des modernen Menschen. Für Pruner-Bay galt er lediglich als altertümlicher Kelte. Auch Huxley stellte ihn anfänglich an den äußersten Rand der Variationsbreite des rezenten Menschen.

Neben der beschriebenen Bildtradition *à longue duré* besteht in der frühen fossilarmen Paläoanthropologie auch der rasche Bildwandel. Ein einfacher Bildvergleich spiegelt die über Jahre laufende Diskussion um den problematischen Fund aus dem Neanderthal und seine Einordnung zwischen Mensch und Menschenaffe (Abb. 6).

1876 stellte Hermann Schaaffhausen (1816-1893) auf dem *Congrès International d'Anthropologie et d'Archéologie préhistoriques* in Budapest die

17 Tiedemann, F. 1837: *Das Hirn des Negers mit dem des Europäers und Orang-Outangs verglichen*, Winter, Heidelberg, p. 82.

18 Lamarck, J. B. 1809: *Philosophie Zoologique [...]*, Verdière, Paris.

19 Huxley, Th. 1863: *Evidence as to man's place in nature*, William and Norgate, London.

Abb. 5: Schimpanse, Gorilla, Orang Utan und Neger: Tafel aus Ernst Haeckels »Anthropogenie« von 1874.

erste Gesichtsrekonstruktion des Neanderthalers zur Diskussion.[20] Die Abbildung in den Kongreßakten zeigt einen nahen Verwandten des rezenten Menschen mit einem gutmütigen und intelligenten Gesichtsausdruck (Abb. 6a). Der wesentlichste Unterschied zur Physiognomie des modernen Menschen besteht in der starken Prognathie, für die zum Zeitpunkt der Rekonstruktion kein Beleg vorlag, denn das Cranium mit Gesichtsschädel aus Forbe's Quarry (Gibraltar) wurde erst nach der Entdeckung der Funde von Spy dem Neanderthaler zugeordnet.

Zwölf Jahre später veröffentlichte Schaaffhausen eine völlig andere Rekonstruktionszeichnung, die das spätere Neanderthalbild entscheidend prägen sollte (Abb. 6c). Das Lächeln ist aus dem Gesicht gewichen. Herabgezogene Mundwinkel, stärker ausgeprägte Augensäcke und ein flächigeres Gesicht mit einer klobigen Nase bestimmen das Bild. Der Porträtierte wirkt grobschlächtig und aggressiv. Legt man die beiden Rekonstruktionen übereinander, scheinen die Hauptunterschiede in der Ausprägung des Überaugenwulstes und der Nase, der verstärkten Prognathie und dem Verlauf der Kinn- und Stirnlinie zu liegen (Abb. 6b).

In den zwölf Jahren zwischen 1876 und 1888 hatte sich das Verständnis für den Neanderthaler grundlegend geändert: 1876 waren die Stellung und das Alter des Neanderthalers umstritten. William King hatte die Bezeichnung *Homo neanderthalensis* zwar einige Jahre zuvor eingeführt, er wurde aber nach wie vor als dem modernen Menschen zugehörig gesehen. Schaaffhausen selber bezeichnete das Feldhofer Individuum als Repräsentanten einer primitiven Rasse aus dem Diluvium, und Rudolf Virchow sah in ihm nur die Überreste eines pathologisch veränderten, rezenten Menschen. Viele verwarfen selbst das von Schaaffhausen angenommene hohe Alter. Das änderte sich erst 1886 mit den Funden von Spy in Belgien. Die relative Datierung der Faunenreste ergab zweifelsfrei ein hohes erdgeschichtliches Alter. Deshalb griff Schaaffhausen auf Bildelemente zurück, die für Primitivität standen wie Prognathie, dumpfer Gesichtsausdruck, äffische Ohrform oder flache Stirn, mithin auf Elemente, für die kein ausreichender emprischer Befund vorlag. Die affenartige, überdeutliche Prognathie als Zeichen für Primitivität ließ sich selbst am Fundmaterial aus Spy nicht nachweisen, was sogar Schaaffhausen freimütig zugab.

Von Robert Hartmann (1831-1893) wegen der gewählten Ohrform kritisiert, hat Schaaffhausen das Ohr 1888 unter den Haaren versteckt. Doch

20 Schaaffhausen, H. 1876: *Derniers Progrès des Sciences préhistoriques. In: Congrès International d'anthropologie et d'archéologie préhistoriques.* Compte-Rendu de la 8. session à Budapest, Vol. 1, p. 384.

Abb. 6: Belege für den schnellen Bildwandel innerhalb der frühen Neanderthalrezeption, d.h. innerhalb des wissenschaftlichen Tagesgeschäftes. (a) Schaaffhausen (1876), Betonung menschlicher Merkmale. (b) Maßstabsgetreue Projektion beider Tafeln (a und c). (c) Schaaffhausen (1888), Betonung äffischer Merkmale bzw. des hohen Alter des Fundes nach den Neufunden in Spy im Jahre 1886 (nach Weltersbach, 2004).

scheinen schemenhaft die Umrisse eines deutlich pongiden Ohres aus dem Haar, von Schaaffhausen verteidigt mit der Bemerkung:

> »Ich besitze Fotographien von Chimpansi mit solchen Ohren, Hartmann selbst bildet das Ohr des Chimpansi größer ab als das des Gorilla und Orang. Ich hatte aber den Chimpansi zur Ergänzung des Bildes gewählt, weil er der intelligenteste der Anthropoiden ist und mit dem breiten Interorbitalraume dem Menschen näher steht als die andern. Auch Australier haben große Ohren, während andere tropische Rassen kleine und runde Ohrmuscheln haben.«[21]

Das zweite Porträt zeigt einen kräftigeren Nacken und eine deutlich flachere Stirn. Schaaffhausen rechtfertigt die »niederliegende Stirn« mit der mangelhaften Hirnentwicklung, wie man sie auch bei Microcephalen fände.[22] Dieser Vergleich hat Tradition, denn schon Carl Vogt (1817-1895) beschrieb 1863 bzw. 1867 die Microcephalie als Hemmbildung, die eine lückenlose Formenreihe zwischen Affen und Mensch liefere und Modellcharakter für die Abstammung des Menschen hätte.[23] Noch 1936 findet man Lehrbücher, in denen Neanderthaler-Rekonstruktionen und Photos eines Microcephalen einander in einer Abbildung gegenübergestellt sind.[24] Anhand dieser Gegenüberstellung wird deutlich, daß auch andere Wissenschaftler dem Neanderthaler nicht nur eine geringe Hirnentwicklung zusprachen, sondern für die Rekonstruktion der Physiognomie auch die Gesichtszüge geistig behinderter Menschen berücksichtigt haben. Auch Mollisons Rekonstruktion von 1931 weist in der Darstellung der Augen und des Mundes überraschend große Ähnlichkeit mit den Microcephalen auf.

Für Schaaffhausen ist der Neanderthaler trotzdem kein ›echter‹ Microcephale, weil das postcraniale Skelett keine Spuren einer Hemmbildung zeige, wie es bei Idioten der Fall sei. Ganz im Gegenteil erscheint ihm der Knochenbau des Neanderthalers ungemein kräftig, was zu seiner Einschätzung paßt, daß »er im Kampfe mit den großen Raubtieren, dem Löwen, Tiger und Bären seine Kraft gemessen und gestählt haben muß«.[25]

21 Schaaffhausen, H. 1888: *Der Neanderthaler Fund*, Adolph Marcus, Bonn (zit. Schaaffhausen, 1888), p. 34.

22 Schaaffhausen, 1888, p. 17.

23 Schmutz, H.-K. 1984: *Hypothetische Bindeglieder zwischen Affe und Mensch*. In: *Sudhoffs Archiv* 68 (1).

24 Gieseler, W. 1936: *Abstammung und Rassenkunde des Menschen*, Oehringen, facing p. 144.

25 Schaaffhausen, 1888, p. 16.

Auch wenn Schaaffhausen sich auf eine Kopfdarstellung beschränkt, kein Lebensbild einfügt und deshalb auf ergänzende Bildelemente wie Kleidung oder Waffen verzichten muß, entwirft er ein lebendiges Bild des Neanderthalers im täglichen Kampf ums Überleben: »Wäre es bei einer so ernsten wissenschaftlichen Untersuchung der Einbildungskraft gestattet, das Bild des mit dem Höhlenbären kämpfenden Riesen der Vorzeit auszumalen, so könnte man die krankhafte Beschaffenheit des im Ellenbogengelenke ankylotischen und verkürzten Armes einer Verwundung zuschreiben, die der im Kampfe mit dem Menschen sich aufrichtende und mit seinem Gegner ringende Bär durch einen Biß in die Armbeuge ihm beigebracht hätte.«[26] Der tägliche Kampf ums Dasein ist in den harten Gesichtszügen eingeschrieben.

Das von Schaaffhausen entworfene Bild des primitiven Vorfahren des heutigen Menschen hat sich, trotz aller Anzeichen einer hochentwickelten Kultur (Moustérien), über lange Jahre halten können und wurde über unzählige Lebensbilder und Dioramen konserviert und verbreitet. Oft abgedruckt wurde beispielsweise die Plastik des gekrümmt aufrechtgehenden, grobschlächtigen ›Alten Mannes‹ aus La Chapelle-aux-Saints, wie er 1913 für das Chicagoer Field Museum als primitiver Vorfahre modelliert worden war. Der Topos des äffischen Halbidioten ließe sich an unzähligen Buchillustrationen und Museumsinszenierungen nachweisen. Dies hat gleichermaßen das wissenschaftliche wie das populäre Bild bestimmt und damit die Forschung kanalisiert. Eine ganz andere Sicht auf den Neanderthaler spiegelt sich in modernen Museumsinszenierungen. Heute gilt der Neanderthaler als Vertreter einer Seitenlinie intelligenter, wenn auch ausgestorbener Verwandter. Ein Bild, das seinen vorläufigen Höhepunkt in der Statue des ›Denkers‹ im Landesmuseum für Vorgeschichte in Halle gefunden hat.

Der hierarchische Ansatz durchzieht die meisten der Rassenmodelle des frühen Darwinismus. Offen blieb die Frage nach dem anfänglich singulär gedachten Bindeglied zwischen den Menschenaffen und dem Menschen. Hierbei spielten gedachte und gezeichnete Bilder eine wichtige Rolle. Eugene Dubois hat mehrfach betont, von Haeckels Vorstellungen des hypothetischen *Pithecanthropus alalus,* denen der Maler Gabriel von Max bildnerischen Ausdruck verliehen hatte (Abb. 7), dazu angeregt worden zu sein, die Übergangsform in Niederländisch-Ostindien zu suchen. Er wurde Militärarzt, ließ sich in die Kolonien versetzen und für die Grabungsarbeiten freistellen. Im Herbst 1893 fand er am Ufer des Soleflusses bei Trinil einen Backenzahn und wenig später eine Schädel-

26 Schaaffhausen, 1888, p. 16.

kalotte mit pongiden Merkmalen. Einen menschenähnlichen Oberschenkelknochen konnte er erst im August des darauffolgenden Jahres bergen. Überzeugt davon, daß alle Einzelstücke zu demselben Fundkomplex gehören würden, beschrieb er *Pithecanthropus erectus* als das lange gesuchte Bindeglied. Er warb für seine Hypothese auf Kongressen, demonstrierte seine Funde vor wissenschaftlichen Gremien von Paris bis Berlin und suchte auf der Weltausstellung 1900 in Paris die breite Öffentlichkeit von der Existenz seines Bindegliedes zu überzeugen. Im niederländischen Kolonialpavillon erregte Dubois mit seiner lebensgroßen Rekonstruktion Aufsehen (Abb. 8). Mit dem reichen ikonographischen Vokabular für Progreß und Primitivität hatte er anhand der wenigen handfesten Artefakte eine Ganzkörperplastik modelliert, sie mosaikartig aus äffischen und rezentmenschlichen Merkmalen zusammengesetzt. In seinen äffischen Händen hält *Pithecanthropus* entwickelte Werkzeuge. Körpergröße und Werkzeuge illustrieren den hohen Entwicklungsstand, Hände und Füße verweisen dagegen auf den äffischen Ursprung.

Für Dubois ging das Kalkül auf: *Pithecanthropus* wurde zum Medienereignis. Es hatte sich gelohnt, über das Medium Ausstellung für die eigene Sache zu werben. Statt Zahn, Kalotte und Femur hatte er dem Publikum eine modellierte Hypothese zur menschlichen Stammesgeschichte präsentiert, deren entscheidende Phase sich zudem in den eigenen Kolonien abgespielt hatte. Dubois steht mit seinem Werbefeldzug nicht isoliert da. Was an der Pariser Weltausstellung von 1878 mit wenigen Vitrinen im Trocadero begann, entwickelte sich schon 1889 zur großangelegten Schau im Palais des *arts libéraux*.

Gerade die frühe Diskussion um die Stellung des *Pithecanthropus erectus* um 1895 zeigt, wie empirieresistent rassenkundliche Modelle im späten 19. Jahrhundert waren. Das späte 19. Jahrhundert ist die Zeit der nationalen Rassenmodelle. Ziel war, die eigene Nation anthropologisch zu legitimieren. Mit der Unterscheidung progressiver und primitiver, das heißt pongider Merkmale wurden einzelne Menschengruppen isoliert und morphologisch in die ursprüngliche Nähe zum Menschenaffen gestellt.

Ein Beispiel: Der Basler Anatom Julius Kollmann (1834-1918) hatte aufgrund der paläolithischen Station Schweizersbild bei Schaffhausen großgewachsene und überraschend kleinwüchsige Individuen unterschieden. In der Körpergrößenzunahme sah er in erster Linie ein Zeichen der evolutiven Höherentwicklung. Dabei berief er sich auf Darwin mit der Feststellung, Kleinwüchsige und Großgewachsene wären über eine Deszendenzlinie miteinander verknüpft: »Entweder stammen die Kleinen von den Großen ab, oder die Großen von den Kleinen. Das erste

Abb. 7: Pithecanthropus alalus: Ein hypothetisch gedachtes Bindeglied zwischen Mensch und Menschenaffe. Gemälde von Gabriel von Max als Geschenk zu Ernst Haeckels 60. Geburtstag. Haeckel-Haus Jena.

läuft auf die Degenerationshypothese hinaus, die unhaltbar und falsch ist. Es bleibt also descendenztheoretisch nur die Möglichkeit bestehen, daß die Großen von den Kleinen abstammen.« Deshalb konnte *Pithecanthropus* mit seinem langen Oberschenkelknochen und dem äffischen Schädeldach für ihn bloß ein Riesengibbon sein. Damit fiel für Kollmann und Virchow *Pithecanthropus erectus* aus der Ahnenreihe zum modernen Menschen.

Vor dem Hintergrund der aufkeimenden experimentellen Wissenschaften gingen Randständige der Wissenschaftlergemeinschaft um 1900 einen anderen Weg und schlugen vor, das gesuchte Bindeglied ›experimentell‹ zu erzeugen. Der niederländische Gymnasiallehrer Hermann Marie Bernelot Moens (1875-1938) war geradezu besessen von der Idee: »Die Weibchen der Menschenaffen, namentlich die Gorillas und Schimpansen, mit Sperma der Pygmäen (Zwergvölker aus dem Kongogebiet) oder der verschiedenen Negerrassen zu befruchten.«

Der Leipziger Arzt Hermann Rohleder (1866-1934) sah um 1911 in der künstlichen Befruchtung ein probates Rekonstruktionsprinzip für die experimentelle Paläoanthropologie. Er hatte sich auf der Pariser Weltausstellung von Dubois' Gesamtkörperrekonstruktion anregen lassen und schrieb 1918 in der Rückschau von einer Darstellung: »[...] welche mich ungemein fesselte und mir ewig im Gedächtnis bleiben wird und unseren Vorfahren wohl am wahrscheinlichsten wiedergibt.« (Abb. 8) Was Moens erträumt und Rohleder gefordert hatte, führte der russische Veterinär Ilija Ivanovich Ivanow (1870-1932) aus. Er kaufte 1926 in Westafrika Schimpansen für die geplante Primatenstation des Medizinischen Institutes der Sowjetischen Akademie der Wissenschaften in Suchumi. Mit zehn Tieren trat er im Juli 1927 die Rückreise an. Drei Weibchen hatte er zuvor mit menschlichem Sperma besamt. Keines überlebte den Transport. Zwei starben noch an Bord an Dysterie, das dritte Weibchen verendete im Zoologischen Garten von Marseille, wo es vorübergehend untergebracht war.[27]

Fazit

Die Beispiele aus der neuzeitlichen Primatologie und Anthropologie zeigen die Bedeutung des Bildes für den zeittypischen Forschungsprozeß, die weit über die einfache Textillustration hinausgeht.

27 Geus, A. 1997: *Anthropogenie und Menschenzucht – Biologistische Utopien im 19. und 20. Jahrhundert.* In: Schmutz, H. K.: *Phantome und Phantasmen in der neuzeitlichen Naturgeschichte*, Basilisken-Presse, Marburg, p. 221-238.

Abb. 8: Pithecanthropus erectus: Rekonstruktion nach den Vorstellungen von Eugene Dubois für die Pariser Weltausstellung im Jahre 1900.

Wissenschaftler wie Schaaffhausen oder Dubois erheben mit ihren empirischen Befunden Anspruch auf wissenschaftliche Objektivität. Doch sind ihre errechneten Befunde und modellierten Lebensbilder durch die anerzogenen Bild- und damit Sehtraditionen geprägt. Das Bild unterliegt eigenen Stilgesetzen und verknüpft den Forschungsprozeß mit dem Repräsentationsfeld. Veröffentlichte Bilder und ausgestellte Dioramen prägen sich leicht ein und fixieren den Denkstil auf Generationen hinaus.

Die wenigen Skizzen aus der neuzeitlichen Beschäftigung des Menschen mit Menschenaffen zeigen neben dem schnellen Bildwechsel auch die überraschende Persistenz alter Bildertraditionen. Vielleicht spiegelt sich gerade darin die Faszination, die schon immer von den Affen und Menschenaffen ausgegangen war, sei es in den Hafenkneipen oder auf dem Jahrmarkt zu Tysons Zeiten oder im Zoo unserer Tage. Viele Argumente in den heutigen Diskussionen um die Rechte für Menschenaffen erinnern den Historiker gelegentlich an die Bildsprache der frühen menschenartigen Darstellung wie Buffons Jocko oder Bondts Waldmensch.

Die Verzeitlichung der Naturgeschichte verwischte die scharfe Trennung zwischen Vier- und Zweihändern. Daraus ergab sich erneut die Frage, welche Varietät des Menschen dem Menschenaffen am nächsten stünde, und führte zu streng hierarchischen Rassenmodellen. Dies spiegelt sich auch in der langen Diskussion um das hypothetische, anfänglich singulär gedachte Bindeglied, das um 1900 mal äffischer, mal menschlicher gedacht wurde.

Oft überleben abgelegte Bilder und Theoreme in der ökologischen Nische volkstümlicher Darstellungen: Buffons Jocko überlebt bis weit ins späte 19. Jahrhundert hinein im illustrierten Kinderbuch. Dem Kinogänger fällt beispielsweise am frühen Safarifilm auf, daß die unsägliche Vermenschlichung der Menschenaffen oft lange mit einer Pongidisierung der Afrikaner einhergeht.

Offenbar hat Ludwik Fleck recht mit der Behauptung, Wissenschaft »sei eine ewige, vielmehr synthetische, als analytische, nie fertig zu machende Arbeit, ewig, wie die Arbeit des Stromes, der sein Bett formt«.

Literatur

Bitterli, Urs: *Die »Wilden« und die »Zivilisierten« – die europäisch-überseeische Begegnung* (Beck, München 1976).

Bousé, Derek: *Wildlife Films* (University of Pennsylvania Press, Philadelphia 2000).

Corbey, Raimond and Bert Theunissen (ed.): *Ape, Man, Apeman: Changing View since 1600* (Dept. of Prehistory, Leiden University, Leiden 1995).

Daston, Lorainne und Katharine Park: *Wunder und die Ordnung der Natur* (Eichborn, Berlin 2002).

Fleck, Ludwik: *Zur Krise der »Wirklichkeit«* (Die Naturwissenschaften 17: 425-430. 1929). In: Lothar Schäfer und Thomas Schnelle, *Ludwik Fleck: Erfahrung und Tatsache – Gesammelte Aufsätze*, pp. 46-58 (Suhrkamp, Frankfurt 1983).

Friedman, John Block: *The Monstrous Races in Medieval Art and Thought* (Harvard Univ. Press, London 1981).

Greenblatt, Stephan: *Mervelous Possessions – the wonder of the New World* (Clarendon Press, Oxford 1991).

Haraway, Donna Jeanne: *Primate Visions – gender, race and nature in the world of modern science* (Routledge, Chapman and Hall, London and New York 1989).

Hoßfeld, Uwe: *Geschichte der biologischen Anthropologie in Deutschland* (Steiner, Stuttgart 2005).

Moser, Stephanie: *Ancestral Images – The Iconography of Human Origins* (Cornell University Press, Ithaca, New York 1998).

Münch, Juliane: *Vom Clown zum Affen – Filmische Darstellungen von Menschenaffen im Spiegel der Zeit* (Dipl.-Arbeit Univ. Zürich 2004).

Perring, Alexander: *Erdrandsiedler oder die schrecklichen Nachkommen Chams. Aspekte der mittelalterlichen Völkerkunde.* In: Thomas Koebner und Gerhart Pickerodt, *Die andere Welt – Studien zum Exotismus*, pp. 31-87 (Athenäum, Frankfurt 1987).

Riedl-Dorn, Christa: *Wissenschaft und Fabelwesen – ein kritischer Versuch über Conrad Gessner und Ulisse Aldrovandi.* Perspektiven der Wissenschaftsgeschichte Band 6 (Böhlau, Wien und Köln 1989).

Ross, David John Athole: *Illustrated Medieval Alexander-Books in Germany and the Netherlands – a study in comparative iconography* (The Modern Humanities Research Association, Cambridge 1971).

Schmutz, Hans-Konrad: *Hypothetische Bindeglieder zwischen Affe und Mensch – Zur fossilarmen Frühgeschichte der Paläoanthropologie.* Sudhoffs Archiv 68, pp. 77-83. 1984.

Schmutz, Hans-Konrad: *Friedrich Tiedemann (1781-1861) und Johann Friedrich Blumenbach (1752-1840): Anthropologie und Sklavenfrage.* In: Gunther Mann, 1990: *Die Natur des Menschen. Probleme der physischen Anthropologie und Rassenkunde 1750-1850*, Soemmerring-Forschungen, Band VI, pp. 353-363 (Fischer, Stuttgart und New York 1990).

Schmutz, Hans-Konrad (ed.): *Phantastische Lebensräume, Phantome und Phantasmen* (Basilisken-Presse, Marburg 1997).

Schmutz, Hans-Konrad: *Die Tarsiiformes – Ihre Entdeckung und Entschleierung zwischen 1700 und 1850* (Basilisken-Presse, Marburg 2000).

Schmutz, Hans-Konrad: *Exhibit or perish – popularization in physical Anthropology in the decades about 1900, a dynamic relationship between science and society (preliminary report)* (in Russian) Russian-German Links in: *Biology and Medicine*, pp. 112-117. St.Petersburg 2002.

Schmutz, Hans-Konrad: *Rassenzwerge und Kümmerzwerge oder anthropologische Rassenmodelle nach 1860* (Presses d'histoire Suisse, Genève, in press).

Spyra, Ulrike: *Das »Buch der Natur« Konrads von Megenberg – Die illustrierten Handschriften und Inkunabeln* (Böhlau, Köln, Weimar, Wien 2005).

Weltersbach, Konstanze : *»Homo neanderthalensis« und Urmensch: Rekonstruktionen und Lebensbilder* (Dipl.-Arbeit Univ. Zürich 2004).

Yerkes, Robert Means and Yerkes, Ada: *The Great Apes – a study of anthropoid life* (Yale University Press, New Haven and London 1929).

Darwins Korallen und das Problem animalischer Schönheit

VON
HORST BREDEKAMP

I. Das Problem Darwin

Darwins Strauch

Im Jahre 1881 schuf der Maler John Collier jenes eindrucksvolle Portrait Charles Darwins, das in der *Linnean Society* von London als eine Art Ikone des Begründers der Evolutionsbiologie zu sehen ist (Abb. 1). So zumindest wird es wahrgenommen in der Unverstelltheit des barhäuptigen Kopfes, aus dem die beiden dunklen Augen den Betrachter mit nicht nachlassender Intensität anblicken. Das volle Licht liegt auf der Stirn, weil die Linke den Hut abgenommen hat. Im Gesicht liegt jedoch keine Erfüllung, keine prophetische Sehergeste des in die Ferne gehenden Blickes, sondern die direkte Konfrontation eines Menschen, dessen Eigenschaft im Ernst einer insistenten Prüfung des Gegenübers zu liegen scheint.

Auf einem etwa zeitgleichen Photo von Down House, Darwins Wohnsitz, trägt Darwin ebenfalls einen weiten Umhang, aber seine Hände gehen unter dem Tuch zusammen, so daß der Hut auf dem Kopf verbleibt, wie um die in die Ferne gehenden Augen zu verschatten (Abb. 2). Umso stärker leuchtet der weiße, ausfasernde Bart. Darwin lehnt an einem kerzengerade aufgehenden Stamm, um den sich eine Kletterpflanze rankt. In ihrem Wirren scheint sie auf die Struktur des Bartes zu reagieren. Mit den beiden Stämmen, an denen chaotisch wuchernde Formen haften, ist dem unbekannten Photographen ein Meisterwerk gelungen, das in seiner vielschichtigen Programmatik seinesgleichen sucht. Darwin hätte zahllose Möglichkeiten besessen, sich photographieren zu lassen, und tatsächlich hat ihn sein Sohn Leonard in ähnlicher Kopfhaltung, aber sitzend und im Innenraum aufgenommen.[1] Aber im Kontrast erweist sich das Außenphoto als das ungleich analytischere Bild. In der Gestalt Darwins wie auch in der Form des Baumes zeigt es die beiden Prinzipien des Ragens und des strauchhaften Wucherns.

Vermutlich hat Darwin in der Doppelstruktur von Gradlinigkeit und Wucherung seines Portraits nicht nur sich selbst, sondern auch sein Bild der Natur vollgültig erfaßt gesehen. Er selbst erscheint als bildhafte For-

1 Adrian Desmond und James Moore, *Darwin*, München 1992, Abb. 81

mel der Fragen, die ihm die Natur selbst gestellt hat. Ob dies bewußt geschehen, zufällig unterlaufen oder in unbewußter Steuerung geschehen ist, läßt sich schwer entscheiden. Es bleibt in jedem Fall ein erstaunliches Portrait, das unabhängig von den Intentionen für sich zu sprechen vermag.

Abb. 1: John Collier, Charles Darwin, Öl auf Leinwand, 1881, London, The Linnean Society.

Abb. 2: Anonym, Charles Darwin, Photographie.

Darwins Baum

Für Darwin haben Bilder eine fundamentale Rolle darin, daß sie in der Lage sind, Komplexitäten zu erfassen, die sprachlich nicht mehr einzufangen sind. Dies gilt insbesondere für die Evolution der Natur. Das doppelseitige Diagramm der *Origin of Species* gehört zu seinen großen Schöpfungen (Abb. 3). Es handelt sich um das vielleicht einflußreichste Bild, das von den Naturwissenschaften neben dem Kosmosmodell von Kopernikus und dem Atommodell Nils Bohrs geschaffen worden ist.

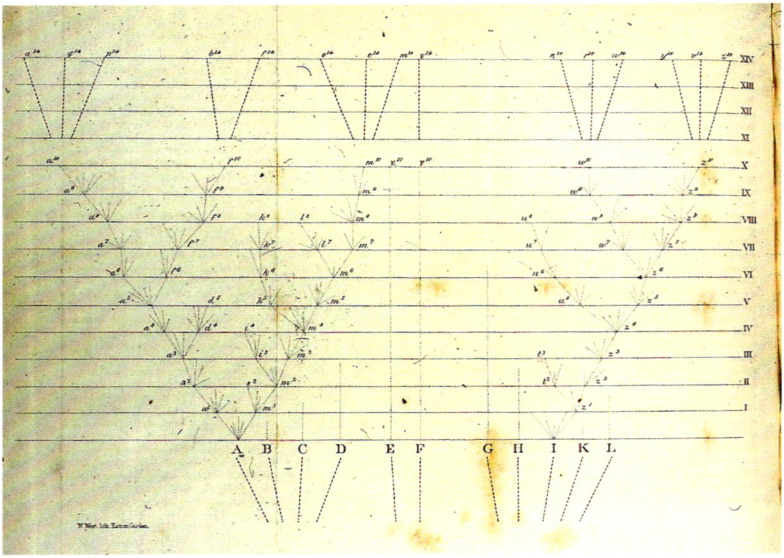

Abb. 3: Charles Darwin, Diagramm der »Natural selection«, in: Darwin, 1859, zu S. 116.

Darwin hat keinen Zweifel daran gelassen, daß sein Diagramm als Bildsymbol seines gesamten Werkes zu begreifen sei,[2] und später hat er erläutert, daß, wenn die Darstellung einer alten Familie ohne Stammbaum hoffnungslos sei, dies umso mehr für die natürlichen Familien der Arten gelte. Deren Entwicklung sei ohne Diagramm nicht zu erfassen, und selbst mit Hilfe eines solchen Bildes sei sie nur schwer begreiflich zu machen.[3] Konsequent hat Darwin die Darlegung der Prinzipien der Evolution als Beschreibung ihres diagrammatischen Modells vollzogen. Wenn auch in bezug auf die Naturwissenschaften seit geraumer Zeit von einem *iconic turn* gesprochen wird, so war Darwin dessen Urahn.

Darwin hat seinem Diagramm wie schon in der Urschrift auch einen umfangreichen Kommentar beigefügt,[4] der das Zusammenspiel der graphischen Elemente mit den Buchstaben und Zahlen zu erläutern suchte. Unten ansetzend, hat Darwin zunächst die unterbrochenen Linien als Stränge sich durchsetzender Arten bestimmt. Die horizontalen

2 Charles Darwin: *On the Origin of Species. A Facsimile of the First Edition* (Einleitung: Ernst Mayr), Cambridge/Mass. und London 2001, S. 116-126

3 Darwin 2001, S. 431

4 Charles Darwin: *On the Origin of Species by Means of Natural Selection, or the Preservation of Favoured Races in the Struggle for Life*, London 1859, S. 116-126

Schichten I bis X zeigen, wie die beiden dominanten Arten A und I immer neue Varianten ihrer selbst hervorbringen. Die römischen Ziffern kennzeichnen jeweils Einschnitte, an denen nach dem Ablauf einer fiktiven Setzung von Generationen signifikante Veränderungen eintreten. Es sind idealtypische, millenarische Größen, die ebensogut Tausende oder Millionen Generationen umfassen können. Im oberen Register schließlich, das die Entwicklungsstränge erneut zu stärkeren Linien verdickt und begradigt, zeigt sich, daß die beiden Arten A und I ihre Nachbarn ausgelöscht haben, so daß neben der stabilen Art F nur mehr Varianten dieser beiden dominanten Spezies übrigbleiben. Darwins Diagramm schien in der schematischen Glätte seiner Verzweigungsstruktur der Abstraktion eines wohlgeratenen Baumes so genau zu entsprechen, daß die Frage, ob es tatsächlich einen Baum darstelle, nie gestellt wurde.

Die Elemente gehen auf Darwins erste Visualisierungen der Evolution zurück, die er in den Notebooks von 1837 festgehalten hat (Abb. 4).[5] Mit der Verwendung von Punkt, Linie und Fläche wurden sie das Muster jahrzehntelanger Überlegungen. Die erste Zeichnung zeigt unten eine aus Punkten gebildete Linie, während sie sich nach oben hin in drei Stränge auffächert. Im zugehörigen Kommentar hat Darwin betont, daß die gepunktete Linie die ausgestorbenen Arten anzeige, wohingegen sich die drei durchgezogenen Striche auf die rekonstruierbaren Entwicklungen noch lebender Arten der drei Lebensbereiche des Wassers, der Erde und der Luft bezögen.

Die zweite Krakelur bildet bereits am Ausgangspunkt eine Verästelung, die in den nach links abgehenden Punkten eine hypothetische Abstammungslinie zeigt. Das Gebilde sucht die gegenüber den Fischen komplexere Abstammung der Vögel zu formulieren.[6] Auch hier markieren die Punkte die nur in Fossilien überlieferten Bereiche der ausgestorbenen Arten. Beide Skizzen sind von eher kümmerlicher Gestalt, aber dennoch besitzen sie eine höchste wissenschafts- und kulturgeschichtliche Bedeutung, weil sie die Tradition der Lebens- und Naturbaummodelle erstmals nicht als gegebenen Plan, sondern als sich zeitlich entwickelnden Prozeß formulieren. Der kulturelle Bruch mit der alttestamentlichen Schöpfungsgeschichte, derzufolge die Welt in sieben

5 Cambridge, University Library, Dar. Ms. 121, Fol. 26

6 Charles Darwin: *Charles Darwin's Notebooks, 1836-1844. Geology, Transmutation of Species, Metaphysical Enquiries*, Transcribed and Edited by Paul H. Barrett, Peter J. Gautrey u. a., British Museum (Natural History), Cambridge University Press 1987, B 27, S. 177; Howard E. Gruber: *Darwin's »tree of nature« and other images of wide scope*, in: *On Aesthetics in Science* (Hg.: Judith Wechsler), Boston und Basel, S. 121-140, 126

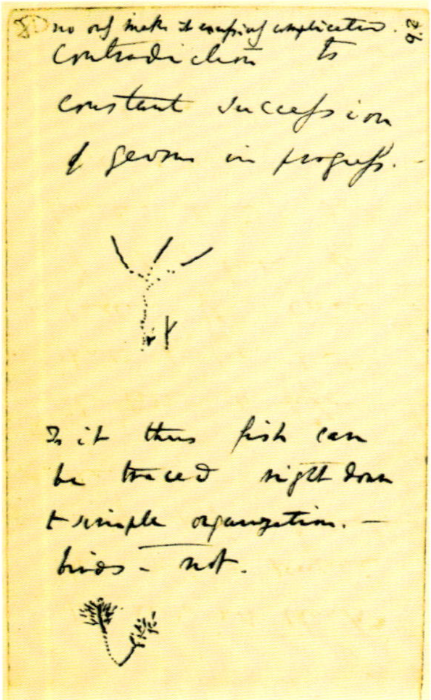

Abb. 4: Charles Darwin, 1. und 2. Evolutionsdiagramm aus »Notebook B«, Federzeichnungen, 1837.

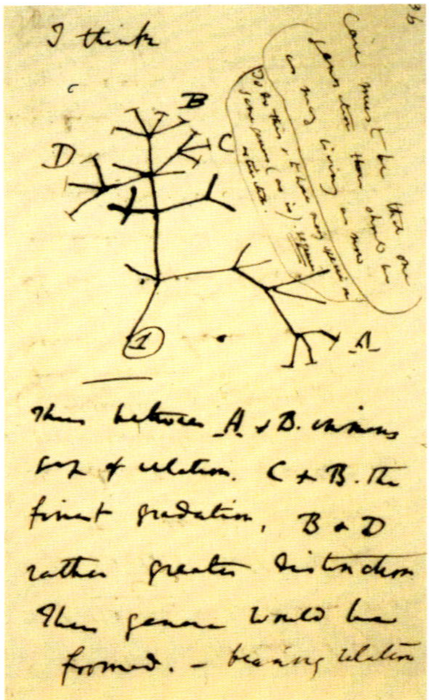

Abb. 5: Charles Darwin, 3. Evolutionsdiagramm aus »Notebook B«, Federzeichnung, 1837.

Tagen geschaffen wurde und von nun an einem göttlich festgelegten Plan folgte, war vielleicht noch größer als die kopernikanische Enthebung der Erde aus dem Allmittelpunkt. In den Krakeluren der beiden Zeichnungen ist dieser kulturell vielleicht tiefste Einschnitt seit der Antike formuliert.

Umso eindrucksvoller erscheint, daß Darwin über den beiden gezeichneten ersten Skizzen festgehalten hat: »Der Baum des Lebens sollte vielleicht die Koralle des Lebens genannt werden.«[7] In Darwins dritter Zeichnung der Notizbücher von 1837 erinnert entsprechend nichts mehr an einen Baum; vielmehr weist sich die Form von vornherein als Korallenstruktur aus (Abb. 5).[8] Es war der Schock über einen Artikel von Alfred Russel Wallace von 1855, der Darwin vermutlich dazu trieb, die Korallenmetapher aufzugeben und zu dem seit der Antike gebräuch-

7 »The tree of life should perhaps be called the coral of life« (Darwin 1987, B 25, S. 177)

8 Cambridge, University Library, Dar. Ms. 121, Fol. 36

Abb. 6: Amphiroa obrignyana (= Bossea orbigniana), London, The Natural History Museum, Darwin 1770.

Abb. 7: Überlagerung der Amphiroa obrignyana mit dem rechten Arm des Evolutionsdiagramms von Abb. 3 (Collage: Birgit Schneider).

lichen Modell des Baumes überzuschwenken. Wallace hatte für die Darstellung der Evolution den Baum als Metapher vorgeschlagen, und am Rande notierte sich Darwin eine auf dem Kopf stehende Gabel, um aus der Stimmung, daß ihm der Jüngere zuvorgekommen sei, hinzuzufügen: »uses my simile of tree«.[9] Offenbar hat Darwin unter dem Konkurrenzdruck eine von ihm zunächst abgelehnte Metapher übernommen, um sich gleichsam auf deren Wipfel zu setzen.[10]

Aber im Visuellen hat Darwin die Korallenstruktur bewahrt. Im Januar 1834 hat er an einem Strand Argentiniens Naturobjekte gesammelt, die er als kleine Korallen erachtete. Darunter befand sich auch die *Amphiroa orbignyana* (Abb. 6). Sie weist eine auffallende Ähnlichkeit zum rechten Arm des Diagramms auf, und legt man diese übereinander (Abb. 7), so fügt sich der Umriß des Tanges so eng zum oberen Fächerteil der Spezies I, daß hier nicht von einem abstrahierten Baumzweig, sondern von der Umsetzung einer korallinen Art gesprochen werden kann. Damit aber hat Darwin eine Form jener Spezies in sein Modell der gesamten Natur eingeschmuggelt, die er im Auge hatte, als er erstmals im Jahre 1837 über die Visualisierung seines Evolutionsprinzips nachdachte.

Dies hat weitgehende Konsequenzen. Im Gegensatz zum Baum, der zyklisch wächst, können die Korallen die ausgestorbenen Spezies mitsymbolisieren; vor allem aber sind sie weniger gerichtet, und sie besitzen keine interne Hierarchie. Hätte sich das Bild der Koralle als Zeichen der Gesamtnatur durchgesetzt, hätte etwa der Sozialdarwinismus eine geringere Berechtigung besessen. Darwins ursprüngliches Votum für die Koralle ist so gesehen mehr als nur eine bildmetaphorische Spielerei; sie bezeugt ein Bild der Natur, das sich von dem mit Darwin identifizierten gravierend unterscheidet.

Vor diesem Hintergrund gewinnt das Portrait des alten Darwin seine doppelpolige Prägnanz. Es zeigt Darwin mit seiner geraden Statur und seinem zerfaserten Bart als *alter ego* eines Baumes, der kerzengerade aufwächst und doch vom Gespinst einer Kletterpflanze umrankt ist. Gerichtetheit und Wucherung – dies scheinen die beiden Konfliktpartner zu sein, zwischen denen sich Darwins Bild aufbaut.

9 Zit. nach John Langdon Brooks: *Just before the Origin: Alfred Russel Wallace's Theory of Evolution*, New York 1984, S. 244; vgl. Michael Shermer: *In Darwin's Shadow. The Life and Science of Alfred Russel Wallace. A Biographical Study on the Psychology of History*, New York 2002, S. 89

10 Vgl. hierzu und zum folgenden Abschnitt ausführlicher: Horst Bredekamp: *Darwins Korallen. Die frühen Evolutionsdiagramme und die Tradition der Naturgeschichte*, Berlin 2005

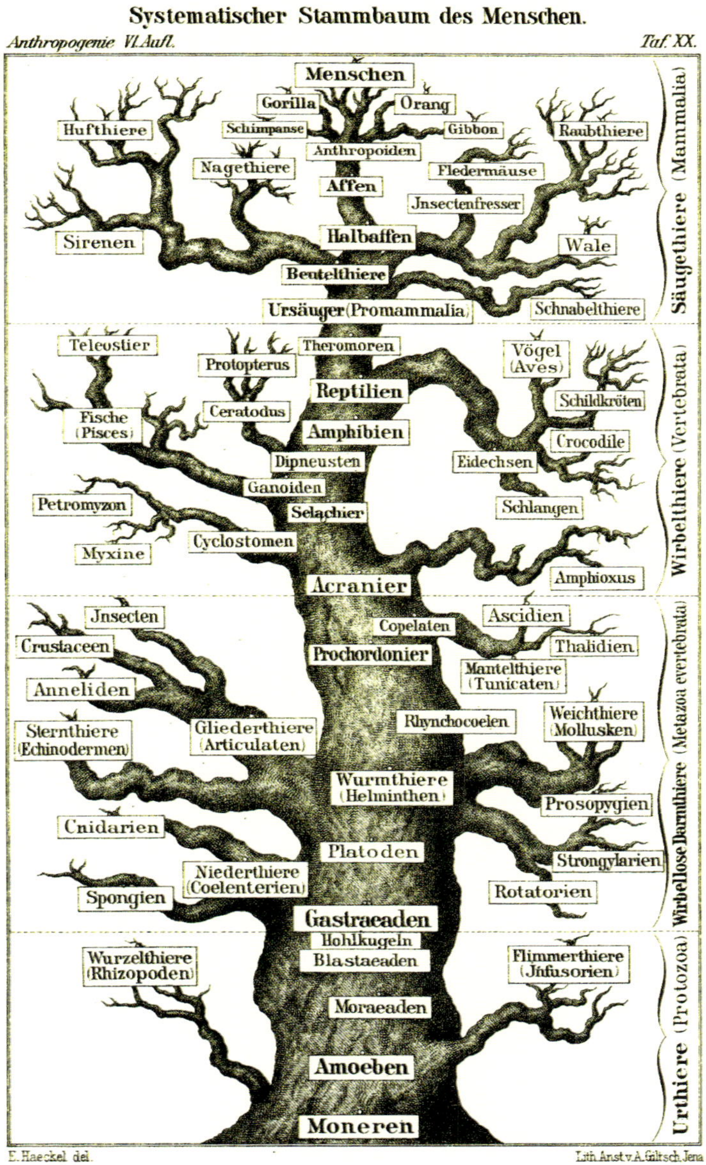

Abb. 8: Ernst Haeckel, Stammbaum der Organismen. Aus: »Anthropogenie oder Entwickelungsgeschichte des Menschen« (1874).

II. Kritik des Baummodells

Die Insistenz der Bäume

Die Entwicklungsbilder von Ernst Haeckel, dem deutschen Darwinisten erster Stunde, haben das Baummotiv popularisiert (Abb. 8),[11] und bis heute ist der Baum, trotz aller Differenzierungsversuche seitens bildbewußter Biologen wie etwa Stephen Jay Gould, das gängigste Modell von natürlichen Prozessen, die sich über lange Zeiträume abgespielt haben, geblieben.

So erläutert die Zeitschrift *Science* von 2003 im Editorial (Abb. 9):

> Vor mehr als hundert Jahren gestaltete Charles Darwin die Beziehungen der Organismen in Raum und Zeit. Was herauskam, war der Baum des Lebens, ein Eckstein der Evolutionstheorie wie auch der Klassifikation von Organismen, der das Potential hat, die gesamte Biologie zu begreifen.[12]

Noch nicht einmal hunderttausend der etwa 30 bis 50 Millionen existierenden Arten sind in eine Baumstruktur eingetragen worden, so daß die Sicherheit verblüfft, mit der das Geheimnis des Lebens immer wieder in dieser Bildmetapher erfaßt wird (Abb. 10).[13] Alle Baummetaphern kranken daran, daß sie keine Wurzeln, sondern sich verdünnende Stränge aufweisen, und zusätzlich kommt die Schwäche hinzu, daß in der linken, unteren Zeitebene, wo die Fäden und Zweige dünn zusammenlaufen müßten, die Entfernungen riesig auseinandergezogen sind, um die nach rechts sich auffächernden Verästelungen vom Ursprung her unterbringen zu können. Gleichwohl werden jeden Tag neue Baumstrukturen ausgeworfen, schon weil die hierarchischen Strukturen der Rechner diese, wenn nicht favorisieren, so doch erleichtern.

Große Hoffnung liegt in der Gen-Sequenzierung, um den Baum des Lebens in all seinen Verästelungen zur Vollendung kommen zu lassen. Die Geschichte der genetischen Entwicklung, so lautet die Utopie, wird die Bäume der Arten und die Verästelungen der genetischen Entwick-

11 Ernst Haeckel: *Antropogenie oder Entwicklungsgeschichte des Menschen*, Leipzig 1874, Taf. XII

12 »More than 100 years ago, Charles Darwin systematically charted relationships of organisms in space and time. What emerged was the concept of the Tree of Life, a cornerstone in evolutionary theory that, as well as classifying organisms, has the potential to make sense of all biology« (Jennifer A. Marshall Graves: *The Tree of Life: View from a Twig*, in: Science, Bd. 300, 2003, Nr. 5626, 13. Juni, S. 1621)

13 Entn. aus: Niles Eldredge: *Darwin. Discovering the Tree of Life*, New York und London 2005, S. 226

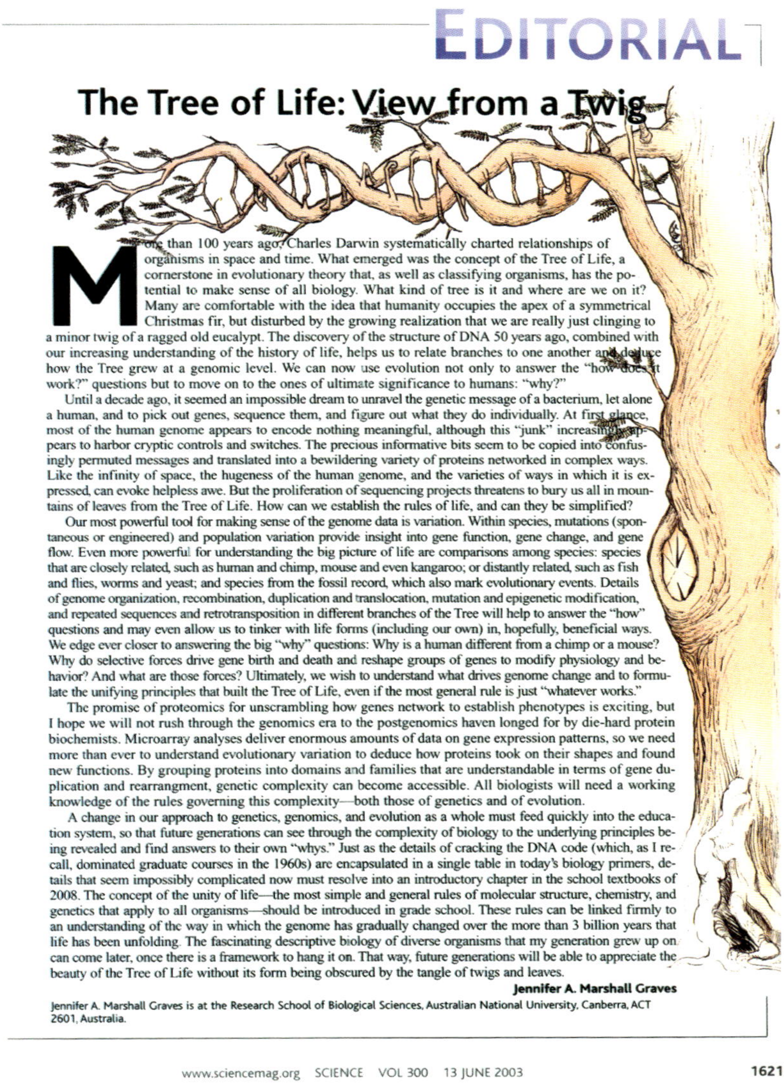

EDITORIAL

The Tree of Life: View from a Twig

More than 100 years ago, Charles Darwin systematically charted relationships of organisms in space and time. What emerged was the concept of the Tree of Life, a cornerstone in evolutionary theory that, as well as classifying organisms, has the potential to make sense of all biology. What kind of tree is it and where are we on it? Many are comfortable with the idea that humanity occupies the apex of a symmetrical Christmas fir, but disturbed by the growing realization that we are really just clinging to a minor twig of a ragged old eucalypt. The discovery of the structure of DNA 50 years ago, combined with our increasing understanding of the history of life, helps us to relate branches to one another and deduce how the Tree grew at a genomic level. We can now use evolution not only to answer the "how does it work?" questions but to move on to the ones of ultimate significance to humans: "why?"

Until a decade ago, it seemed an impossible dream to unravel the genetic message of a bacterium, let alone a human, and to pick out genes, sequence them, and figure out what they do individually. At first glance, most of the human genome appears to encode nothing meaningful, although this "junk" increasingly appears to harbor cryptic controls and switches. The precious informative bits seem to be copied into confusingly permuted messages and translated into a bewildering variety of proteins networked in complex ways. Like the infinity of space, the hugeness of the human genome, and the varieties of ways in which it is expressed, can evoke helpless awe. But the proliferation of sequencing projects threatens to bury us all in mountains of leaves from the Tree of Life. How can we establish the rules of life, and can they be simplified?

Our most powerful tool for making sense of the genome data is variation. Within species, mutations (spontaneous or engineered) and population variation provide insight into gene function, gene change, and gene flow. Even more powerful for understanding the big picture of life are comparisons among species: species that are closely related, such as human and chimp, mouse and even kangaroo; or distantly related, such as fish and flies, worms and yeast; and species from the fossil record, which also mark evolutionary events. Details of genome organization, recombination, duplication and translocation, mutation and epigenetic modification, and repeated sequences and retrotransposition in different branches of the Tree will help to answer the "how" questions and may even allow us to tinker with life forms (including our own) in, hopefully, beneficial ways. We edge ever closer to answering the big "why" questions: Why is a human different from a chimp or a mouse? Why do selective forces drive gene birth and death and reshape groups of genes to modify physiology and behavior? And what are those forces? Ultimately, we wish to understand what drives genome change and to formulate the unifying principles that built the Tree of Life, even if the most general rule is just "whatever works."

The promise of proteomics for unscrambling how genes network to establish phenotypes is exciting, but I hope we will not rush through the genomics era to the postgenomics haven longed for by die-hard protein biochemists. Microarray analyses deliver enormous amounts of data on gene expression patterns, so we need more than ever to understand evolutionary variation to deduce how proteins took on their shapes and found new functions. By grouping proteins into domains and families that are understandable in terms of gene duplication and rearrangment, genetic complexity can become accessible. All biologists will need a working knowledge of the rules governing this complexity—both those of genetics and of evolution.

A change in our approach to genetics, genomics, and evolution as a whole must feed quickly into the education system, so that future generations can see through the complexity of biology to the underlying principles being revealed and find answers to their own "whys." Just as the details of cracking the DNA code (which, as I recall, dominated graduate courses in the 1960s) are encapsulated in a single table in today's biology primers, details that seem impossibly complicated now must resolve into an introductory chapter in the school textbooks of 2008. The concept of the unity of life—the most simple and general rules of molecular structure, chemistry, and genetics that apply to all organisms—should be introduced in grade school. These rules can be linked firmly to an understanding of the way in which the genome has gradually changed over the more than 3 billion years that life has been unfolding. The fascinating descriptive biology of diverse organisms that my generation grew up on can come later, once there is a framework to hang it on. That way, future generations will be able to appreciate the beauty of the Tree of Life without its form being obscured by the tangle of twigs and leaves.

Jennifer A. Marshall Graves

Jennifer A. Marshall Graves is at the Research School of Biological Sciences, Australian National University, Canberra, ACT 2601, Australia.

www.sciencemag.org SCIENCE VOL 300 13 JUNE 2003 **1621**

Abb. 9: Baum des Lebens, in: Science, Bd. 300, 2003, Nr. 5626.

lung in eine Korrelation bringen (Abb. 11a).[14] Idealtypisch sind in die Stämme dreier Arten die hervorgehobenen Äste der zugehörigen Geschichte der Gene eingetragen.

14 Wayne P. Maddison: *Trees in Species Trees*, in: Systematic Biology, Bd. 46, 1997, Nr. 3, S. 523-536, 524

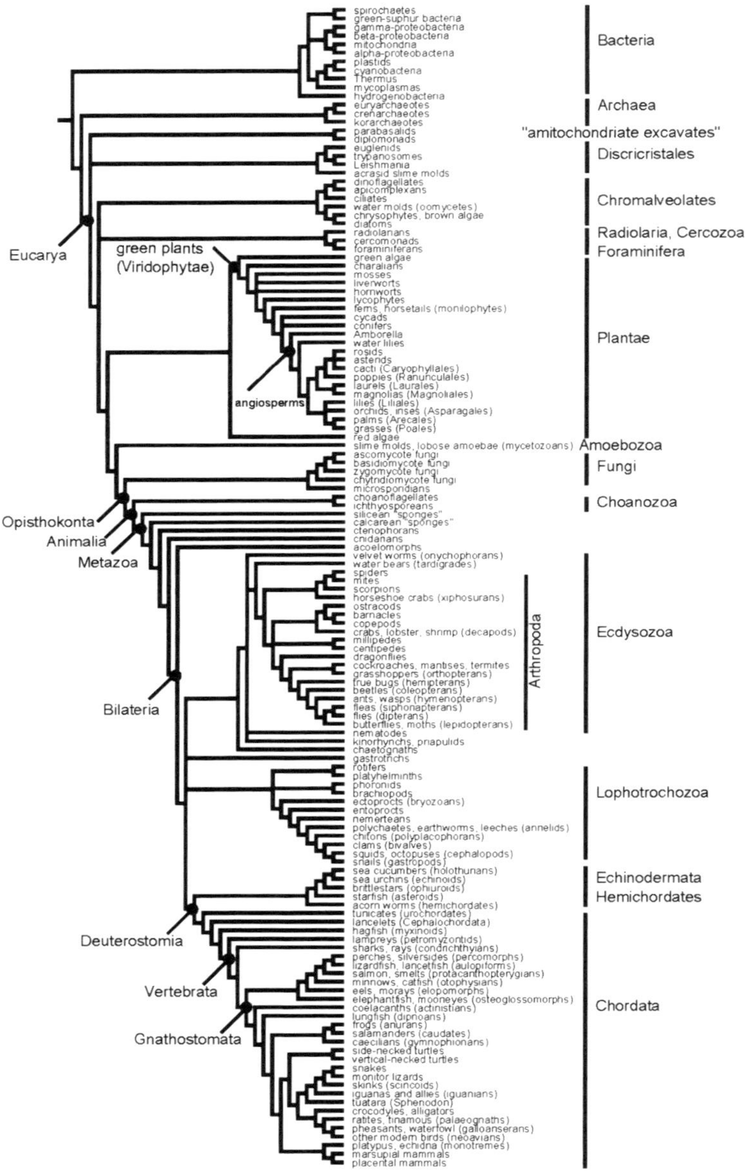

Abb. 10: Baum des Lebens, Modell, in: Eldredge, »Darwin. Discovering the Tree of Life« (2005).

Die Sperrigkeit der Natur

Aber das Bild ist zu schön, um wahr zu sein. Der Evolutionsbiologe Wayne P. Maddison hat in *Systematic Biology* darauf hingewiesen, daß Arten und Gene in ihrer Entwicklung oft nicht zusammenpassen (Abb. 11b).[15] Der Baum links zeigt eine Verästelung, bei der sich die Arten B und C als Geschwister erweisen. Bei dem rechts dargestellten genetischen Baum dagegen haben die beiden Arten C und B eine andere Herkunft, weil sie nicht von einer einzigen Abzweigung abstammen, sondern von einer Linie, die kammartig ihre Verzweigungen abgehen läßt. In genetischer Sicht sind C und B nicht dieselben Geschwister wie im Stammbaum der Arten. Ein drittes Diagramm zeigt daher das partielle Auseinanderfallen von Arten- und Genbäumen (Abb. 11c).[16] In 76 Prozent der Fälle korrelieren die Verästelungen, aber in zweimal 12 Prozent ergeben sich Abweichungen des Verlaufes.

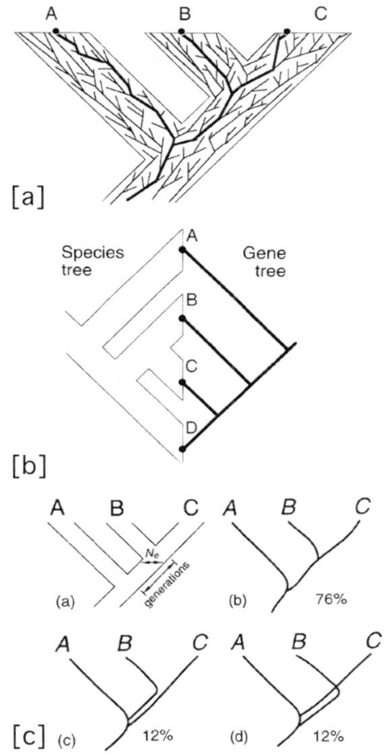

Abb. 11 [a]: Kongruenz von Arten- und Genbaum, Diagramm, in: Systematic Biology, Bd. 46, 1997, Nr. 3.

[b]: Differenz zwischen Arten- und Genbaum, Diagramm, in: Systematic Biology, Bd. 46, 1997, Nr. 3.

[c]: Artenbaum und drei mögliche Genbäume, in: Systematic Biology, Bd. 46, 1997, Nr. 3.

Einer der Gründe liegt darin, daß sich Arten nicht allein in sich selbst ausbilden, sondern Gene gleichsam horizontal tauschen, wie dies auf der bakteriellen Ebene der Fall ist. Ein solcher horizontaler Austausch, eine Konjugation, zeigt sich etwa bei dem Bakterium der Spezies *Vibrio cholerae*. In zahllosen Fällen finden sich daher scheinbar fremde Gene in Organismen, welche diese an sich nicht aufweisen dürften. Mit Blick auf

15 Ebda.
16 Ebda., S. 533

Bakterien hat der Evolutionsbiologe Seen Nee das Baummodell zusätzlich deshalb in Frage gestellt, weil es instinktiv den Menschen privilegiere und insgesamt eine Höherentwicklung attestiere; es sei semantisch unfrei und keineswegs wissenschaftlich neutral, sondern linear-aufstrebenden Psychologien und Denkmodellen förderlich.[17] Schließlich ist kürzlich in den *Proceedings of the National Academy of Sciences of the United States of America* eine umfassende Kritik der Verwendung des Baummotivs erschienen, die nicht nur die systematischen Probleme, sondern auch eine wissenschaftsgeschichtliche Ableitung der Kritik vorbringt.[18]

Darwins Selbstportrait scheint als Mixtur aus Gradlinigkeit und programmatischer Wirrnis immer noch wie ein Menetekel zu wirken: einerseits die Vorgänge in der Evolutionsgeschichte in überschaubar lineare Prozesse bringen zu wollen, die eine Höherentwicklung systematisch beobachten lassen, und andererseits das Vertrauen auf das unhierarchische, wilde, auch wüste Gestrüpp eines freien Wucherns zu favorisieren, für das die Koralle das Modell geboten hatte.

Es handelt sich um die Frage, wie der Überfluß, die Abundanz, die Wildheit und die wuchernde Schönheit in die Natur kam: die Anarchie. Hinter dieser Überzeugung steht offenbar ein Prinzip, das Darwin neben das Prinzip des *Survival of the fittest* stellen wollte, um die Wucherungen der Natur und ihren scheinbar sinnlosen Überfluß erklären zu können.

III. Die Frage der Ästhetik

Die Schönheit

Angesichts dessen, daß sich die Phänomene der Natur nicht ohne Überlappungen und Überkreuzungen in eine Baumstruktur einschreiben lassen, stellt sich die Frage, ob die Parameter der Entwicklung hinreichen, um Entwicklungsmodelle zu generieren. Darwin selbst hat sich diese Frage unablässig gestellt, und eine seiner Antworten führt zu unlösbaren, aber bedenkenswerten neuen Problemen. Es handelt sich um die Frage der Schönheit als eine in der Natur wirkende, ästhetische Evolutionskraft. Es fällt auf, daß Darwin in seinem gesamten Werk in bezug auf die Natur von *Beauty* spricht, von einer Schönheit, die etwa auch den Schluß der *Origin of Species* bildet.

17 Sean Nee: *The great chain of being*, in: Nature, Bd. 435, 26. 5. 2005, S. 429

18 Ford Doolittle und Eric Bapteste: *Pattern pluralism and the Tree of Life hypothesis*, in: Proceedings of the National Academy of Sciences of the United States of America, www.pnas.org/cgi/doi/10. 1073/pnas.0610699104

Abb. 12: Korallenriff, Buchillustration, in: Darwin 1842.

So vergleicht Darwin jene Riffe, die innere Riffnadeln umhüllen (Abb. 12),[19] mit Kunstwerken:

> Kann irgend etwas einzigartiger sein als diese Struktur? Sie ist analog zu der einer Lagune, aber mit einer Insel, die sich in der Mitte wie ein Bild in seinem Rahmen erhebt.[20]

Der Kontrast zwischen den schwarzen Wogen des Ozeans und der hellen, fast unbewegten Glätte des vom Riff beschützten Wassers bedeutet für

19 Charles Darwin: *The Structure and Distribution of Coral Reefs. Being the First Part of the Geology of the Voyage of the Beagle*, London 1842, Taf. I, Fig. 2

20 »Can any thing be more singular than this structure? It is anlogous to that of a lagoon, but with an island standing, like a picture in its frame, in the middle« (Charles Darwin: *Voyage of the Beagle* [Hg.: Janet Browne und Michael Neve], London 1989, S. 343)

Darwin einen der großartigsten Eindrücke seiner gesamten Reise auf der *Beagle*.[21]

Man kann diese Wendung für eine rein auf den Menschen bezogene und dann in die Form projizierte Metapher halten, eine literarische Zutat. Ich nehme Darwins Äußerung, daß die Koralle zu jenen Lebewesen gehört, die Bilder erzeugen, jedoch zunächst in ihrem strikten Wortsinn. Und hierin sind sie der Ausgangspunkt der Vorstellung, daß alle Organismen Bildproduzenten sind. Es handelt sich um jene zweite Seite von Darwins Evolutionstheorie, die bis heute ignoriert oder neutralisiert worden ist. Sie handelt von einem Sinn für Formen, der sich den natürlichen Organismen gleichermaßen mitteilt. Dieser Schönheitssinn greift folglich erneut die Trenngrenze von Mensch und Tier an, und man fürchtet sich, dieses Problem auch nur zu formulieren.

IV. Wo hört die Ästhetik auf?

Körperästhetik

Darwins Überzeugung, daß im Sinn für Schönheit eine zweite Komponente der Evolution zu greifen sei, die nicht weniger wichtig sei als das Prinzip des *Survival of the fittest*,[22] wirkt zunächst abstrus. Darwin ist kein Teufel und kein Heiliger; er hatte tiefe Einsichten, und er hat sich geirrt, so daß der pure Umstand, daß Darwin sich um die Frage bemüht hat, ob es eine Ästhetik der Lebewesen gegeben habe, an sich noch keinen zwingenden Grund angibt, sich mit ihr zu beschäftigen. Ein solcher ergibt sich vielmehr aus jenen Defiziten der darwinistischen Orthodoxie, die aus dem Evolutionsprinzip des *Survival of the fittest* einen Religionsersatz gemacht haben.

Die Vergleichung humanoider Empfindungen und animalischer Befindlichkeiten stößt instinktiv ab, und dieses galt insbesondere für Darwins Lebensidee, daß der *Survival of the fittest* entscheidend nicht etwa mit den Muskeln und der Intelligenz vorzugsweise männlicher Mitglieder der verschiedenen Spezies zu tun hat, sondern daß die Transformation der Arten einer so produktiven wie sinnlosen Instanz folgt, nämlich der weiblichen Auswahl männlicher Paarungspartner. Übergangslos, dies ist die zentrale, von Darwin so verzweifelt wie vergeblich vorgebrachte zweite Komponente seiner Evolutionstheorie, ist von den Tieren bis zu den Menschen das natürliche Prinzip wirksam, daß die weibliche Sensi-

21 Darwin, 1989, S. 343 f.

22 Vgl. die Zusammenstellung der Textstellen in: Winfried Menninghaus: *Das Versprechen der Schönheit*, Frankfurt am Main 2003, S. 67

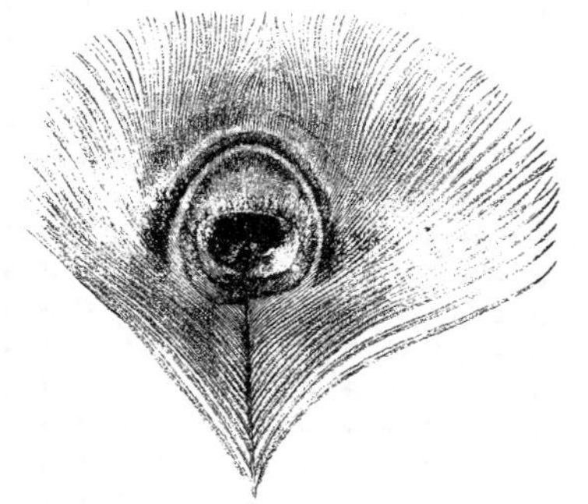

Abb. 13: Pfauenfeder, in: Darwin, »Descent of Man«, 1871.

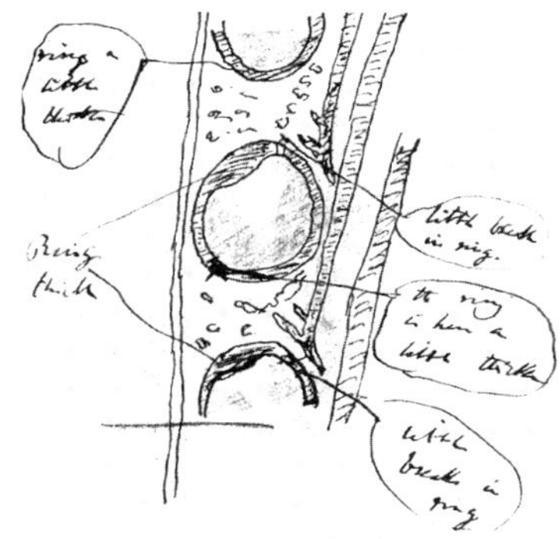

Abb. 14: Charles Darwin, Skizze des Augenornaments der Argusfasanfeder, Darwin Archive, Cambridge.

bilität für männliche Schönheit das Paarungsverhalten und damit jene langfristigen Veränderungen bestimmt, die als Evolution beschrieben werden können.[23] *Beauty* meint hierbei keinesfalls das im klassischen Sinn Schöne, sondern das auffällig Besondere, das durchaus häßlich sein kann. Entscheidend ist für die Theorie der Evolution, daß über die Kategorie der *Beauty* der natürliche Transmutationsprozeß aus der Notwendigkeit entlassen wird, Zwecken, Nutzen und Zielen zugeordnet zu werden.

Darwins Konzept der *Sexual selection* hat nichts mit dem Nutzen, sondern mit dem sinnlos schönen Spiel einer abundanten Ornamentik zu tun, die in den Augen der Pfauenfeder ein Motto besitzt (Abb. 13).[24] Der überschäumend sinnlose, überwältigend unangepaßte Reichtum der

23 Charles Darwin: *The Descent of Man and Selection in Relation to Sex* (Einl.: Richard Dawkins), London 2003 [Reprint der 2. Auflage von 1871], S. 427 ff.

24 Ebda., S. 431: »If we admit the principle of gradual evolution, there must formerly have existed many species which presented every succesive step between the wonderfully elongated tail-coverts of the peacock and the short tail-coverts of all ordinary birds; and again between the magnificent ocelli of the former, and the simpler ocelli or mere coloured spots on other birds; and so with all the other characters of the peacock. Let us look to the allied Gallinaceae for any still-existing gradations. The species and sub-species of Polyplectron inhabit countries adjacent to the native land of the peacock; and they so far resemble this bird that they are sometimes called peacock-pheasants. I am also informed by Mr. Bartlett that they resemble the peacock in their voice and in some of their habits. During the spring the males, as previously described, strut about before the comparatively plain-coloured females, expanding and erecting their tail and wing-feathers.«

Abb. 15: Rad eines Pfaues.

Natur hat Darwin zufolge im weiblichen Auge, das auf derartige Ornamente trifft, einen Ausgangspunkt.[25] Er hat diese Wunderwerke einer ornamentierenden Natur auch in Zeichnungen erschlossen, die den schier unfaßbaren Umstand zu rekonstruieren versuchten, daß die Argusaugen als perspektivisch gestaltete Bilder zu verstehen waren (Abb. 14).[26] In geradezu beseelter Betroffenheit vermerkt Darwin, daß die Bälle Schatten zeigen, als würde die Sonne auf dreidimensionale Gebilde treffen.[27]

Der Körper von Vögeln ist die Leinwand von Bildern, welche die Evolution prinzipiell nicht weniger stark geprägt haben als die Anpassung an veränderte Lebensumstände (Abb. 15). Es existiert keine Theorie, die jemals der aktiven Kraft von Bildern einen höheren Stellenwert zugemessen hätte als Darwins Prinzip der *Sexual selection*. Bilder sind die zentralen Agenten der animalischen Evolution.

Niemand hat Darwin diese Theorie abgenommen; selbst Freunde hat sie irritiert.[28] Vom englischen Viktorianismus bis zum Feminismus des zwanzigsten Jahrhunderts, von den überzeugtesten Zeitgenossen bis zu den späteren Darwinianern schien diese Erklärung der Evolution irrelevant oder abstoßend.

Das Grundproblem, mit dem sich der Darwinismus bis heute abquält, wie der oftmals scheinbar sinnlose und zugleich zutiefst schöne Reichtum in die Welt des Kreatürlichen kommt, ist von der Naturtheologie bis auf den heutigen Tag mit einem göttlichen Programmierer beantwortet worden: dem *designer God*. Darwin hat ihn thematisiert. Es ist der kreatürliche Sinn für die Körpergestalt als Bild,[29] der in der Lage ist, den Design-Vertretern auf ihrem eigenen Gebiet zu begegnen: der Annahme, daß die Natur durch einen göttlichen Artifex, einen Künstler geschaffen worden sei. Hätte man Darwin in seiner abgründigen Komplexität ernst genommen, hätte sich den Kreationisten keine Lücke geboten, in die sie hätten stoßen können.

25 Vgl. Norbert Elsner: *Die Macht des Weiblichen und die Folgen*, in: *»… sind eben alles Menschen«. Verhalten zwischen Zwang, Freiheit und Verantwortung* (Hg.: Norbert Elsner und Gerd Lüer), Göttingen 2005, S. 105-109

26 Cambridge, Darwin Archive, DAR 84.2. Vgl. Julia Voss: *Augenflecken und Argusaugen: Zur Bildlichkeit der Evolutionstheorie*, in: *Bildwelten des Wissens. Kunsthistorisches Jahrbuch für Bildkritik*, Bd. 1,2, 2003, S. 75-85, S. 82, Abb. 6

27 Ebd., S. 82; vgl. Menninghaus, S. 69

28 George Levine: *›And If It Be a Pretty Woman All the Better‹ – Darwin and Sexual Selection*, in: *Literature, Science, Psychoanalysis, 1830-1970. Essays in Honour of Gillian Beer* (Hg.: Helen Small und Trudi Tate), Oxford 2003, S. 37-51, 44 f.

29 Ebda., S. 49 f.

Das Handicap-Prinzip

Überlagert von der Diskussion um die Genetik, ist Darwins über Generationen unterminierte Theorie der *Sexual selection* in den letzten Jahrzehnten massiv diskutiert worden. Damit aber hat sich, soweit sich mir das Material darstellt, nur ein oberflächlicher Wandel vollzogen.

Berühmt geworden ist das *Handicap principle*, demzufolge die in Kampfsituationen eher behindernde als förderliche Rolle von Körperformen die Botschaft signalisieren solle, daß trotz dieser durch Überfluß geschwächten Kampfkraft das Männchen immer noch stark genug sei, allen Gefährdungen zu trotzen: die Formen der Abundanz seien Zeichen dessen, daß sich gerade in diesen Schwächungen der wahrhaft Überlebensfähige erweise. Vor allem Amotz Zahavi hat sich dem Problem der Durchsetzung scheinbar überflüssiger und kampfschwacher Lebensformen gestellt und mit dem *Handicap-Prinzip* eine Rehabilitierung der Beschäftigung mit Darwins Konzept der *Sexual selection* eingeleitet.[30]

Jüngst hat sich auch der große Insektenforscher Gadagkar dem Problem gewidmet.[31] In all diesen Versuchen, sich Darwins Bildtheorie der Evolution zu stellen, herrscht aber das Bestreben vor, die *Sexual selection* in das Gebiet der *Natural selection* und des *Survival of the fittest* einzugemeinden. Durchgängig wird bekräftigt, daß die Demonstration des *Handicap* eine umso größere Fitneß bekunde.[32] Genau dies aber hatte Darwin nicht im Sinn. Ihm ging es nicht um eine Art Fitneß zweiter Ordnung, sondern um die Suche nach der schönen, weil aberranten Form des Geschlechtspartners in Form eines wie sinnlos sich Treibenlassens. Es stellt sich der Verdacht ein, daß hier das Prinzip des *Survival of the fittest* nur verlagert und nicht etwa konterkariert wird. Die Theorie des Handicaps beschreibt diese Idee als dessen Sonderfall und nicht als dessen Antipode.

Vor drei Jahren hat Richard Dawkins daher all diesen Versuchen attestiert, Darwins zweite Komponente der Evolution nicht etwa weiterentwickelt, sondern im Sinne von Darwins Gegner Wallace trockengelegt zu haben, der jedwede Äußerung auf den Nutzen zurückgeführt habe: »Modern Wallaceans such as [...] Amotz Zahavi see bright colours and other sexually selected advertisements as honest and uncheatable badges of true quality: health, for example, or resistance to parasites. Darwin

30 Amotz Zahavi: *The handicap principle: A missing piece of Darwin's puzzle*, New York und Oxford 1997. Vgl. Helena Cronin: *The Ant and the Peacock*, Cambridge/Mass. 1991

31 Raghavendra Gadagkar: *Is the peacock merely beautiful or also honest?*, in: Current Science, Bd. 85, 2003, Nr. 7, S. 1012-1020

32 Zur Forschungsgeschichte: Gadagkar

would have no problem with that, but he also was prepared to countenance pure aesthetic whim as a selective force in nature.«[33]

Dawkins' abschließendes Urteil betont die tragende Rolle einer vordergründig nutzlosen Ästhetik in einer Entschiedenheit, wie sie nach Darwin noch niemals formuliert worden sein dürfte: »What sexual selection explains, better than natural selection, is diversity that seems arbitrary, even driven by aesthetic whim.«[34]

Diese Stimme aus der Festung der darwinistischen Orthodoxie kommt einer Revolution gleich. Sie stellt den Blick und das Bild in das Zentrum der Evolution, und sie definiert den männlichen Körper aller Spezies als Urform einer Bildkraft, die am Leib beginnt. Damit löst sich auch jene Unterscheidung zwischen der natürlichen Formung des animalischen Körpers und dem künstlich gefertigten Bild auf. Eine Lösung könnte die Frage nach den Bildern in Evolution und Evolutionstheorie gleichsam in einen neuen Rahmen stellen.

Nimmt man Darwins Theorie wörtlich ernst, so dürfte keine Theorie existieren, die jemals der Bedeutung von Bildern einen höheren Stellenwert zugemessen hätte als Darwins Prinzip der *Sexual selection*. Sie konterkariert radikal, daß nur den Menschen die Fähigkeit zur Bildproduktion gegeben sei. Vielmehr seien Bilder, Körperbilder, zentrale Agenten der Evolution.

Die Farbforschung

Im Jahre 1909 sind die Überlegungen des Kunstmalers Abbot H. Thayer zu dem Phänomen, daß sich Tiere offenbar der Umgebung farblich anzupassen verstehen, publiziert worden (Abb. 16).[35] Thayer interessierte nicht so sehr die farbliche Anpassung an sich, sondern der Umstand, daß sich Tiere offenbar in die Lage von Beobachtern zu versetzen vermögen, die sie selbst betrachten. In der Tat, dies war seine fixe Idee, nutzen Tiere ihren Körper gleichsam als Leinwand, um ihn für andere unsichtbar werden zu lassen. Es war das umgekehrte Äquivalent zu Darwins Theorie der *Sexual selection*, das jedoch mit demselben Gedanken spielte, in den Körpern der Tiere die Form eines selbstreflexiven bildnerischen Vermögens zu sehen.[36]

33 Richard Dawkins: *Introduction*, in: *Darwin*, 2003, S. xi-xxix, xiii

34 Ebda., S. xxvii

35 Gerald H. Thayer: *Concealing-Coloration in the Animal Kingdom. An Exposition of the Laws of Disguise Through Color and Pattern: Being a Summery of Abbot H. Thayer's Discoveries*, New York 1909. Abb.: Plate I

36 Zur selben Zeit begann das Militär, die Schiffe und anderes Kriegsgerät mit Tarnfarbe anzumalen und mit Kolorit als Waffe zu experimentieren. Birgit Schneider

Abb. 16: Abbot H. Thayer unter Mitarbeit von Richard S. Meryman, Gemälde, 1907.

Abb. 17: »Wattle-Eye« (Dyaphorophia concreta).

Die kürzlich erschienene, voluminöse Publikation *Bird coloration* enthält eine Summe von 25 Jahren Farbforschung in der Vogelwelt.[37] Sie nimmt nochmals die in den achtziger Jahren erfolgte Erklärung auf, derzufolge die Pracht der Farben das Zeichen abgibt, daß der Parasitenbefall dem Vogel nichts anhaben konnte. Es handelt sich hier also um eine Variante der durch Hamilton und Zahavi formulierten Handicap-Theorie.[38] Daneben gibt dieses Werk Erläuterungen darüber, daß die Vögel komplexer als der Mensch zu sehen vermögen, insofern sie UV-Farben wahrzunehmen in der Lage sind.[39] Eines der Gesamtergebnisse dieses Bandes liegt in der Feststellung, daß der Reichtum der Vogelfarben zahlreichen Funktionen folgt, die sich zwischen dem Sich-verbergen-Wollen, das der Maler Thayer Anfang des zwanzigsten Jahrhunderts dargestellt hatte, und dem Auf-sich-aufmerksam-Machen (Abb. 17) bewegen.[40] Dieses zweite Prinzip zielt auf jene Theorie, die Darwin im Auge hatte, als er die Theorie der *Sexual selection* formulierte, nämlich sich selbst zum Bild des Überflusses zu machen, um attraktiv zu sein.

vom Helmholtz-Zentrum für Kulturtechnik der Humboldt-Universität beschäftigt sich mit diesem Zusammenhang

37 *Bird Coloration* (Hg.: Geoffrey E. Hill und Kevin J. MacGraw), Bd. I: *Function and Evolution*, Bd. II: *Mechanisms and Measurements*, Cambridge/Mass. und London 2006

38 Simon C. Griffith und Sarah R. Pryke: *Benefits to Females of Assesing Color Displays*, in: *Bird Coloration*, Bd. II, S. 233-279, 249

39 Innes C. Cuthill: *Color Perception*, in: *Bird Coloration*, Bd. I, S. 3-40

40 Entn. aus: *Bird Coloration*, Bd. I, Plate 9, A

V. Die Natur als Evolutionskünstler?

Wir könnten hier enden, überzeugt oder auch abgestoßen davon, daß erneut der Mensch aus seiner privilegierten Stellung im Kosmos vertrieben wurde: selbst noch sein ästhetisches Empfinden ist Darwins Theorie zufolge im Motor der natürlichen Auslese fundiert. Aber erst dieser Brükkenschlag, so scheint mir, liefert die Grundlage dafür, daß gestaltete Formen über die Antworten der Blicke zu Handlungen auf jedwedem Gebiet zwingen. All diese Formen könnten nicht wirksam sein ohne eine über Millionen von Generationen eingeübte Verhaltensweise, welche die Gestalt als Bild begreift, das zu Handlungen motiviert.

»I think«, »Ich denke« – mit diesen beiden Worten hat Charles Darwin eine der markantesten Skizzen überschrieben, die jemals auf das Papier geworfen wurden (s. Abb. 5). Es handelt sich um nicht mehr und nicht weniger als die erste Ausformulierung der Evolution als eines nach allen Richtungen gehenden, anarchisch-kontingenten Systems, das sich nicht in der Hierarchie von Baummodellen verfängt, sondern als eine Korallenstruktur nach allen Seiten zu wuchern scheint. Es nimmt alle jüngeren Überlegungen zum Netz- oder Rhizomcharakter von Natur und Kultur vorweg, und es konterkariert in der Bildkraft seiner Kritzelei alle Formen von Sozialdarwinismus. In seiner anarchischen Entwicklungsform betont es jenen nicht zielgerichteten Schub der Evolution, den Darwin später mit Hilfe seiner Blicktheorie der *Sexual selection* beschrieb.

Die Skizze ist der Ausweis einer Theorie der Evolution, die nicht-hierarchischen Gesetzen folgt. Um sich ihrer bewußt zu werden, tritt der Mensch aus der Blickaktgemeinschaft mit den Tieren heraus. Er stellt künstliche Bilder her, die sein abstraktes Denkvermögen ermöglichen und motivieren. Der Ausstieg aus der unmittelbar ornamentalen Mechanik des natürlichen Bildaktes wird zum Reflexionsorgan der menschlichen Denktechnik. Darwins »I think« ist keine auf das Bild hinführende Erläuterung, sondern eine Aussage des Bildes über sich selbst. In diesem einzigartigen Moment, in dem erstmals in der Wissenschaftsgeschichte eine kontingente, nicht-hierarchische Evolutionsgeschichte der Natur imaginiert wird, ist der Text nicht einmal mehr Bildlegende. Vielmehr ist er eine Sprachblase des Bildes. »I think«: so schreibt der Zeichner im Namen des Bildes: »Ich denke«. Das Bild spricht in Form eines Bildaktes über sich selbst: »I think«. Es lehrt exemplarisch, daß der Mensch nicht gegen Bilder oder jenseits von Bildern denkt, sondern mit ihrer Hilfe und in ihrem Medium.

Ich habe zu erläutern versucht, warum sich Darwin in einem seiner sprechendsten Portraits neben einem Stamm darstellen ließ, der von

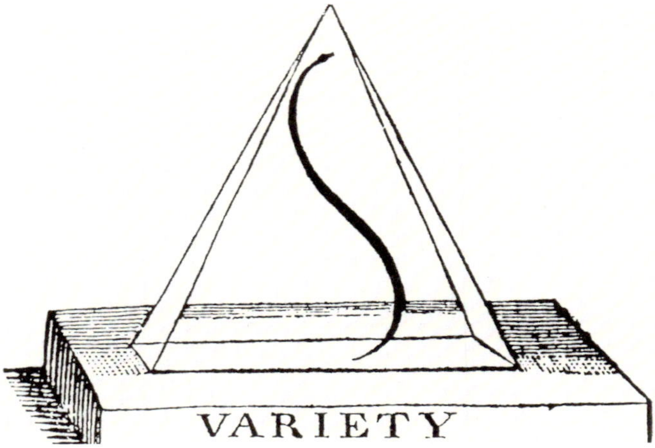

Abb. 18: William Hogarth, Variety, in: Analysis of Beauty, 1753.

einem Klettergewächs umrankt wird. Meine Überlegungen waren Vermutungen, keine Gewißheiten. Ich hoffe aber, deutlich gemacht zu haben, daß das in dieser Photographie virulente Zusammenspiel zwischen Gerichtetheit und Umschlingung zwei Prinzipien betraf, die sich für Darwin als Grundlage aller Evolution anboten. Das eine war die Fitneß, die kraftvolle, listige oder auch elastische Anpassung an sich verändernde Umwelten. Die Strategien des *Survival* waren abundant genug, aber sie konnten doch auf Zweck-Mittel-Relationen heruntergebrochen und damit in hierarchische Linearstrukturen eingebunden werden, wie sie Baummodelle aller Art bieten. Das zweite Prinzip lag in der Schönheit als Variation, als Attraktion durch Andersartigkeit. Auf dieser Ebene regiert nicht das Handicap-Prinzip, sondern die unwiderstehliche Suche nach der regellosen Abirrung. Dies ist, was Darwin mit *Beauty* meint.

Es ist noch immer dieselbe Definition, mit welcher der Künstler und Satiriker William S. Hogarth im achtzehnten Jahrhundert die »Schönheit« ausgestattet hatte: eine Schlangenlinie, kein Rechteck, als Zeichen der *Variety* (Abb. 18).[41] Die andauernd sich schlängelnde S-Linie, die sich in der Suche nach der Schönheit des Abänderlichen ereignet, wäre jenes Prinzip, das Darwin seit seinen Überlegungen zum Korallenmodell der Natur mit und in sich getragen hat. Im Photoportrait aus der Zeit um 1880 scheint es zum Programm geworden.

41 David Bindman: *Hogarth and his Times*, Ausstellungskatalog, London 1997, S. 168 f.

Bilder einer Religion des Wahren, Guten, Schönen. Ernst Haeckels Kunstformen der Natur

von
Norbert Elsner

Dinge der Natur – Gesteine, Pflanzen, Tiere, Landschaften –, wie soll man sie im Bilde darstellen? Man braucht wohl nicht lange darüber nachzudenken, um zu erkennen, daß es hierauf keine allgemeinverbindliche Antwort geben kann, denn allzu verschieden sind die Perspektiven, unter denen man die Natur betrachten kann. Wissenschaftler werden in der Regel versuchen, in einer Zeichnung das wiederzugeben, was sie für das Wesentliche und Allgemeine des äußeren und inneren Baus, etwa einer Tier- oder Pflanzenart, halten; der Einzelfall interessiert dabei weniger. Das Ergebnis sind dann jene klaren Bilder, wie sie jedes Lehrbuch, beispielsweise der Botanik oder der Zoologie, zeigt. Der Grad der Abstraktion kann dabei sehr hoch sein, und mancher Zoologiestudent wird im Anfängerkurs, beispielsweise bei der Präparation einer Schnecke, durchaus seine Schwierigkeiten haben, all das wiederzufinden, was im Praktikumsleitfaden, aber leider nicht in der Natur, durch scharfe Linien abgegrenzt ist. Und gelb, rot oder grün werden die im Buche so schön nach ihrer ekto-, meso- oder entodermalen Herkunft gekennzeichneten Organe in der Realität ganz sicher auch nicht sein.

Aber darum soll es hier nicht gehen, sondern um einen Aspekt, um den Wissenschaftler bei ihrer Arbeit, den strengen Regeln ihrer Zunft verpflichtet, zumeist einen Bogen machen, den manche sogar fürchten wie der Teufel das Weihwasser – das Empfinden für die Schönheit der Natur. Ich weiß, fast jeder Botaniker oder Zoologe wird hier lauthals protestieren und betonen, daß ihn doch nicht zuletzt gerade ein solches Gefühl bewogen habe, Biologie zu studieren. Das sei unbestritten, aber ebenso unzweifelhaft ist, daß bei der wissenschaftlichen Arbeit Nüchternheit und Sachlichkeit das oberste Gebot sind. Hält sich einer nicht daran, dann gerät er allzu leicht in den Geruch der nicht ernstzunehmenden Naturschwärmerei. Doch es bleibt ein Unbehagen, wenn das, was ohne Zweifel auch ein Aspekt der Natur ist, so einfach ausgesperrt wird. Wird es ja gar nicht, mag man sofort einwenden, denn es gibt doch die Kunst. Und in der Tat, dem Künstler obliegt es, all das auszudrücken, was er beim Anblick der Natur empfindet und was eben auch ein integraler Bestandteil der belebten wie der unbelebten Welt ist. Manche seiner Bilder mögen auf den ersten Blick rätselhaft erscheinen: wo gibt es denn blaue oder rote Pferde, warum ist ein Reh in kristalline Strukturen aufgelöst und in dieser Weise kaum in seiner ebenso gestalteten Umwelt zu erkennen, wieso sind Himmel, Wolken und Meer manchmal in glühenden, kontrastierenden Farben, ein anderes Mal ineinanderfließend in zarten Tönen und weichen Übergängen gemalt? All das ist der Ausdruck einer inneren Sicht des Künstlers auf die Dinge, aber ganz sicher nicht etwas Willkürliches, denn hier spricht zu ihm und auch zu uns letztlich dieselbe Natur, die der Wissenschaftler in seinen strengen Graphiken wiederzugeben sucht.

Der eine so, der andere so, mag man etwas salopp sagen; vermengen sollte man diese beiden Ansichten der Natur auf keinen Fall. Und doch haben gerade Wissenschaftler, bewundert viel und viel gescholten, dieser Versuchung nicht immer widerstehen können. Einer davon war der Zoologe Ernst Haeckel (1834-1919). Sein Anliegen war es, die Natur mit all ihren Facetten ganzheitlich zu begreifen, Physisches und Psychisches, Wissenschaft und Kunst miteinander zu verbinden. Das heißt, die Schönheit der Naturformen nicht nur als ein nettes Zubehör zu betrachten, sondern als einen integralen Bestandteil der Lebewesen, der nicht weniger wichtig ist als deren Anatomie und Physiologie.[1] Mehr noch: über seiner ganzen wissenschaftlichen Arbeit stand das Schiller-Wort: *Nur das Morgentor des Schönen / Drangst du in der Erkenntnis Land* (Abb. 1)[2] –

1 Eine umfassende, äußerst reichhaltig illustrierte Monographie über Haeckels künstlerisches Bemühen um die Darstellung der Naturformen ist kürzlich erschienen: Olaf Breidbach: *Ernst Haeckel – Bildwelten der Natur.* München: Prestel Verlag 2006.

2 Friedrich Schiller: *Die Künstler.* Mit Zitaten ist das freilich eine eigene Sache. Haeckel würde, wie der vorliegende Beitrag zeigen wird, sicherlich nicht den unmittelbar vorhergehenden Zeilen zustimmen, die da lauten: *Dein Wissen teilest du mit vorgezognen Geistern, / Die Kunst, o Mensch, hast du allein.* Doch in diesem viele Seiten langen Gedicht findet sich auch wieder etwas, was ihm gefiele, wenn auch nicht ganz, denn auch hier ist der Mensch beteiligt: *Die Auswahl einer Blumenflur, / Mit weiser Wahl in einen Strauß gebunden, / So trat die erste Kunst aus der Natur.*

Nur durch das Morgentor des Schönen
Drangst du in der Erkenntnis Land.
(Schiller)

Abb. 1: Ernst Haeckel (1834-1919). Aus: Die Natur als Künstlerin. Berlin 1913.

Wäre ich nicht Naturforscher, so möchte ich bloß Landschaftsmaler sein

Ein paar Worte zu seiner Biographie:[3] Ernst Haeckel wurde am 16. Februar 1834 geboren und wuchs in Merseburg auf, wo der Vater als Jurist in preußischen Diensten tätig war. Die Erziehung durch die Eltern wird als liebevoll geschildert, aber streng und von protestantischen Grundsätzen bestimmt. Die Eltern lasen viel in religiösen Schriften, besonders denen von Friedrich Schleiermacher, den sie persönlich kannten und hochverehrten. Daneben widmete man sich im Elternhaus vor allem Goethes Werken, und hier wurde der Keim für die fast kultisch zu nennende Verehrung gelegt, die Ernst Haeckel zeitlebens Goethe entgegenbrachte.

Nach dem Besuch des Merseburger Domgymnasiums studierte er von 1852 bis 1857 abwechselnd in Berlin und in Würzburg Medizin, wenn auch seine Neigungen viel eher der Biologie galten, die damals jedoch an den Universitäten noch kein selbständiges Fach war. Er fügte sich jedoch dem von praktischen Erwägungen geleiteten Wunsch des Vaters, obwohl ihm mehr und mehr klar wurde, daß er keinesfalls Arzt werden wollte. In Berlin war es vor allem der Physiologe und Zoologe Johannes Müller (1801-1858), der seinem Studium durch die Hinführung zur Meeresbiologie die entscheidende Wendung gab. Höhepunkt dieser Zeit war für Haeckel eine Exkursion nach Helgoland, auf die ihn Müller 1854 in den Semesterferien mitnahm. Hier lernte er zum ersten Male die große Formenvielfalt vor allem der wirbellosen Meerestiere kennen, deren Beschreibung und Systematik er einen großen Teil seines Lebens widmete.

Trotz des nun gefaßten festen Entschlusses, Meeresbiologe zu werden, führte er sein Medizinstudium weiter und schloß es 1857 mit der Promotion ab, worauf er 1858 die Approbation als Arzt erhielt. Eine Praxis betrieb er freilich nur kurze Zeit, und dies auch nur formal und zu ungewöhnlichen Zeiten, so daß sich kaum Patienten einstellten. Der Wunsch, Naturforscher zu werden, war übermächtig.

Schon 1855 hatte er die Semesterferien zu seiner ersten Alpen- und Italienexkursion genutzt. Seine ausführlichen Briefe an die Eltern zeugen von seiner Naturbegeisterung (12.9.1855):[4]

3 Als neuere, nicht im Stile früherer Hagiographien gehaltene Biographie sei empfohlen: Erika Krauße: *Ernst Haeckel.* Leipzig, B. G. Teubner Verlagsgesellschaft 1984. Dort finden sich auch ein Verzeichnis der wichtigsten Werke Haeckels sowie Angaben zur Sekundärliteratur.

4 Ernst Haeckel: *Entwicklungsgeschichte einer Jugend. Briefe an die Eltern 1852-1856* (Hrsg. Heinrich Schmidt). Leipzig: K. F. Koehler 1921, S. 155.

Abb. 2: Ernst Haeckel: Tur und der Sinai bei Sonnenuntergang. Aquarell 1876.

Abb. 3: Ernst Haeckel: Die Nordküste der Insel Sokotora im Arabischen Meer. Aquarell 1882.

> Noch nie war ich so in dem Allerheiligsten der Natur [...]. Im übrigen wünschte ich, Ihr könntet mich mal sehen, wie herrlich mir das Alleinreisen bekömmt, sowohl körperlich als geistig. Nicht nur Muskeln und Sehnen, sondern auch Charakter, Entschlußkraft, Wille, Mut usw. ist in beständigem Wachsen. Ich bin ein ganz anderer Kerl!

An anderer Stelle heißt es:

> Jedesmal, wenn ich der lieben Mutter Erde wieder nahekomme, mich ganz, wie ich bin und lebe in sie hineinstürze, Wald und Berge und Wasser auf mich ganz unmittelbar wirken lasse, dann lebe ich neu auf, und neue Begeisterung für alles Wahre, Gute und Schöne strömt in mein Herz hinein.

Es wurde dies zum Credo seines ganzen Lebens. Untrennbar von der rein wissenschaftlichen Arbeit war sein Empfinden für die Schönheiten der Natur, die er künstlerisch festzuhalten versuchte. Skizzenblock und Malzeug führte er bis ins hohe Alter stets mit sich, und so entstanden im Laufe der Jahre auf seinen vielen Reisen, die ihn unter anderem nach Ceylon (Sri Lanka),[5] nach Sumatra und Java,[6] nach Teneriffa, Korsika und vor allem viele Male nach Italien führten, neben einigen Ölgemälden mehr als 1.500 Landschafts-Aquarelle (Abb. 2, 3, 4, 5).[7] In ihnen drückt sich sein starkes Naturempfinden aus, wie er es zudem in seinen Reisebüchern in Worte zu fassen suchte:

> Während unsere Korvette die Anker lichtet und sich nach Norden wendet, genießen wir den unvergeßlichen Anblick eines Sonnenuntergangs, wie man ihn nur in diesen Breiten und nur in dieser Luft sehen kann. Gleich dem Zauberbilde einer Fata Morgana strahlt die ganze Sinaikette mit ihren zackigen Gipfeln in glühendem Purpur; die Schatten ihrer Klüfte schimmern in magischem Blau. Am Fuße des Gebirges gehen diese herrlichen Farbentöne in ein zartes Violett über, das durch eine gesättigte Lage von tiefem Braun sich vom gelben Wüstensande abhebt. Die glühenden Farben werden durch das tiefe, fast schwarze Blau des Meeres kraftvoll gehoben. Die Kronen der Palmen am Strande, leise im lauen Abendwinde schwankend, senden uns

5 Ernst Haeckel: *Indische Reisebriefe*. Berlin: Verlag von Gebrüder Paetel 1882.

6 Ernst Haeckel: *Aus Insulinde. Malayische Reisebriefe*. Bonn: Alfred Kröner Verlag 1901.

7 Eine Auswahl wurde reproduziert in: *Ernst Haeckel: Wanderbilder. Nach eigenen Aquarellen und Oelgemälden. Die Naturwunder der Tropenwelt. Ceylon und Insulinde.* Gera-Untermhaus: W. Koehler'sche Verlagsbuchhandlung 1904.

Abb. 4: Ernst Haeckel: Capri gesehen nach Termini auf Capo Campanella. Aquarell 1859.

Abb. 5: Ernst Haeckel: Capri. Stadtansicht mit Vesuv im Hintergrund. Aquarell 1859.

> einen letzten Gruß und die rasch hereinsinkende Nacht entzieht das märchenhafte Bild unseren scheidenden Blicken. Adio Arabia.[8]

Die Grundlage für seinen wissenschaftlichen Durchbruch und damit die Voraussetzung für eine Professur schuf er 1859/60 auf einer 15monatigen Italienfahrt, die jedoch fast noch einmal zu einer Wende in seinem Leben geführt hätte. Zufällig lernte er in Neapel den norddeutschen Dichter Hermann Allmers (1821-1902) kennen, der auch ein begabter Maler war und sich als Künstler lebhaft für die Natur interessierte. Haeckel schloß sich ihm an und führte über mehr als ein halbes Jahr auf Capri ein freies Künstlerleben, wie nie zuvor und auch nie mehr hernach (Abb. 4, 5). An seine Braut, Anna Sethe, schrieb er (18.8.1859):

> Wir führen hier wirklich ein wahres Urleben, unbekümmert um Welt und Menschen, Politik und Gesellschaft – bloß der reinen, köstlichen Natur und ihrem malerischen Genusse uns ganz und gar hingebend. Nie habe ich mit solcher Freude – und auch mit solchem Glück – nach der Natur gezeichnet und gemalt.[9]

Und er spielte durchaus mit dem Gedanken, die Naturforschung zugunsten der Landschaftsmalerei aufzugeben, wie er der Braut mitteilte (16.8.1859):

> Und in der Tat, der Gedanke, noch auf meine alten Tage Landschaftsmaler zu werden, ist mir nie so nahe getreten wie gerade jetzt hier, wo ich in das heitere, harmlose, phantasievolle Künstlerleben einen so reizenden Blick getan und dessen Lichtseiten gegenüber dem ernsten, kalten, verständigen Wissenschaftsleben des Gelehrten so recht schätzen gelernt habe. Was muß das für ein Glück sein, immer nur in der poetischen Welt des Lichts und der Farben zu leben und Formen und Gestalten der unerschöpflichen reichen Natur mit treuem Pinsel wiederzugeben; dabei alles Unschöne vermeiden und die Phantasie immer nur zu Schöpfungen des ewig Schönen und Anmutigen spielen zu lassen. Wirklich – wäre ich nicht Naturforscher, so möchte ich bloß Landschaftsmaler sein (was übrigens auch nur ein Stück Naturstudium ist), und wer weiß, was noch passiert.[10]

8 Ernst Haeckel: *Arabische Korallen.* Berlin 1876.

9 Ernst Haeckel: *Italienfahrt. Briefe an die Braut 1859-1860* (Hrsg. Heinrich Schmidt). Leipzig: K. F. Koehler 1921, S. 94. Eine weitere Sammlung von Briefen an die heißgeliebte Braut und spätere Frau erschien unter dem Titel: *Ernst Haeckel: Himmelhoch jauchzend … Erinnerungen und Briefe der Liebe* (Hrsg. Heinrich Schmidt). Dresden: Carl Reissner-Verlag 1927.

10 Ebd. S. 92.

Abb. 6: Ernst Haeckel: Stadtansicht Jena. Aquarell 1858.

Meeresforscher und Evolutionsbiologe – von Messina nach Jena

Doch dann kehrte er zur Wissenschaft zurück und widmete sich am Golf von Messina einem bisher noch wenig untersuchten Teil der Meeresfauna. Es waren dies die Radiolarien, Einzeller aus der Klasse der Rhizopoden (Wurzelfüßler). Diese mikroskopisch kleinen, im Meere schwebenden Tiere bilden zierliche Skelette aus Kieselsäure oder Strontiumsulfat von besonderer Mannigfaltigkeit und Schönheit. Betrachtet man diese Gestalten, so wird verständlich, warum sich der Naturwissenschaftler Haeckel, den das Ästhetische der Natur zeitlebens anzog, gerade diese Tiergruppe herausgegriffen hatte. In nur sechs Monaten fand er 120 neue Radiolarienarten, mehr als doppelt so viele, wie bis dahin überhaupt erst bekannt gewesen waren. Mit diesem Schatz kehrte er nach Deutschland zurück und begann mit der Abfassung seines ersten großen Tafelwerkes, der berühmten *Radiolarien-Monographie,*[11] die ihm 1862 den Ruf auf eine Professur für Zoologie an der Universität Jena einbrachte (Abb. 6).

11 Ernst Haeckel: *Die Radiolarien (Rhizopoda radiaria). Eine Monographie. I: Text. II: Atlas.* Berlin 1862. Ein Neudruck des Atlas ist erschienen unter dem Titel: *Ernst Haeckel: Kunstformen aus dem Meer. Der Radiolarien-Atlas von 1862* (Hrsg. Olaf Breidbach). München: Prestel Verlag 2005.

Welche Leistung allein die zeichnerische Darstellung der Radiolarienskelette darstellte, kann man nur ermessen, wenn man diese winzigen Einzeller selbst einmal unter dem Mikroskop betrachtet hat. Es sind räumliche Gebilde, und bei der notwendigen hohen Vergrößerung ist immer nur eine, in der Tiefe ganz eng begrenzte Ebene scharf zu sehen. Auch mit Hilfe der Mikrophotographie, die Haeckel Mitte des 19. Jahrhunderts ohnehin noch nicht zur Verfügung stand, kann man kein besseres Bild erzielen. Man muß also äußerst feinfühlig mit der Mikrometerschraube von Schärfeebene zu Schärfeebene (»Durchschärfen«) gehen, um dann das stufenweise Gesehene zeichnerisch zu einem räumlichen Körper zusammenzusetzen – eine kognitive wie künstlerische Herausforderung (Abb. 7).[12]

Mit seinem Radiolarienwerk war Haeckel schlagartig als Meeresbiologe und Systematiker bekannt geworden. Neben einer Vielzahl von kleineren Publikationen folgten im Laufe der nächsten Jahrzehnte weitere große Monographien mit künstlerisch herausragend gestalteten Tafeln, so beispielsweise Werke über die *Kalkschwämme* (1872),[13] die *Medusen* (1879/80)[14] und die Fortsetzung der *Radiolarien-Monographie*, deren Umfang den Atlas von 1862 weit in den Schatten stellte.[15] Hinzu kam Haeckels Mitarbeit an dem großen *Challenger-Report*, in dem die Ergebnisse der mehrjährigen Expedition des britischen Tiefsee-Forschungsschiffs *Challenger* zusammengetragen wurden. Haeckel war beauftragt worden, die gesammelten Radiolarien, die Hornschwämme sowie die Schirmquallen (Medusen) und die Staatsquallen (Siphonophoren) zu bearbeiten, eine Aufgabe, die ihn neben all seinen vielen anderen Arbeiten zwölf Jahre lang beschäftigte. In vier großen Bänden, die zwischen 1882 und 1889 erschienen, beschrieb er auf mehr als 2700 Textseiten und 230 großformatigen Tafeln weit über 4000 Arten, hiervon allein über 3500

12 Mikro-Fotos, die dieses »Durchschärfen« am Beispiel von Radiolarien-Präparaten illustrieren, finden sich in: Bernd Lötsch: *Gibt es Kunstformen in der Natur? Radiolarien, Haeckels biologische Ästhetik und ihre Überschreitung.* In: *Welträtsel und Lebenswunder. Ernst Haeckel – Werk, Wirkung und Folgen* (Hrsg. E. Aescht, G. Aubrecht, E. Krauße und F. Speta). Ausstellungskatalog des Landesmuseums Linz 1998; S. 339-372.

13 Ernst Haeckel: *Die Kalkschwämme (Calcispongae). Eine Monographie. I: Biologie der Kalkschwämme. II: System der Kalkschwämme. III. Atlas der Kalkschwämme.* Berlin 1872.

14 Ernst Haeckel: *Das System der Medusen.* Jena 1879-1880. Nachdruck Jena: Gustav-Fischer-Verlag 1986

15 Ernst Haeckel: *Die Radiolarien (Rhizopoda radiaria). Eine Monographie. 2.-4. Teil.* Berlin: Georg Reimer Verlag 1887.

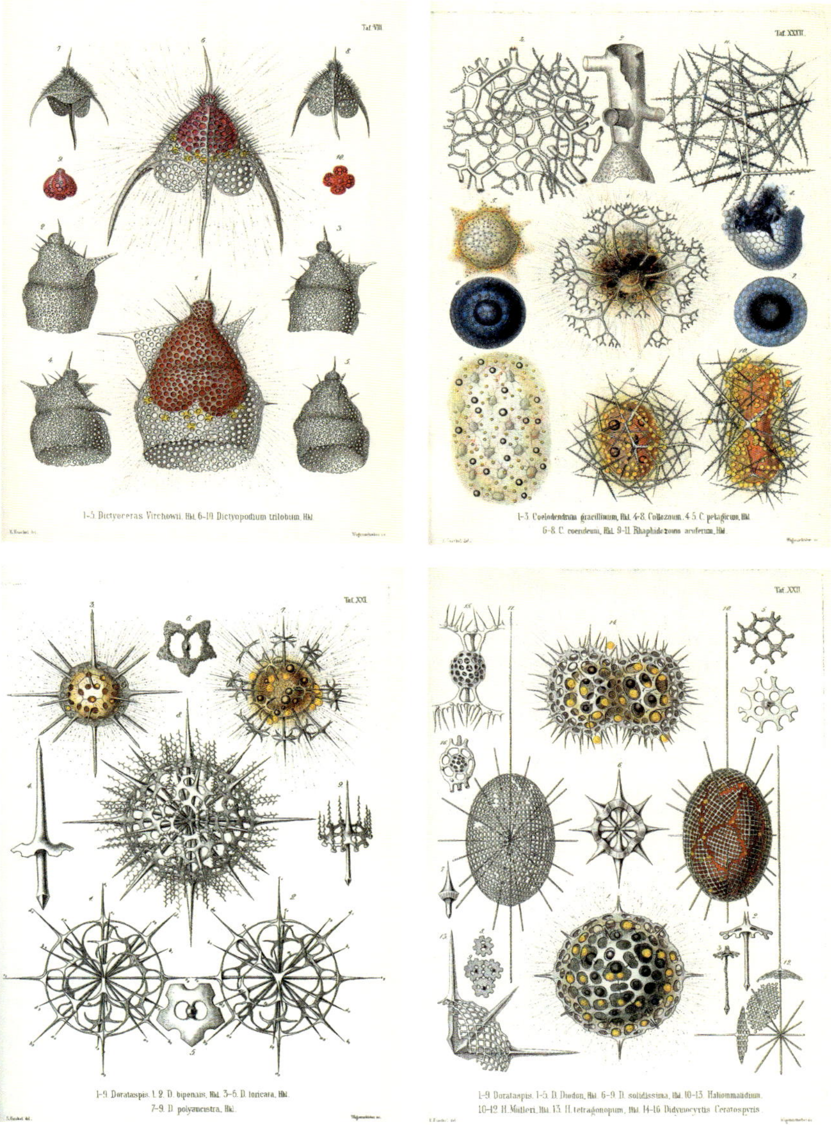

Abb. 7: Ernst Haeckel: Vier Tafeln aus dem Radiolarienatlas von 1862.

neue Radiolarien.[16] Allein diese meeresbiologischen Arbeiten hätten als Lebenswerk wohl mehr als genügt. Und auf eines ist hinzuweisen: So begeistert und begeisternd, manchmal auch schwärmerisch, Haeckel die Schönheit der Radiolarien, Medusen und anderer Meeresorganismen in seinen allgemeinverständlichen Werken pries, so korrekt und sachlich waren seine rein wissenschaftlichen Beschreibungen.

Zum entscheidenden Leitmotiv wurde der Begriff ›Entwicklung‹ bzw., wie es damals hieß: ›Entwickelung‹, der für ihn der Zauberstab war, mit dem die Einheit aller Naturerscheinungen beschworen werden konnte. Den Anstoß hierzu gab Darwins 1859 erschienenes epochales Werk *On the origin of species*. In einem Vortrag, den Haeckel am 19. September 1863 auf der 38. Versammlung Deutscher Naturforscher und Ärzte hielt, setzte er sich leidenschaftlich für Darwins Abstammungslehre ein, und ihr widmete er in den folgenden Jahrzehnten zahllose öffentliche Reden und Vorlesungen, deren Publikationen ihm weit über Deutschlands Grenzen gleichermaßen Begeisterung wie auch Feindschaft einbrachten.[17] »Entwickelung heisst von nun an das Zauberwort, durch das wir alle uns umgebenden Räthsel lösen, oder wenigstens auf den Weg ihrer Lösung

16 *Report on the Deep-Sea Medusae dregded by H. M. S. Challenger during the years 1873-1876.* London: Longmans u.a. (= *Report on the scientific results of the voyage of H. M. S. Challenger* […] Zoology, Vol. 4, Part 12) 1882. – *Report on the Radiolaria collected by H. M. S. Challenger during the years 1873-1876. Part I: Porulosa (Spumellari and Acantaria). Part II: Osculosa (Nesselaria and Phaeodaria).* London: Eyre & Spotiswoode. (= *Report on the scientific results of the voyage of H. M. S. Challenger* […] Zoology, Vol. 18, Part 1/2) 1887 – *Report on the Deep-Sea Siphonophora by H. M. S. Challenger during the years 1873-1876.* London: Eyre & Spotiswoode (= *Report on the scientific results of the voyage of H. M. S. Challenger* […] Zoology, Vol. 28) 1888 – *Report on the Deep-Sea Keratosa collected by H. M. S. Challenger during the years 1873-1876.* London: Eyre & Spotiswoode (= *Report on the scientific results of the voyage of H. M. S. Challenger* […] Zoology, Vol. 32, Part 82) 1889.

17 Ernst Haeckel: *Über die Entwickelungstheorie Darwins. Vortrag auf der 38. Versammlung Deutscher Naturforscher und Ärzte.* Stettin 1863. In: *Ernst Haeckel: Gemeinverständliche Vorträge und Abhandlungen aus dem Gebiete der Entwickelungslehre.* 2 Bde. Bonn: Verlag von Emil Strauß 1878-1879. 2. Aufl. 1902, S. 1-34. – Ernst Haeckel: *Natürliche Schöpfungsgeschichte. Gemeinverständliche wissenschaftliche Vorträge über die Entwickelungslehre im Allgemeinen und diejenige von Darwin, Goethe und Lamarck im Besonderen.* Berlin 1868: Georg Reimer Verlag 1868. – Ernst Haeckel. *Anthropogenie oder Entwickelungsgeschichte des Menschen. Gemeinverständliche wissenschaftliche Vorträge über die Grundzüge der menschlichen Keimes- und Stammesgeschichte.* Leipzig 1874. 6. verb. Aufl. Leipzig: Verlag von Wilhelm Engelmann 1910. – Ernst Haeckel: *Die Welträthsel. Gemeinverständliche Studien über monistische Philosophie.* Bonn: Verlag von Emil Strauß 1899.

gelangen können.« »Man wird nun begreifen, weshalb ich [...] Darwin's That ›mit so jubelndem Entzücken begrüßte, als ob ich von einem Alp, der bisher auf der Kenntnis der Organismen ruhte, mich befreit fühlte.‹ Es fielen mir in der That ›die Schuppen von den Augen‹«, schrieb Haeckel einige Jahre später.[18] In einer autobiographischen Skizze heißt es: »Hier war auf einmal in der einfachsten Weise das große Problem von der Entstehung der Arten, von der Verwandtschaft der organischen Formen gelöst, über das er so oft nachgedacht, und das ihm schließlich, wie fast allen anderen, zuletzt immer als ein unlösbares erschienen war.«[19] Daß für Haeckel das Studium der individuellen Keimesentwicklung, die Ontogenese, ein Schlüssel zur Aufklärung der Stammesgeschichte war (»Die Ontogenese ist ein Auszug aus der Stammesgeschichte«), soll hier nicht weiter diskutiert werden. Dieses sogenannte biogenetische Grundgesetz, das Haeckel zunächst schärfer formuliert hatte,[20] indem er von einer ›Rekapitulation der Stammesgeschichte‹ gesprochen hatte, hat die Evolutions- wie die Entwicklungsbiologie ungemein stimuliert, obwohl – oder gerade weil – es viel geschmäht wurde. Bezeichnenderweise erlebt es gegenwärtig in der salopp mit »Evo-Devo« (Evolution – Development) betitelten Debatte wieder eine fröhliche Auferstehung.

Weltstoff, Weltkraft und Weltseele

Haeckel wollte nun aber die ungeheure Formenvielfalt der Arten nicht nur beschreiben, systematisch ordnen und ihre Stammesgeschichte aufklären. Ihm ging es um mehr: er wollte *alle* Erscheinungsformen der belebten Natur, also auch das, was man mit den Worten Bewußtsein, Geist, Seele bezeichnet, aber auch – worum es uns hier vornehmlich geht – die Schönheit der Lebewesen, unter dem Stichwort »Entwicklung« in ein umfassendes System einordnen, in das sich zwanglos auch die unbelebte Natur einfügen sollte. Dieses Programm seines Lebens legte er 1866

18 Ernst Haeckel: *Generelle Morphologie der Organismen. I: Allgemeine Anatomie der Organismen. II: Allgemeine Entwickelungsgeschichte der Organism*en. Berlin: Verlag von Georg Reimer 1866. Photomechanischer Nachdruck Berlin, New York: Walter de Gruyter 1988, Bd. I, S. XVII.

19 Ernst Haeckel: *Eine autobiographische Skizze*. In: Ernst Haeckel: *Gemeinverständliche Werke* (Hrsg. H. Schmidt) Leipzig und Berlin 1924, Bd. I, S. XX f.

20 Ernst Haeckel: *Über die heutige Entwickelungslehre im Verhältnisse zur Gesammtwissenschaft*. Vortrag auf der 50. Jahresversammlung der Gesellschaft Deutscher Naturforscher und Ärzte in München 1877. Zitiert wird nach: Ernst Haeckel: *Gemeinverständliche Vorträge und Abhandlungen aus dem Gebiete der Entwickelungslehre*. 2. Auflage 1902. Bd. 2, S. 119-146.

mit der *Generellen Morphologie der Organismen* vor.[21] Es ist dies das große programmatische Schlüsselwerk seines Lebens, ein zweibändiges Werk von über 1000 Druckseiten. Er hatte es in einem wahren Schaffensrausch geschrieben, mit dem er sich von dem Schicksalsschlag zu befreien suchte, der ihn mit dem Tod seiner heißgeliebten Frau, Anna Sethe, getroffen hatte: Am 16. Februar 1864, seinem 30. Geburtstag, jenem Tage, an dem ihm die »Gesellschaft deutscher Naturforscher Leopoldina« ihre höchste Auszeichnung, die Goldene Cothenius-Medaille, verlieh, starb sie nach nur 18monatiger Ehe.

Nahezu alles, was das spätere Lebenswerk Haeckels kennzeichnet, findet sich bereits in der *Generellen Morphologie* des erst 32jährigen. Die beiden Bände sind eher eine feurige Predigt – jedem der 30 Kapitel ist ein Goethe-Zitat vorangestellt – als ein nach den Zunftregeln der Wissenschaft geschriebenes Buch. Die stark gefühlsbetonte, schwärmerische, auch polemische Seite von Haeckels Wesen tritt an vielen Stellen zu Tage. Sein Ziel war es, unter dem Gesichtspunkt der Darwinschen Abstammungslehre die Organismen entsprechend ihrer Verwandtschaft in einem »Natürlichen System« – heute spricht man von dem »Phylogenetischen System« – zu ordnen. Aber er ging weit über Darwin hinaus: Er äußerte sich unmißverständlich zur Abstammung des Menschen – Darwin hatte hierzu 1859 in seinem Werk *On the origin of species* nur eine Andeutung gemacht – und stellte Überlegungen zur Entstehung des Lebens auf der Erde an. Mehr noch: Er bekannte sich zur Identität von Körper und Seele, wobei er der gesamten Natur, ob anorganisch oder organisch, eine Beseeltheit unterstellte. Als Konsequenz daraus entwarf er eine Entwicklungsgeschichte des Geistes und der Seele, was ihn zur Ablehnung eines außerhalb der Natur stehenden Gottes führte. Statt dessen postulierte er die Einheit von Gott und Natur. Für Haeckel gilt, so seine Worte am Schluß des mit »Die Einheit der Natur und die Einheit der Wissenschaft« überschriebenen vorletzten Kapitels der *Generellen Morphologie* (Bd. 2, S. 447):

> Alle wahre Naturwissenschaft ist Philosophie und alle wahre Philosophie Naturwissenschaft. Alle wahre Wissenschaft aber ist Naturphilosophie.

Und hierauf begründete er seinen Monismus (Bd. 2, S. 449):

> Der Monismus kennt weder die Materie ohne Geist, von welcher der Materialismus spricht, noch den Geist ohne Materie, welchen der Spiritualismus annimmt. Vielmehr giebt es für ihn weder Geist noch Materie im gewöhnlichen Sinne, sondern nur eins, das beides zugleich ist.

21 Siehe Fußnote 18.

Und hierbei beruft sich Haeckel auf Goethe, für den »die Materie nie ohne Geist, der Geist nie ohne Materie existirt und wirksam sein kann«.[22] Dieser Monismus führt Haeckel zu einer pantheistischen Auffassung (Bd. 2, S. 450-452):

> Wenden wir uns weg von diesem unwürdigen Anthromorphismus der modernen Dogmatik, welcher Gott selbst zu einem gasförmigen Wirbelthier erniedrigt, und betrachten wir dagegen die unendlich erhabenere Gottes-Vorstellung, zu welcher uns der Monismus hinführt, indem er die Einheit Gottes in der gesammten Natur nachweist. [...] Indem der Monismus keine anderen als die göttlichen Kräfte in der Natur erkennt, indem er alle Naturgesetze als Göttliche anerkennt, erhebt er sich zu der größten und erhabensten Vorstellung, welcher der Mensch als das vollkommenste aller Thiere fähig ist, zu der Vorstellung der Einheit Gottes und der Natur.

Und wieder ist es Goethe, auf den er sich dabei beruft:

> Was wär' ein Gott, der nur von außen stieße,
> Im Kreis das All am Finger laufen ließe!
> Ihm ziemt's, die Welt im Innern zu bewegen,
> Natur in Sich, Sich in Natur zu hegen,
> So daß, was in Ihm lebt und webt und ist,
> Nie Seine Kraft, nie Seinen Geist vermißt.[23]

Diese monistische Gottesidee durchzieht Haeckels gesamtes Werk, und immer wieder hat er ihr auch separate Vorträge und Schriften gewidmet, so 1892 mit seiner bekannten Altenburger Rede *Der Monismus als Band zwischen Religion und Wissenschaft*[24] oder 1914 in der Schrift *Gott=Natur (Theophysis) – Studien über monistische Religion*.[25] Für Haeckel ist »Gottes Geist in allen Dingen«, wobei er sich neben Baruch Spinoza (1632-1677) und natürlich Goethe immer wieder, so in seiner Altenburger Rede (S. 323), auf den als Ketzer verbrannten Giordano Bruno (1548-1600) beruft, den Haeckel mit den Worten zitiert: »Ein Geist findet sich in allen

22 Goethe an den Kanzler von Müller: Erläuterungen zu dem aphoristischen Aufsatz *Die Natur.*

23 J. W. Goethe: *Gedichte, Ausgabe letzter Hand*: *Gott, Gemüt und Welt.*

24 Ernst Haeckel: *Der Monismus als Band zwischen Religion und Wissenschaft.* Bonn: Verlag von Emil Strauß 1892. Zitiert wird nach: Ernst Haeckel: Gemeinverständliche Vorträge und Abhandlungen aus dem Gebiete der Entwickelungslehre. 2. Auflage 1902. Bd. 1, S. 281-244.

25 Ernst Haeckel: *Gott=Natur (Theophysis) – Studien über monistische Religion.* Leipzig: Alfred Kröner Verlag 1914.

Dingen, und es ist kein Körper so klein, der nicht einen Teil der göttlichen Substanz in sich enthielte, wodurch er beseelt wird.«

Der Dreieinigkeit des christlichen Gottes stellt Haeckel die Trinität des Monismus entgegen (Abb. 8). Die drei wesentlichen Attribute der Substanz sind die Materie (Weltstoff), die Energie (Weltkraft) und das Psychom (Weltseele). Diese Grundeigenschaften aller Substanz sieht Haeckel als untrennbar verbunden an. In seiner Schrift *Gott=Natur* heißt es (S. 35/36):

> Der Urgrund allen Seins, alles Werdens und Vergehens läßt uns dann in der Universal-Substanz zugleich das ›höchste Wesen‹ unserer monistischen Religion erblicken, Allgott oder Pantheos. Dieser ›Universalgott‹ ist ewig und unvergänglich, unendlich in Raum und Zeit; er ist unpersönlich und unbewußt; er regiert die Welt durch seine ›ewigen, ehernen, großen Gesetze‹.[26] Das gläubige Gemüt findet in der Anbetung und Verehrung dieses Allgotts ebenso volle Befriedigung, wie die reine Vernunft im klaren Verständnis seines Wesens und Wirkens.

Wie es für Haeckel, sich auf die Thermodynamik berufend, ein Gesetz von der Erhaltung der Materie und der Energie gibt, so auch eines für die Konstanz des Psychoms (»Erhaltung der Fühlung«). Deshalb geht die untrennbar mit der Materie verbundene Seele auch nicht mit dem Tod eines Menschen und dessen Verwesung zugrunde. Sie löst sich nur auf und verteilt sich, denn für Haeckel ist nicht nur der Organismus als Ganzes, sondern auch jede seiner Zellen, ja jedes Atom – gleich ob in der organischen oder der anorganischen Welt – ›beseelt‹. Auf einer psychosomatischen Skala ordnete Haeckel die Entwicklung des Seelischen an, beginnend mit der Atomseele und endend mit dem Geist des Kulturmenschen (Abb. 9). In einem Vortrag auf der 50. Jahresversammlung der Gesellschaft Deutscher Naturforscher und Ärzte, der eine heftige Kontroverse mit seinem früheren Lehrer Rudolf Virchow auslöste, legte er diese Auffassung unmißverständlich dar (S. 132-134 passim.):[27]

> Zunächst hat uns die fortgeschrittene mikroskopische Untersuchung gelehrt, daß die anatomischen Elementartheile der Organismen, die Zellen, allgemein ein individuelles Seelenleben besitzen. […] Angelangt an dieser äußersten psychologischen Consequenz unserer monistischen Entwickelungslehre begegnen wir uns mit jenen alten Vor-

26 Verszeile aus Goethes mit den Worten »Edel sei der Mensch / Hülfreich und gut« beginnendem Gedicht *Das Göttliche*: »Nach ewigen, ehrnen, / Großen Gesetzen / Müssen wir alle / Unseres Daseins / Kreise vollenden.«

27 Siehe Fußnote 20.

Vierte Tabelle

Drei Grundrichtungen der Substanzlehre

(Drei Attribute der Substanz oder des „Kraftstoffes".)

I. Materie (= Stoff = Hyle) **Weltstoff**	II. Energie (= Kraft = Arbeit) **Weltkraft**	III. Psychom (= Urseele = Fühlung) **Weltseele**
Materialistisches Prinzip (Prakriti, Sankhya) **Materialismus** (= Hylismus) (Ausdehnung)	Dynamisches Prinzip (Karma, Buddhismus) **Energetik** (= Energielehre) (Wille)	Psychistisches Prinzip (Atman im Veda) **Psychomatik** (= Panpsychismus) (Empfindung)
Raumerfüllendes Substrat aller Substanz (Hypokeimenon) (Zurückführung alles Seins und Werdens auf Materie oder Stoff)	Wirkende Arbeit, Funktion aller Substanz (Energie) (Zurückführung alles Seins und Werdens auf Energie oder Kraft)	Unterscheidende Fühlung aller Substanz (Ästhesis) (Zurückführung alles Seins und Werdens auf Psyche oder Seele)
Zwei Urzustände **I. A. Äther** (Weltäther = Lichtäther) „gespannte Materie" Struktur kontinuierlich (nicht atomistisch) Imponderable Substanz	Zwei Urzustände **II. A. Spannkraft** Potentielle Energie „Arbeitsfähigkeit" Ruhende Kraft Energie der Lage	Zwei Urzustände **III. A. Anziehung** Attraktion, Neigung, „Liebe der Elemente" Lust-Gefühl Positiver Tropismus
I. B. Masse „Verdichtete Materie" Struktur atomistisch (Diskrete Teilchen) Ponderable Substanz	**II. B. Triebkraft** Aktuelle Energie „Arbeitsleistung" Lebendige Kraft Wirkende Energie der Bewegung	**III. B. Abstoßung** Repulsion, Widerstand, „Haß der Elemente" Unlust-Gefühl Negativer Tropismus
Alle Substanz besitzt Ausdehnung (Extensio) und füllt Raum aus.	Alle Substanz besitzt Kraft oder Energie und wirkt auf ihre Umgebung.	Alle Substanz besitzt Fühlung oder Empfindung für ihre Umgebung.
Konstanz der Materie Universalgesetz von der „Erhaltung des Stoffes"	**Konstanz der Energie** Universalgesetz von der „Erhaltung der Kraft"	**Konstanz des Psychoms** Universalgesetz von der „Erhaltung der Fühlung"

63

Abb. 8: Tabelle der drei Grundrichtungen der Substanzlehre. Aus Ernst Haeckel, »Gott=Natur« (1914).

> stellungen von der Beseelung aller Materie, welche schon in der Philosophie des Demokritos, Spinoza, Bruno, Leibniz, Schopenhauer einen verschiedenartigen Ausdruck gefunden haben. [...] Die einfache Empfindung von Lust und Unlust, die einfache Bewegungsform der Anziehung und Abstoßung, das sind die wahren Elemente, aus denen sich in unendlich mannigfaltiger und verwickelter Verbindung alle Seelenthätigkeit aufbaut. ›Der Atome Hassen und Lieben‹, Anziehung und Abstoßung der Moleküle, Bewegung und Empfindung der Zellen, und der aus Zellen zusammengesetzten Organismen, Gedankenbildung und Bewußtsein des Menschen – das sind nur verschiedene Stufen des universalen psychologischen Entwickelungs-Prozesses.

Daß Haeckel von vielen seiner wissenschaftlichen Kollegen für seinen Glauben an Atom- und Zellseelen nur Hohn und Spott erntete, sei nur am Rande erwähnt: Rudolf Virchow entgegnete ihm wenige Tage später auf derselben Versammlung:

> Ich habe nichts dagegen, dass Kohlenstoffatome auch Geist haben, [...] allein ich weiss nicht, an was ich das erkennen soll. Es ist ein blosses Spiel mit Worten. Wenn ich Anziehung und Abstossung für geistige Erscheinungen, für psychische Phaenomene erkläre, dann werfe ich einfach die Psyche zum Fenster hinaus, dann hört die Psyche auf, Psyche zu sein.[28]

Leidenschaftlich antwortete Haeckel ein Jahr später mit einer Schrift über *Freie Wissenschaft und freie Lehre*, die mit den Worten schließt:

> Wenn Emil Du Bois-Reymond sein ›Ignorabimus‹ [Wir werden es nicht wissen] und Rudolf Virchow sein noch viel weiter gehendes ›Restringamur‹ [Wir müssen uns beschränkeln] zur Parole der Wissenschaft erheben wollen, so tönt ihnen aus Jena, wie aus hundert anderen Bildungsstätten der Ruf entgegen: Impavidi progrediamur! [Unerschrocken schreiten wir vorwärts!][29]

28 Rudolf Virchow: *Die Freiheit der Wissenschaft im modernen Staatsleben.* Vortrag auf der 50. Jahresversammlung der Gesellschaft Deutscher Naturforscher und Ärzte in München 1877. Amtl. Bericht, S. 65-77.

29 Ernst Haeckel: *Freie Wissenschaft und Lehre. Eine Entgegnung auf Rudolf Virchow's Münchener Rede über ›Die Freiheit der Wissenschaft im modernen Staat‹.* Stuttgart 1878. Zitiert wird nach: Ernst Haeckel: *Gemeinverständliche Vorträge und Abhandlungen aus dem Gebiete der Entwickelungslehre.* 2. Auflage 1902. Bd. 2, 199-323.

Fünfte Tabelle.

Stufenleiter des Seelenlebens (Psychomatische Skala).

12 Hauptstufen der Psychomatik	Äußerungen der Seelentätigkeit (Psychomatische Funktionen)	Materielle Grundlagen der beseelten Substanz
12. Stufe **Geist des Kulturmenschen**	Entwicklung der Vernunft und d. Weltbewußtseins, Wissenschaft (Philosophie) und Kunst	Denkorgan (Phronema) in der Großhirnrinde. Phronetal-Zellen
11. Stufe **Seele des Naturmenschen u. der höheren Tiere**	Entwicklung des Verstandes und des Selbstbewußtseins, sowie der höheren Sinnestätigkeit	Gehirn und Rückenmark der Wirbeltiere. Bauchmark der Gliedertiere
10. Stufe **Seele der niederen Gewebtiere**	Entwicklung der Sinnes- und Nerventätigkeit auf vielen Abstufungen. Höhere Instinkte	Nervensystem zentralisiert; Sinnesorgane meist auf niederer Stufe
9. Stufe **Seele der Spongien u. Polypen**	Unbewußtes Seelenleben (stumpf) wie bei den niederen Pflanzen. Instinkte niederer Art	Nervensystem noch nicht zentralisiert; höhere Sinnesorgane fehlen noch
8. Stufe **Seele der höheren Pflanzen (Kormophyten)**	Hochentwickelte Empfindung bei den Sinnpflanzen und höheren Kormophyten, mit Sinnesorganen. Viele Stufen der Instinkte	Psychoplasma der sozialen Pflanzenzellen, sehr empfindlich, mit besonderen Sinnesorganen
7. Stufe **Seele der niederen Pflanzen (Thallophyten)**	Wenig entwickelte Empfindung bei den niederen Kormophyten, ohne Sinnesorgane, und bei den Thallophyten	Psychoplasma der sozialen Pflanzenzellen, wenig empfindlich, ohne besondere Sinnesorgane
6. Stufe **Seele d. Zellvereine (Coenobien)**	Entwicklung d. sozialen Instinkte durch dauernde Vereinigung vieler gleichartiger Zellen	Plasma-Netze d. sozial verbundenen Zellen in d. „Zellkolonien" (Plasmodesmen)
5. Stufe **Seele d. einzelligen Protisten**	Solitäre Zellseele der Protozoen (Radiolarien, Infusorien) u. d. Protophyten (Diatomeen, Algarien)	Beginn der sexuellen Differenzierung m. Kopulation der Zellkerne (Ei u. Sperma)
4. Stufe **Seele der Probionten**	Zytoden-Seele der kernlosen Plastiden (Moneren, Bakterien, Chromaceen); ohne Erotik, völlig geschlechtslos	Archiplasma der kernlosen Zytode, ohne Sexualismus (Fortpflanzung nur durch Hemitomie)
3. Stufe **Krystallseele**	Kristallisation. Dreidimensionale periodische Parallel-Ordnung der sozialverbundenen Moleküle	Substanz der Kristalle, aus homogenen Molekülen zusammengesetzt
2. Stufe **Molekülseele**	Physikalische Energie der Kohäsion, Adhäsion, Moletropie usw.	Substanz der Moleküle, aus Atomen zusammengesetzt
1. Stufe **Atomseele**	Chemische Energie, Wahlverwandtschaft, Katalyse, Kontaktwirkung usw.	Substanz der chemischen Elemente, aus Elektronen zusammengesetzt

Stufe 1-3 **Elementarseele** (Leptopsyche)	Stufe 4-6 **Plastidenseele** (Plasmopsyche)
Stufe 7—8 **Pflanzenseele** (Phytopsyche)	Stufe 9—12 **Tierseele** (Zoopsyche)

Abb. 9: Stufenleiter des Seelenlebens. Aus: Ernst Haeckel, »Kristallseelen« (1917).

Kunstformen der Natur als Ausdruck des Wahren, des Guten und des Schönen

Von den drei untrennbar miteinander verwobenen Attributen der Substanz, der Materie (Weltstoff), der Energie (Weltkraft) und dem Psychom (Weltseele), kommt Haeckel nun zu einer weiteren Trinität. Es ist dies:

> Die monistische Naturforschung als Erkenntnis des Wahren, die monistische Ethik als Erziehung zum Guten, die monistische Ästhetik als Pflege des Schönen – das sind die drei Hauptgebiete unseres Monismus; durch die harmonische und zusammenhängende Ausbildung gewinnen wir jenes wahrhaft beglückende Band zwischen Religion und Wissenschaft, das heute noch von so Vielen schmerzlich vermißt wird. Das Wahre, das Gute und das Schöne, das sind die drei hehren Gottheiten, vor denen wir anbetend unser Knie beugen. […] Mögen wir die Pracht des Hochgebirges oder die Zauberwelt des Meeres bewundern, mögen wir mit dem Fernrohr die unendlich großen Wunder des gestirnten Himmels oder mit dem Mikroskop die noch überraschenderen Wunder des unendlich kleinen Lebens betrachten, überall öffnet uns die Gott=Natur eine unerschöpfliche Quelle ästhetischer Genüsse.[30]

Als ein illustriertes Glaubensbekenntnis dieser Religion des Wahren, Guten, Schönen veröffentlichte Haeckel in den Jahren 1899 bis 1904 seine *Kunstformen der Natur.*[31] Er stellte aus seinen früheren Werken die schönsten Abbildungen von Radiolarien, Schwämmen und Medusen zusammen und ergänzte sie um weitere Bilder aus der Tier- und Pflanzenwelt, die er den Werken anderer Autoren entnahm. Anders als Jan Swammerdams (1637-1680) 200 Jahre früher entstandene *Bibel der Natur, worinnen die Insekten* […] *zum Beweis der Allmacht und Weisheit des Schöpfers* dargestellt worden waren, sollten die *Kunstformen* vom Wirken der Natur selbst, genauer: von Gott=Natur, Zeugnis ablegen. Das Werk erschien in zehn Lieferungen – ergänzt durch einen erläuternden Textband – mit je zehn großformatigen Tafeln, auf denen in der Regel etwa ein Dutzend Organismen dekorativ arrangiert waren. In der Abfolge der Tafeln ist keinerlei Systematik zu finden, jede sollte für sich selbst wirken. Auch spiegelt die Auswahl nicht im geringsten die Häufigkeit der einzelnen Tier- und Pflanzengruppen wider: Insekten, die immerhin

30 Siehe Fußnote 24; S. 326/327.

31 Ernst Haeckel: *Kunstformen der Natur.* Lieferung 1-11. Leipzig: Bibliographisches Institut 1899-1904. Nachdruck: München und New York: Prestel Verlag 1998.

mehr als 80% aller Tierarten ausmachen und zudem – man denke an Schmetterlinge – vielfach Musterbeispiele des Schönen in der Natur sind, kommen beispielsweise kaum vor. Es sind die Meerestiere, und hier immer wieder die Medusen und die Radiolarien, an denen Haeckel die Kunstfertigkeit und Schönheit der Natur demonstriert (Abb. 10 und Abb. 11).

Und noch eines fällt auf: Nur auf ganz wenigen Tafeln sind die Organismen biotopmäßig arrangiert, so wie man es beispielsweise aus *Brehms Tierleben* kennt. In den meisten Fällen findet sich in der Mitte des Blattes ein besonders hervorstechendes Exemplar, und darum herum sind in strenger Symmetrie weitere Vertreter der betreffenden Tiergruppe angeordnet. Jeder Tafel ist eine Beschreibung beigegeben, in der zu den dargestellten Lebewesen kurz und sachlich, in den meisten Fällen ohne Schwärmerei, Erläuterungen gegeben werden. Haeckel betont sowohl im Vor- als auch im Nachwort, daß der

> [...] Hauptzweck meiner *Kunstformen der Natur* ein ästhetischer [war]: ich wollte weiteren gebildeten Kreisen den Zugang zu den wunderbaren Schätzen der Schönheit öffnen, die in den Tiefen des Meeres verborgen oder wegen ihrer geringen Größe nur durch das Mikroskop erkennbar sind. Damit verknüpfte ich aber zugleich den wissenschaftlichen Zweck, den Einblick in den Wunderbau der eigentümlichen Organisation dieser Formen zu erschließen.

Und eines ist ihm besonders wichtig (Nachwort, S. 4):

> Bei der Wiedergabe der Figuren wurde stets im Auge behalten, die ausgesuchte Schönheit mit der größtmöglichen Naturwahrheit zu verbinden. Alle hier dargestellten »Kunstformen« sind demnach in Wahrheit reale Naturformen; von jeder Idealisierung und Stilisierung wurde abgesehen.

Eben das wurde ihm aber vielfach vorgeworfen, wobei man seinem Lithographen Adolph Giltsch (1852-1911) eine gehörige Portion Mitschuld an der behaupteten Ästhetisierung der Abbildungen gab. Der Vergleich mit Haeckels Vorlagen, etwa am Beispiel der Darstellungen der Meduse *Desmonema Annasethe*, mit den ausgeführten Lithographien, entkräftet sofort den dem Lithographen gemachten Vorwurf. Gewiß, gegenüber den Entwürfen sind die Linien und Formen geglättet, klarer und, wenn man so will, anmutiger, aber nirgendwo kann man eine sachlich nicht zu rechtfertigende Abweichung feststellen. Im übrigen wirken Haeckels Handzeichnungen fast eleganter, zarter und zweifellos natürlicher als die Umsetzungen durch Adolph Giltsch, dem schon in der Medusen-Mono-

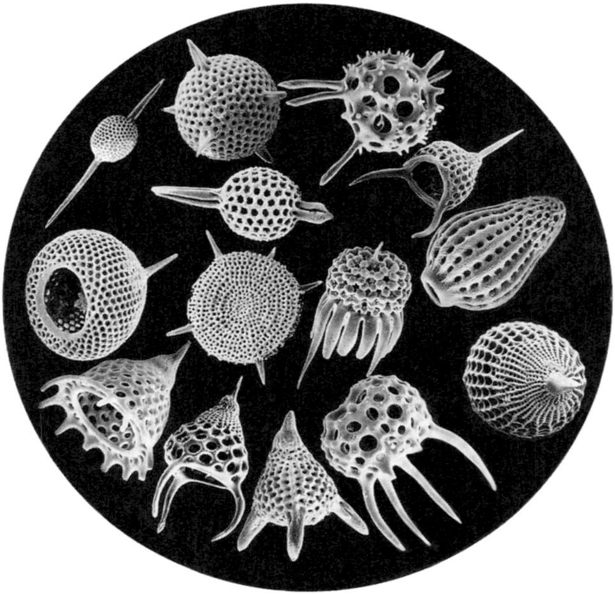

Abb. 10a: Fossile Radiolarien von der Insel Barbados. Rasterelektronenmikroskopische Aufnahmen aus: W. Foissner: Biodiv. Conserv. 6:1627-1638 (1997).

graphie von 1879 die Fangfäden ein wenig zu dick, man kann sagen: spaghettiartig, geraten waren (Abb. 11).[32]

Wie aber steht es mit den Entwürfen selbst, wieweit stimmen sie mit der Natur überein? Das läßt sich überprüfen, denn die abgebildeten Arten existieren ja noch heute, und zudem sind in vielen Fällen noch Haeckels Originalpräparate vorhanden. Auch hier zeigt sich, daß er keine unzulässigen Verschönerungen vorgenommen hat, die Morphologie der abgebildeten Arten ist korrekt wiedergegeben. Wie genau Haeckel gearbeitet hat, zeigen moderne rasterelektronenmikroskopische Aufnahmen der von ihm gezeichneten Radiolarien (Abb. 10a).

Das heißt nun aber nicht, daß er nicht deren Schönheit herausgearbeitet hätte, so daß sie jedem Betrachter der *Kunstformen* ins Auge stach und dies noch heute tut. Sie lenken den Blick auf das Ornamentale, auf die Schönheit der Formen, die diesen unzweifelhaft innewohnt, ohne daß

32 Olaf Breidbach: *Kurze Anleitung zum Bildgebrauch*. In: *Ernst Haeckel: Kunstformen der Natur*. Nachdruck München. Prestel Verlag 1998. S. 11/12.

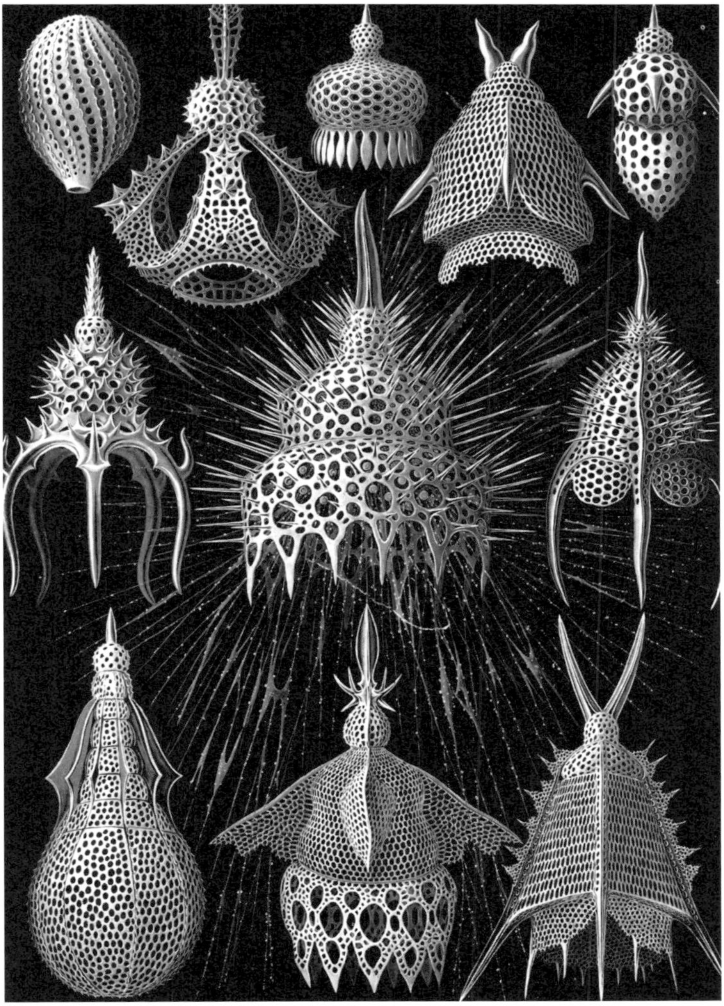

Abb. 10b: Radiolarien auf Tafel 31 in Ernst Haeckels »Kunstformen der Natur« (1899-1904).

ihre Morphologie verfälscht würde. Ist das illegitim? Hierzu sagt Irenäus Eibl-Eibesfeldt: »Nichts spricht dagegen, daß man dies alles vermittelt – man muß es nur können.«[33]

33 Irenäus Eibl-Eibesfeldt: *Der Künstler im Wissenschaftler.* In: Ernst Haeckel: *Kunstformen der Natur.* Nachdruck München. Prestel Verlag 1998. S. 25.

Die Kunstformen der Natur und der Jugendstil – Wer hat wen beeinflußt?

Unzweifelhaft ist, daß viele der *Kunstformen*-Tafeln an den Jugendstil gemahnen; vor allem die Abbildungen der Medusen weisen die typischen floralen Elemente dieser um 1895 aufkommenden Kunstrichtung auf. Doch daraus zu schließen, Haeckel und Giltsch hätten sich davon maßgeblich beeinflussen lassen, ist nur teilweise richtig. Die Abbildungen stammen nämlich fast ausnahmslos aus seinem bereits 1879 erschienenen großen Tafelwerk *Das System der Medusen* und dem *Report on the Deep-Sea Medusae* (Challenger-Report) von 1882. Diese gehen nun wiederum auf Handzeichnungen zurück, die teilweise bereits 10 bis 15, in einigen Fällen sogar 20 Jahre früher entstanden sind (Abb. 11, 12), wovon das sogenannte *Medusen-Album*, eine Sammlung von Original-Zeichnungen, zeugt, dessen Tafeln kürzlich veröffentlicht wurden.[34] An einer der berühmtesten Tafeln der *Kunstformen*, in deren Mittelpunkt die Discomeduse *Desmonema Annasethe* steht, läßt sich die Entwicklungsreihe von den Entwürfen bis zu den fertigen Lithographien besonders schön zeigen, wie dies Olaf Breidbach in seiner Einleitung zum Neudruck der *Kunstformen* im einzelnen ausgeführt hat (Abb. 11).[35]

Das Florale, ein Kennzeichen des Jugendstils, hatte Haeckel von Anbeginn seiner Forschungen an den Medusen angezogen. So schrieb er am 27. Januar 1867 von Lanzarote an seine Eltern:

> Denkt Euch einen zierlichen schlanken Blumenstock, dessen Blätter und bunte Blüten durchsichtig wie Glas sind und der sich in den zierlichsten und lebhaftesten Bewegungen durch das Wasser schlängelt, und Ihr habt eine Vorstellung von diesen wunderbaren, schönen und zierlichen Tierstaaten.[36]

Sicherlich wäre es verfehlt, Haeckel als einen der Begründer des Jugendstils in Anspruch zu nehmen, aber seine bereits Jahrzehnte zuvor entwickelte Sichtweise fand um die Jahrhundertwende 1900 ihre Entsprechung in dieser erst wenige Jahre vorher aufgekommenen Stilrichtung. Dies ist einer der Gründe für die große Popularität der Kunstformen, die nun ihrerseits zahllose Anregungen für das Kunstgewerbe des Jugendstils gaben. Nicht allein, daß Haeckel in seinem Wohnhaus, von ihm bezeich-

34 Siehe Fußnote 1.
35 Siehe Fußnote 32.
36 Rundbrief an die Eltern und Freunde. In: *Ernst Haeckel: Biographie in Briefen.* Zusammengestellt und erläutert von Georg Uschmann. Gütersloh: Prisma Verlag 1984. S. 97.

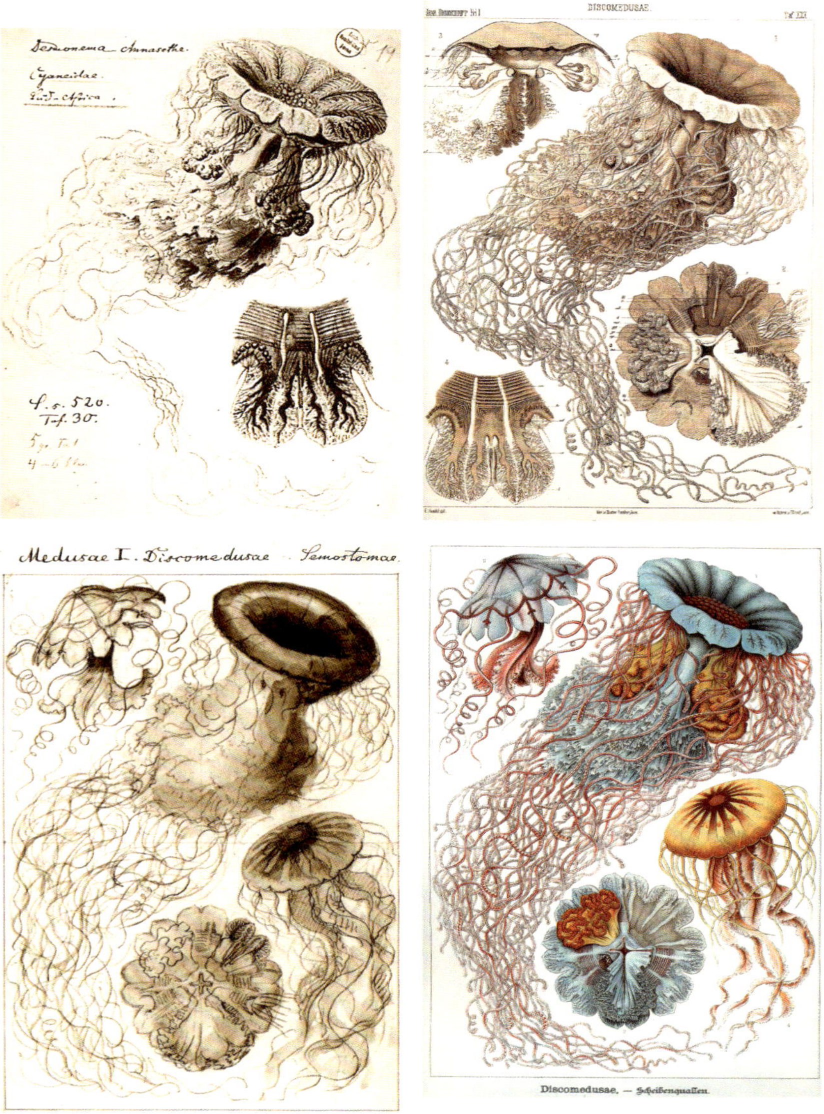

Abb. 11: Vier Darstellungen der Scheibenqualle Desmonema Annasethe. Oben links: Haeckels Bleistiftzeichnung zur Monographie der Medusen (1879). Oben rechts: Umsetzung durch den Lithographen E. Giltsch auf Tafel 30 des Atlas zum »System der Medusen« (1879). Unten links: Entwurf Haeckels für die »Kunstformen der Natur« (1899). Unten rechts: Umsetzung durch E. Giltsch (Tafel 8 der »Kunstformen«, 1899).

Abb. 12: Ernst Haeckels Handzeichnung der Meduse Chrysaora hyoscella (1873).

nenderweise *Villa Medusa* genannt, seine Medusenbilder als Deckendekors verwendete (Abb. 13), der Einfluß der *Kunstformen* auf die bildende Kunst und das Kunstgewerbe um die Jahrhundertwende ging weit darüber hinaus. Stilisierte Medusen und Radiolarien fanden sich als Dekor auf Tapeten, Teppichen, Vasen, Bucheinbänden und als Intarsien auf jugendstilartig gestalteten Möbeln (Abb. 14). Oft wurden Haeckels Darstellungen zu Vorbildern für prächtige Deckenlampen, wie beispielsweise

Abb. 13: Nach einer Meduse gestaltetes Deckendekor in Haeckels Wohnhaus Villa Medusa.

die nach Frida von Uslar-Gleichen[37] benannte Meduse *Rhopilema Frida*, nach der Anfang des 20. Jahrhunderts ein großer Lüster in der Eingangshalle des Ozeanographischen Museums in Monaco gestaltet wurde, der noch heute dort hängt. Darüber hinaus gaben die Abbildungen in den *Kunstformen der Natu*r eine Fülle von Anregungen für die Gestaltung von Gold- und Silberschmiedearbeiten.[38]

Außerordentlich beeinflußt von Haeckels Darstellungen der Radiolarien, und zwar nicht erst seit dem Erscheinen der *Kunstformen der Natur*, war der französische Architekt René Binet (1866-1911), der mit Haeckel in engem brieflichen Kontakt stand. In seinem großen Tafelwerk *Esquisses Décorative* finden sich zahllose kunstgewerbliche Umsetzungen der Radiolarienskelette, beispielsweise als Entwürfe für elektrische Lampen (Abb. 15, 16).[39] In einem Brief vom 10. Juli 2003 schrieb er an Haeckel:

37 Mit Frida von Uslar-Gleichen (1864-1903) verband Haeckel eine tiefe und innige Zuneigung, von der ein umfangreicher Briefwechsel zeugt: Norbert Elsner (Hrsg.): *Das ungelöste Welträtsel. Frida von Uslar-Gleichen und Ernst Haeckel – Briefe und Tagebücher 1898-1903.* Göttingen: Wallstein Verlag 2000.

38 Siehe hierzu: Erika Krauße*: Haeckel: Promorphologie und ›evolutionistische‹ ästhetische Theorie. Konzept und Wirkung.* In: Eve-Marie Engels (Hrsg.): *Die Rezeption der Evolutionstheorien im 19. Jahrhundert.* Frankfurt a. M. Suhrkamp Verlag 1995. S. 347-414.

39 Olaf Breidbach und Robert Proctor: *René Binet. Natur und Kunst*. München: Prestel Verlag 2007.

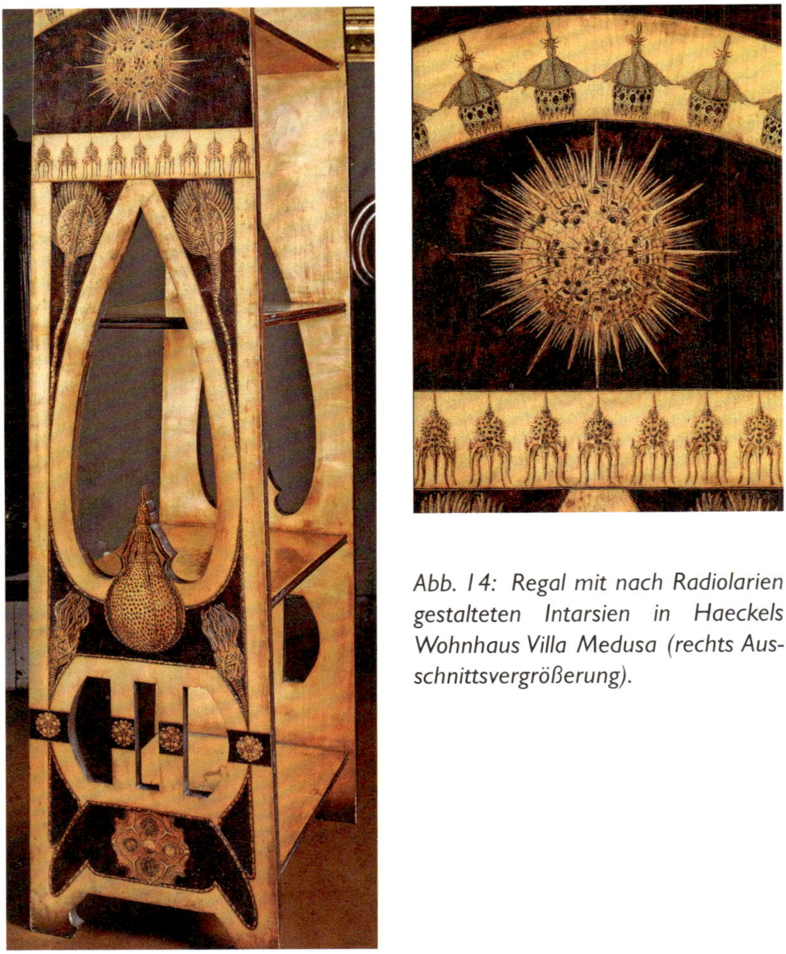

Abb. 14: Regal mit nach Radiolarien gestalteten Intarsien in Haeckels Wohnhaus Villa Medusa (rechts Ausschnittsvergrößerung).

Aus Ihren Entdeckungen wollte ich die wunderbaren Prinzipien der Ordnung und des Gleichgewichtes entnehmen, die in dieser unendlichen Verschiedenartigkeit mikroskopisch kleiner Tiere erscheinen, welche Sie ans Licht gebracht haben; ich denke, daß dort, wo die Naturforscher einen Gegenstand der Bewunderung fanden, die Künstler auch die Ursprünge dieser seltsamen Schönheit zu entdecken suchen sollten. So kam mir die Idee zu meinen *Esquisses décoratives.*[40]

40 Zitiert nach Erika Krauße 1995, S. 364; siehe Fußnote 38.

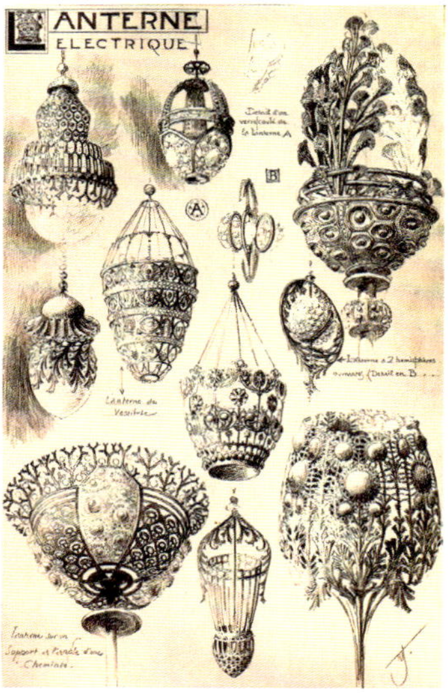

Abb. 15: Nach Radiolarien gestaltete Entwürfe für elektrische Lampen. Aus: René Binet: »Esquisses Décoratives«.

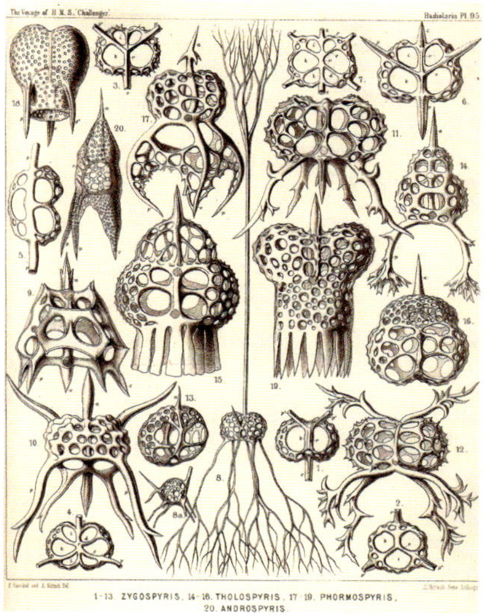

Abb. 16: Radiolarientafel aus Ernst Haeckels »Challenger-Report« (1887).

Binet war es auch, der die monumentalste Umsetzung einer der *Kunstformen* schuf, nämlich das Eingangstor zur Pariser Weltausstellung 1900 am Place de la Concorde. Die mehr als 30 m hohe filigrane Eisenkonstruktion war einer von Haeckels Radiolarien nachempfunden (Abb. 17). Hierzu schrieb Binet am 21. März 1899 an Haeckel:

> Derzeit bin ich mit der Realisierung des Monumentaleingangs der Ausstellung für das Jahr 1900 beschäftigt und alles, von der allgemeinen Komposition bis zu den kleinsten Details, ist von Ihren Studien inspiriert; ich bin glücklich bei dem Gedanken, daß ich in Ihrem neuen Werk [*Kunstformen der Natur*] die Ergänzung zu dem finden werde, was ich den vorangegangenen entnommen habe.[41]

Daß es sich bei diesem Vorbild ausgerechnet um die Radiolarie *Alacorys Bismarckii* handelte, werden die meisten Franzosen, die durch dieses Tor schritten, glücklicherweise nicht gewußt haben. Haeckel hatte diese Art dem Reichskanzler Otto von Bismarck gewidmet, der das Deutsche

41 Zitiert nach Erika Kraußе 1995, S. 364; siehe Fußnote 38.

Abb. 17: Das nach einer von Haeckels Radiolariendarstellungen von René Binet entworfene Eingangstor zur Pariser Weltausstellung 1900.

Reich nach dem gewonnenen deutsch-französischen Krieg am 18. Januar 1871 mit der provokant in Versailles vorgenommenen Kaiserproklamation gegründet hatte. In den *Kunstformen* heißt es dazu in der Erläuterung zu Tafel 31 (Abb. 10b):

> Diese stattliche Art, einem Monument auf fünf Säulen gleich, wurde zu Ehren des Fürsten Otto von Bismarck benannt, des genialen Gründers des neuen Deutschen Reiches und seiner hoffnungsvollen Kolonialmacht. Er wurde als praktischer Kenner der deutschen Stammesgeschichte am 31. Juli 1892 in Jena zum ersten Doktor der Phylogenie honoris causa ernannt.

Was ist schön und warum ist etwas schön?

Die Frage nach dem Grund für die Schönheit in der Natur ist heute so aktuell wie zu Haeckels Zeiten. Was wir an prächtigen Farben, kunstvollen Formen und exaltierten Verhaltensweisen vorfinden, ist in vielen Fällen buchstäblich wider alle Natur im Sinne von Darwins Theorie der natürlichen Selektion. Diese wirkt ja unter anderem dahin, daß man sich gegenüber Feinden, und die lauern schließlich überall, möglichst unauffällig kleidet und benimmt, ganz davon abgesehen, daß die Bildung eines prächtigen Gefieders oder Gehörns wie auch stundenlange Werbezeremonielle ja auch mit nicht unbeträchtlichen Kosten verbunden sind. Den Schlüssel hatte bereits Darwin gefunden, dem klar geworden war, daß es neben der *natürlichen* noch eine *sexuelle* Selektion geben müsse, die in der Regel von den Weibchen ausgeht.[42] Das war auch Haeckel bekannt, und vor allem darauf nimmt er Bezug, wenn er auf das Argument, die Natur schaffe keine Kunstwerke, da dies allein dem Menschen vorbehalten sei, antwortet:

> […] sollen die bekannten und bewunderungswürdigen Künste der Tiere, der Gesang der Vögel, ihre Nester, die kunstvollen Bauten der Wirbeltiere und Insekten, die interessanten Liebesspiele der höheren Tiere mit ihren Tänzen, Gesängen und anderen Verführungskünsten usf., überhaupt nicht mit den entsprechenden Leistungen der Menschen zu vergleichen sein? Gegen solche anthropistische Auffassung wird jeder Naturforscher und Naturfreund Einspruch erheben, der die wundervollen Kunstleistungen der Tiere aus eigener Beobachtung kennt und aus ihrer ästhetischen Betrachtung wirkliche Kunstgenüsse geschöpft hat.[43]

Erstaunlicherweise gibt es in den *Kunstformen* nur ganz wenige Blätter, die das, was Bernd Lötsch mit ›Schönheit *als* Funktion‹ bezeichnet,[44] entstanden durch sexuelle Selektion, illustrieren. Tafel 99 der *Kunstformen*, auf denen die Kolibris dargestellt sind, ist eines der seltenen Beispiele (Abb. 18). Hier schreibt Haeckel:

> Wie bei den meisten anderen Vögeln, die durch bunte Pracht, Farbenreichtum und schöne Zeichnung des Gefieders auffallen, sind auch bei den Kolibris die Männchen die Eigentümer dieser ornamentalen Vorzüge; die Weibchen dagegen sind meistens viel blasser oder ganz unscheinbar gefärbt und entbehren der besonderen Schmuckteile, welche die Männchen am Kopfe als Federbüsche ausgebildet haben, an den Beinen als Federhöschen, an dem langen Schwanze als Zierfedern oder Gabelschwanz u.s.w. Die Ursachen dieser sexuellen Differenzierung hat uns die Selektionstheorie enthüllt; sie hat uns gelehrt, wie die fortgesetzte ›geschlechtliche Zuchtwahl‹ als physiologische Ursache anzusehen ist, die unbewußt diese schönsten ›Kunstformen

42 Siehe hierzu: Norbert Elsner: *Die Macht des Weiblichen und ihre Folgen*. In: Norbert Elsner (Hrsg.) … *sind eben alles Menschen – Verhalten zwischen Zwang, Freiheit und Verantwortung*. Göttingen: Wallstein Verlag 2005. S. 81-110.

43 Ernst Haeckel: *Die Natur als Künstlerin*. Berlin: Vita Deutsches Verlagshaus 1913. S. 15/16.

44 Siehe Fußnote 12, S. 362.

> der Natur‹ hervorgebracht hat. Der verfeinerte ästhetische Geschmack der feinsinnigen Weibchen gibt bei der Gattenwahl demjenigen Männchen den Vorzug, das sich vor allen übrigen durch Glanz und Pracht des Federschmucks auszeichnet, und indem diese individuellen Vorzüge dann durch Vererbung auf die Nachkommen des liebenden Pärchens übertragen, durch wiederholte sexuelle Selektion in der Generationenreihe allmählich gehäuft und gesteigert werden, entsteht jene bewundernswerte Schönheit der gefiederten ›Kunstform‹.

Am Rande sei erwähnt, daß Haeckels Bemerkung über den »verfeinerten ästhetischen Geschmack der feinsinnigen Weibchen« und die »wiederholte sexuelle Selektion in der Generationenreihe« eine noch immer aktuelle, wenn auch noch längst nicht endgültig bewiesene Theorie des Genetikers Fisher aus dem Jahre 1930 vorwegnimmt, die man als »Runaway Selection« bezeichnet.[45] Der Grundgedanke ist einfach: Ein Weibchen bevorzugt, aus welchem Grund auch immer, ein Männchen, das ein wenig farbiger ist als seine Geschlechtsgenossen. Sowohl diese Vorliebe als auch die Farbigkeit sind erblich, was bedeutet, daß Weibchen, die sich mit diesen Männchen gepaart haben, ihre Präferenz für bunte Männchen an ihre Töchter und die genetische Basis für Buntheit an ihre Söhne weitergeben. Was nun folgt, ist ein positiver Rückkopplungsprozeß, der sich in der Ausbreitung sowohl der weiblichen Präferenz für bunte Männchen als auch deren Zunahme in der Population auswirkt. Bei diesem sich selbst verstärkenden Vorgang stacheln sich die beiden Partner gegenseitig auf. Zum einen versuchen die Männchen, sich durch immer prächtigere Farben gegenseitig auszustechen, um den weiblichen Vorlieben möglichst optimal gerecht zu werden. Zum anderen können es sich bei diesem Angebot die Weibchen leisten, ihre Ansprüche immer weiter zu steigern. Es kommt also zu einer Ko-Evolution, die auf der Vorliebe der Weibchen für die Schönheit ihrer Männchen beruht.

Durch gutdurchdachte Computersimulationen ist diese Hypothese in dem Sinne bestätigt worden, daß ein solcher Prozeß tatsächlich funktionieren kann. Empirische Belege dafür, daß er tatsächlich so abläuft, gibt es freilich noch nicht sehr viele.

Doch zurück zu Haeckels *Kunstformen der Natur*, bei denen man freilich nicht selten vor einem besonderen Problem steht, wenn man versucht, die Schönheit der Naturformen zu deuten. Für die allermeisten der in diesem Tafelwerk dargestellten Organismen – Radiolarien, Foraminiferen, Diatomeen, aber auch Medusen – kann man nämlich kaum

45 R. A. Fisher: *The genetical theory if natural selection*. Oxford University Press 1930.

Abb. 18: Kolibris auf Tafel 99 von Ernst Haeckels »Kunstformen der Natur«.

sexuelle Selektion als Ursache ihrer Schönheit annehmen. Hier kann man nicht, wie Bernd Lötsch ausführt,[46] von der Schönheit *als* Funktion, sondern muß von der Schönheit *der* Funktion sprechen.

Die Funktion der zierlichen Radiolarien-Skelette, um diese als Beispiel zu nehmen, ist es, den Zellkörper zu schützen und mit ihren ausladenden Fortsätzen für Auftrieb zu sorgen, wobei durch die Löcher des filigranen Netzwerks die langen Plasmafäden heraushängen, an denen als Nahrung dienende Mikroorganismen haften bleiben. Die Schönheit dieser zierlichen Gehäuse hat aber, anders als das bunte Federkleid der Kolibris, keine Funktion. Wissenschaftlich ausgedrückt: sie dient nicht als Kommunikationssignal; mit der Schönheit ihrer Skelette wenden sich die Radiolarien an niemanden, weder an Artgenossen noch an sonst jemanden (Abb. 10, 16).

Warum aber nun diese ungeheure Vielfalt der Skelettformen – mittlerweile unterscheidet man aufgrund dieses Merkmals etwa 11.000 Arten –, von ihrer Schönheit ganz zu schweigen? Radiolarien schweben im Wasser, und sie sind so klein, daß im Grunde wohl keine der vielen verschiedenen Formen einen besonderen Vorteil bietet. Auch hier gibt es, wie bei der Grundform der Skelette, unzählige verschiedene Ausgestaltungen, ohne daß eine davon besonders günstig erschiene. Und eben das scheint des Rätsels Lösung, zumindest was die Formenvielfalt betrifft, zu sein. Anders als bei schnell schwimmenden Wassertieren, wo aufgrund der hydrodynamischen Gesetze nur die Stromlinienform in Frage kommt, was zu den prägnanten Konvergenzen in der Gestalt der verschiedenen ›Fische‹, Ichthyosaurier, Wale, Delphine etc. geführt hat, gibt es für die Skelette der schwebenden Einzeller keine speziellen physikalischen Vorgaben. Es ist (fast) alles erlaubt. Da keine der verschiedenen Formen von Nachteil ist und dementsprechend auch keine einen besonderen Vorteil bietet, kann sich diese Vielfalt halten. Etwas überspitzt ausgedrückt: dem Spieltrieb der Natur sind in diesem Falle kaum Grenzen gesetzt.

Das aber erklärt noch nicht, warum *wir* die Radiolarien, deren Gestalt sich uns erst durch das Mikroskop erschlossen hat, als schön empfinden und sie mit Kunstwerken vergleichen, die der Mensch geschaffen hat. Haeckel beschreibt diese mannigfaltige Schönheit mit schwärmerischen, aber durchaus auch zutreffenden Worten:

> Da finden wir beispielshalber eine große Rüstkammer von allen möglichen Waffen vor: Schutzwaffen in Form von Panzerhemden und Helmen, Schilden und Schienen; Angriffswaffen in Form von Spießen und Lanzen, Pfeilen und Enterhaken. Da finden wir ferner die

46 Siehe Fußnote 12, S. 363

> zierlichsten Schmuckstücke: Kronen und Diademe, Ringe und Ketten; Ordensdekorationen: Kreuze und Sterne in unendlicher Mannigfaltigkeit.[47]

Hier tut sich ein weites Feld der Wahrnehmungs- und Gestaltpsychologie auf, auf das ich mich als einfacher Biologe freilich nicht allzuweit vorwagen möchte. Es ist offenbar so, daß es, um mit dem Gestaltpsychologen Wolfgang Metzger zu sprechen, eine Art »Ordnungsliebe der Sinne« gibt. Klar erkennbare Symmetrieachsen und -ebenen sind für uns Merkmale des Schönen. Sie finden wir in überreichem Maße in Haeckels *Kunstformen*, und zwar sowohl in den Abbildungen der einzelnen Organismen als auch in der Anordnung der einzelnen Bilder auf den Tafeln. Aber das allein erklärt nicht in allen Fällen, warum wir etwas als schön empfinden, denn mit diesem Begriff verbinden wir ja beispielsweise auch eine wildromantische Landschaft. Es gibt offensichtlich sehr verschiedenartige Formen des ›Schönen‹, und vielleicht ist es gar nicht angebracht, sie allesamt unter diesem Oberbegriff zu subsumieren.

Auch Haeckel wußte dies, und in seinem 1904 erschienenen Buch *Die Lebenswunder* entwickelte er eine regelrechte Systematik der Schönheit der Naturformen, wobei er zwischen der »direkten oder sinnlichen Schönheit«, die, wie er es ausdrückte, unmittelbar die inneren Sinnesorgane der Lust erregt, und »der indirekten oder associalen Schönheit« – vielleicht sollte man besser von assoziativer Schönheit sprechen –, die mit unserem Vorstellungs- und Denkvermögen verknüpft ist, unterscheidet. Zur ersten Gruppe zählt er die sogenannte »Einfache Schönheit«, wie sie etwa Kristalle oder Kugeln besitzen, weiter die »Rhythmische Schönheit«, die sich in der gleichmäßigen Wiederholung von Formen oder Tönen ausdrückt, ferner die »Actinale Schönheit«, unter der er Formen, die von einem Mittelpunkt ausstrahlen, beispielsweise Sterne, Kreuze oder andere radiärsymmetrische Figuren, zusammenfaßt, und schließlich die »Symmetrische Schönheit«, wie sie alle bilateral-symmetrischen Objekte auszeichnet. Viele der Gestalten in den *Kunstformen* entsprechen diesen Kategorien, aber das erklärt nicht alles. Daher etabliert Haeckel noch eine zweite Gruppe, wobei hier freilich die Systematik wesentlich unschärfer ist. Da gibt es als erstes die sogenannte »Biologische Schönheit«, bei der die Organismen oder Organe, so Haeckel, unser ästhetisches Interesse durch Verknüpfung mit ihrer biologischen Bedeutung, ihren Bewegungen usw. erregen. Sodann das, was Haeckel »Anthropistische Schönheit« nennt, die darauf gegründet ist, daß der Mensch als »Maß aller Dinge« seinen eigenen Körper als ästhetisches Hauptobjekt betrach-

47 Siehe Fußnote 43, S. 11.

tet. Ferner die »Sexuelle Schönheit«, wobei hier, so Haeckel, »die besondere Lustempfindung, die durch die körperliche und geistige Wahlverwandtschaft der beiden Geschlechter hervorgerufen wird, phylogenetisch auf die Zellenliebe der beiderlei Sexualzellen die Anziehungskraft von Spermazelle und Eizelle zurückzuführen« ist. Und schließlich die »Landschaftliche Schönheit«, von der Haeckel sagt, daß ihr »Zustandekommen umfassender als dasjenige aller anderen ästhetischen Empfindungen« ist. Und er fährt fort: »Sehr merkwürdig ist, daß für die Schönheit der Landschaft (im Gegensatz zur Architektur und zu der Schönheit der einzelnen Naturobjekte) die absolute Unregelmäßigkeit, der Mangel von Symmetrie und von mathematisch bestimmten Grundformen die erste Vorbedingung ist.«[48]

In der Tat: Daß wir eine Landschaft ›schön‹ finden, ist nicht selbstverständlich, daran ist – bewußt oder unbewußt – der Verstand beteiligt, und insofern hat Haeckel recht, wenn er von indirekter Schönheit spricht. Ein wildes Felsengebirge oder ein stürmisches Meer sind dann ›schön‹, vielleicht wäre hier aber auch nur das Allerweltswort »interessant« angebracht, wenn wir wissen, daß damit keine Gefahr verbunden ist. Die Empfindung ist sofort eine andere, wenn wir in den Bergen in ein Unwetter kommen oder uns der Sturm in einer Segeljolle überrascht.

Kants ›a priori‹ ein stufenweises ›a posteriori‹?

Haeckel wäre nicht Haeckel, wenn er in dieser Systematik der ästhetischen Empfindungen nicht eine Entwicklungsreihe gesehen hätte, wie er in den *Lebenswundern* ausführt: »Eine vergleichende Übersicht über die angeführten acht Hauptarten der Schönheit der Naturformen zeigt uns eine zusammenhängende Entwicklungsreihe, aufsteigend vom Einfachen zum Zusammengesetzten, vom Niederen zum Höheren« (S. 214). Diese Stufenleiter gilt nach Haeckel auch für die Entwicklung des Schönheitsgefühls des Menschen, und zwar sowohl in seiner individuellen Entwicklung als auch in seiner stammesgeschichtlichen. Hierbei kommt Haeckel in Widerspruch zu Immanuel Kant, der gesagt hatte, daß nur ein Teil unserer Erkenntnisse *a posteriori*, das heißt im nachhinein, durch Erfahrung, also empirisch, gewonnen sei. Ein anderer, ganz wesentlicher Teil unserer Erkenntnisse sei uns aber *a priori*, vor aller Erfahrung, mitgegeben. So könne der Mensch mittels der angeborenen Anschauungs-

48 Ernst Haeckel: *Die Lebenswunder. Gemeinverständliche Studien über Biologische Philosophie. Ergänzungsband zu dem Buch über die Welträthsel.* Stuttgart: Alfred Kröner Verlag 1904, S. 210-214.

formen von Raum und Zeit zwar einen Teil der Erscheinungen erkennen, das dahinterstehende »Ding an sich« jedoch nicht begreifen.[49] Mit dieser dualistischen Erkenntnistheorie gibt sich Haeckel nicht zufrieden. Er stellt ihr seine vom Monismus geprägte »Biologische Erkenntnistheorie« gegenüber.[50] Ihre Kernaussage ist, daß es ein *a priori* zwar für den *einzelnen* Menschen gibt, aber dieses in Wahrheit, betrachtet man die menschliche Naturgeschichte, ein *a posteriori* ist. In einem über Milliarden von Jahren andauernden Prozeß sei die Information über die Welt, in der sich die Lebewesen zurechtzufinden haben, gesammelt worden. In den *Lebenswundern* führt er aus:

> Der große Irrthum von Kant, der so folgenschwer für die ganze folgende Philosophie wurde, beruht hauptsächlich darauf, daß seiner kritischen »Erkenntniß-Theorie« die physiologischen und phylogenetischen Grundlagen fehlten, die erst 60 Jahre nach seinem Tode durch Darwin's Reform der Entwickelungslehre und durch die Entdeckungen der Gehirn-Physiologie gewonnen wurden. Er betrachtete die Seele des Menschen mit ihren angeborenen Eigenschaften der Vernunft als ein fertig gegebenes Wesen und fragte gar nicht nach ihrer historischen Herkunft. [...] Die wunderbare Fähigkeit zu Erkenntnissen *a priori* ist aber ursprünglich entstanden durch Vererbung von Gehirn-Strukturen, die bei den Vertebraten-Ahnen des Menschen langsam und stufenweise durch Anpassung an synthetische Verknüpfung von Erfahrungen, von Erkenntnissen *a posteriori* erworben wurden. [S. 11/12]

> Die gewaltige Autorität von Kant hat dieser mystischen und supranaturalistischen Anschauung das größte Ansehen verliehen, und noch gegenwärtig bemühen sich die herrschenden Philosophen-Schulen, ihr dauernde Geltung zu verschaffen. Der ›Rückgang auf Kant‹ wird als das einzige Mittel zur Rettung der Philosophie gepriesen, während nach unserer Ueberzeugung die im ›Rückgang auf die Natur‹ liegt [S. 27].

> Unzweifelhaft ist unser menschliches Wissen beschränkt [...] Kant hat also in seiner kritischen Erkenntniß-Theorie insoweit Recht, als wir immer nur die Erscheinung der Dinge erkennen können, nicht ihr innerstes unbekanntes Wesen, das er als das ›Ding an sich‹ bezeichnet. Er hat aber Unrecht und führt unsere Naturerkenntniß irre, wenn er deshalb die Realität der Außenwelt in Zweifel zieht und behauptet, daß sie nur in unseren Vorstellungen existiere! – mit anderen Worten,

49 Siehe Beitrag von Günther Patzig im vorliegenden Band. S. 27-45.
50 Siehe Fußnote 46, S. 11.

> daß ›das Leben ein Traum sei‹. Daraus, daß wir mit Hülfe unserer Sinne und unseres Phronema nur einen Teil der Eigenschaften der Dinge (mehr oder weniger unvollkommen) erkennen, folgt doch nicht, daß wir ihre Existenz in Raum und Zeit anzweifeln dürfen; diese sind vielmehr für uns unentbehrliche ›Formen der Anschauung‹ [S. 511/512].

Ernst Haeckel ist damit der eigentliche Begründer der Evolutionären Erkenntnistheorie, die dann später von Konrad Lorenz ausformuliert wurde.[51]

Wenn nun der Mensch mit seinem Vermögen, Kunstwerke herzustellen und Schönheit zu empfinden, eingebunden in die Naturgeschichte ist und sein scheinbar *a priori* vorgegebenes Wissen in Wirklichkeit die Summe von stufenweise *a posteriori* erworbenen Erkenntnissen ist, dann ist die Ähnlichkeit von Kunstformen, die der Mensch geschaffen, und solchen, welche die Radiolarienzelle hervorgebracht hat, nicht verwunderlich, denn beide sind ›natürlich‹ in jedem Sinn des Wortes. Der einzige Unterschied, so Haeckel, besteht lediglich darin,

> daß erstere mit mehr oder weniger klarem Bewußtsein, zielstrebig, von Gehirn und Menschenhand erschaffen, die letzteren hingegen unbewußt, ohne vorgefaßte innere Absicht.[52]

Kristalle und die Einheit der Natur im Schönen

Haben nun Tiere und Menschen denselben Ursprung und sind die von ihnen geschaffenen Kunstwerke einander ähnlich, dann liegt es nahe, nach allgemeinen Bildungsgesetzen zu suchen. Dies war das Ziel der *Generellen Morphologie* von 1866, in der Haeckel den Begriff der ›Promorphologie‹ einführte. Deren erklärtes Ziel sollte es sein, die organischen Formen mit Hilfe stereometrischer Betrachtungen auf ihre Grundformen zurückzuführen (Abb. 19). Er begnügte sich dabei nicht damit, die Lebewesen allein in radiär- bzw. bilateralsymmetrische Formen einzuteilen, sondern schuf ein stufenweise aufeinander aufbauendes System von 40 Grundformen, dessen Ziel es war (S. 554):

> daß überhaupt alle verschiedenen Körperformen, welche in der Natur, und ebenso auch die verschiedenen Formen der Kunst-Produkte, wel-

51 Konrad Lorenz: *Kants Lehre vom A priorischen im Lichte gegenwärtiger Biologie.* Blätter Deutscher Philosophie. Bd. 15, S. 94-125. Ders.: *Die Rückseite des Spiegels. Versuch einer Naturgeschichte menschlichen Erkennens.* München: Piper-Verlag 1978.

52 Siehe Fußnote 43, S. 12.

che in der Sphäre menschlicher Kunsttätigkeit entstehen, sich in demselben einordnen lassen.

Pate hatte bei diesem System die geometrische Kristallographie mit der dort üblichen Einteilung der Kristalle in bestimmte Klassen gestanden, wobei natürlich die Radiolarien Musterbeispiele für die Möglichkeit waren, das kristallographische System auf Lebewesen zu übertragen. Und für Haeckel war klar, und er formulierte dies in den *Lebenswundern* (S. 207):

> daß auch für die Entstehung und Umbildung der ›Grundformen‹, ebenso wie für alle anderen biologischen und anorganischen Prozesse, die Wirksamkeit der bekannten physikalischen Kräfte, der mechanischen ›Werkursachen‹ (*causae efficientes*) vollkommen ausreicht.

Zwischen anorganischen und organischen Körpern gibt es für Haeckel keinen prinzipiellen Unterschied. Sie sind dem universellen Substanzgesetz unterworfen und besitzen demzufolge die Attribute Materie, Energie und Empfindung. Das bedeutet, daß sie auch nach identischen

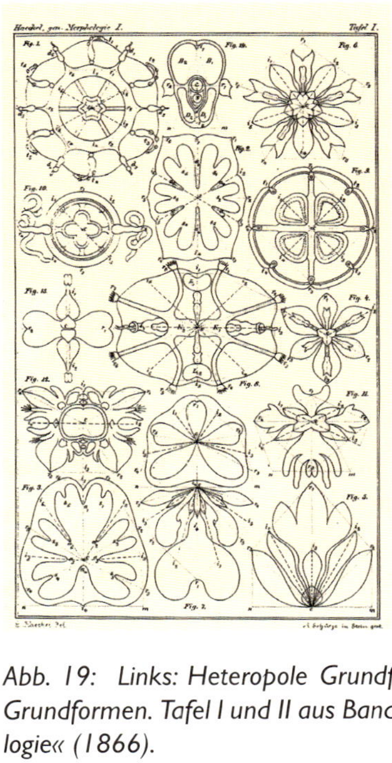

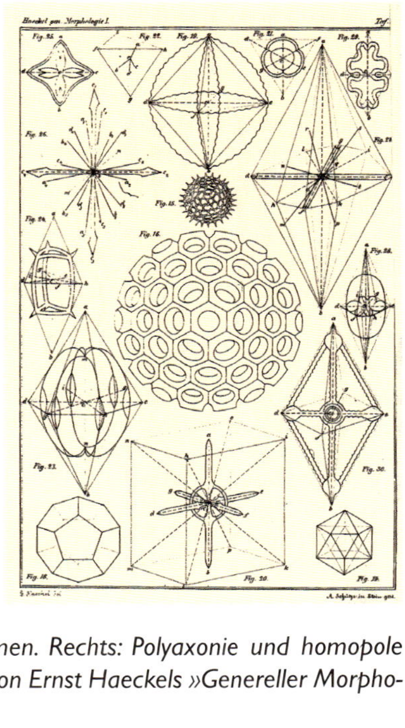

Abb. 19: Links: Heteropole Grundformen. Rechts: Polyaxonie und homopole Grundformen. Tafel I und II aus Band I von Ernst Haeckels »Genereller Morphologie« (1866).

Gesetzen Kunstwerke zu schaffen vermögen, die als ›schön‹ empfunden werden. In seinem letzten Werk mit dem Titel *Kristallseelen – Studien über das anorganische Leben*,[53] das er 1917 als 83jähriger vollendete, vergleicht er noch einmal die Formenmannigfaltigkeit der Radiolarien, Diatomeen und Kalkschwämme mit der nicht minderen Vielfalt der Kristallformen, etwa der Schneekristalle, wobei er in den 1904 entdeckten flüssigen Kristallen den Übergang vom Anorganischen zum Organischen sah (Abb. 20).

In diesem Abschiedswerk verkündet er noch einmal sein monistisches Glaubensbekenntnis: »Alle Substanz besitzt Leben, anorganische ebenso wie organische; alle Dinge sind beseelt, Kristalle so gut wie Organismen« (S. VIII). Und er schließt mit den Worten (S. 143):

> Die Vergleichung der Kristallseelen mit den Zellseelen und die Ausdehnung der Psychosomatik auf das ganze Universum haben uns überzeugt, daß in der organischen Natur dieselben unbewußten Kräfte, Fühlungen und Bewegungen walten wie in der anorganischen Natur. Das Substanzgesetz gilt ebenso für die Organismen wie für die Kristalle.

›Fühlungen und Bewegungen‹, das sind für Haeckel nicht zuletzt die Empfindungen für das Schöne und die sich im Erschaffen des Schönen in grenzenloser Vielfalt ausdrückende Gestaltungskraft der Natur. Mit seiner Bildersprache beschwört er die sich für ihn vor allem im Ästhetischen manifestierende Einheit der Natur. Der Schönheit und der unendlichen Mannigfaltigkeit der Kristallformen, etwa der Schneekristalle,[54] stellt er die Schönheit und die große Vielfalt der Radiolarien-Skelette gegenüber (Abb. 21). Für ihn demonstrieren diese Vergleiche nicht etwa zufällige Analogien, vielmehr sollen diese Bilder zum Beweis dienen, daß auch die Lebewesen im Grunde kristalline Gebilde sind, noch verhältnismäßig einfacher Natur bei diesen Einzellern, komplexerer, und nicht auf den ersten Blick zu erkennender, bei höheren Lebewesen.

Das mag gewagt erscheinen, und ist es, streng naturwissenschaftlich betrachtet, wohl auch. Das könnte der Schlußsatz dieses Aufsatzes sein, wäre da nicht der Blick der Dichter und der bildenden Künstler auf die

53 Ernst Haeckel: *Kristallseelen. Studien über das anorganische Leben*. Leipzig: Alfred Kröner Verlag 1917.

54 Das sechsstrahlige Grundmuster der Schneekristalle wird in den Einzelheiten von Kristall zu Kristall abgewandelt, und es scheint, daß es nicht zwei von ihnen gibt, die identisch wären. In dem Buch von W. A. Bentley und W. J. Humphreys *Snow Crystals* (1931; Neudruck 1962) ist eine Auswahl von »nur« 2453 verschiedenen Schneekristallen zu finden.

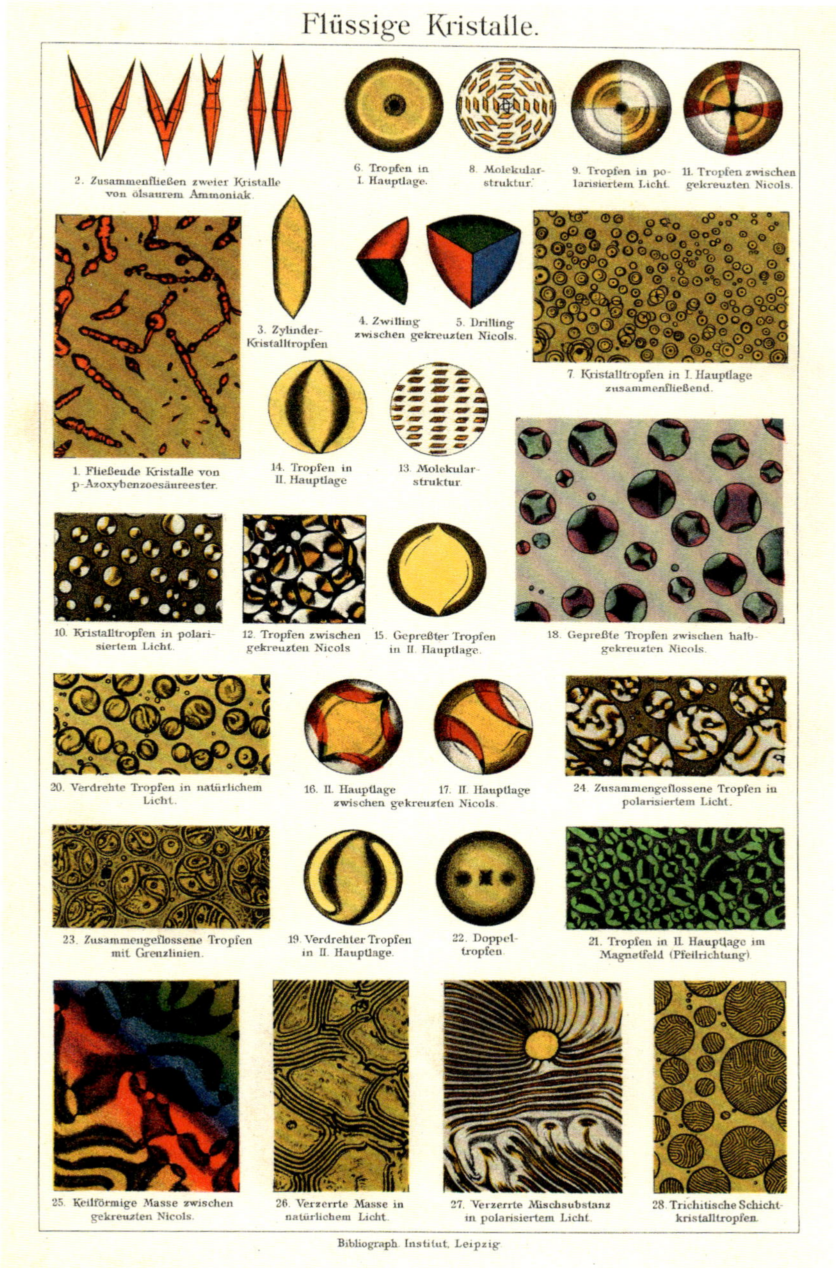

Abb. 20: Flüssige Kristalle. Frontispiz in Ernst Haeckels »Kristallseelen« (1917).

Abb. 21: Links: Radiolarien auf Tafel 41 in Ernst Haeckels »Kunstformen der Natur« (1899-1904). Rechts: Schneekristalle: Ausschnitt aus Tafel B in Ernst Haeckels »Kristallseelen« (1917).

anorganische wie die organische Natur. In der Dichtung und der Kunst stoßen wir immer wieder auf das Motiv des Kristalls. In einer rätselhaften Weise ist der Kristall zum einen mit seiner Starre und Kühle eine Metapher für das Nicht-Lebendige, zum anderen aber durch seine Schönheit und die Regelmäßigkeit seines Wachstums auch ein idealisiertes Sinnbild des Lebens. Es ist eine Widersprüchlichkeit in dieser Metaphorik, aber vielleicht ist es gerade das, was Naturforscher wie Ernst Haeckel und Maler wie Franz Marc – sie sind sich nie begegnet – angezogen hat und in ihrer Sicht auf die Natur verbindet. Aber dem nachzugehen, wäre ein eigenes Thema.

»Man hängt nicht mehr am Naturbilde«. Das Tier in Franz Marcs Bildern

VON
BARBARA ESCHENBURG

Franz Marc (1880-1916) ist vielleicht einer der mißverstandensten Maler des frühen 20. Jahrhunderts. Er wurde und wird gern als gemütvoller Tiermaler gesehen. Dem soll hier widersprochen werden, was nicht heißt, daß Marc nicht als Mensch im geläufigen Sinne sehr tierlieb war. Es ist bekannt, daß er einen Hund, Katzen und Rehe als Hausgenossen hielt. In seinen Werken haben die Tiere jedoch eine andere Funktion. Hier soll versucht werden, seine ab 1911/12 entstandenen Bilder im Zusammenhang mit ihren weltanschaulichen Grundlagen zu betrachten. Es handelt sich um den Zeitpunkt, als Marc Kandinsky (1866-1944) kennenlernte und die Freundschaft beider Ende 1911 zur Gründung der Künstlergruppe »Der Blaue Reiter« führte. Der Untersuchung kommt zugute, daß Marc, der überaus gebildet war und zunächst Philosophie und Theologie studieren wollte, sich eingehend öffentlich und in Briefen zu seinen Vorstellungen geäußert hat.

Im Folgenden werden zentrale Begriffe von Franz Marcs Denken vorgestellt. Dieser theoretische Vorspann erweist sich als notwendig, denn Marcs Bildfindungen basieren auf einer intensiven Auseinandersetzung mit den erkenntnistheoretischen und naturwissenschaftlichen Diskussionen seiner Zeit.

I. Ein neuer Inhalt

Marcs Weltanschauung kommt konzentriert in den während des Ersten Weltkriegs im Feld Anfang 1915 geschriebenen 100 Aphorismen zum Ausdruck, die nach seinem frühen Tod im Frühjahr 1916 zu seinem philosophischen Vermächtnis wurden. Er hatte sie unter schwierigsten Bedingungen auf kleine Zettel notiert und seiner Frau zur Abschrift geschickt. Erst nach seinem Tod konnten sie veröffentlicht werden.[1] Der Aphorismus 67 kann über seinem gesamten Werk stehen:

> Niemand wagt ganz schlicht zu sagen, daß die Rechtfertigung [der neuen Kunst] im neuen europäischen Schauen liegt, in einer neuen

1 Klaus Lankheit: *Franz Marc, Schriften*. Köln 1978, S. 185-213.

> Weltanschauung, und daß wir schon mitten im Lichte des neuen Gesichtes stehen, das – früh oder spät – unsere Kunst formen wird.

Es sei ein Mißverständnis, »das Wie in der Kunst gegen das Was auszuspielen [...] Künstler kennen nur das Was, den Inhalt. Die Form ist ihre intuitive Begabung, das biblische Pfund.« Was nicht heißt, daß Marc sich nicht über einen langen Zeitraum hinweg intensiv um eine Form bemüht hat, die ihm als angemessener Ausdruck für diesen neuen Inhalt erschien.

Mit dem Stilmittel des Aphorismus, übersetzt »Gedankensplitter«, stellt sich Marc in eine Reihe mit so herausragenden Zeitkritikern wie Georg Christoph Lichtenberg (1742-1799) und Friedrich Nietzsche (1844-1900). Besonders der Bezug zu Nietzsche ist für Marc zentral und in vielen seiner Äußerungen nachweisbar, so zum Beispiel im 69. Aphorismus. Hier spricht er über die Beziehung des zeitgenössischen Künstlers zur Natur und wendet sich explizit gegen das Bild der äußeren Natur als Grundlage einer Kunst in seinem Sinne. Er schreibt:

> Die Naturliebe, die ›Entdeckung der Landschaft‹ bleibt ein reizend-wehmütiges Kuriosum der letzten europäischen Epoche; denn zugleich mit ihr schuf man die exakten Naturwissenschaften, das entscheidende Mittel, jedem sentimentalen oder materialistischen Naturalismus den Todesstoß zu geben. [...]
>
> Unsere Sinne sind darum nicht abgestumpft und gelangweilt vor dem Naturbilde [...]. Aber wir verlieren unser Kunstwollen nicht mehr an diesen lieblichen Schein. Unsere Sinne erfassen glühend erregt einen neuen Inhalt, auch auf die Gefahr und Gewißheit hin, daß dieser nur ein zweiter, tiefer liegender Schein ist.

Zunächst soll hier noch nicht über den neuen Inhalt gesprochen werden, sondern über die Vorstellung vom Schein, hinter dem ein weiterer Schein liegt und immer so weiter. Dies ist ein zentraler Gedanke Nietzsches. Paragraph 54 in seiner Schrift *Die fröhliche Wissenschaft*[2] steht unter dem Titel »Das Bewusstsein vom Scheine«. Darin wird auch ein Hinweis auf den »neuen Inhalt« gegeben, den Marc immer wieder anspricht. Nietzsche schreibt:

> Wie wundervoll und neu und zugleich wie schauerlich und ironisch fühle ich mich mit meiner Erkenntnis zum gesammten Dasein gestellt! Ich habe für mich *entdeckt*, daß die alte Mensch- und Tierheit,

2 Friedrich Nietzsche: *Die fröhliche Wissenschaft*. 2. Aufl. 1887 (1. Aufl. 1882); in: Friedrich Nietzsche: *Gesammelte Werke*, Bd. 12, München 1924, S. 84/85.

> ja die gesammte Urzeit und Vergangenheit alles empfindenden Seins in mir fortdichtet, fortliebt, forthasst, fortschliesst, – ich bin plötzlich mitten in diesem Traume erwacht, aber nur zum Bewusstsein, dass ich eben träume und daß ich weiterträumen muss, um nicht zugrundezugehen: wie der Nachtwandler weiterträumen muss, um nicht hinabzustürzen. Was ist mir jetzt ›Schein‹? Wahrlich nicht der Gegensatz irgendeines Wesens – was weiss ich von irgendwelchem Wesen auszusagen, als eben nur die Prädikate des Scheins! Wahrlich nicht eine tote Maske, die man einem unbekannten X aufsetzen und auch wohl abnehmen könnte! Schein ist für mich das Wirkende und Lebende selber, das so weit in seiner Selbstverspottung geht, mich fühlen zu lassen, dass hier Schein und Irrlicht und Geistertanz und nichts mehr ist, – daß unter allen diesen Träumenden auch ich, der ›Erkennende‹, meinen Tanz tanze, daß der Erkennende ein Mittel ist, den irdischen Tanz in die Länge zu ziehen […].

Das Leben ist nach Nietzsche Traum, insofern es sich immer im Schein bewegt. Hinter diesem ist nichts Dauerndes, Wesenhaftes zu erkennen, wie die frühere Philosophie meinte, sondern nur immer wieder neuer Schein. Da sich alles im immateriellen Bereich abspielt, ist der Geist selbst auch eine formende und weiterbildende Kraft. Dieser Gedanke Nietzsches hat Marc nachhaltig beeindruckt. Er konnte darin seinen Glauben an die Wirksamkeit der Kunst – für ihn die Verkörperung des Geistes – bestätigt sehen. Seine folgende Äußerung in einem Brief aus dem Feld an seine Frau vom Weihnachtsabend 1914[3] macht den Nachhall der Nietzsche-Lektüre deutlich:

> Aber ich kann mich von meinen Gedanken u. Träumen nicht losmachen, will es auch gar nicht. […] Ich beginne immer mehr hinter od. besser gesagt: durch die Dinge zu sehen, ein Dahinter, das die Dinge mit ihrem Schein eher verbergen, meist raffinirt verbergen, indem sie den Menschen etwas ganz anderes vortäuschen, als was sie thatsächlich bergen. Physikalisch ist es ja eine alte Geschichte; wir wissen heute, was Wärme ist, Schall u. Schwere, – wenigstens haben wir eine 2. Deutung, die wissenschaftliche. Ich bin überzeugt, daß hinter dieser noch wieder eine u. viele liegen. Aber diese 2. Deutung hat den menschlichen Geist mächtig verwandelt, die größte Typusveränderung, die wir bis jetzt erlebt haben. Die Kunst geht unweigerlich denselben Gang, freilich auf ihre Art; und diese Art zu finden, das ist das Problem; unser Problem.

3 Franz Marc, *Briefe aus dem Feld.* Neu hrsg. v. Klaus Lankheit und Uwe Steffen. München 1985, S. 40/41.

In diesem Zitat werden drei Bereiche angesprochen, die Marc ganz im Sinne von Nietzsche formuliert: (1) Die Welt ist Schein, und dieser Schein vervielfältigt sich, je tiefer der Mensch vordringt. (2) Die Erkenntnisse der Naturwissenschaft sind die zu seiner Zeit aktuelle Ebene des Scheins. (3) Das Innere des Menschen und das scheinbar Äußere der Welt sind eins. Zu dem letzten Punkt schreibt Marc ausführlicher in dem zu seinen Lebzeiten unveröffentlichten Text *Der hohe Typus* aus der Kriegszeit 1914/15:[4]

> Die Naturgesetze sind nicht nur in jenem allgemeinen, schopenhauerischen Sinne anthropomorph, daß diese Gesetze immer nur Kinder unserer Sinnesorgane sein können, sondern in jenem besonderen Sinne, daß der künstliche Außenbegriff Physik sich eines Tages restlos auflösen wird, um ganz ungeschriebene Bewußtheit, Psyche zu werden und völlig in's Menschliche zurückzukehren. [...] Die Welt›an‹schauung der alten Welt, wird zur Welt›durch‹schauung der neuen Welt.

Im 19. Jahrhundert gaben, trotz vieler Kritik – auch von Nietzsche –, die Forschungen Charles Darwins (1809-1882) die entscheidende Anregung für eine auf neuer wissenschaftlicher Grundlage stehende Zusammenschau aller äußeren Lebensformen vom einfachsten Einzeller bis zum Menschen. Hier liegt eine der Voraussetzungen von Marcs ›Weltanschauung‹. Er drückt das etwa in einem Brief aus dem Feld (S. 71) an seine Frau folgendermaßen aus:

> Die Welt hat viele Schichten. Der Mensch ist in der weiten Natur ebenso ein Übergangsprodukt wie das Tier od. die Pflanze.

Darwin hat Marc mit dem Entwicklungsgedanken das Argument für die Einheit aller Lebensformen in Raum und Zeit geliefert. Diese Vorstellung beinhaltete zugleich, wie im Nietzsche-Zitat ausgesprochen, daß die gesamte Welt auch im Innern des Menschen existiert, da er – immer noch auf der höchsten Stufe der Leiter gedacht – alle vorherigen Stufen in sich vereinigt. Doch ist auch der aktuelle Mensch noch nicht auf der letzten Entwicklungsstufe angelangt, er ist selbst noch Produkt der allgemeinen Entwicklung, die keineswegs abgeschlossen ist. Das, was bei Nietzsche der ersehnte Übermensch ist, stellt sich bei Marc als »hoher Typus« dar, der nun bewußt die schon immer praktisch vorhandene Einheit mit der Welt vollzieht. Was bisher nur einige außergewöhnliche Menschen ahnten, wird für Marc durch den aktuellen Wissensstand, zu dem Darwin die entscheidenden Daten beitrug, zur Möglichkeit der

4 Franz Marc: *Der hohe Typus*, in: Klaus Lankheit: *Franz Marc, Schriften*. Köln 1978, S. 170.

Menschheit. Vorausschauende Künstler sind die Vermittler, die den Menschen zum wahren Menschentum führen.

Von der Einheit des Lebens ist auch das Anorganische nicht ausgeschlossen, es ist für Marc selbst nichts anderes als Geist und Psyche. In dem oft zitierten Aphorismus Nr. 47 wird diese Welt›durchschauung‹ näher erläutert: »Wir blicken durch die Materie und der Tag wird nicht ferne sein, an dem wir durch ihre Schwingungsmasse hindurchgreifen werden wie durch Luft.«

Damit ist der Rahmen angedeutet, in dem sich Marcs Denken bewegt: ein unendlicher Fluß der Lebewesen, in dem eins an das andere gebunden ist und alles sich in ständiger Bewegung und Fortentwicklung befindet, und eine Materie, die nur aus Kraftfeldern besteht und ihre Undurchdringlichkeit verloren hat – und dies in untrennbarer Einheit mit dem menschlichen Geist. Die Verknüpfung der organischen mit der anorganischen Welt geschah im 19. Jahrhundert durch die Entdeckung des Aufbaus des kleinsten lebendigen Teils, der Zelle, seitdem man hier dieselben anorganischen Bausteine gefunden hatte wie in der unbelebten Materie. Wilhelm Bölsche (1861-1939), ein damals vielgelesener Autor, der von Marc sehr geschätzt wurde und auf den dieser in seinen Briefen aus dem Felde mehrfach hinwies, hat in seiner *Entwicklungsgeschichte der Natur* von 1893/94[5] im 2. Band einen größeren Abschnitt der Entdeckung der Zelle und ihrem Baustein, dem »Kohlenstoff als Lebensstoff«, also der Verbindung von Anorganischem und Organischem in der Zelle, gewidmet. Bölsches Vorbild war Alexander von Humboldts (1769-1859) Hauptwerk *Kosmos,* eine Universalgeschichte der Erde, die in 5 Bänden von 1845 bis 1862 erschienen war. Wie Humboldt versuchte Bölsche, die gesamte Natur in einem Werk zu umfassen, nun allerdings auf Basis der naturwissenschaftlichen Erkenntnisse vom Ende des Jahrhunderts. Dazu gehörten sowohl die von Charles Darwin gefundene Entwicklungsgeschichte der Arten wie die neuesten Ergebnisse über die anorganische Materie.

Schon an dieser Stelle deuten sich einige bildnerische Leitlinien von Marcs malerischem Werk an. Wenn Tier und Mensch nur Teile einer nicht abgeschlossenen Kette des Lebens sind und der Mensch das Tier in sich trägt, dann sind Aussagen über ihn auch durch diesen seinen Vorläufer zu machen, denn er ist ja mit ihm selbst verwachsen: Innen und Außen sind eins. Tier und Mensch sind aber auch mit der anorganischen Welt verkettet, die nur aus Kraftfeldern besteht und im Grunde durchsichtig ist.

5 Wilhelm Bölsche: *Entwicklungsgeschichte der Natur.* 2 Bde., Berlin 1894/96.

II. Wissenschaft und Technik – Das Schöpferische

Wie schon angedeutet, ist die neueste Wissenschaft, verstanden als Mittel, die scheinhafte Stofflichkeit der Materie aufzuheben, ein wesentlicher Ausgangspunkt für Franz Marc. Es gibt viele Stellen in den Aphorismen, in denen er die exakten Wissenschaften rühmt und sie als Vorbild und Basis der Kunst begreift. In seinem Denken sind drei Bereiche zu scheiden: das alte Handwerk als Einheit des Menschen mit sich und der Umwelt, die moderne Technik als Ergebnis der angewandten Wissenschaft sowie die reine Wissenschaft, der Marc nahezu religiöse Qualität zuspricht. Über letztere heißt es etwa in Aphorismus 65: »Die Reine Wissenschaft ist unser europäisches Gewissen. Horchen wir in allen dunklen Fragen auf unser Gewissen.« Und in Nr. 46: »Die kommende Zeit, die ›Epoche des Geistigen‹, wie sie Kandinsky nennt, wird ihre ethischen und künstlerischen Formen aus den Gesetzen des exakten Wissens schöpfen.«

Dieser reinen oder exakten (Natur-)Wissenschaft, der es ausschließlich um die Erkenntnis der Welt gehe und der Marc religiösen Charakter zubilligt, steht als ihr Gegenbild die angewandte Wissenschaft und die aus ihr stammende moderne Technik entgegen. Ihr gilt Marcs ganze Ablehnung, sie ist ihm das Vehikel eines Fortschritts, der den Menschen auf seinen geistig niedrigsten Stand gebracht habe. Im Aphorismus 64 heißt es:

> Der entscheidende Moment der geistigen Wende Europas wird sein, wenn den modernen Menschen wie ein Blitzstrahl die Erkenntnis befällt, daß die ›technische Überwindung der Welt‹ nicht den Endzweck seiner jahrhundertelangen geistigen Riesenarbeit darstellen kann […].
>
> Dem Nachdenklichen dürfte dieser Krieg die große Einkehr und Ernüchterung bringen über sein ›Zeitalter der Technik‹, wenn er nicht längst erkannt hat, daß mit dem heiligen Wissen der Neuzeit nicht so sehr Brauch als Mißbrauch getrieben wird. Die Verweltlichung der heiligen Lehre ging diesmal ihrer Religionswerdung voraus […].

Marc und seine Geistesverwandten und Freunde wollten Geburtshelfer dieser neuen Religion sein, die auf der reinen Wissenschaft und ihren Erkenntnissen über die Einheit und Immaterialität der Welt basierte, also nichts anderes als Geist wäre. Als das adäquate Mittel zur Beförderung dieser neuen Religion erschien ihnen die Kunst. Marc sprach schon im 1912 erschienenen Almanach *Der Blaue Reiter* davon, daß die neuen Kunstwerke die »Altäre der kommenden geistigen Religion« schmücken würden.

So sehr, wie Marc die reine Wissenschaft verehrte, ebenso stark verabscheute er die in der modernen Technik vergegenständlichte angewandte Wissenschaft. Er sah in ihr den Feind jeder höheren Form des Menschen, da sie diesen um seine ›intuitiven‹ Fähigkeiten brächte und alles ›Schöpferische‹ in ihm tötete. Dagegen war ihm die ›reine Wissenschaft‹, insofern als sie Welterkenntnis bedeutete, die Verkörperung des aus der Intuition geborenen Schöpferischen. Der Begriff ›Intuition‹ ist eine Abwandlung und Vermenschlichung des Begriffs ›Instinkt‹, den Nietzsche noch als Äußerung des von ihm gewünschten schöpferischen Menschen sah. Die Verwandlung zum Begriff Intuition, der nun ausschließlich auf den Menschen bezogen ist, geschah durch den französischen Philosophen und Wahrnehmungspsychologen Henri Bergson (1859-1941). Dessen Schriften hatten für die Künstler vom Anfang des 20. Jahrhunderts eine grundlegende Bedeutung. Intuition ist auch bei ihm Ausdruck des Schöpferischen und Triebkraft der Erkenntnis. Gegenbegriff ist ihm der Verstand, der immer auf ein äußerliches, zweckgebundenes, also nützliches Weltbild abziele. Marc verwendet die Begriffe Instinkt und Intuition gleichberechtigt und in gleicher Bedeutung. In unserem Zusammenhang interessiert besonders die Übertragung von Fähigkeiten, die gewöhnlich den Tieren zugeschrieben werden, auf den Menschen und ihre damit vollzogene Nobilitierung.

III. Das Leben

Das Tier ist nach Marc, wie schon gesehen, nur ein Teil in der unendlichen Kette des Lebens. Die Frage ist, was hat es in Marcs Denken dem Menschen voraus? Man könnte überspitzt sagen: Es ist die Verkörperung eines instinktsicheren Lebens, das die Menschheit zu ihrem Schaden hinter sich gelassen hat, seitdem sie aus der Natur herausgetreten ist.

In diesem Zusammenhang muß kurz die naturwissenschaftliche Diskussion um den Instinkt angedeutet werden, die schon mit den Schriften Darwins beginnt und um die Jahrhundertwende weiterhin kontrovers geführt wird. Darwin setzt sich in seiner *Entstehung der Arten* von 1859 im 8. Kapitel mit dem Einwand auseinander, daß der Instinkt keiner Veränderung durch natürliche Zuchtwahl unterliegen könne. Er rechtfertigt seine Thesen, indem er sehr kleine Veränderungen während sehr langer Zeiträume sowie verlorene Zwischenstadien unterstellt.

Abgelehnt wurde diese Theorie von dem französischen Insektenforscher Jean-Henri Fabre (1823-1915), der sich ab 1879 intensiv diesen Fragen gewidmet hatte. An den verschiedensten Insekten hat Fabre untersucht, ob Instinkthandlungen, die meist im Zusammenhang mit der

Fortpflanzung stehen, veränderbar sind. Er kommt zu dem Schluß, daß dies nicht der Fall ist. Kamen die Einwände gegen Darwins Theorie zunächst vor allem von der Seite der Bibelgläubigen, die von einer einmaligen und speziellen Schöpfung jeder einzelnen Art ausgingen, so kamen sie nun auch von einem Forscher, der durchaus ein Weltbild hatte, das demjenigen Darwins verwandt ist. Fabre geht vom Zusammenhang der anorganischen Gebilde mit den Formen des Lebens aus, aber seine Experimente haben ihn zu anderen Ergebnissen als Darwin gebracht. Marc schätzte Fabre sehr und empfahl in seinen Briefen aus dem Feld seiner Frau die Lektüre von dessen Schriften. Ihn werden Stellen wie die folgende besonders interessiert haben, in denen Fabre im Zusammenhang mit der Frage nach dem Instinkt die Frage nach der Entstehung des Lebens stellt, die Darwin ausdrücklich ausklammerte:

> Was ist das Leben? Werden wir jemals bis zu seinen Ursprüngen vordringen können? Wird uns erlaubt sein, in einem Tropfen Schleim jenes leichte Erzittern auszulösen, das alles werdende Leben einleitet? Was ist menschliche Intelligenz? Worin unterscheidet sie sich von der Intelligenz des Tieres? Was ist Instinkt? Sind diese beiden psychischen Fähigkeiten also zwangsläufig nicht ableitbar, oder lassen sie sich auf einen gemeinsamen Faktor zurückführen? Sind die einzelnen Arten und Gattungen durch die Kette ihrer Abstammung im Verlauf der Entwicklung fest miteinander verbunden? Haben wir es mit einer gleichbleibenden Anzahl von unveränderlichen Medaillen zu tun, eine jede mit einem anderen Stempel geprägt, dem der Zugriff der Jahrhunderte nichts anhaben kann, es sei denn, er vernichte diesen früher oder später ganz? Diese Fragen quälen jeden denkenden Geist und werden ihn auch dann noch bewegen, wenn die Sinnlosigkeit unserer Bemühungen, diese Fragen zu lösen, uns zuletzt raten sollte, sie ganz aufzugeben und in den Vorhimmeln des für uns nicht Erkennbaren zu belassen.[6]

Dieser Passus gibt einen guten Einblick in den Stand der Fragestellungen um die Jahrhundertwende, die Naturforscher und Naturphilosophen gleichermaßen beschäftigten und die sich offenbar auch Marc gestellt hat. Er hatte schon mit 19 Jahren in einem Brief an den befreundeten Pfarrer Otto Schlier für sich aufgrund der elterlichen Erziehung in Anspruch genommen, »sich weniger um Einzelerkenntnisse irgendwelcher

6 Jean-Henri Fabre: *Wunder des Lebendigen. Aus der vielfältigen Welt der Insekten.* Hrsg. v. Martin Lindauer und Jost M. Franz. Aus dem Französischen übertragen von Liselotte Ronte. Zürich und München 1989, S. 130.

Art« zu bekümmern, »die sonst der Jugend geziemen, als vielmehr um die träumerischen Fragen von Sein und Nichtsein«.[7]

Eine andere Äußerung Fabres wird ihm möglicherweise einen auch für seine Kunst gangbaren Weg gewiesen haben:

> Die Materie bedarf, damit sie der höchsten Lebensäußerung fähig wird, einer langen und sehr sorgsamen Bearbeitung. Das beginnt schon in der Werkstatt des unendlich Kleinen, bei den Mikroben – von denen eine beispielsweise mit Kräften ausgerüstet, die größer sind als die Gewalt eines Blitzstrahls – den Sauerstoff mit dem Stickstoff verbindet und auf diese Weise Nitrate möglich macht, das Hauptnahrungsmittel der Pflanzenwelt. Das beginnt an den Grenzen des Nichts, vervollkommnet sich in der Pflanze, verfeinert sich im Tier und steigt so, von Fortschritt zu Fortschritt, auf bis zur Gehirnsubstanz. [...] Im Zenit ihres Aufstiegs entläßt die Rakete ihre vielfarbenen Sterne. Und dann versinkt alles wieder im Dunkel. Aus diesem Rauch, diesen Gasen, diesen Oxyden könnten sich im Laufe einer sehr langen Zeit, auf dem Unweg über die Vegetation, neue Explosionsstoffe bilden. So verfährt die Materie in ihren Verwandlungen.[8]

Alle diese Texte, die Marc dem Tenor nach kannte, wie seine Briefe belegen, kreisen um die Entstehung des Lebens und seine Entwicklung in einer großen einheitlichen Linie von den anorganischen zu den organischen Gebilden, von der unbelebten zur belebten, von der kosmischen zur irdischen Natur.

IV. Die Bilder

Die großen Bilder Franz Marcs, von denen einige nun im einzelnen betrachtet werden sollen, entstanden alle innerhalb von drei bis vier Jahren zwischen 1911 und 1914. Um 1910/11 lernte Marc die späteren Künstler des Blauen Reiters und vor allem Wassily Kandinsky kennen. Durch sie fand er endgültig seinen künstlerischen Weg. Diese fruchtbare Phase endete schon im August 1914 mit dem Ausbruch des Ersten Weltkriegs, an dem Marc aktiv als Soldat und zunächst auch mit voller Zustimmung teilnahm, was sich im Verlauf des Krieges allerdings ändern sollte. Während

7 Zitiert nach: Sigrid von Strachwitz: *Franz Marc und Friedrich Nietzsche. Zur Nietzsche-Rezeption der bildenden Kunst.* Bonn 1997, Dokument 8.

8 Jean-Henri Fabre: *Das offenbare Geheimnis. Aus dem Lebenswerk des Insektenforschers.* Hrsg. v. Kurt Guggenheim und Adolf Portmann. Zürich und Stuttgart 1961; S. 273.

des Krieges entstanden nur noch kleine Bleistiftzeichnungen, das sogenannte *Skizzenbuch aus dem Felde*, aufbewahrt in der Staatlichen Graphischen Sammlung in München, sowie vor allem das schriftliche Vermächtnis der *100 Aphorismen*.[9]

1. Rückenfigur

Schon in seinem ersten veröffentlichten Text, einem Brief an den Verleger Reinhard Piper, der in dessen Buch *Das Tier in der Kunst*[10] abgedruckt ist, schreibt Marc:

> Ich suche mein Empfinden für den organischen Rhythmus aller Dinge zu steigern, suche mich pantheistisch einzufühlen in das Zittern und Rinnen des Blutes in der Natur, in den Bäumen, in den Tieren, in der Luft [...].

Dieses Zitat könnte über dem Bild »Blaues Pferd II« von 1911 (Abb. 1) aus dem Kunstmuseum Bern stehen. Es ist die vollkommenste Verwirklichung dessen, was Marc vor der Bekanntschaft mit den Künstlern des Blauen Reiters mit seinen Tierbildern zu erreichen suchte. Ein durch alles hindurchgehender organischer, das heißt wellenförmiger Rhythmus bestimmt in dem »Blauen Pferd II« die Formensprache. Sowohl die Plastizität des Tieres, das in die Landschaft blickt, wie deren perspektivische Tiefe sind weitgehend durch einen allen Elementen gemeinsamen Linienrhythmus zurückgedrängt und damit der Fläche angenähert. Die in den verschatteten Umrissen des Pferdekörpers ausgedrückte Bewegung entspricht den sanft bewegten farbigen Schattenlinien des Terrains. Von dem Pferdekörper unterscheiden sich diese Formen wesentlich nur durch ihre Offenheit zum Bildrand, was auf größere Zusammenhänge hinweist, während das Tier als in sich geschlossene Form erscheint. Dennoch ist die Verwandtschaft aller Teile unübersehbar. Das Tier scheint mit der Landschaft verwachsen, was auch durch die Blickrichtung ins Innere des Bildes unterstrichen wird.

Zu einem anderen bildnerischen Ergebnis kommt Marc, wenn er sich über den aktiven Bezug des Tieres zur Landschaft Gedanken macht und fragt: »Wie sieht ein Pferd die Welt oder ein Adler, ein Reh oder ein Hund?«.[11] Im Gegensatz zum vorigen Bild wird das Tier in diesem Fall als Individuum betrachtet, so in dem großen Gemälde »Der weiße Hund«

9 Franz Marc: *100 Aphorismen*; in: Klaus Lankheit: *Franz Marc, Schriften*. Köln 1978, S. 185-213.

10 Reinhard Piper: *Das Tier in der Kunst*. München 1910, S. 190.

11 Zitiert nach: Klaus Lankheit: *Franz Marc, Schriften*. Köln 1978; S. 99.

Abb. 1: Franz Marc: »Blaues Pferd II« (1911). Kunstmuseum Bern.

von 1912 (Abb. 2). Der zweite Titel, »Hund vor der Welt«, der zuerst sogar lautete: »So sieht mein Hund die Welt«, bestätigt diese Individualisierung. Dargestellt ist Marcs langjähriger Begleiter Russi. Wie das Pferd blickt er in die Landschaft, zeigt sich aber, anders als jenes, im verlorenen Profil, wodurch er eher als Individuum kenntlich wird. Die mit diesem Bild gestellte Frage, was ein Hund sieht, ist eine auch heute noch wahrnehmungspsychologisch oder evolutionstheoretisch interessante Frage. Marc aber verbindet sie mit den ihm in diesem Jahr im Original bekannt gewordenen kubistischen Formen der italienischen Futuristen und Robert Delaunays (1885-1941), für die er in diesem Bild eine inhaltlich begründete Darstellungsmöglichkeit findet. Offenbar sitzt der erwartungsvoll konzentrierte Hund Marcs in einer gebirgigen Landschaft zwischen runden Steinen. Vor seinem Blick nimmt man an Tannen und Bergkuppen erinnernde Formen wahr, allerdings in nicht eindeutig identifizierbarer Form und Farbigkeit. Diese ›äußere‹ Welt nimmt die kleinen runden und langen gebogenen Formen des Tierkörpers wieder auf und bringt sie in ein flaches, in verschiedenen Ebenen hintereinander gestaffeltes Relief. Vielfach sind die Formen zerrissen, sie wechseln willkürlich die Intensität ihrer Farben, etwa von Ocker zu Rot im Hintergrund. Wie in anderen Bildern Marcs stehen solche aus dem Kubismus abgeleiteten Formen vor einer letzten, nicht mehr gebrochenen (Himmels-)Folie.

Was ist die Aussage des Bildes? Hat der Hund sich die Welt, die ihn in dem ihm zugänglichen Ausschnitt zu umkreisen scheint, anverwandelt? Trotz der Flächenstruktur ist der Vordergrund, auf dem er sitzt, realistischer gestaltet als der Hintergrund, in den er sich vertieft. Es scheint hier der eher einfache Gedanke verbildlicht zu sein, daß der Hund die Welt seinem Interesse gemäß weniger sieht als riecht. In den abgebrochenen Linien kann man vielleicht die Bewegung des Hundekopfes wiedererkennen. Das Verhältnis des Tieres zur Umgebung ist in diesem Bild keineswegs vollkommen distanzlos, die Umgebung bleibt deutlich ein Gegenüber. In gewisser Weise ist das Hundebild noch eine Fortsetzung der Bilder von 1910/11 wie das vorher gezeigte »Blaue Pferd II«, jetzt allerdings unter teilweisem Einsatz eines neuen kubistischen Formenrepertoires. In beiden Werken wird durch die Entsprechung der Formen in der Landschaft und in den Tieren ein verwandtschaftliches Leben in der Natur vorgestellt.

Abb. 2: Franz Marc: »Der weiße Hund« oder »Hund vor der Landschaft« (1912). Privatbesitz.

2. Das Tier, zum Betrachter gewandt

In den meisten Tierbildern, zumal denen seit 1911/12, hat das Tier als Gegenüber den Betrachter des Bildes, nicht die Landschaft im Bild. Das beginnt mit dem »Blauen Pferd« des Lenbachhauses von 1911, dem »Stier« aus demselben Jahr aus dem Salomon R. Guggenheim Museum in New York und erfährt seine Steigerung im »Tiger« des Lenbachhauses von 1912 sowie dem »Mandrill« (Abb. 3) der Bayerischen Staatsgemäldesammlungen von 1913, in dem dieser Bildtypus am vollkommensten ausgeprägt ist. Während beim Tiger noch eine schwarze Folie als Hintergrund gedacht werden kann, die sich aber schon in kristalline Formen aufzulösen beginnt, ist eine solche Folie in dem von dichten eckigen und runden Formen erfüllten Bild des Mandrill nicht mehr auszumachen. Er ist vollkommen mit den Formen der Umgebung verwachsen, sein Kopf erscheint wie eine Keimform aller Formen im Bild oder umgekehrt diese wie die noch unbestimmten Voraussetzungen dieser knospenartigen zentralen Form, in der sich alle Farben des Bildes brechen.

Ganz ähnlich konzentriert sich alle Energie der spitzen, farbig grellen Formen im rautenförmigen gelben Auge des Tigers (Abb. 4), dessen Kopf sich aus der eckigen Formenwelt entwickelt, aber gleichzeitig durch die Drehung aus der Rückenansicht nach vorn aus dieser hervorstößt. Die Drehung veranschaulicht gedrängte Energie und Gelassenheit zugleich. Teilweise gehen an der Rückenlinie des Tieres die Formen der Umgebung mit ihrem Rot in den gelb-schwarzen Tierkörper über.

Mandrill und Tiger veranschaulichen beide die Vorstellung, daß die Tiere in einer eigenen Welt leben, die sie sozusagen mit sich führen oder von der sie hervorgebracht werden – als die organische Verwirklichung der anorganischen Umgebung. Diese ist beim Tiger insofern modifiziert, als die vordere blaue Spitze wohl eine Pflanze ist, etwa eine Agave, wie sie sich auf vielen Bildern Marcs von 1911/12 findet. Damit wird im Tiger ein dreistufiger Übergang vom Leblosen zum Lebendigen unmittelbar faßbar. Denn die Pflanze steht auf der entwicklungsgeschichtlichen Stufe, die dem Tier vorausgeht, aber zu seiner Existenz notwendig ist, wie dies in dem zitierten Text von Fabre ausgeführt wurde. Im Bild des Mandrill dagegen sind keine Naturformen mehr auszumachen. Sie haben sich ganz in geometrische Formen aufgelöst und entsprechen damit der konzentrierten geometrischen Form des Tierkopfes, das Lebenszentrum dieser anorganischen Welt, die offenbar jederzeit in Organisches umschlagen kann.

In diesen Bildern gibt es keine spezifische Oberflächenstofflichkeit der einzelnen Dinge. Alles erscheint von der gleichen Machart. Damit wird das Prinzip der Einheit aller irdischen Materie, sei sie nun organisch oder

Abb. 3: Franz Marc: »Der Mandrill« (1913). Bayerische Staatsgemäldesammlungen München.

Abb. 4: Franz Marc: »Der Tiger« (1912). Städtische Galerie im Lenbachhaus München.

anorganisch, unmittelbar anschaulich, wie dies auch in den Schriften von Fabre oder Bölsche ausgesprochen wird. Diese Autoren und auch Marc nehmen den alten Gedanken von der Einheit des Seins auf, der sich schon bei den Vorsokratikern findet, und der seit dem 16. Jahrhundert, bestätigt durch die neuen naturwissenschaftlichen Erkenntnisse, vielfach wieder auftaucht.

3. Evolution: Agave, Pferd und Stier

Ein auffälliges Element vieler Bilder Marcs, die zwischen 1911 und 1912 entstanden, ist die Agave (Abb. 5). Sie erscheint neben Pferden und Rindern, ohne daß zunächst ein Zusammenhang erkennbar wäre. Dies ändert sich, wenn man schon zu Beginn der Einleitung von Wilhelm Bölsches *Entwicklungsgeschichte der Natur* einen Passus über die Agave im Zusammenhang mit der Jahrhundertfeier der Entdeckung Amerikas liest und diese Pflanze ganzseitig in einer Fotografie des Golfs von Neapel abgebildet sieht. An dieser Stelle spricht Bölsche von den ungeheuren Zeiträumen der Naturgeschichte, in denen die 400 Jahre seit der Entdeckung Amerikas verschwindend klein erscheinen. Die Agave spielt hier insofern eine Rolle, als sie ihre Verbreitung in Europa den Entdeckern Amerikas verdankt, die sie in ihre mediterrane Heimat mitbrachten, wo sie sich prächtig entwickelte und fortpflanzte und heute zu deren Charakteristika zählt.

Eines der ersten Bilder Marcs, in denen die Agave als markantes Bildelement auftaucht, ist das »Blaue Pferd« (Abb. 6) des Lenbachhauses von 1911. Etwa gleichzeitig entstand das selbständige Ölbild nur dieser Pflanze (heute Staatsgalerie Stuttgart), das ursprünglich Teil eines größeren Zusammenhanges, vielleicht in der Art des »Blauen Pferdes« gewesen sein muß. Dieses ist das erste von Marc gemalte Tier dieser Gattung, das in eckig abstrahierten Formen erscheint. Auch die vollkommen unrealistische Farbe Blau für ein Pferd taucht 1911 erstmals auf. Während Marc vorher und noch gleichzeitig in runden Formen die plastische Präsenz und Vitalität der Pferdekörper veranschaulichte, fehlen dem »Blauen Pferd« diese Attribute. Es wirkt sogar ein wenig steif. Da dessen kubistische Formensprache in dieser Zeit in Marcs Bildern noch nicht durchgehend zu finden ist, kann man aufgrund dieser Wahl eine spezifische Aussage erwarten.

Erstmals ist das Tier hier mehr Zeichen als lebendiges Wesen wie noch in den frühen Gemälden. Dies kommt schon durch sein Standmotiv und seine Verbindung zur Landschaft zum Ausdruck. Denn es stellt sich die Frage, wo es sich eigentlich befindet, erscheinen doch die segmentförmigen Formen, die den Hintergrund bis zum oberen Rand füllen, als Hügel

Abb. 5: Franz Marc: »Große grüne Agave« (1911). Staatsgalerie Stuttgart.

oder Bergkuppen. Die Beine des Pferdes stehen aber auf unterschiedlichen (Hügel)formen, wodurch der Maßstab zwischen groß und klein ins Schwanken gerät. Nicht nur durch seine absolute, bildfüllende Größe wird dieses Pferd monumentalisiert, sondern auch durch solches Verschleifen der Maßstäbe. Auch die Haltung des Pferdes hat Fragen aufgeworfen. Man hat zuweilen von Melancholie – unterstützt durch die passive Farbe Blau – gesprochen und darin eine Vermenschlichung des Tieres gesehen. Doch in seiner zeichenhaften, geschlossenen Gestalt ist das Pferd möglicherweise dem embryonalen Zustand erst gerade entwachsen, scheint es sich doch eher um ein junges, noch unsicher stehendes Tier zu handeln. Vielleicht befindet es sich noch in einem vorbewußten, traumnahen Zustand. Wie beim »Tiger« sind in diesem Bild Grundformen des Bodens mit je einem herausgehobenen Exemplar der Pflanzen- und einem der Tierwelt kombiniert. Nach dem vorher Gesagten scheint es nicht abwegig, in dieser Zusammenstellung auch die Erinnerung an verschiedene erdgeschichtliche Epochen zu sehen. Anders als beim Tiger sind allerdings Raum und Gegenstände noch nicht so ineinander verzahnt wie dort.

Nach Bölsche war die Agave durch den weiten Weg gekennzeichnet, den sie von Amerika aus mithilfe des Menschen in den Mittelmeerraum zurückgelegt hatte. Parallel dazu könnte man auch das Pferd mit einer ähnlichen Wanderung in Verbindung bringen. Entstanden die Pferde – allerdings in sehr viel kleinerer Gestalt – doch am Beginn des Tertiär in Amerika und verbreiteten sich von dort aus über den eurasischen Kontinent.[12] Zur Zeit der Conquistadoren um 1500 waren sie jedoch in Amerika ausgestorben und wurden erst durch die europäischen Eroberer dort wieder heimisch. Sind also Pferd und Agave auf dem Bild zusammen, weil sie ursprünglich in derselben Welt entstanden? Oder sind sie darin, weil beide den Weg nach Europa gemacht beziehungsweise entgegengesetzte Wege zurückgelegt haben? Handelt es sich demnach um die abstrakte Urform des Pferdes, kombiniert mit einer Pflanze, deren Urform in der Heimat dieses Tieres entstand?

Schwieriger wird die Frage dadurch, daß die Agave auch im Zusammenhang mit Rindern in Marcs Werk auftaucht, so in dem Bild »Der Stier« aus dem Guggenheim Museum von 1911 (Abb. 7). Hier könnte man wieder auf Bölsche zurückgreifen, der sich im zweiten Band der »Entwicklungsgeschichte der Natur« den verschiedenen erdgeschichtlichen Epochen und der dazugehörigen Tierwelt widmet. Für die heutige Tierwelt war das Tertiär entscheidend, in dem sich die Säugetiere verbrei-

12 Wilhelm Bölsche: *Entwicklungsgeschichte der Natur*. Bd. 2, S. 662.

Abb. 6: Franz Marc: »Das blaue Pferd« (1911). Städtische Galerie im Lenbachhaus München.

teten. Bölsche verfolgt insbesondere die Geschichte der Pferde und Rinder (Unpaar- und Paarhufer). Über das Urrind schreibt er:

> Im allgemeinen neigt man zu der Ansicht, daß das heutige holsteinische Rind dem Ur-Typus noch am nächsten stehe. Möglicherweise giebt es aber noch direktere lebende Nachkommen des Ur in dem sogenannten englischen und schottischen Parkwild, einer prachtvollen, dicht behaarten, *fast rein milchweißen* Rasse, die in halbwildem Zustande heute noch in ein paar großen Wildparken gehegt wird, früher aber, wie es scheint, gradezu wild dort im freien Forst gehaust hat und recht wohl eine weiße nur halb gezähmte Varietät des echten Ur noch jetzt darstellen könnte.[13]

Vielleicht deutet in Marcs Bild die für europäische Verhältnisse urtümliche Pflanze der Agave im Zusammenhang mit einem weißen Stier, in dem sich der Urstier möglicherweise noch erhalten hat, auf die Geschichte hin, die alle Arten durchlaufen haben von der Keimzelle des Lebens bis zu den gegenwärtigen Ausformungen.

Die evolutionistische Lesart wird bestätigt durch ein verlorenes, nur durch ein Schwarz-weiß-Foto bekanntes Bild mit dem seltsamen Titel »Die ersten Tiere« aus dem Jahr 1913 (Abb. 8), seltsam insofern, als es vor allem die entwicklungsgeschichtlich späten Pferde, oder eher Wildpferde, zeigte, die aus abstrakten runden und eckigen Formen hervordringen. Dabei ist der Boden offenbar auch hier durch stark abstrahierte agavenähnliche Pflanzen gebildet. Mit den ersten Tieren können hier nur die Säugetiere gemeint sein, die nach dem Aussterben der Saurier die Herrschaft antraten, während es sie vorher so gut wie nicht gab. Das Zeitalter der Säugetiere, zu denen ja als Spätform noch die Menschen gehören, wird sowohl in *Brehms Tierleben* wie in Bölsches *Entwicklungsgeschichte* besonders ausführlich ausgebreitet. In den Pferden, den Unpaarhufern, die zu den ältesten heute noch lebenden Tierarten dieser Phase gehören, sieht Bölsche aber zugleich deren geistig und körperlich entwickeltste Form.[14] Marc geht es offenbar um Tiere, die zwar aus der Frühphase der Säugetiere stammen, aber dem Menschen noch besonders nahestehen. Dabei ist zu bedenken, daß bis in den Ersten Weltkrieg hinein das Pferd noch ständiger Begleiter des Menschen und Marc selbst ein guter Reiter war.

Man kann dem Bild »Die ersten Tiere« das Bild »Tierschicksale« von 1913 (Abb. 9) aus dem Kunstmuseum Basel als »Die letzten Tiere« gegen-

13 Wilhelm Bölsche: *Entwicklungsgeschichte der Natur*. Bd. 2, S. 758; Hervorhebung B. E.

14 Wilhelm Bölsche: *Entwicklungsgeschichte der Natur*. Bd. 2, S. 662.

Abb. 7: Franz Marc: »Der Stier« (1911). Salomon R. Guggenheim Museum New York.

Abb. 8: Franz Marc: »Die ersten Tiere« (1913). Verloren.

überstellen. Denn wieder handelt es sich um die Säugetiere, die hier offenbar eine Katastrophe, wenn nicht ihre Ausrottung erleben. Auffällig ist, daß die dargestellten Bäume keineswegs gesplittert erscheinen wie durch eine Naturkatastrophe, sondern vielmehr durch exakte Schnitte verstümmelt sind, wie sie nur eine Säge hervorbringen kann. Schon zur Zeit Marcs war ja die Zerstörung der Lebensräume der freilebenden Tiere in vollem Gange.

Ein weiteres Bild aus dem Jahr 1911 ist »Kühe, rot, grün, gelb« im Lenbachhaus (Abb. 10). Drei Tiere in warmen Farben und runden Formen stellen wohl eine Tierfamilie dar, wie das rote Kalb in der Mitte vermuten läßt. Sie bewegen sich vor einer schwarzen, stellenweise dunkelblau variierten Folie, aus der sich andere gerundete Formen abgelöst haben. Diese kann man nur sehr entfernt für Wolken halten, vielmehr sind sie eine überzeugende Veranschaulichung der Entstehung lebender Formen aus der Finsternis des unendlichen Raumes. Dem entspricht auch, daß die gattungsmäßige Fortdauer der beiden erwachsenen Kühe in dem Jungen vergegenwärtigt ist, das den Vorgang der Entstehung des Lebens auf der irdischen Ebene weiterführt.

Dieses Bild macht besonders deutlich, warum Marc zunächst häufig den schwarzen Hintergrund als neutrale Folie bestehen läßt. Er gibt ihm eine klare inhaltliche Funktion und verkörpert mit ihm die schwarze Nacht der Unendlichkeit, aus der auf mysteriöse Weise die toten und lebenden Formen entstehen. Erst in den Bildern seit 1913 verschwindet diese Folie in der Vielfalt und dem Reichtum der abstrakten Formen. Wilhelm Bölsche drückt in seiner Schrift *Naturgeheimnis* die in dem Bild »Kühe, rot, grün, gelb« vergegenständlichte Weltsicht in Worten aus, auch wenn bei ihm der Mensch den Platz eingenommen hat, den bei Marc die Tiere innehaben:

> Und ihr armen Menschen in diesem Horizonte der Geheimnisse werdet fest und treu stehen […] auf dieser Erde, die mit dreißig Kilometern Geschwindigkeit in jeder Sekunde mit euch um die Sonne rast, – auf diesem Stäubchen dahin gewirbelten Weltstoffs, von dem keiner von euch weiß, wo es eigentlich in der Welt hängt unter und über dem schaurigen schwarzen Raumesabgrund der Unendlichkeit, – in dieser rasenden Geschwindigkeit des Stoffwechsels, der die Stoffwellen quer durch euren zarten Zellenleib peitscht, – wie ihr über dieser strudelnden Charybdis der Dinge still den Sternen folgt, der Nachtigall lauscht […].[15]

15 Wilhelm Bölsche: *Naturgeheimnis*. Jena und Leipzig 1905, S. 309.

Abb. 9: Franz Marc: »Tierschicksale« (1913). Kunstmuseum Basel.

Abb. 10: Franz Marc: »Kühe, rot, grün, gelb« (1911). Städtische Galerie im Lenbachhaus München.

Daß solche Gedankengänge nicht isoliert stehen, kann ein Artikel von Ernst Gundolf über Henri Bergson zeigen.[16] Dort wird die gestaltende Kraft des Kosmos folgendermaßen beschrieben (S. 91/92):

> Das schöpferische Wesen gleicht [...] einem urgrund oder chaos aus dem der ununterbrochene strom unendlicher formen frei emportaucht als einer ewigen bildenden und begrenzenden macht die den kosmos gestaltet.

Das Jahrbuch war das Sprachrohr des Kreises um den Dichter Stefan George (1868-1933), dem Marc durch die Bekanntschaft mit Karl Wolfskehl (1869-1948), einem der Mitarbeiter, nahestand.

4. Das Tier im kristallinen Innern der Welt

Wilhelm Bölsche hat in der Schrift *Die Schöpfungstage*[17] einen metaphorischen Übergang zwischen anorganischer und organischer Materie hergestellt, durch den auch Marcs Bilder charakterisiert werden könnten:

> Wie das Kristall auf dieser Grenze die wunderbare Fähigkeit zeigt, seine Teilchen in eine streng mathematisch scharfe, rhythmische Gestalt zu zwingen, so müssen wir auch dem Leben als Ureigenschaft eine solche rhythmische Gestaltungskraft zuschreiben.

Wollte man sich dieses Zitat bildlich übersetzen, so käme man den Bildern Franz Marcs sehr nahe.

Eine durchgehend kristalline Struktur findet man vor allem in den Bildern von 1913/14. Ein Beispiel sind »Die Vögel« des Lenbachhauses (Abb. 11). Hier sind die runden Formen fast ganz verschwunden. Man sieht drei Vögel, die mit einer räumlich und farbig vielschichtigen kristallinen Welt verwachsen sind. In früheren Gemälden bildete der Raum dagegen immer noch eine Art Folie hinter den Tieren. Hier befinden sie sich in einem materialisierten, kristallinen Lichtraum, der bei ihrer Bewegung in seine Spektralfarben zersplittert. In der Ruhe dagegen sind die Tierkörper fest mit ihm verspannt. Der Raum hat seine eigenen Zentren, Vertiefungen und Kraftfelder, organisiert sich aber auch durch die Tiere zu solchen Kraft- und Licht- oder Dunkelzonen. Eins ist ohne das andere nicht mehr denkbar. »Die Vögel« sind ein sehr suggestives Bild der Einheit der Welt, gedacht als eine Summe von Kräften, die in sich unendlich vielfältig sind und immer neue Formen gebären.

16 Ernst Gundolf: *Die Philosophie Henri Bergsons*; in: Jahrbuch für die geistige Bewegung 1912, S. 91-92.

17 Wilhelm Bölsche: *Die Schöpfungstage*. Dresden 1906, S. 32.

Abb. 11: Franz Marc: »Die Vögel« (1913). Städtische Galerie im Lenbachhaus München.

Das Bild ist auch ein Beispiel für das, was Marc im schon zitierten Aphorismus 47 anspricht: »Wir blicken durch die Materie und der Tag wird nicht mehr fern sein, an dem wir durch ihre Schwingungsmasse hindurchgreifen wie durch Luft.« Durch die Entdeckung der Röntgenstrahlen im Jahr 1895 war eine Festung des bisherigen Weltbildes endgültig zerbrochen. Die als undurchdringlich gedachte Materie hatte sich als durchlässiges Kraftfeld erwiesen. Damit hatte sich der Bereich der Kunst auf sensationelle Weise erweitert, worauf schon Kandinsky in seiner epochemachenden Schrift *Das Geistige in der Kunst*[18] hingewiesen

18 Wassily Kandinsky: *Über das Geistige in der Kunst.* München 1912, S. 115.

hatte. Die »Vögel« sind das suggestive Bild einer Welt, in der alles, Raum und Gegenstände, miteinander verzahnt ist und in deren dichtem Gefüge es keine Lücken gibt.

Noch einmal sei an dieser Stelle gefragt, was die Tiere im Ideenkreis Franz Marcs zur Darstellung einer solchen Einheit mehr befähigt als den Menschen, der in seinen Gemälden nur ausnahmsweise auftritt. Hier scheint mir Marcs Ablehnung des »Ich- und Persönlichkeitskultes« erhellend zu sein. Dieser in seiner Zeit diagnostizierte Kult widerspricht vor allem dem Begriff der Reinheit, wie ihn Marc, ausgehend von Nietzsche, versteht. So schreibt er in dem Brief vom 7. April 1915 aus dem Felde an seine Frau:

> Ja, der Meister des Marienlebens! Die namenlosen, gotischen Meister, – das sind die reinsten. Du hast so recht; die Kunst ging an der vergiftenden Krankheit des Individualitätskultus zu Grunde, am Wichtignehmen des Persönlichen, an der Eitelkeit, davon muß man gänzlich loskommen.

Das Tier ist frei von diesen Untugenden und damit der erstrebten ›Reinheit‹ näher. Besonders sein Instinkt, beziehungsweise auf den Menschen übertragen die Intuition ist das, was letzterer im Zuge des Fortschritts verloren hat, worin aber seine eigentlichen Kräfte liegen. Im 7. Aphorismus heißt es:

> Diese Verarmung des Menschen durch seine Mittel, die ihm nicht seine Arbeit, aber seine intuitiven Fähigkeiten abnahmen, das ist das Problem der europäischen Erkrankung.

Das Tier ist noch im Besitz dieser Fähigkeiten, die der Mensch erst auf einer höheren Stufe wiederfinden muß. So wird es zum Gleichnis für diese Welt abstrakter Reinheit, der sich Marc ab 1913 in seinen Bildern nähert. In ihr soll ganz das Gefühl der Einheit der Welt und deren durchgehende Beseelung zum Ausdruck kommen. Vielleicht trifft der Aphorismus 89 diese Denkrichtung am genauesten:

> So erscheint dem späten Denker das Abstrakte wieder als das natürliche Sehen, als das primäre, intuitive Gesicht, das Sentimentale aber als hysterische Erkrankung und Reduktion unseres geistigen Sehvermögens [...]. Der Europäer als Arzt und Wiederverkünder alter Wahrheit.

Konsequenterweise verschwindet in manchen der späten Bilder auch das Tier, so daß nur abstrakte Formen übrigbleiben.

V. Über das Sehen

Aus all dem geht hervor, daß es offenbar nicht Marcs Absicht ist, eine neue, ›richtigere‹, weil unmittelbarere Sichtweise mithilfe des Kubismus, Futurismus und Orphismus im Kontrast zur zentralperspektivischen Darstellung vorzuführen. Vielmehr soll die aus Kraftfeldern bestehende Welt sich selbst darstellen, wie in den Anmerkungen über das auf den Betrachter ausgerichtete Tier zu zeigen versucht wurde. Sehen heißt hier Eindringen in die inneren Zusammenhänge der Welt und der Bewegung der Materie. Es steht im fundamentalen Gegensatz zu einem optischen Abtasten der Oberfläche der Erscheinungen, wie dies seit der Renaissance in der westlichen Kunst weitgehend üblich war. Seine Bildvorstellung drückt Franz Marc in einem zu seinen Lebzeiten nicht veröffentlichten Text von 1912/13 mit der Überschrift »Die absolute Malerei« sehr klar aus:

> Die Dinge reden: in den Dingen ist Wille und Form. Warum sollten wir dazwischensprechen? Wir haben ihnen nichts Kluges zu sagen. Haben wir nicht die tausendjährige Erfahrung, daß die Dinge umso stummer werden, je deutlicher wir ihnen den optischen Spiegel ihrer Erscheinung vorhalten? Der Schein ist ewig flach, aber zieht ihn fort, ganz fort, ganz aus Eurem Geiste weg, – denkt Euch fort samt Eurem Weltbilde, – die Welt bleibt [...] in ihrer wahren [...] Form zurück und wir Künstler ahnen diese Form; ein Dämon gibt uns zwischen die Spalten der Welt zu sehen und in Träumen führt er uns hinter die bunte Bühne der Welt.[19]

Das hat zur Folge, daß nicht so sehr der Betrachter der Aktive gegenüber einem Bild von Marc ist, sondern dieses ihm entgegenzukommen scheint. Seine Bilder erschließen sich aus ihrer Tiefe, während ein zentralperspektivisch organisiertes Gemälde wie ein Fenster wirkt, das den Blick von der Nähe in die Tiefe des Hintergrunds führt. In einem solchen Bild befindet sich der Raum in Ruhe, und in ihm agieren die Personen. Bei Marc sind Raum und Figur gemeinsam in Bewegung. Der Raum ist nicht mehr Voraussetzung der Bewegung, sondern indem er ständig Formen aus sich entläßt, ist er mit deren Ausprägungen und Bewegungen identisch, was entscheidend zur suggestiven Kraft seiner Bilder beiträgt.

19 Zitiert nach: Klaus Lankheit: *Franz Marc, Schriften*. Köln 1978, S. 113.

Weitere Literaturhinweise

Annegret Hoberg: *Psyche und Physik. Das Bild der Natur im Spätwerk von Franz Marc.* In: *Franz Marc, Kräfte der Natur. Werke 1912-1915.* Kat. Ausst. Staatsgalerie Moderner Kunst München und Westfälisches Landesmuseum Münster 1993/94, S. 190-207.

Annegret Hoberg und Isabelle Jansen: *Franz Marc, Werkverzeichnis.* Erarbeitet von der Städtischen Galerie im Lenbachhaus München, hrsg. v. der Franz Marc Stiftung Kochel am See. München 2004 ff. 3 von 4 Bd. sind erschienen.

Klaus Lankheit, *Franz Marc. Sein Leben und seine Kunst.* Köln 1976.

Franz Marc. *Die Retrospektive.* Hrsg. v. Annegret Hoberg und Helmut Friedel. Mit Beiträgen von Barbara Eschenburg, Annegret Hoberg, Isabelle Jansen. Katalog der Ausstellung der Städtischen Galerie im Lenbachhaus und Kunstbau München 2005/06. – Der hier abgedruckte Beitrag ist die leicht veränderte Fassung meines Aufsatzes in diesem Katalog.

In die Erde gezeichnet.
Von Zeichen zu Zeichen

VON
WILHELM L. HOLDERIED

Beginnen möchte ich diesen Beitrag mit einem Zitat aus meiner Autobiographie, die ich vor ungefähr 30 Jahren etwas maßlos in der dritten Person, mich als »er« bezeichnend, für mein Werkstattbuch 1 geschrieben habe:

> ... in der frühen bis mittleren Jugendlichkeit suchte er die rettende Zuflucht in der Welt zukünftiger Sternenflüge ... zu intergalaktischen Räumen und Welten ... er wollte immer eines Tages zu einem anderen Stern fliegen ... er wartete oft tagelang in bunten ... saftigen ... Allgäuer Wiesen auf die Abholung zu einer endlosen Sternenreise ... der Mensch war für ihn ... nie ... ein einmaliger Zufall dieses Planeten ... überall auf den Sternen ... glaubte er ... Lebendiges zu treffen ...

Dieser Auszug weist auf meine jugendliche Flugsehnsucht und ein ›Verfliegen‹ zu den Sternen hin, welche vielleicht Auslöser für imaginäres und schöpferisches Schweben waren. Mein unstillbarer und ungestillter Jugendtraum vom Fliegen, um aus dem Blickwinkel des Vogels die Welt bewundern zu können, war gleichzeitig Inspiration und Sehnsucht (Abb. 1). Von daher mag mein Urwunsch herrühren, aus dieser Perspektive Zeichen zu hinterlegen. Doch bevor ich auf sieben Projekte zu sprechen komme, die hauptsächlich Landart und skulpturale Wegzeichen beinhalten, möchte ich den Zwiespalt zwischen Kopf und Gefühl, den Seiltanz zwischen Bewußtsein und Unterbewußtsein, und damit die Frage, wie Dinge des Schöpferischen vielleicht entstehen, bis hin zu der grundsätzlichen Frage, »was mache ich eigentlich«, ganz kurz beleuchten.

Als ich mich im schöpferischen Suchen dem Raum der Kunst näherte, waren es teilweise verführerische und romantische Vorstellungen. Gleichzeitig rumorte ein gespaltenes Innenleben, zwischen Kopf und Gefühl. Manchmal eine wunderbare Leichtigkeit, gepaart mit ungebremsten Leidenschaften und Maßlosigkeiten. Dann wieder das so Gegensätzliche, das Schwere, das Gebundensein – ein so rätselhafter Zwiespalt. Später bemerkte ich, daß das Suchen, je weiter ich in die Tiefen vorwärtstastete, mit noch viel mehr Konflikten oder Untiefen verbunden war. Wie hängen Bewußtsein und Unterbewußtsein wirklich zusammen? Ich bekam einfach keine klare Vorstellung von deren Gleichzeitigkeiten. Mit großer

Neugierde suchte ich einen Zusammenhang oder wenigstens eine Brücke zum ›Hinüber‹ zu finden, wobei das ›Hinüber ins Unterbewußtsein‹ nicht zu lokalisieren war. Wie und wann öffnen sich hier gezielt die Räume zu diesen ›Unterwelten‹ oder diesen ›Oberwelten‹?

Ist Unterbewußtsein gleich Unterwelt? – und Bewußtsein gleich Oberwelt? Gibt es die Möglichkeit, bewußt mit dem Unterbewußtsein zu arbeiten, mit ihm umzugehen? Manchmal schienen das Unterbewußtsein und das Bewußtsein ein Miteinander einzugehen, meistens jedoch mehr ein Gegeneinander. Es gab einfach keine nachvollziehbare Methode, es gab nur eine Möglichkeit: sich diesem Rätsel ausliefern. Ein andauerndes Umkreisen auf der Suche nach den geheimnisvollen und unsichtbaren Quellen oder Lichtern – oder sind es die Impulse einer nicht greifbaren Welt? Dabei wurde mir sehr klar, daß entscheidende Dinge in meinem Leben von Unterbewußtem gesteuert werden mit der Gleichzeitigkeit von empfundenem Zwiespalt.

Wolf Singer, der bekannte Neurobiologe, hat das in einem Zeitungsartikel so ausgedrückt: »Wir wissen, daß wir mindestens zwiegespalten sind, daß unsere psychische Verfaßtheit eine unbewußte und bewußte Dimension aufweist und daß diese Bereiche eine recht konfliktreiche Koexistenz führen.« Einesteils scheint es mir beruhigend zu sein, daß sich die Neurobiologie dieses Themas annimmt, andererseits freilich beunruhigend, daß auch sie keine Konfliktlösung anzubieten vermag.

Man wird ja nicht Künstler, weil man besonders glücklich ist, sondern weil man fürchterlich viele Fragen hat und vielleicht sogar unglücklich ist. Vielleicht hilft das künstlerische Suchen manch einem, sich selbst besser wahrzunehmen. Ich bin Künstler, weil ich etwas machen *will*. Leider gibt es auch immer wieder Zeitphasen, in denen ich nichts machen *kann*. Irgendwann fange ich dann an, *irgend etwas* zu machen. Ich mache einfach etwas aus dem, was heranfliegt, und gerade diese Dinge, die aus einer Art Unterbewußtsein, vielleicht sogar einer Art spielerischer Flüchtigkeit heraus entstehen, wie vom Wind herangetragen, sind oft die wichtigsten. Sie führen zum Kern, zu der Frage, wer ich bin und warum ich überhaupt irgend etwas tun will und was ich dann vollbringe.

Damit zurück zu der Frage: »Was mache ich wirklich?« Dies ist die schwierige Frage, die sich mir täglich, seit dem Beginn meines künstlerischen Suchens, immer wieder stellt. Ist es nicht so, daß Menschen, die sich zum ersten Mal begegnen und ihre Gedanken austauschen, in der Regel nach kurzer Zeit fragen: »Was machen Sie?« Der eine sagt: »Ich bin Wissenschaftler«; der andere gibt sich als Schreiner oder Blumenhändler zu erkennen. Wenn man Künstler ist, dann folgt die unmittelbare Frage: »Wie oder was malen Sie?« Die Antwort: »Öl oder Acryl«, »Skulptur oder

Abb. 1: Wilhelm L. Holderied: »Astronomische Sehnsucht«. Acryl/Sand auf Holz (1989). 154 x 126 cm. Foto: Franz Kimmel, München.

Landart«, »Bleistift oder eine andere Technik«. Doch diese Antworten sagen nichts über das so wichtige formale Thema oder den Inhalt aus. Ob der Künstler abstrakt oder gegenständlich malt, Dinge erzeugt, die sich in anderen Räumen der Kunst und deren Grenzzonen bewegen, sagt nur etwas über die Technik aus. In der ersten Annäherung zum Verständigen sollte es möglich sein, eine kurze Formulierung über das künstlerische Grundthema zu formulieren. Vielleicht darf ich zur Beantwortung dieser Frage einen kleinen Umweg machen und über ein Erlebnis berichten, das mich direkt mit dieser Frage konfrontierte: Vor vielen Jahren zeigte mir ein mexikanischer Künstler in Mexiko City seine Bilder. Abgründige, dramatische Bilder von Priestern und Hunden und Wolken und Bäumen in dicken Ölfarbschichten. Der Künstler stellte mir anschließend die Frage:

»Und was machst du?« Meine nicht allzu schnelle Antwort in holprigem Spanisch: »Das ist nicht ganz so einfach und schnell zu beantworten, ich arbeite auf verschiedenen Ebenen.« Mit dieser etwas ungenauen Antwort gab er sich nicht zufrieden und fragte sehr schnell weiter: »Machst du alles?« Diese Frage machte mich ziemlich fassungslos, denn ich hatte weder in deutsch noch in spanisch eine auf das Wesentliche reduzierte Antwort, noch hatte ich Bildmaterial dabei, um mich ohne Worte zu verständigen. Erst später, nach vielen Versuchen, fand ich eine mögliche Kurzfassung meines Tuns:

Ich beschäftige mich mit Zeichen und Spuren,
Gewichten und Schatten und magischen Masken.

Eigentlich bin ich Maler, und ich arbeitete in den ersten künstlerischen Versuchen in zweidimensionalen Bilderebenen, später auch in Landart- und Skulpturprojekten. In den Bilderebenen ist die Freiheit des Machens in Thema, Form, Farbe und Material fast grenzenlos. Hier kann ich, ja muß ich, jeden Tag machen, was ich will. Ich kann so lange probieren, bis dieses sogenannte Werk irgendwann fertig wird, bis sich selbständig Formen und Themen daraus entwickeln und verbinden (Abb. 2,3).

In den Landart- und Skulpturprojekten ist die Formensprache begrenzter, und vor allem sind es konkretere Formen, die mich in der Reduktion besonders herausfordern und die ein gewisser Gegensatz zur Malerei sind. Der Ort selbst hat eine gewichtige Bedeutung, eigentlich sollte *für* den Ort gearbeitet werden. Das Material hat Eigengesetzlichkeiten, für Statik und Untergrund müssen Fachleute eingesetzt werden. Landartprojekte bedürfen noch dazu schwieriger Genehmigungsverfahren, und behördliche Auflagen müssen umgesetzt werden.

Manchmal frage ich mich: Warum eigentlich noch Bilder malen? Warum nicht nur Projekte planen und verwirklichen? Doch in den vielfältigen Fragen, im freien Raum des Bildermalens wird wiederum die Formensprache der Bildzeichen für die Projekte geboren. Ohne Bildzeichen wären keine Erdzeichen entstanden. Es ist anscheinend der notwendige Austausch verschiedener Ebenen. Aus Zeichen in Bildern entstanden Sandzeichen, aus Sandzeichen entstanden Erdzeichen, aus Erdzeichen entstanden Wasserzeichen.

Abb. 2: Wilhelm L. Holderied: »Spiegel … Zwiespalt … Zweifel … Hommage an Obe«. Mischtechnik auf Pappe/Holz (1987). 200 x 150 cm. Foto: Franz Kimmel, München.

Wie kommt man überhaupt auf die Idee, ein solches Erdzeichen zu planen? Vielleicht beim Fliegen. In diesem Luftkorridor über der Erde empfinde ich meist Staunen und tiefe Bewunderung. Man legt weite Wege zurück, erreicht entfernte Ziele, betritt fremde Räume – es ist ein

Schwebezustand in einem Zwischenland, gedehnte Zeit und oft auch Langeweile. Es ist das Aneinanderreihen von Augen-Blicken in diesem scheinbar unendlichen Raum und immer wieder ein Sich-selbst-Verlieren in diesen verschiedenen Raumebenen zwischen Himmel und Erde. Ich empfinde eine Gleichzeitigkeit von Melancholie und Visionen, von ungebremst-schöpferischen Vorstellungen. Vielleicht Kleesche Zwischenreiche. Beim Fliegen bin ich einem dauernden Zwiespalt unterworfen: einesteils die ungestillte, unstillbare Sehnsucht, immer wieder zwischen den Wolken zu schweben, andernteils die ungeduldige Sehnsucht nach festem Erdboden.

Der Blick am Tage – endlos scheinende Ebenen und Landschaften, Fleckerlteppiche von Wiesen und Äckern. Langgezogene Bergketten, gefaltete Erde, satt und dunkel, dramatisch und schön mit ihren Schattentälern. Spiegelnde Seenplatten und glitzernde Flußläufe senden ihre Reflexionen an die fliegenden Menschen dort oben. Langsam gleiten Küsten und Meere vorbei. Zwischen unendlichen Wolkenebenen, scheinbar greifbaren Wolkenbergen bewegen wir uns mit unspürbarer Geschwindigkeit durch den näheren Luftsaum unserer Erde. Verkürzte, wunderbare Sonnenaufgänge und Sonnenuntergänge, weiche Farblichtüberläufe der lebensspendenden Wärme. Unschuldiges Bestaunen schöpferischer Schönheiten. Doch sieht die Erde nicht nach oben mit ihren für uns unsichtbaren Augen, erinnert uns da oben Schwebende, in welch fragilem Balanceraum wir uns bewegen? Über den Steinebenen der großen Städte vergrauen Dunstplanen den Blick und verhüllen nicht einmal die Zerstörung. Bei Nacht, oben der dunkle Schirm der Unendlichkeit und der Sternenraum. Unten, die geahnte Erde – Untiefen – nicht faßbare Abgründe und doch verstreute Lichtnester von Städten und Dörfern, Lichtketten von großen und kleinen Straßenzügen voll pulsierenden Lebens.

Wie viele flüchtige Gedankensamen werden während des Fliegens in den Flugraum gestreut, blühen auf oder verlieren sich wieder. Manch kleiner Funke kommt immer wieder zurück und glüht weiter. Hier, zwischen Sehnsucht und Langeweile, Wachsamkeit und schöpferischer Lust, in der Wartezeit bis zum Ankommen, entstand die Idee eines Erdzeichens, das über die von der Natur geschaffenen Zeichen auf der Erde hinausgeht.

Aber benötigen wir überhaupt noch mehr Zeichen und Symbole? Mein Freund Räto Weiler, er ist Sinnesphysiologe und arbeitet an der Universität Oldenburg, gibt eine mögliche Antwort in seinem Text für meinen letzten Ausstellungskatalog: »Zeichen und Symbole haben seit jeher die Menschheit begleitet und eine tiefe Wirkung auf sie ausgeübt.

Abb. 3: Wilhelm L. Holderied: »Das magnetische Spiel II«. Acryl/Sand auf Holz (2001). 250 x 140 cm, zweiteilig.

Mit ihnen und ihrer Kraft, Dinge zu erklären und begreifbar zu machen, beschäftigt sich das Werk von Wilhelm Holderied.«

Sieben dieser Zeichen möchte ich im Folgenden vorstellen; teilweise sind sie bereits verwirklicht, teilweise befinden sie sich noch in der Planungsphase.

Der Erdinger Moosgeist, die ursprüngliche Idee für ein Erdzeichen am Münchner Flughafen

Es war 1986, auf dem Flug von Mexiko City nach Oaxaca, der erste Keimling, ein flüchtiger Gedanke, während des Hinausblickens aus den kleinen Fenstern des Flugzeugs und eine kleine Notiz im Skizzenbuch:

> Langeweile ... gedankliches Verlieren im Flugraum ... warten auf das sichere Ankommen ... ein flüchtiger Gedanke ... warum nicht ... dieses gefaltete Hochland ... schieben ... verschieben ... formen zu einem Zeichen ... geprägte Linien ... aus Licht und Schatten ... hinterlegen ein Zeichen ... eine astronomische Spur ... für fliegende Augen ... eine Maßlosigkeit?

Gerade aus dieser Maßlosigkeit entsprang der schöpferische Bogen, für den damals im Bau befindlichen Münchner Flughafen ein Zeichen der Kunst zu hinterlegen für die Fliegenden. Den Blick aus der Vogelperspektive nicht dem entzauberten technischen Funktionsdenken zu überlassen, sondern ein Zeichen zu finden, welches diesen Blick auf die Erdoberfläche zu einem poetischen Rätsel werden läßt. Ein mahnendes Symbol an die Fliegenden.

Seit meinen ersten Malversuchen verwende ich Zeichen und Kürzel. Die Orientierungspunkte waren Kopfzeichen, Schattenzeichen, Kreuzzeichen. Über viele Jahre verarbeitete ich diese Themen in Bildkästen. Das Material war Sand und Erde, Zivilisationsmüll, verfremdet mit fröhlicher Farbigkeit.

Maskensymbole traten bei der Formensuche für ein Landschaftszeichen am mexikanischen Pazifik aus meinen frühen Bildkästen heraus, sprangen über, und so formte ich mit den Händen ein Sandzeichen aus Furchen. Meine erste gestalterische Idee für den im Bau befindlichen neuen Münchner Flughafen war ein Erdgeist mit mystischer Ausstrahlung. Über viele Tage spielte ich dieses Spiel mit dem Sand am Pazifik. Über viele Wochen dieses Spiel, mit Wellen aus Licht und Schatten. Heraus schälte sich immer mehr ein mystisches Maskenwesen. Die täglich untergehende Sonne legte ihren Schatten darauf. In der Nacht spülte das Meer mit seinem rhythmischen Atem die Versuche wieder hinweg. Jeder

Tag mit neuem Beginnen. An den letzten Tagen machte ich ein paar Fotos von dieser Vorstellung eines aus Furchen gestalteten Erdzeichens (Abb. 4).

Doch schnell erkannte ich, daß es nicht möglich sein würde, eine flüchtige Idee am Pazifik einfach in den Raum des vormaligen Erdinger Mooses zu versetzen: Die Furchen wären fast zwanzig Meter hoch geworden, die Länge des Zeichens fast zwei Kilometer. Zögernd veränderte ich

Abb. 4: Wilhelm L. Holderied: »Die Maske in den Sand gezeichnet«. Das Sandzeichen in Puerto Escondido, Mexico (1986). 4,00 m x 1,80 m. Foto: Wilhelm Holderied, München.

Abb. 5: Wilhelm L. Holderied: »Der Erdinger Moosgeist«. Das ursprünglich geplante Erdzeichen am Münchner Flughafen (1986). 400 x 200 m. Foto: Franz Kimmel, München.

zusehends das Sandzeichen vom Pazifik und legte diese Figur schließlich flach in den Raum des An- und Abflugkorridors des Münchner Flughafens. Eine Länge von 450 Metern und eine Breite von 200 Metern waren meine nächste Größenplanung. Gebaut werden sollte das Zeichen aus Steinen der nahegelegenen Isar. Ein magisch-mythisches Symbol für das Erdinger Moos. Dieses Erdzeichen, der »Erdinger Moosgeist«, würde eine lachende und eine traurige Seite haben: ein von zwei Seiten erkennbarer, maskenhaft chiffrierter Kopf an einem Stab, der von außen in den Flughafen deutet. Im weitesten Sinn eine Art Unheilabwender (Abb. 5). »Lateinamerikanischen Erdzeichen gleich«, so Wolfgang Längsfeld in der Süddeutschen Zeitung vom 20. August 1990, »soll das Doppelbild des Moosgeistes dem Abreisenden wie dem Einfliegenden als Wahrzeichen dienen, als nur aus der Luft erkennbare Metapher für die Verbindung einer Landschaft mit der von Menschenhand gemachten Kultur angesichts einer technologischen Zwecklandschaft.«

Doch dieses magische Landschaftszeichen in der Nähe eines Flughafens wurde als zu geisterhaft empfunden. Manfred Steffen von der Münchner Flughafengesellschaft sprach in seiner Rede zur Fertigstellung der später in anderer Form verwirklichten Erdskulptur von diesem ersten magischen Zeichen:

Alles fing vor vielen Jahren an mit einer Idee von Wilhelm Holderied, ein großes Fabelwesen, einen Moosgeist in das Erdinger Moos zu furchen. Es war eine Figur voller Dynamik und fast magisch-kultischer Ausdruckskraft. Aber gerade diese magische Ausdruckskraft war es auch, die uns zögern ließ, denn die Luftfahrt selbst ist es, die trotz High-Tech noch immer mit besonderer Ehrfurcht und Bewunderung den Kräften der Natur begegnet. Konnte man sicher sein, daß es wirklich nicht zu einem vielleicht winzigen Konflikt zwischen einer mythisch-mystischen Figur und der absolute Präzision erfordernden Handhabung komplexer technischer Abläufe kommen würde?

Und so blieb es nur ein Entwurfskonzept, das aber vielleicht gerade weil es nicht verwirklicht werden konnte, besonders magische Eigenkräfte entfaltete.

Eine Insel für die Zeit, das Erdzeichen am Münchner Flughafen

Die Idee eines Erdzeichens hatte jedoch in den Köpfen der Verantwortlichen am Flughafen München gezündet. Im Jahre 1991 wurde zusammen mit dem Künstlerkollegen Karl Schlamminger ein erneuter Anlauf unternommen. Mein Vorschlag entstand nun aus dem Zeichen der Acht, dem Zeichen für Unendlichkeit. Mit einem Holzkamm formte ich erste Versuche aus Furchen und Wällen. Ein Furchensymbol, das die eigenständige und rhythmische Kraft der Erde wiedergibt und einen bewußten Gegensatz zur Technik des Flughafens bildet. Parallel angeordnete Kieswälle kreisen um zwei feste Punkte und verfließen in einem ausufernden Band. Die Furchenanordnung hat ihren eigenen Takt. Die tiefen Furchen und Wälle werden das Fließen der Zeit erwidern: Langsam wanderndes Spiel von Licht und Schatten bei Sonne, bei Nebel verschwimmender Raum, weiche, stille Linien im Schnee, in den Furchensohlen wird Regenwasser stehen und die fliehenden Wolken spiegeln. Es ist ein Vorort für Geduld, ein Ort ohne praktischen Zweck, ein poetischer Raum. Dieser Ort, zu dem nur Licht und Schatten Zugang haben – und der befruchtende Wind –, soll eine mahnende Antwort auf die Funktionalität der Technik sein: Eine Insel für die Zeit. Im Vorwort des Erdzeichenbuches »Ein Erdzeichen entsteht« formulierte Räto Weiler sehr poetisch:

> Die Urkraft der Erde, sichtbar in einem Zeichen, soll dem losgelösten Reisenden einen Augenblick der Vertrautheit, der Ruhe gewähren. Erdzeichen haben etwas Unfaßbares, einen Energiefluß, der sich unmittelbar auf den Betrachter überträgt.

Abb. 6: Wilhelm L. Holderied: »Eine Insel für die Zeit«. Das Erdzeichen am Münchner Flughafen (1995) 272 x 170 x 3,40 m. Im Schnee versunken. Foto am 23.02.1996: Klaus Leidorf, Buch am Erlbach.

Abb. 7: Wilhelm L. Holderied: »Eine Insel für die Zeit«. Das Erdzeichen am Münchner Flughafen (1995) 272 x 170 x 3,40 m. Im Schatten des Abends. Foto am 11.04.2000: Klaus Leidorf, Buch am Erlbach.

Abb. 8: Wilhelm L. Holderied: »Eine Insel für die Zeit«. Das Erdzeichen am Münchner Flughafen (1995) 272 x 170 x 3,40 m. In Raps eingebettet. Foto am 17.05.1999: Klaus Leidorf, Buch am Erlbach.

Abb. 9: Wilhelm L. Holderied: »Eine Insel für die Zeit«. Das Erdzeichen am Münchner Flughafen (1995) 272 x 170 x 3,40 m. Die Musik in den Furchen. Foto am 04.09.2004: Klaus Leidorf, Buch am Erlbach.

Von September 1994 bis Ende Mai 1995 realisierten wir nach vierjähriger Planung das Erdzeichen. Die Insel für die Zeit hat eine Größe von 270 x 170 m und eine Furchentiefe von 3,40 m. Der Böschungswinkel der Furchen beträgt 40 Grad. Das Erdzeichen ist geformt aus dem vorgefundenen Kies. Der Humus wurde abgeschoben und seitlich auf der Fläche wieder angelagert. Zur Erhaltung des biologischen Gleichgewichtes wurde dem Baugrund nichts weggenommen und nichts hinzugefügt, er wurde lediglich umgeschichtet. Das Umfeld des Erdzeichens erhält jedes Jahr durch wechselnde Bepflanzung ein neues Farbkleid, und mit dem Wechsel der Jahreszeiten verändert sich sein Gesicht dauernd (Abb. 6, 7, 8, 9).

Weltweit war es die erste Skulptur, die speziell für Fluggäste geplant und verwirklicht wurde. Am 17. Mai 1995 wurde das Münchner Erdzeichen in einer nächtlichen Fertigstellungsfeier und dem spektakulären Zeit-Tanz von Howard Fine dem Wind und der Zeit übergeben. Christoph Vitali, langjähriger Leiter vom Haus der Kunst in München, jetziger Direktor der Fondation Beyeler in Basel, sprach bei seiner Einführungsrede zur Fertigstellung des Erdzeichens:

> Der Eingriff ist also ein harmonisierender, beruhigender, der die gemarterte, der menschlichen Geschäftigkeit geopferte Natur befrieden will. Gleichzeitig will das die Menschen, die es vom Flugzeug aus betrachten, natürlich auch nachdenklich machen und verstören. Sie sollen sich fragen, ob ihre Umtriebigkeit wirklich sinnvoll ist, ihrem Leben neue Möglichkeiten eröffnet, ihnen neue Kräfte und Energien zuführt. So ist das Erdzeichen »Eine Insel *für* die Zeit«, wie es seine Schöpfer formuliert haben, und inmitten der Hektik des Großflughafens eine Ruheinsel *in* der Zeit. Seine parallelen Erdfurchen erzeugen ein Kraftfeld bei Tag und Nacht, Sonne und Regen, Sommer und Winter. Wie ein großer Notenschlüssel liegt es in der Landschaft und versucht, deren leisere Töne gegen den krachenden Rückstoß aus den Düsentriebwerken zu behaupten, sie zum Klingen und Schwingen zu bringen.

Doch vielleicht auch ein paar Worte zu den profanen Begleiterscheinungen eines solchen waghalsigen Unternehmens: Bei diesem Projekt wurde ich mit organisatorischen und finanziellen Problemen konfrontiert, von denen ich niemals gedacht habe, daß ich mich als Künstler damit beschäftigen müßte. Der Flughafen war zwar von der Idee des Erdzeichens sehr begeistert, war jedoch weder bereit, die Herstellung des Erdzeichens zu übernehmen noch das Grundstück kostenlos zur Verfügung zu stellen. Begründet wurde dieses Verhalten der Flughafen München GmbH damit, daß ich dem Flughafen dieses Projekt angeboten hatte und die Idee nicht über einen vom Flughafen initiierten Wettbewerb entstanden war. Die Bedingung des Flughafenbetreibers war demnach, daß die Künstler das Projekt in der gesamten Herstellung selbst zu finanzieren hatten. Also mußten Sponsoren für diese Idee gefunden werden. Mehr oder weniger aus Not entstand das Projekt »Be Part of Art«. Die Idee war, die Furchen der Insel für die Zeit in einzelne Metersegmente zu unterteilen und diese durch Förderer zu finanzieren. Als Zertifikat seiner Beteiligung erhielt jeder Förderer einen Kunstdruck des Erdzeichens, auf dem sein erworbenes Segment eingetragen wurde. Für größere Beteiligungen gab es eine Auswahl von Werkbildern. Gerade mit diesen von mir erstellten Werkbildern konnten die Herstellungskosten des Erdzeichens größtenteils finanziert werden. Mit der Flughafengesellschaft, der Eigentümerin des Geländes, einigten wir uns schließlich auf einen Pachtvertrag über zehn Jahre für das 12 Hektar große Grundstück. Zugrunde gelegt wurden die gleichen Pachtbedingungen, die für einen Bauern gelten, der Weizen anpflanzen würde. Mittlerweise ist die Pachtzeit um weitere zehn Jahre verlängert worden. Im Jahre 2013 wird sich entscheiden, ob das Erdzeichen bleiben kann oder eingeebnet werden muß. Natürlich wieder auf Kosten der Künstler.

Ein Lesezeichen für die Erde, das geplante Wasserzeichen für den Flughafen Hannover-Langenhagen

Aus dem Erdzeichen am Münchner Flughafen entstand die Idee eines Wasserzeichens. In der Euphorie der Fertigstellung des Erdzeichens plante ich 1996 ein 300 x 200 m großes Wasserzeichen am Flughafen Hannover, das wiederum auch vom Flugzeug aus sichtbar sein sollte (Abb. 10). Hannover und seine Umgebung liegen in einer von Wasserwegen und ausgedehnten Mooren charakterisierten Landschaft. Für die dort lebenden Menschen ist daher Wasser immer schon ein dominantes Lebenselement. Dieser nahe und dauernde Umgang mit dem Wasser hat eigene Fantasien und Mythen entstehen lassen. Bei der Gestaltung dieses Symbols möchte ich uralte Wurzeln freilegen und den Bogen spannen von dort über unsere Sicht des Phänomens Wasser von heute bis in die Zukunft. Mein Ziel ist es, ein Symbol zu formen, das sich von der Struktur der Landschaft zeichenhaft abhebt und auf rhythmische Weise für die Kraft des Wassers, für das Jetzt und die Zeit nach uns steht. Ein Zeichen der Kunst, für die Kunst und für die Natur.

Das Wasserzeichen soll auch unsere lebensnotwendige Abhängigkeit von Wasser aufzeigen und soll zum Botschafter eines achtsamen Umgangs mit dem knappen und kostbaren Gut werden. Hunderttausende Menschen besuchen jährlich die Messen Hannovers. Viele kommen mit dem Flugzeug oder via Bahn und sollen mit diesem Zeichen begrüßt und verabschiedet werden. Die Aufmerksamkeit, die das Kunstwerk so erlangt, läßt sich für das Anliegen nutzen. Aus der uralten Allianz des Menschen mit dem Wasser wird ein neues Zeichen für diesen gefährdeten Bund gesetzt. Für das 21. Jahrhundert kann der Ort des Wasserzeichens zu einem bleibenden Symbol für den neu erfahrenen und neu definierten Wert des Wassers werden. Da das Wasserzeichen aus dem Empfinden des Rhythmus der Natur geschaffen wird, soll es selbst einem Rhythmus unterliegen.

Dieses Wasserzeichen soll so in die Erde gegraben werden, daß das Wasser die Sohlen der Furchen bis zu einer Höhe von etwa 1,50 m auffüllt, was sich ohne weiteres ergeben wird, weil das Grundwasser in diesem Areal schon in 50 bis 60 cm Tiefe zu finden ist. Da Wasser ein höchst effektiver Reflektor des Lichtes ist und die Spiegelungen des Grundwassers von fester, dunkler Erde eingefaßt werden, treffen Wasser und Erde gleichwertig und gleichzeitig als zwei äußerst unterschiedliche Materialien in neuer Harmonie zusammen. Wasser und Erde symbolisieren in vielen Schöpfungsmythen den Uranfang allen Lebens. Wasser

Abb. 10: Wilhelm L. Holderied: »Ein Lesezeichen für die Erde«. Das Wasserzeichen für den Flughafen Hannover-Langenhagen (1997) 300 x 200 m. Computersimulation. Digital imaging: Volker Davids, Wolfratshausen.

spiegelt den Himmel, die ziehenden Wolken, das Sonnenlicht und nachts die Sterne und den Mond. Im Winter grenzt Schnee das dunkle Wasser ein. Die Erde dagegen bleibt stumm und fest, verändert sich kaum merklich mit dem Licht und dem langsamen Wechsel der Jahreszeiten. Wasser und Erde sind Symbole der Fruchtbarkeit, der menschlichen Schöpferkraft und Inbegriff aller Naturerscheinungen. Die Spirale als Ornament ist bereits in der Frühgeschichte der unterschiedlichsten Kulturen anzutreffen und spielt heute in der Astrophysik, Geologie, Klimaforschung, aber auch in der Kunst, eine ständig wachsende Rolle. Das Wasserzeichen greift dieses uralte Symbol der Spirale auf, das in rhythmischen Bewegungen ausufert.

Krähenwinkel, für dieses Zeichen der geeignete Ort, liegt im nördlichen Anflugkorridor des Flughafens Hannover-Langenhagen. Geplant ist, nach dem Abschieben der ungefähr 10 bis 15 cm dicken Humusschicht die darunter liegende Kiesschicht auszugraben und seitlich anzulagern. Das Grundwasser wird die Furchen auffüllen. Der Aushub sollte auch für einen etwa 12 m hohen Aussichtsberg genutzt werden, der die höchste Erhebung in der weiten und flachen Landschaft sein wird. Mit Hilfe von Kultur Konzepte Sprengel konnte die Planungsphase, einschließlich des behördlichen Planfeststellungsverfahrens, inzwischen abgeschlossen werden. Die Realisierung des Wasserzeichens, die freilich etwa eine Million Euro kosten wird, ist für die nächsten Jahre vorgesehen.

Das Feuer des Wassers, das Wasserzeichen für Regensburg

Seit der Umweltkonferenz in Rio steht international der Begriff Umwelt in direktem Zusammenhang mit dem Begriff ›Nachhaltigkeit‹. ›Nachhaltige Entwicklung‹ ist für die Umweltpolitik in Deutschland und darüber hinaus zum Leitbild geworden. Es ist eine konsequente Fortführung des Bildes ›Bewahrung der Schöpfung‹, das den Umgang mit der Umwelt als ethisches Handlungsprinzip prägt. Eines der größten Probleme der nächsten Zukunft wird sauberes Wasser sein. Das Wasser ist eines der kostbarsten und lebensnotwendigsten Güter unseres Daseins. Wasser bestimmt unser Leben wie kaum etwas anderes. Ohne Wasser keinerlei Leben. Das Wasser brennt, das Wasser wird zum Feuer. Wasser wird zur Frage der Macht über Territorien.

Als Regensburg sich um die Nominierung als Kulturhauptstadt Europas 2010 bewarb, fragte mich Wolf Schnetz, ehemaliger Kulturreferent der Stadt, ob ich zu diesem Anlaß nicht ein Konzept für ein Wasserzeichen beisteuern könnte. Die Sache war brandeilig, und die Suche nach einem geeigneten Ort konnte ich nur mit schneller Flughilfe des Luft-

Abb. 11: Wilhelm L. Holderied: »Das Wasser brennt«. Das Wasserzeichen für Regensburg (2005). 150 x 80 m. Computersimulation. Digital imaging: Mathias Weiler, München.

bildarchäologen Klaus Leidorf bewerkstelligen. Mein Ziel war es, für Regensburg ein Symbol zu formen, das für den rhythmischen Kreislauf des Wassers steht. Ein magisches Zeichen der Kunst, mit Wasser in die Erde gezeichnet, das auch den sinnvollen Umgang mit Wasser immer wieder bewußt macht und anmahnt (Abb. 11). Ich möchte hier in Regensburg ein Ursymbol menschlicher Orientierung aus der mythischen Geografie entwerfen. Einer der Entwurfsvorschläge stellt eine Art Maske dar und deutet gestalterisch einen Zeitbogen in die römische Vergangenheit an. Ein Zeichen für die Bewohner einer Landschaft, die mit ihrer Geschichte seit Urzeiten am Wasser leben und zu Wasser eine intensive Beziehung entwickelt haben. Das Wasserzeichen sollte auch so konzipiert sein, daß es von den Menschen umwandert werden kann. Eine Zusammenarbeit mit Ökologen und Tiefbauspezialisten ist durch die Nähe der Donau unbedingt notwendig und sollte bereits im Vorfeld beginnen.

Doch leider blieb es – vorläufig? – bei diesem Entwurf, denn Regensburg konnte sich mit seiner Bewerbung als Kulturhauptstadt Europas 2010 nicht durchsetzen.

Das magnetische Gewicht, das irdische Zeichen auf dem Mond

Mit großer Aufregung verfolgte ich Mond- und Sonnenfinsternis in den letzten Jahrzehnten, bewunderte die verschiedenen Mondlandungen und sah die Spuren des ersten menschlichen Fußabdruckes in den Mondboden gezeichnet, sah die Spuren der Mondautos in den Mondstaub geschrieben. Und ich notierte 1995 in meinem Tagebuch: »Doch was könnte der göttliche Blick aus einer Raumstation oder gar der von unserem Mond auf unseren Heimatplaneten an schöpferischen Kräften auslösen? Warum werden keine Maler, Musiker und Dichter in den Weltraum gesandt, um von ihren Empfindungen zu berichten?«

Alles begann in der Jugend mit der Sehnsucht, zu den Sternen zu fliegen. Nach der Fertigstellung des Erdzeichens am Münchner Flughafen »Eine Insel für die Zeit« reiften 1995 erste Pläne, Skulpturen für den schwerelosen Raum zu entwerfen, zusammenfaltbare, aufblasbare Skulpturen für den Weltraum um die Erde kreisen zu lassen oder gar in die Tiefen des Universums hinauszusenden. Eines urzeitigen Tages werden sie von Lebewesen anderer Sternensysteme gesehen und als Botschaft erkannt, als anderseitiges Lebenszeichen dieses unendlichen Universums, gezeichnet von der Patina einer Zeitreise, gezeichnet von Spuren kosmischer Winde.

Im erdnahen Weltraum kreisen längst nutzlos gewordene Abfälle menschlich-technischer Hybris. Überflüssige Satelliten, falsch programmierte Sonnensegel, verlassene Raumstationen und ausgebrannte Raketenstufen, sich selbst Überlassenes. Meine Vorstellung: Wie mit einem Magnet im schwerelosen Raum alles zu größeren Skulpturenringen zusammenfügen, wertlos gewordenen technischen Müll gewichtslos zu poetischen Zeichen umzuformen. Sichtbar für die ins Außerirdische Fliegenden, sichtbar für Mondreisende und sichtbar für außerirdische Besucher, falls es sie geben sollte.

Staunend den Mond betrachtend, erwuchs der Wunsch, auch auf unserem Erdtrabanten ein irdisches Zeichen zu hinterlegen. Mag es angesichts der Kleinheit meines Lebensraumes noch so vermessen sein und läßt es sich vielleicht in meiner Lebenszeit nicht mehr realisieren, so beflügelt dieser Plan doch meine astronomische Sehnsucht. Eine poetische Markierung hinterlegen zwischen unendlichen Stunden und kurzen Ewigkeiten. Urwunsch oder Spinnerei? Wenige Menschen konnten den Mond bisher betreten und mit ihren Mondfahrzeugen wissenschaftliche Erkundungen durchführen. Sie hinterließen bleibende Spuren in seinem Staub. Und gerade diese bleibenden Spuren wurden zum Auslöser dieser astronomischen Idee, ein Erdzeichen auf dem Mond zu planen, bevor die

Technik und die Werbung allein von ihm Besitz ergreifen. Es sollte ein versöhnliches, poetisches Zeichen gesetzt werden für das Nicht-Funktionale und das Unbekannte.

Einer meiner Zeichenvorschläge besteht aus einem doppelten Kreuz und einer liegenden Acht, die für Unendlichkeit steht (Abb. 12). Das Kreuz, ein in vielen Kulturen vertrautes Symbol aus uralten Zeiten, bezeichnet Orte der Kommunikation zwischen Himmel und Erde. Zwei Kreuze stehen hier als übergeordnetes Zeichen für Begegnung zwischen den Lebewesen dieser Erde und vielleicht außerirdischen Besuchern mit all ihren Geheimnissen. Die Acht als Zahl der Erneuerung und Regeneration symbolisiert zugleich kosmische Ordnung und Gleichgewicht. Ein weiterer Vorschlag eines Zeichens besteht aus der Spirale, ein astronomisches Zeichen für Wiederkehr des Alten auf neuen Wegen, und endet mit einer Art Maske (Abb. 13).

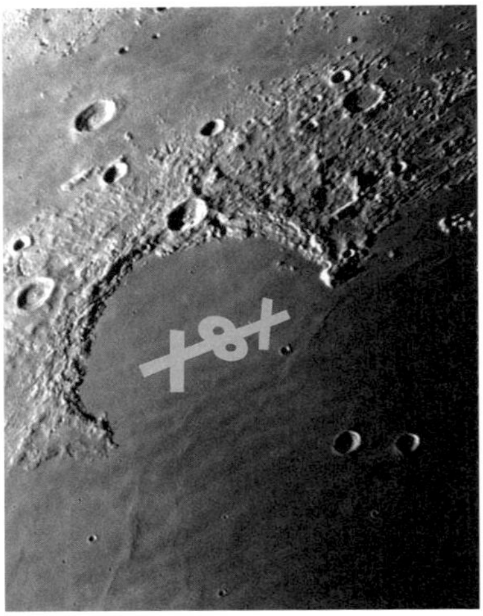

Abb. 12: Wilhelm L. Holderied: »Das magnetische Gewicht«. Das irdische Zeichen auf dem Mond im Sinus Iridum (45N, 32W), 165 x 65 km (2000). Computersimulation. Digital imaging: Volker Davids, Wolfratshausen.

Abb. 13: Wilhelm L. Holderied: »Die Wurzeln der Stille«. Das irdische Zeichen auf dem Mond im Sinus Iridum (45N, 32W), 165 x 65 km (2000). 100 x 80 km. Computersimulation. Digital imaging: Volker Davids, Wolfratshausen.

Die Verwirklichung des irdischen Zeichens auf dem Mond erfordert ein möglichst flaches, ebenes Gelände auf der der Erde zugewandten Seite des Mondes. Der dafür ausgewählte Ort liegt nordwestlich des *Mare Imbrium*, in der Regenbogenbucht. Mondfahrzeuge, mit rechen- oder besenartigen Werkzeugen ausgestattet, mit Sonnenenergie angetrieben, könnten dieses irdische Zeichen in den Mondstaub schreiben. So wie die Fahrspuren der Mondfahrzeuge bis heute auf der Mondoberfläche erhalten sind, sollen durch Bündelungen vieler nebeneinanderliegender Linien breite, sichtbare Bänder entstehen. Um es von der Erde aus erkennen zu können, ist für das Mondzeichen eine Ausdehnung von circa 125 x 60 Kilometern geplant.

Das Tor des Windes, die Skulptur als Wegzeichen für das Zentrum für Umweltschutz in Lauingen an der Donau

Der Baugrund des Zentrums für Umweltschutz in Lauingen birgt römische Fundamente, die Römersiedlung *Phoebiana*. Damit fußt ein dem ökologischen Gedanken dieses Jahrhunderts verpflichtetes Gebäude unmittelbar auf historischer Vergangenheit. Und wie das römische Gesetz ordnend in die Gesellschaft eingreift, sollen die von dem Zentrum für Umweltschutz ausgehenden Impulse ordnend in den Umgang der Gesellschaft mit der Natur eingreifen. Hierfür wollte ich ein Zeichen entwerfen. Aus diesem Ort und für diesen Ort.

Die gestalterische Verbindung habe ich erreicht durch das Hochklappen des archäologischen Grundrisses des ehemaligen römischen Osttores in einem Torbogen. Diese Mauerfragmente erinnerten mich in den Planunterlagen sofort an die Urform des Erdinger Moosgeistes. Die in der Erde liegenden, nicht sichtbaren Mauerfragmente sind ein Symbol der Vergangenheit und werden durch Übertragung in eine zweite Ebene neu freigelegt. Hierzu habe ich sie in einer Spiegelung in einen ovalen Metallbogen gezogen. So wird ein Symbol der Vergangenheit durch Übertragung in eine zweite Ebene, in die Gegenwart, neu sichtbar gemacht. Die alte Form und ihr heutiger Bogen beschwören ein magnetisches Kraftfeld. Die römische Anlage im Untergrund der Erde heftet sich an die Wolken, in ihrer gemeinsamen Ausstrahlung bündeln sich die alten Zeitspuren zu einer neuen Symbolik in die Gegenwart. Mit Beginn jedes Tages wandert der Schatten über das unsichtbare Zeichen der Vergangenheit zur entgegengesetzten Seite, in den Abend unserer Zeit. In die Erde gezeichnet und in die Luft gespiegelt (Abb. 14).

Das Verankern des zugedeckten, archivierten Grundrisses des römischen Osttores in einer zweiten Ebene spiegelt das Nicht-Sichtbare über

Abb. 14: Wilhelm L. Holderied: »Das Tor des Windes«: Mit Schatten und Wind: Skulptur als Wegzeichen in Lauingen an der Donau (1997). Länge: 14,39 m, Breite: 5,50 m, Höhe: 7,20 m, Gewicht: 15 t. Foto: Klaus Leidorf, Buch am Erlbach.

einem halbovalen Bogen und erhält dadurch etwas Magisches und Geheimnisvolles. Damit soll Vergangenheit sichtbar gemacht werden und eine Brücke schlagen zwischen Zeiten und Räumen, Natur und Technik, Erde und Himmel. Vielleicht rettet uns der bewußtere Umgang mit der Natur, mit der Technik, mit der Erde, dem Wasser, der Luft und dem Wind. Dies wird über unsere Zukunft entscheiden. Deshalb ist auf beiden Seiten der Skulptur der Satz aus der berühmten Mahnrede des Häuptlings Seattle an den Präsidenten der Vereinigten Staaten in vierzehn verschiedenen Sprachen eingeprägt: »Wir sind ein Teil der Erde und sie ist ein Teil von uns.« Nachdrücklich wird damit diese eindringliche Mahnung für einen anderen Umgang mit der Natur den Raum zwischen den Gebäuden überspannen. Der immer noch zu wenig gehörte Aufschrei aus dem Jahre 1855 und seine Einprägung in den gespiegelten römischen Grundriß, der wiederum die Verbindung zu den Wurzeln unseres Rechtssystems herstellt, sollen deutlich machen, daß die Worte des Indianerhäuptlings für uns alle Gesetzeskraft erlangen müssen.

Die klingende Arche, die Skulptur als Wegzeichen auf dem Müllberg in Oldenburg

Für die inzwischen begrünte Kuppe des Oldenburger Müllberges, in dem ein Meer aus Müll aus Jahrzehnten ruht, habe ich in der Form eines abstrahierten Bootes eine Klangskulptur entworfen (Abb. 15). Boote haben immer etwas mit Reise, ja mit Zeitreise zu tun. Alles, was hier lagert, hat eine lange Zeitreise hinter sich. Über die Zeit ist aus dem Meer ein Berg geworden, und auf dessen Spitze ist das Boot gestrandet. Eine moderne Arche Noah für alle vergangenen Zeugnisse des Alltagslebens der Menschheit. Ihre herausgehobene Lage auf der Spitze des einzigen Berges im weiten Umfeld wird dem Zeichen eine große Fernwirkung geben und Oldenburg ein künstlerisches Erkennungssymbol.

Ein Schiff auf einer Bergspitze regt zum Nachdenken an und wird im einfachsten Fall auf die Verbindung Oldenburgs mit dem Wasser hinweisen, auf die sich in dieser Stadt kreuzenden Wasserstraßen, die als Kulturadern das weite Land durchziehen. Eine gestrandete, klingende Schiffsform für die höchste Erhebung in Oldenburg. Um das Schiff zum Klingen zu bringen und gleichzeitig den Winddruck zu vermindern, sind circa 150 Rohre zwischen den beiden Wandungen eingebaut. Wie auf einer

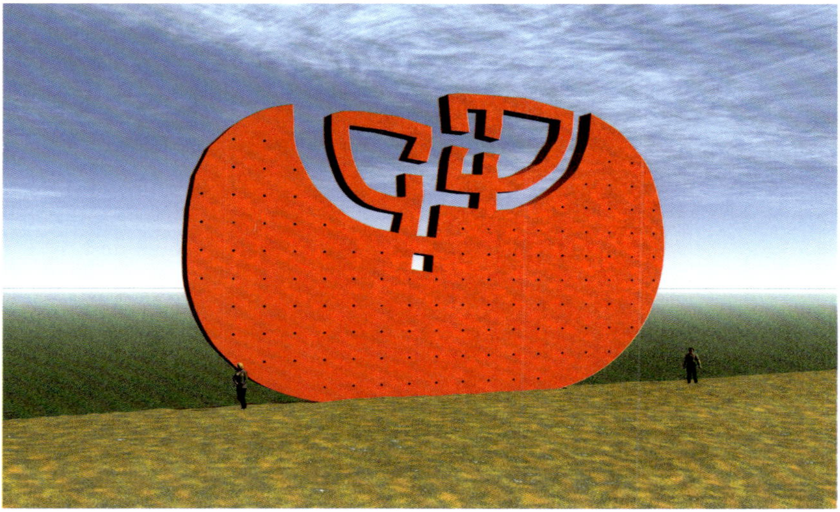

Abb. 15: Wilhelm L. Holderied: »Die klingende Arche«. Skulptur als Wegzeichen für Oldenburg (2006). 18,00 x 12,00 x 0,60 m, 27 t. Computersimulation. Digital imaging: Mathias Weiler, München.

Panflöte spielt der Wind mit den Rohren und erzeugt einen mehrstimmigen, sphärischen Klang. Das Eisen singt vielstimmig mit dem Wind.

Ich wollte aber nicht nur ein klingendes Boot oder eine singende Arche auf dem Berg landen lassen, ich wollte es im gespiegelten Sternbild ›Carina‹, zu deutsch ›Schiffskiel‹, in einem Steinfeld stranden lassen. In der südlichen Hemisphäre kreist das Sternbild Schiffskiel am Sternenhimmel mit 24 Einzelsternen. Ich möchte das Sternbild mit 24 großen Steinen (Rundlingen) in den Boden zeichnen und das Schiff in deren Mitte stranden lassen. Die zwischen Sonnenauf- und Sonnenuntergang entstehende Schattensilhouette des Bootes wandert über den gespiegelten Schiffskiel. Die Sterne in ›himmlischer‹ oder ›irdischer‹ Sichtweite, mit Steinen die Sterne in die Erde gezeichnet.

Und so möchte ich am Ende meines Beitrags den Bogen schlagen zum Anfang meiner Ausführungen, von meiner astronomischen Sehnsucht, zu den Sternen zu fliegen, zu meinem Jugendtraum vom Fliegen (Abb. 16). Zwar hänge ich hier nur am Haken eines Krans, aber ich fliege und flöte und schwebe, die Sterne auf die Erde geholt – für einen Moment im Raum der Sehnsucht angekommen …

Bücher und Ausstellungskataloge von Wilhelm L. Holderied

Ausstellungskatalog Flughafen München, *In die Erde gezeichnet – Marked in the Earth.* Vom Erdzeichen zum Wasserzeichen, Dokumentation, Werkbilder, Installation, 64 Seiten, 18 x 14,5 cm, 2005

Ausstellungskatalog Galerie der Bayerischen Landesbank, München, *Das Gewicht der Zeichen.* Wegzeichen/Werkbilder, Hirmer Verlag München, 112 Seiten, 27 x 21 cm, 2004

Ausstellungskatalog, Landesmuseum für Natur und Mensch, Oldenburg, *In die Erde gezeichnet.* Vom Erdzeichen zum Wasserzeichen, Dokumentation und Werkbilder, Isensee Verlag, Oldenburg, 64 Seiten, 30 x 24 cm, 2003

Werkstattbuch 5, *Zwischenfelder*, Hirmer Verlag München, 64 Seiten, 30 x 21 cm, 2002

Werkstattbuch 4, *Magnetische Ufer – Magnetic Shores*, Hirmer Verlag München, 240 Seiten, 30 x 24 cm, 1999, deutsch/englisch

Ausstellungskatalog, Flughafen München, *Von Zeichen zu Zeichen … – From Sign to Sign …*, Werkbilder Wilhelm Holderied, 48 Seiten, 21,0 x 10,5 cm, 1998

Abb. 16: Wilhelm L. Holderied: »Fliegend … flötend … schwebend … oder schon auf dem Weg zum Mond«. Szenische Aktion am 20.07.1998. Hommage an Henning Fricke. Fotos: Jutta Fricke-Himmel, München. Fotomontage: Rothe Grafik, Bruno Rothe, Georgsmarienhütte.

Erdzeichenbuch, *Eine Insel für die Zeit – ein Erdzeichen entsteht / An Island in Time – Genesis of a Landmark*, Hirmer Verlag, München, 128 Seiten, 25 x 28 cm, 1995, deutsch/englisch

Ausstellungskatalog, Flughafen München, *Be Part of Art* Werkbilder Wilhelm Holderied, Das Erdzeichen *Eine Insel für die Zeit*, 72 Seiten, 14,8 x 10,4 cm, 1995

Werkstattbuch 3, *Mit Schatten und Wind – With Shadows and Wind*, Verlag Obalski & Astor, 128 Seiten, 30 x 24 cm, 1993, deutsche und englische Ausgabe

Werkstattbuch 2, *Die Wurzeln, das Echo, die Ufer – Roots-Echoes-Shores*, Verlag Obalski & Astor, 128 Seiten, 30 x 24 cm, 1989, deutsche und englische Ausgabe

Werkstattbuch 1, Wilhelm Holderied 1978-1986, 72 Seiten, 21 x 24 cm, 1986

Die Bilder werden bleiben. Achtzehn Happenings in einer Sekunde

von
Christoph Schlingensief

Im Winter 2006/2007 realisierte Christoph Schlingensief in der Volksbühne Berlin seine begehbare Installation »Kaprow City«. Es gibt vielfältige Deutungsmöglichkeiten und Zugänge zu diesem »Animatographen«, der aus achtzehn Räumen auf zwei sich gegenläufig drehenden kreisförmigen Scheiben besteht, auf denen sich achtzehn größere und zwölf kleinere Räume drehen, die dem Gedächtnis des nicht fürs Museum geeigneten Erfinders des Happenings Allan Kaprow (1927-2006) gewidmet sind. Ist es eine Installation über den Krieg als »Vater aller Dinge«, deren Grundriß auf einer österreichischen Flakstellung zur Luftabwehr basiert? Ist es ein Ort des rotierenden Konflikts, in dem Nüchternheit und Exzeß eine Synthese eingehen? Oder ist es eine Allegorie der Zeit, die, wie im »Parsifal«, zum Raum wird, eine Zeit, die sich im Kreise dreht und die wie ein Kreis unendlich ist? Oder thematisiert es die Gleichzeitigkeit des Ungleichzeitigen eines Lebens in der Gesamtschau, vielleicht des Leben von Lady Diana, von Allan Kaprow, dem Erfinder der lebenden Installationen, des Happenings, oder auch von Christoph Schlingensief selbst? Vielleicht werden hier auch achtzehn Werke Schlingensiefs mit den Happenings von Kaprow homogenisiert. In dieser Installation sieht niemand alles. Deshalb verbieten sich letzte Erklärungen. Es ist eben der Versuch, eine konkrete Unendlichkeit zu schaffen, Phantasie ohne große Abstriche real werden zu lassen, im Bewußtsein, daß ein solcher Versuch scheitern muß. In einem Vortrag fünf Tage vor der Eröffnung der Installation »Kaprow City« am 16. September 2006 hat ihr Erfinder Christoph Schlingensief eine weitere Erklärung geliefert, die diesen Animatographen als eine Art metaphysischer Filmspule rahmt. Dabei entstand auch die Skizze auf S. 378. Im folgenden ist die Transkription des frei gehaltenen Vortrags, den Christoph Schlingensief in etwas abgewandelter Form am 23. November 2006 in Göttingen wiederholt hat, abgedruckt.

Carl Hegemann

Das Folgende ist nur der Versuch, eine Ordnung oder einen Rahmen für diese Installation vorzuschlagen, die natürlich jederzeit wieder umgeworfen werden kann, weil das Material doch macht, was es will. Diese Erkenntnis verdanke ich einem filmischen Prozeß, den ich in Hof erlebt habe, als dort 1984 mein erster Langfilm gezeigt wurde, und wo, während der Film lief, das Material zerstört wurde, aber diese Zerstörung war schon im Film vorprogrammiert, war schon im Film angelegt, aber in dem dramaturgischen Aberglauben, daß die Zerstörung eine konstruierte

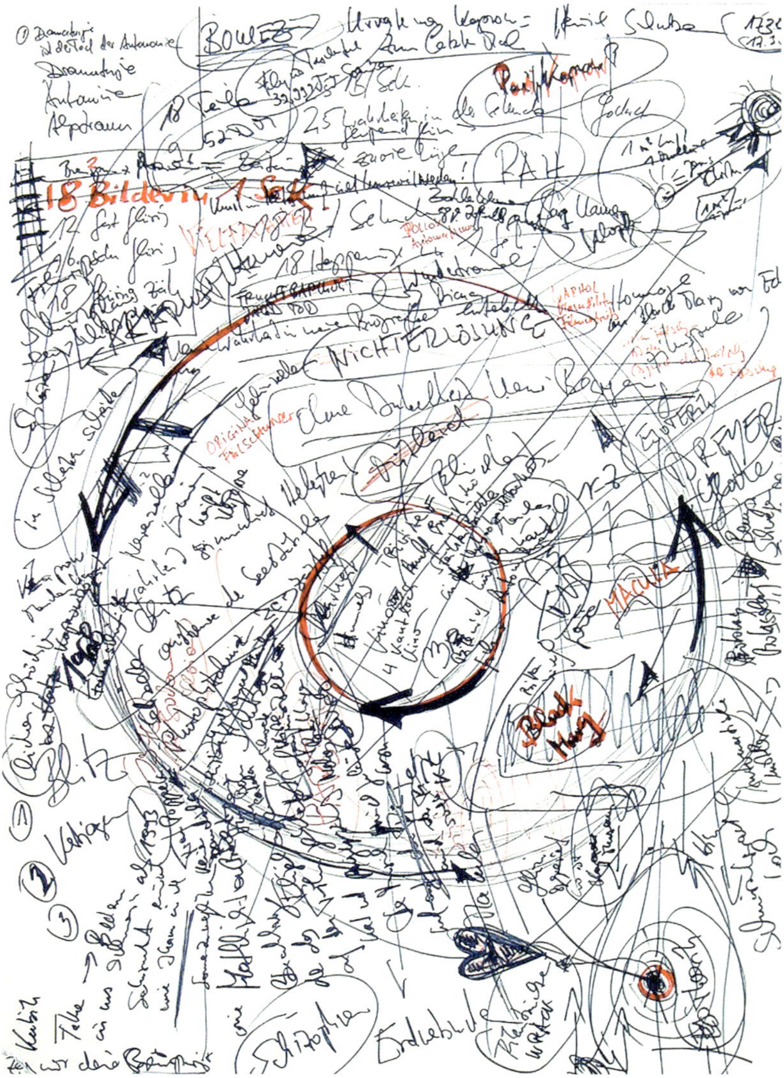

Christoph Schlingensiefs Skizze zu seiner Installation »Kaprow City« in der Berliner Volksbühne.

Blick auf Christoph Schlingensiefs begehbare Installation »Kaprow City« in der Berliner Volksbühne 2006. Foto: Georg Soulek.

ist, die im Film eine klar umrissene Funktion hat. Das heißt, und das halten wir als ersten Punkt fest. »DRAMATURGIE IST DER TOD DER AUTONOMIE.« Dadurch, daß ich eine feste Dramaturgie vorgegeben hatte, mußte der Film in einer bestimmten Abfolge auf die Zerstörung zusteuern, und genau in dem Moment, wo ich die Zerstörung angelegt habe, hat sich der Film dann aber überraschenderweise selber zerstört. Das heißt, der Projektor hat das in die Hand genommen. Es war ein Film, in dem verbrannte der Film, und genau in dem Moment, wo das vorgeführt wurde, fing der Film selber an zu brennen. In dem Moment, wo der Trick kam mit der Verbrennung, hat damals der Vorführer den Projektor ausgeschaltet, weil er gelernt hatte, daß man eingreifen muß, wenn der Film Feuer fängt, weil das geht ja nicht, daß ein Film brennt. Als er dann merkte, daß der Film nicht verbrannt war, sondern daß das praktisch nur die Imitation einer Verbrennung war, ein Fake, wollte er den Projektor nicht wieder einschalten. Er war eben sehr gut konditioniert. Dann ist der Film auf meine Anweisung hin aber doch wieder gestartet worden, mit dem Hinweis, daß die Verbrennung nur ein Fake war. In dem Moment, wo die Fakeerklärung kam, hat sich das Ganze aber verselbständigt, und der Film hat in Zusammenarbeit mit dem Projektor tatsächlich selber angefangen zu brennen. Das heißt, in diesem

Moment lief der Projektor, der Film brannte wirklich, und der Vorführer war weg. Und ich konnte auch nicht mehr eingreifen, weil er die Vorführkabine abgeschlossen hatte und niemand mehr an den Projektor herankam. Das ist die Basis dieser Überlegungen. »AUTONOMIE, DRAMATURGIE, ALPTRAUM.« Laut Godard besteht ein Film aus 25 Bildern pro Sekunde. Er sagt »25 Wahrheiten in der Sekunde«, aber da irrt sich Godard, das sind mindestens sieben Bilder zuviel, weil der Mensch ab achtzehn Bildern, ja fast schon ab zwölf Bildern pro Sekunde anfängt, eine flüssige Bewegung zu sehen. Also bitte merken: »Ab zwölf Bilder fast flüssig, ab sechzehn Bilder ziemlich flüssig, ab achtzehn Bilder flüssig« ... aber bei 25 ist es schon so über-flüssig, daß es gar nicht mehr zur Dunkelphase kommt, und die ist entscheidend. Achtzehn Bilder pro Sekunde sind richtig. Sie sind mein Thema. »ACHTZEHN BILDER PRO SEKUNDE: ACHTZEHN HAPPENINGS IN EINER SEKUNDE.« Darum geht's. Diese achtzehn Happenings sind angeordnet in einem Kreis. Das ist die Filmspule. Diese Filmspule besteht im Mittelraum aus einer Kathedrale, die im besten Falle ein Kino ist, ein Himmelskino, oder noch besser ein »Vierkantlochkino«. Und dieses Kino hat die phänomenale Eigenschaft, daß es in der Lage ist, nach außen zu strahlen. Es kann in höhere Sphären gelangen, ist aber gleichzeitig sehr erdverbunden. Das ist der wirklich wichtige Moment, daß die Götter, die oben im Himmel angekommen sind, aber die Sehnsucht haben, wieder herunterzukommen, plötzlich geschrumpft werden. Das ganze System bewegt sich also von oben nach unten und schrumpft gleichzeitig zu einer Eiform. Diese Schrumpfung führt zu einer Verdichtung, und diese Verdichtung ist die Macula. Das ist der Fleck im Auge, wo das Licht gebündelt wird. Und da kann auch eine krankhafte Verbiegung stattfinden, das heißt eine langsame Erblindung. Die diagnostiziert man, indem man ein Raster aus geraden Linien anschaut, und wenn dann diese Linien anfangen Wellen zu schlagen, weiß man, daß hier eine Erkrankung der Macula vorliegt, also eine Verformung, die das Licht sozusagen in seinem Auftreffen verbiegt, die Linien werden wellig, und damit wird das Bild unscharf. Diese Unschärfe ist entscheidend für das, was wir hier machen, denn wir können nichts Scharfes entdecken beispielsweise in Lady Diana, wir können dort keine Wahrheit entdecken, nur wellige Unschärfe. Auch in meiner eigenen Biographie habe ich bis jetzt keine Wahrheiten entdecken können. »KEINE WAHRHEIT IN MEINER BIOGRAPHIE.« Und jetzt also das Himmelskino als Ort, wo die Erde und der Himmel zusammentreffen, im Vierkantloch, praktisch justiert, und außen herum im Kreis finden diese achtzehn Ereignisse statt in einer Sekunde. Und diese achtzehn Ereignisse sind ziemlich flüssig, aber doch noch ein bißchen zähflüssig, das

Christoph Schlingensief am 23. November 2006 in Göttingen anläßlich seines Vortrags in der von der Akademie der Wissenschaften und der Universität veranstalteten Ringvorlesung »Bilderwelten«. Foto: Claudius Dahlke.

heißt, es gibt immer noch einen Eindruck von Flackern. Dieses Flackern bedeutet, hier ist immer wieder ein Bild, das die Netzhaut belichtet, die die Tendenz hat, langsam in die Unschärfe abzugleiten, je kürzer, je heller der Lichtstrahl ist, desto schärfer wird das Bild, und dann bleibt es auf der Netzhaut hängen, geht in die Dunkelheit, und die nächste Phase beginnt, geht in die Dunkelheit, die nächste Phase kommt, geht in die Dunkelheit. Und so kriegen wir hier die Bewegung, zuerst ist da ein Arm, der unten hängt, dann der Arm, der in der Mitte ist, und dann die dritte Stufe, der Arm, der nach oben geht. Das sind die drei Stufen, dazwischen ist Dunkelheit, und diese Dunkelheit ist enorm wichtig. »OHNE DUNKELHEIT KEINE BEWEGUNG.« Deshalb sind alle, die nur dem Licht – vulgo: der Aufklärung – verbunden sind, die immer auf Helligkeit und Klarheit pochen, die sagen »Jetzt kommt die Wahrheit«, eigentlich die Lügner schlechthin. Wer Wahrheit will, braucht Licht, Helligkeit, Blitz. Das verursacht ein Ausbrennen der Sehstäbchen und Sehzäpfchen, und auch das führt zur Blindheit. Wir haben also zwei Wege zur Blindheit: das Licht und die Verbiegung. Das Ausbrennen von Sehstäbchen und

Sehzäpfchen hat Heinrich Schulze entdeckt. Heinrich Schulze ist ja der Urvater von Kaprow. Also halten wir fest. »DER URVATER VON ALLAN KAPROW IST HEINRICH SCHULZE.« So ungefähr um siebzehnhundertdreißig hat dieser Heinrich Schulze das Ausbrennen der Sehzäpfchen und Sehstäbchen an sich selbst ausprobiert. Er hat einfach lange in die Sonne geguckt. Sein Auge blickte zur Sonne, die ja ihrerseits aussieht wie ein Auge. In diesem Augenähnlichen scheint aber eine unerschöpfliche Energie am Werke, die Grundlage aller Bilder, das ist das Phänomen der Sonne. Das Auge giert nach dem Sonnenauge, deshalb ist auch zum Beispiel der altägyptische Sonnengott Ra ganz wichtig in unserer Installation, und auch Plotin ist wichtig, ein frühchristlicher Filmplatoniker aus dem 3. Jahrhundert, der gesagt hat. »NIE HÄTTE DAS AUGE DIE SONNE ERBLICKT, WENN ES NICHT SELBST SONNENHAFT WÄRE.« Deshalb ist das, was wir hier machen, auch eine Hommage an die Black Mary von Edison. Die Black Mary war ein frühes Filmstudio, ein komischer schwarzer Kasten auf einer Drehbühne, mit einem Loch in der Decke, durch das die Sonne hereinkam, und je nach Sonnenstand wurde das ganze Studio gedreht, so daß das Licht immer optimal und immer gleich einfallen konnte und es keine Anschlußfehler gab. Hierher gehört auch die Mondlandung, die wir am Ende zeigen, die ja nach Entwürfen von Stanley Kubrick gedreht worden ist und natürlich in Wirklichkeit auch ein Fake gewesen ist, die aber trotzdem auch kein Fake ist, weil durch dieses Fake eine Menge von Bildern ans Licht gekommen ist, die in uns schlummern als Sehnsucht. Zum Beispiel als die Sehnsucht, wie Ikarus in der Sonne zu verglühen – auch erkennbar in anderen Sonnenmythen beispielsweise bei Georges Bataille –, was dann Mothlight von Brakhage auf die Idee bringt, Flügelorgane von Insekten auf den Film zu kleben und zu projizieren. Aber das nur nebenbei. Heinrich Schulze, der Entdecker des Scotophorus (des Dunkelträgers), ohne den es keine Fotografie und keinen Film gäbe, guckt so lange in die Sonne, bis er blind wird. Man lernt daraus: zuviel Licht macht blind. Phosphorus, der Lichtträger, und Scotophorus, der Dunkelträger, gehören zusammen. Die Sehnsucht nach dem Licht und dem Verglühen führt im Resultat zu Dunkelheit, Blindheit und Kälte. Die Dunkelphase ermöglicht nicht nur Bewegung, ausgerechnet die Dunkelheit verhindert, daß wir blind werden. »OHNE DUNKELHEIT SIND WIR BLIND.« Der Mensch wird gehäutet, und die Haut wird auf das Zelluloid geklebt. Quatsch, die wird nicht auf den Film geklebt. Im KZ hat man den Leuten die Haut abgezogen und daraus Lampenschirme gemacht, und die Menschen, als seien sie irgendein Rohstoff, zu nützlichen Dingen verarbeitet. Kaprow hat diese chemische Reduktion des Menschen auf ein

Christoph Schlingensief bei Dreharbeiten in Manaus (Brasilien) im Vorfeld seiner Inszenierung von Wagners »Fliegendem Holländer«. Foto: Aino Laberenz.

paar billige Rohstoffe auch interessiert, für ihn war das ganz harmlos, daß der Mensch sich auf die paar chemischen Teile reduzieren läßt, die wir im Raum achtzehn zeigen. Der menschliche Körper besteht aus achtzehn Teilen. Und diese achtzehn chemischen Teile kosten, wenn man sie im Laden kauft, zusammen sechs Euro und zweiundfünfzig Cent. Daraus besteht der Mensch, mehr ist der Mensch nicht wert. Das war das Verhängnis des Dritten Reichs. Alles nur auf diese Minisumme an Materialwert zu beschränken, das rechnet sich nicht: Man darf nicht vergessen, daß der Mensch nicht nur aus Chemie, sondern auch noch aus der Sehnsucht besteht: Der Mensch ist ein Haufen von Zellen, die ans Licht wollen und die Dunkelheit lieben, die sich selber seit Platons Höhlengleichnis auf Wände projizieren, und die ein Bild malen oder einen Film drehen, in dem sie dann selbst verschwinden. Oder wie Mothlight von Brakhage, der selber als Leinwand dasteht, der projiziert sich selber, das ist das Lazarusphänomen. Und das kommt alles in dieser Installation zum Tragen. Sie arbeitet einmal mit der Macula, die schon erblindet und sich nur noch aus dem ernährt, was bereits mal belichtet wurde, was also schon im Gehirn war, was im Gehirn gespeichert wurde. Darum sind diese Räume eigentlich Gehirnzellen und so weiter. »GEHIRNZELLEN, NERVENZELLEN, SEHZELLEN, GEFÄNGNISZELLEN.« All das ist in diesem Animatographen schon angelegt: hier ist der Mensch erblindet, hier kommen die Bilder zurück, hier ist die Dunkelheit, ohne die es keine Bewegung gibt. Das ist hier alles vollkommen logisch und kohärent wiedergegeben. Ein einheitlicher und gegenläufiger Prozeß zwischen Himmel und Erde, Licht und Dunkelheit, Sehnsucht und Dreck. Das ist, weil es natürlich in all seinen Konsequenzen nie einzuholen ist, so etwas wie eine reale Phantasie, oder etwas »individuell Unendliches«. So steht das, wie mir Carl Hegemann sagte, auch bei Hölderlin. Und das bewegt sich exakt zwischen einem Film, in dem ein brennender Film gefilmt ist, und dem Verbrennen dieses Filmes selber. »ACHTZEHN BILDER IN EINER SEKUNDE.« Das erste Bild ist der Verweis auf Kaprow, man kann auch sagen auf die Hühner, oder auf die Affenwelt, auf das Vertrauen in die Natur, auf das Vertrauen auf die Evolution. Kaprow behauptet praktisch: Hier können auch Hühner die Leitung übernehmen. Und sie sind mit Laserstrahlen miteinander verbunden, sie schreiben mit den Augen. Das habe ich selber gesehen in Amerika. Und sie können auch Tic-Tac-Toe spielen und gewinnen immer. Das gibt es in Amerika in jedem Vergnügungspark. Das Huhn kommt aus dem Loch, wenn man einen Dollar einwirft, spielt mit mir Tic-Tac-Toe, pocht tack tack tack auf die richtige Stelle und gewinnt jedesmal. Keine Ahnung, warum. Vielleicht, weil das Huhn Hunger hat und danach ein Korn zu essen kriegt. Ich bin aber schon vollgefressen, und deshalb verliere ich. Das Huhn kommt auch raus für einen Dollar, tanzt eine Minute Charleston und verschwindet wieder. Da habe ich sogar rausbekommen, wie das funktionierte: der Boden, auf dem das Huhn tanzte, war heiß, das tanzte praktisch auf einer Kochplatte, und dafür bekam es nach einer Minute eine Belohnung. Aber das nur nebenbei. »HIER KÖNNEN AUCH HÜHNER DIE LEITUNG ÜBERNEHMEN.« Jetzt haben wir also hier die achtzehn Teile, die achtzehn Happenings, das ist alles ganz klar angeordnet: Ra, das Auge, die Macula, der Himmelssaal, das Vierkantloch. Und jetzt eben Raum Nummer eins, wo Kaprow auf achtzehn Hühner verweist auf einer sich drehenden Scheibe, oder achtzehn Aktionen in sechs Teilen oder ein Huhn in achtzehn Scheiben, oder eben achtzehn Bilder pro Sekunde. Die zweite Raumsituation ist der Geburtstunde meines eigenen Films gewidmet, meiner ersten Filmarbeit 1968. Das war der erste Kontakt mit Kaprow. Damals habe ich die Szenen immer wiederholt, die eine Szene fünfmal, die nächste Szene zwanzigmal, mein Rekord ist bei achtundvierzigmal. Ich habe bei einem Film eine Szene mit Margit Carstensen und Irm Hermann achtundvierzigmal gedreht, bis sich nachts um halb drei niemand mehr auf den Beinen halten konnte und alle von der Treppe fielen und überhaupt nicht mehr in der Lage waren, Texte zu sprechen.

Szenen aus Christoph Schlingensiefs Installation »Kaprow City« in der Berliner Volksbühne 2006/2007. Fotos: Georg Soulek.

Nachher beim Schnitt habe ich die erste Einstellung genommen. Das heißt: ich habe siebenundvierzigmal eine Szene wiederholt im Glauben, es würde besser, und hab' dann später am Schneidetisch gesehen, daß das erste Mal das beste Mal war, und das sollten wir uns merken. »DAS ERSTE MAL.« Und dieses erste Mal ist auch immer meine Erwartung an Theater und an die Welt, es gibt den Moment, wo es beim ersten Mal funktioniert, und dann ist es auch gut, und andere trainieren ihr Leben lang, und es wird nie gut. Also ist das erste Mal 1968 für mich gewesen, ich habe einen Film gedreht ohne Wiederholung, den »Fahnenschwenkerfilm«, so heißt der wirklich. Da schwenkt ein Bauer eine Fahne, und einige junge Leute rennen ebenfalls mit Fahnen herum. Das war 1968, und das ist nun im ersten Kinoraum zu sehen. Von da aus geht es dann in den Jugendkanal. Der Jugendkanal ist also der Kanal, an dem ich jetzt schon den Sprung wage von 68 rüber zu 79/80. Das ist der Weg nach München, da sieht man schon erste Pornoeinstellungen, da ist auch ein Klavier, und auch Frau Poppeck, meine Klavierlehrerin, ist immer noch da, Frau Bandilla, die auch Klavierlehrerin war, ist auch da. »POPPECK UND BANDILLA.« Dann ist da noch eine Carrerabahn, das ist ein Verweis auf 1968/69, wo ich mein eigenes Kino gebaut habe bei uns im Keller mit 12 Plätzen, Vorhang und Gong. Der Vorhang wurde geöffnet mit einem Carreraauto, das nach rechts fuhr und den Vorhang, an dem es mit einem Nylonfaden festgebunden war, aufzog, und das andere Carreraauto fuhr dann in die andere Richtung und zog den Vorhang wieder zu. Dazu gab's den berühmten Kinogong aus der Lichtburg, den hatte ich auch irgendwie besorgt. Aber weiter in den Jugendkanal. Durch Schlitze sieht man in zukünftige Welten, oder in vergangene, die wir schon gespeichert haben. Da ist das Münchner Filmmuseum mit Hark Bohm, Enno Patalas, Kurt Kren, Werner Schröter, Vlado Kristl, Brakhage; besonders wichtig: Werner Nekes, Dore, oh Gott, oh Gott, und dann Muybridge. Muybridge hat mir imponiert, weil er in Scheiben gearbeitet hat, Bewegungen so aufgenommen, daß er Fäden gespannt hat, da waren Fotoplatten an einzelne Fotoapparate angeschlossen. Beim Durchlaufen haben die Leute oder auch die Pferde einen Teil der Fäden zerrissen und die Kameras ausgelöst, und so wurde scheibenweise fotografiert, was da ablief. Und das ist – ein Bild, zwei Bild, drei Bild – Bewegung und Stillstand und Dunkelphase. Muybridge hat die Welt in Scheiben geschnitten. Das ist sehr wichtig. »DIE WELT IN SCHEIBEN SCHNEIDEN.« Das ist wie beim Brot. Man sagt, der Dreh geht wie geschnitten Brot. Das In-Scheiben-Schneiden als Programm ist mir im Münchener Filmmuseum passiert und noch vieles andere, zum Beispiel Murey, der ein Gewehr gebaut hat mit Fotopatronen, um zu sehen, wie ein Vogel fliegt. Wir haben es

Szenen aus Christoph Schlingensiefs Installation »Kaprow City« in der Berliner Volksbühne 2006/2007. Fotos: Georg Soulek.

eben hier mit einer Wundertrommel zu tun, die aus unterschiedlich angeordneten Bildfeldern besteht, die verschiedene Motive verfolgen: das Bedürfnis nach Konservierung und die Enttäuschung darüber, daß sich nichts wirklich konservieren läßt, die Verselbständigung des Materials und die Bilderwelt, die erst in der Dunkelheit entsteht. Das heißt: der Film wird nicht von mir realisiert, sondern er realisiert sich selber, indem er die Projektion in der Form, die von mir geplant war, verweigert und etwas ganz anderes macht: Godard sagt, genau wie Aristoteles, »ein Film muß Anfang, Mitte und Ende haben«. Aber er fügt hinzu, »nicht unbedingt in dieser Reihenfolge«. »DER VORSPANN KANN AUCH IN DER MITTE KOMMEN.« Oder am Ende, das ist egal. Diese Bedingungen aus den siebziger, achtziger Jahren wurden weniger aufgestellt, um sich etwas klarzumachen, als um sich abzugrenzen. Die Wundertrommel ist keine Abgrenzungsveranstaltung, sondern von einem großen integrativen Bedürfnis getragen, eine Veranstaltung, die darauf hinweist, daß in der Dunkelheit die Information schlummert, daß aber in der Lichtblitzwelt von heute diese Bilder sich nicht mehr herauskristallisieren können, weil sie die ganze Zeit überdeckt werden mit andern Bildern. Darum ist der Animatograph auch ein Bekenntnis zur Übermalungsstrategie und deren Unterwanderung, das heißt, Wahrheit gäbe es, wenn überhaupt, nur als schon überpinselte. Wenn ich sie haben will, muß ich an ihr kratzen, und in dem Moment, wo ich an ihr kratze, verändere ich schon wieder die Oberfläche. Und das bedeutet: Erinnern heißt Vergessen. Das sagt auch, Norbert Elsner hat mir das noch mal erklärt, die neueste Hirnforschung. Erinnern heißt Vergessen. Immer wenn ich mich an ein Bild erinnere, dann habe ich es schon übermalt. Zum Beispiel, weil ich in diesem Moment jetzt mehr Hunger habe, wenn ich an ein Essen von früher denke, kombiniere ich das im Kopf so, daß mir in der Erinnerung das Essen von früher noch schmackhafter vorkommt, als es wirklich damals war, und wenn ich gerade lecker gegessen habe und mich dann an ein Brötchen von früher erinnere, schmeckt es in meiner Vorstellung nicht mehr so gut und fühlt sich eher fad an. Damit habe ich meine Vergangenheit schon übermalt. Ich bin also, wenn ich mich erinnere, ein Übermaler meiner selbst. Und deshalb noch einmal. »ERINNERN HEISST VERGESSEN.« Darum nicht erinnern! Man soll sich nicht erinnern und die Vergangenheit verzerren. Deshalb, glaube ich, ist es auch gut, wenn die Leute, die sich das hier anschauen, an etwas erinnert werden, das ihnen bekannt vorkommt, das ihnen aber nichts bedeutet. Das führt dann zwar zu dem Haß, der auf mich abgewälzt wird. Dann sagen sie wieder: der verwirklicht sich ja nur selber, erzählt ja narzißtisch nur von sich. Dabei erzähle ich von den Problemen aller Menschen und helfe ihnen dabei, sich zu

Jenny Elvers spielt Dianas Tod in der Volksbühne

Christoph Schlingensief engagierte sie für die Rolle der traurigen Prinzessin in seiner „Begehbaren Installation". Premiere ist am 13. September

Jenny Elvers als Prinzessin Diana

Das Wrack des Mercedes, in dem Diana 1997 in Paris verunglückte

FOTO: PICTURE ALLIANCE/DPA

FOTO: PROMO/VOLKSBÜHNE

Das Party-Girl hat es nun auch ins seriöse Fach geschafft: Jenny Elvers-Elbertzhagen (33) spielt ab 13. September in Christoph Schlingensiefs „Kaprow City" an der Volksbühne die Prinzessin Diana.

Das Gesicht weiß geschminkt, der blonde Bob verwüstet, das schwarze Jackett beschmiert: Es ist die Szene aus dem Tunnel, in dem Lady Di am 31. August 1997 starb.

Doch wie ist Jenny an Schlingensief und die Volksbühne geraten? Ganz einfach: Jennys Mann Götz Elbertzhagen entpuppte sich als gegenseitig... den zusammen. Jenny sagt: „Ich habe Schlingensiefs Arbeit schon immer bewundert." Und der Regisseur beteuert: „Ich wollte unbedingt mit Jenny arbeiten. Sie hat in den letzten Jahren enorm an sich gearbeitet. Ich finde ihre Entwicklung toll."

Die Zeiten, als man über die Skandalnudel Jenny mit den knappen Kleidchen nur in den Klatschspalten berichtete, sind vorbei.

Schon bei der Berlinale überschlugen sich die Film-Kritiker vor Begeisterung: Jenny Elvers-Elbertzhagen spielte in Detlev Bucks Und spätestens nachdem sie in Berlin im „Jedermann" die Buhlschaft gab, weiß man, dass sie auch auf der Bühne überzeugt.

Das Stück von Christoph Schlingensief ist allerdings eine „Begehbare Installation". Wie das genau aussehen wird, ist noch geheim. Nur so viel: Der Zuschauer kann Jenny Elvers-Elbertzhagen aus nächster Nähe bewundern.

Volksbühne am Rosa-Luxemburg-Pl., ab 13. 9., je 19.30 Uhr, Karten 10–30

Lady Di zwei Jahre vor ihrem Tod: strahlend schön, aber todtraurig

Vorbericht in der B.Z. vom 29.8.2006 zum Auftritt von Jenny Elvers-Elbertshagen in Christoph Schlingensiefs Installation »Kaprow City«.

erinnern, ohne zu vergessen, indem ich die Vergangenheit für die Leute ganz trivial zeige. Und das ermöglicht vielleicht doch Erinnerung, die Erinnerung daran, wer man mal sein wollte. Der Mensch hat normalerweise vergessen, wer er mal sein wollte. Er ist wie Volker Spengler in Fassbinders »In einem Jahr mit dreizehn Monden«, der sich vergeblich fragt. »Wer sollte ich mal sein? Was wollte ich eigentlich werden? Und wer bin ich wirklich gewesen?« Und da kommt der Animatograph mit der absoluten Strategie, in der nicht auffindbaren Wahrheit letzten Endes Zuversicht zu finden. Also in der Nichterlösung, in der Ambiguität heimisch werden. Das ist ganz wichtig. Hier ist also die Nichterlösung ein freundliches Thema. »BEFREIUNG DURCH NICHTERLÖSUNG.« Weg mit der Erlösung! Die bringt nichts. Weg mit Mitleid, was soll das? Wenn mir jemand mit nur einem Bein entgegenkommt, dann kann man nicht diffuses Mitleid haben, dann muß man, um wirklich mitzuleiden, sich selber ein Bein abhacken. Dann hast du tatsächlich Mitleid mit diesem Menschen. »Ich hab so Mitleid mit dir« ist dagegen nur ein Ausspruch, der das Gegenteil bedeutet. Und jetzt noch mal zu den Stufen von Kaprow City: wir haben den Gang durch die Jugend, wir haben das Münchner Filmmuseum gesehen, wir haben einen Muybridge-Film gesehen, der junge Frauen zeigt, die aber auch teilweise mit Bart rumlaufen, unrasierte Gesichter haben, wir sehen auch eine Königin, die dann aber aus rechtlichen Gründen oder wegen Problemen mit ihrem Rechtsanwalt darauf bestanden hat, daß sie, wenn sie auf die Kamera zukommt und den Hitlergruß macht, unbedingt einen schwarzen Balken überm Gesicht haben muß. Das haben wir also auch gesehen. Sie hat einen schwarzen Balken überm Gesicht. Aber diese Rechtsförmigkeit, die heutzutage letztinstanzlich alle Entscheidungen trifft, die hat unser Körper eigentlich nicht. Kein Organ verklagt das andere, das gibt es nicht im Körper. Deshalb ist das Rechtssystem eigentlich ein aufgepfropfter Zustand. Daß das Ohr anfängt, den Fuß zu verklagen, ist nicht vorgesehen. Es gibt höchstens Vorwürfe. Der Magen oder die Leber können dem Mund sagen: »Was du da oben reinläßt, das ist nicht gut, das spuck mal lieber wieder aus.« Und das mit ziemlichem Nachdruck. Aber es wird niemals zu einer Klage kommen. Aber das nur nebenbei. Es ist halt so. »KEIN ORGAN VERKLAGT DAS ANDERE.« Damit sind wir beim Stummfilm, der für den Animatographen ganz wichtig ist. Es gibt Bilder, die einen normalen Handlungsfluß durch optische Irritation stark beeinflussen können. Welche Bilder sind das? Wenn man im »Parsifal«, zum Beispiel in der großen feierlichen Gralsszene, jetzt ein Bild projiziert, das diesen wunderbaren Rhythmus kaputtmacht, ist das für alle Wagnerianer das nackte Grauen. Zum Beispiel die Glocke von Carl Theodor Dreyer. Wir sehen eine Riesenglocke schlagen, der Klöppel bewegt sich im Stummfilm hin und her, wir sehen das Bild, hören den Ton, aber der Ton kommt nicht. Das Orchester spielt etwas ganz anderes. So durchkreuze ich die konventionelle Bayreuth-Strategie, schöne schmierige katholische Scheiße zu präsentieren, ohne in die Musik einzugreifen, durch ein Bild, das einen Ton erzeugt, obwohl dieser Ton gar nicht kommt. »DIE DREYER-GLOCKE.« Ein anderes bekanntes Bild dafür ist die stumme Lokomotive, man hört trotzdem »Pfff«, denn der Pfeifton kommt mit dem Was-

Szenen aus Christoph Schlingensiefs Installation »Kaprow City« in der Berliner Volksbühne 2006/2007. Fotos: Georg Soulek.

serdampf. Der erste Film von Lumière, wo die Lokomotive plötzlich auf mich zurast, aus der Leinwand tritt und mich überrollt oder in mich einfährt. Das ist nicht nur Angst, das ist auch Hoffnung. Das ist das, was dieser Entführer mit diesem Mädchen Natascha Kampusch eigentlich gemacht hat. Der ist in seinen eigenen Film eingetreten. Er hat dieser Sehnsucht, die Hauptdarstellerin seiner Phantasie einmal wirklich im Keller zu haben und dann diese Hauptdarstellerin auch selbst zu inszenieren und auf ihre Auftritte vorzubereiten, nicht widerstehen können, obwohl er wußte, daß er damit ihr und sein Leben riskierte. Im Kaufhof mußte sie immer vor ihm laufen. Sein großes Ziel war, einmal mit ihr seinen eigenen Film zu erleben, praktisch in der Leinwand zu sein, die Lokomotive selbst zu fahren, die da auf ihn zukommt. Das ist wie bei Murnau. Der wollte in das eigene Bild eintreten. Murnau ist das später sogar gelungen. Er hat sich in die Südsee verzogen, die kam seinen eigenen Bildern schon sehr nah. Er war stark homosexualisiert und hat sich da unten sauwohl gefühlt. Er hat in der Südseerealität seine eigenen Imaginationen wiedergefunden, hat dann auch konsequenterweise keine Filme mehr gedreht, sondern ist da einfach geblieben. Dieses Verschwinden im eigenen Film hat Leni Riefenstahl auch versucht. Aber anders als Murnau hat sie die Kamera mit in den Film hineingenommen. Sie hat also den Film, in den sie eingetreten war, selbst wieder gefilmt. Bei den Nuba, bei den Riesenschwänzen, das war eigentlich die Toplandschaft für sie. Der ideale Film, in dem sie da war. Keine Ahnung, warum sie den dann auch noch filmen mußte. Und als die Arthrose stärker wurde bei Leni Riefenstahl, ist sie Tauchen ins Unterwasserparadies gegangen, weil der Körper da weniger Schmerzen hat. So ist das. »DAS VERSCHWINDEN IM EIGENEN FILM.« Solche Akzente erscheinen mir wichtig. Der Mensch geht fast immer dahin, wo er eigentlich nie hin wollte. Leni Riefenstahl wollte auf keine Fälle mit Hitler irgendwelche Unterwasseraufnahmen machen und oder gar die Naziaufmärsche organisieren, aber sie hat getaucht und sah plötzlich irgendwie diese Schwärme von Fischen, die im Gleichmarsch in eine Richtung geschwommen sind. Und wenn sie dann auf den Hai getroffen sind, haben sie den Hai einfach nur umschwommen und sich dahinter wieder zusammengefunden. So etwa war ja ihre Rechtfertigung: die marschierenden Massen in ihrem Film hatten ja mit Hitler gar nichts zu tun und haben sich von Hitler auch gar nicht stören lassen. »DIE MASSEN HABEN SICH VON HITLER NICHT STÖREN LASSEN, SAGT LENI RIEFENSTAHL.« Jetzt aber umgekehrt zum Tonfilm. Wie bekommt der Film einen Ton? Die Frage hat sich für mich ganz konkret gestellt in der Jugend. Mein erster Film war nämlich ein Stummfilm, und dann kam das Problem, wie kriegt der Film einen Ton.

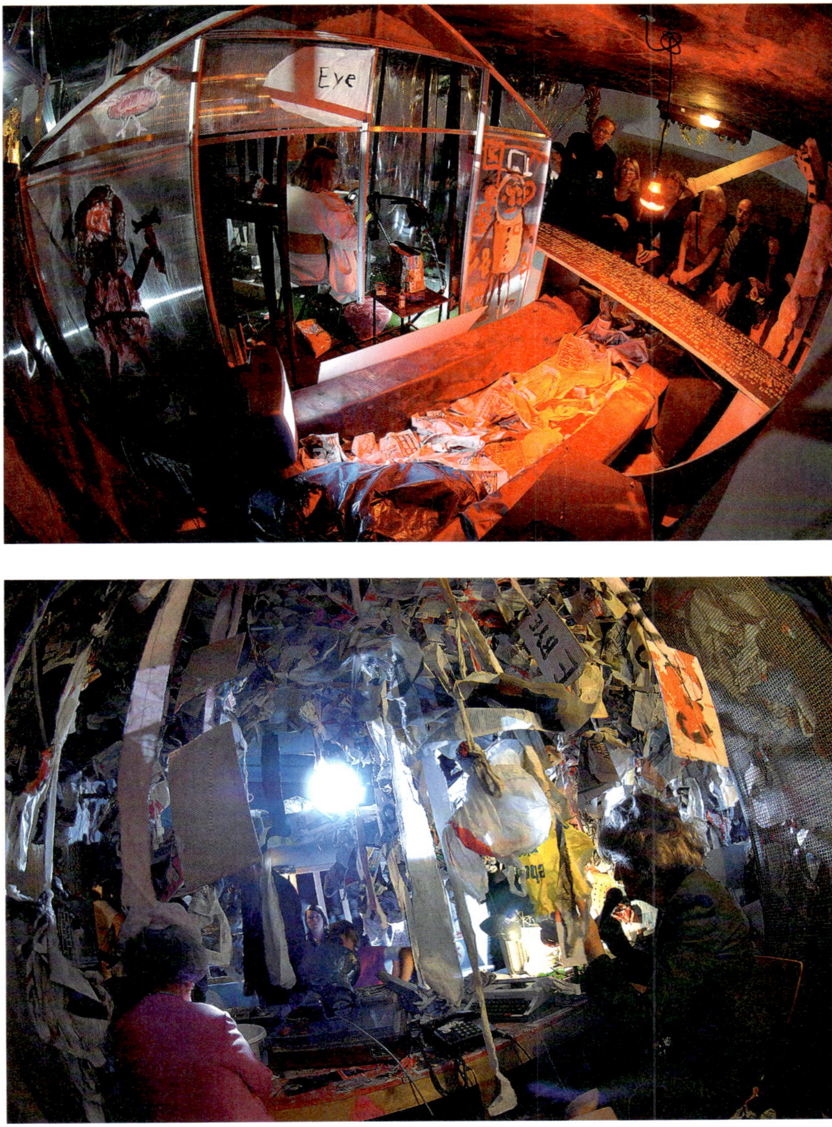

Szenen aus Christoph Schlingensiefs Installation »Kaprow City« in der Berliner Volksbühne 2006/2007. Fotos: Georg Soulek.

Ihn gleich mit Ton zu drehen, war zu teuer. Also habe ich den Film auf den Fernseher von meinen Eltern projiziert und das Fernsehbild weggemacht, aber den Ton laufen lassen. So hatte mein Film plötzlich Ton. Dieser Ton, der da dem Film unterlegt war, hat dem Film eine neue Handlung gegeben. Mal war es Werbung, mal war es irgendwas, manchmal paßte es total, plötzlich war es irgendein Krimi, wo 'ne Tür schlug, jemand lief und die Töne gehörten genau dazu. Dieser Augenblick, wo der Film den Ton bekam, war natürlich ein Zufallsgenerator. Es war nicht der wirkliche Ton, der dazu paßte, aber er hat die Bilder erweitert und in einer Art und Weise autonom werden lassen, daß ich nicht eingreifen konnte. Und das habe ich genossen. »WIE DER FILM ZU SEINEM TON KAM.« Dann kam die Drehbuchwerkstatt, hier fängt der Kopf an zu denken und sagt: »Ich habe Muybridge kennengelernt, Hark Bohm und Kurt Kren, und jetzt will ich's selber machen.« Dann schreibt er halt ein Drehbuch. Und jetzt wird's kompliziert. Jetzt sitzt er in seiner Dachkammer 'rum, irgendwo in München, er hat kein Wasser, aber Strom, der Nachbar hat keinen Strom, aber Wasser. Es gibt Auseinandersetzungen im Gang, es gibt nur eine Außentoilette für vier Parteien auf einer Etage, es kommt zu sehr starken Auseinandersetzungen mit Herrn Zellermeier von nebenan. Und dann ist da noch Erika im zweiten Stock, die eine Schlägerei mit ihrem Mann hat und dann von mir gefunden wird morgens um halb zwei. Auf dem Weg zum Kino am Stachus zu einem Horrorfilm liegt plötzlich die Horrorkandidatin schon im Treppenhaus. Erika hat die Beine zerschnitten, hat Senf im Haar, und das Bein knickt ab in der Mitte vom Schienbein. Das war der Streit. Ich hab die dann in die Wohnung reingezerrt. Da hatte der Mann den Kühlschrank leergeräumt, hatte die Brocken aus dem Fenster geworfen, und unten war schon Polizei, das war also natürlich ein Live-Film. Und da sind wir wieder beim Thema. Du tauchst ab in den dunklen Kinoraum, also in den Fötus, und kannst aus der Scheide herausgucken. Das ist der eine Punkt. Aber plötzlich verselbständigt sich das. Das ist mir immer wieder passiert, daß ich in Situationen gerasselt bin, wo plötzlich die Realität viel extremer war als die Vorstellung. Aber in der Drehbuchwerkstatt Schlingensief hat das noch nicht funktioniert. Da gab's den Kopf mit Maden drumherum, die auch teilweise durchs Gehirn krochen. Und es mußte immer im KZ spielen. Wenn die Handlung nicht weiterging, mußte KZ oder Gefängnis oder Vergewaltigung rein, also irgend etwas Beschränkendes. Dann kam die Geschichte erst ins Laufen, dann wurde das Drehbuch fertiggestellt, eingereicht, abgelehnt oder irgendwie mit fünf Mark gefördert, und dann wurde der Film gemacht. So war das. »AUS DER SCHEIDE GUCKEN.« Der Film scheiterte dann daran, daß alles komplett anders war, es waren fünf Filme in einem Film, es war eigentlich wie hier: achtzehn Bilder pro Sekunde. Nur waren das dann achtzehn Filme in einem Jahr, in einem Film. Diese Drehbuchwerkstatt wird auch dargestellt auf dieser imaginären Filmspule. Sie wird dann überführt in den Lehrauftrag für Film in Offenbach mit erstem Bordellbesuch. Das heißt also tagsüber unterrichten, Gleichaltrige, und dann am Abend ins Bahnhofsviertel nach Frankfurt fahren. Die Erfahrung von diesem Bordellbesuch war natürlich total niederschmetternd, es war überhaupt nicht erotisch, es war einfach ganz furchtbar. Gleichzeitig hat das aber Phantasien freigesetzt und kreuzt sich dann, ich glaube 1976, als »Die hundertzwanzig Tage von Sodom« lief, in Oberhausen im Gloriakino, wo ich dann nach dreißig Minuten aus dem Film rausgegangen bin. Bei der Szene, wo sie die Scheiße essen mit den Nägeln drin, aber nicht wegen der Szene, sondern weil ich glaubte, daß mein Griechischlehrer da sitzt. Und dann hab ich gebrüllt: »So eine Unverschämtheit, eine Unverfrorenheit, so ein Scheißfilm!«, weil ich dachte, wenn der mich jetzt erkannt hat und sieht, daß ich mich so entrüste, ist es vielleicht nicht ganz so schlimm. Dann bin ich rausgegangen und durch die Stadt geirrt mehrere Stunden. Dann bin nach Hause zu meinen Eltern und hatte schon Angst, daß der da angerufen hat, weil er mich ja gesehen hatte. Aber dann hat sich herausgestellt, daß er gar nicht drin gewesen war, und dann bin ich vier Tage später noch mal in den Film gegangen und habe ihn ganz angeguckt. Ich mußte immer wieder in den Film gehen. Bei diesen Sodomtagen kreuzte sich der Bordellbesuch mit den Obsessionen und ihrer analytischen Zerlegung. Es kreuzten sich die Vorstellung von Bordell und die filmische Realisierung von Bordell. Also das ist das Ehepaar, das auf dem Bett sitzt und zwei Stunden lang diskutiert, wer zuerst oben sitzt und wer zuerst unten liegt, wer zuerst leckt oder wer nicht leckt. Das ist kein guter Sex. Aber trotzdem ist es eine Geschichte, und jetzt passiert es, daß diese Geschichte sich hier im Animatographen verselbständigt. Es kommt das »Ritz« rein, es kommen irgendwelche Märchen rein, es kommt Melville rein, es kommt aber auch Oshima rein, das heißt dieser Film »Im Reich der Sinne«, dann die »Hundertzwanzig Tage von Bottrop«, es kommt aber auch Bahnhofskino am Stachus rein, es kommt mein Erlebnis in Griechenland rein, wo ich in einen Pornofilm gehen wollte, das war aber gar kein Porno. Das war einfach ein völlig zerrissener Film, der total zerkratzt war. In Griechenland ging's den Leuten gar nicht darum, einen Film zu sehen. Sie wollten nur Erdnüsse essen und sich unterhalten. »ALSO, ES WAR IMMER EIN PROBLEM.« Die Szenen mischen sich, Kino und Hotelbereich sind nicht mehr zu trennen. Dann kommt man aus dem Hotel durch die Drehtür ins Therapiezimmer, und die Drehtür ist schon wieder eine kleine Wundertrommel, ein Animatograph, der sich auch schon wieder geteilt hat in vier Bilder respektive Projektionsflächen. Aber vier Bilder pro Sekunde sind dann doch zu wenig, um noch irgendwelche Bewegungen zu erkennen. Und dann kommt es. Man kann die Bilder nicht realisieren, die man realisieren will, sie werden immer durchkreuzt durch Realitäten, die ihnen nicht entsprechen. Ich kann mich also letzten Endes nie glücklich fühlen, ich werde eben nicht erlöst, aber jetzt muß ich mich auch dazu bekennen, deshalb und in diesem Sinne habe ich den »Parsifal« inszeniert. Oder besser gesagt: deshalb wurde mir der »Parsifal« geschenkt. Das Schicksal sagt: Paß auf, Alter, wenn du so weitermachst wie bisher, wird das nix mehr, du mußt jetzt einfach mal richtig ran, du mußt jetzt mal einen Stoff kennenlernen, der zeigt, daß Erlösung nicht das Ziel sein kann. Du mußt deine Wunde zeigen, du mußt wieder beichten wie 1993 an der Volksbühne in Berlin. »BEIM BEICHTEN NICHT LÜGEN.« Aber an der Volksbühne, bei meiner ersten Inszenierung, wollte ich zwar beichten, aber ich habe gar nicht gebeichtet. Das war eine Nichtbeichte, eben Theater. Und dann kam Carl Hegemann, der ist ja auch Katholik, und sagte, wenn man bei der Beichte lügt, ist das blöd. Und dann bin ich selbst in der dritten Vorstellung auf die Bühne gegangen und habe wirklich gebeichtet. Und jetzt, elf Jahre später, kommt beim »Parsifal« die große Beichte als Totenfeier. Als wär's zum letzten Mal. Die Lebensbeichte, die Zerstörungsbeichte, die Wundenbeichte, die Venus-von-Willendorf-Beichte. Und da findet dann auch die Dreyer-Glocke ihren Platz. »Zum letzten Mal« hämmert die Glocke von Dreyer. Seitdem läutet die Glocke von Dreyer permanent im Kopf und schreit immer »Zum letzten Mal«. Ein Textsegment aus dem »Parsifal«-Libretto hat sich verselbständigt, und so hat das Wagner auch komponiert. Damit kann man auch nicht glücklich werden, aber man weiß, man macht es eben lieber nur einmal, und dann richtig oder gar nicht. »ZUM LETZTEN MALE.« Also das heißt, zum letzten Mal ist hier eben auch der Moment, wo ich sage, das ist das letzte Mal in meinem Leben, darum genieß es, das ist nur einmal. Man kann eben das letzte Mal nicht immer wiederholen. Und damit sind wir wieder bei Kaprow. Genau hier entsteht der Parsifal-Kaprow. Es geht vom letzten Mal hinüber zum Letzten Mahl, das heißt, es geht zu einer Selbstbeerdigung. Also man sitzt in der Höhle, man hat kein Licht, man klopft an die Wand, die Mutter sitzt daneben, der Vater sitzt daneben, die gleichzeitig stark an Hannelore und Helmut Kohl erinnern. Vorne ist das Stahlgewitter, da kommt der Siegfried, das ist auch ein Verweis darauf, daß hier eben Wagner die ganze Zeit anwesend war, deshalb ja auch der Start in Villa Wahnfried. Hier unten im Grab findet

Szenen aus Christoph Schlingensiefs Installation »Area 7« im Wiener Burgtheater 2006. Fotos: Georg Soulek.

»Siegfried« statt, der Sarg, der Bottich mit dem Drachenblut und eben das Lindenblatt, das dann auf dem Rücken klebt und wie ein Herz aussieht, das ist die Wunde, die verwundbare Stelle, das Herz ist da, wo man ermordet werden kann. Und das geschieht natürlich. Und damit das alles ganz klar wird, muß man das immer so durcheinander erzählen. Das ist die Stählung, die hier immer verlangt war, Stahl, Stahl, Stahl, bitte, bitte schön stabil bleiben, stabil bleiben. Aber der Film bleibt nicht stabil. Ein Kind, das eine Filmspule findet oder ein kleines Stückchen Film, weiß, dieser Film ist verwundbar, ist zerstörbar. Ein Kind, das eine CD findet oder eine DVD, denkt, da ist ein Computerspiel drauf, oder ein Text oder gar nix. Aber ein Film ist ein Film, und der wird permanent durch die wirkliche Realität zerstört. Das heißt, der Film im eigenen Kopf ist noch nicht realisiert, er wird und wird nicht realisiert, immer noch nicht realisiert, eben bis zum letzten Male, bis zur letzten Beichte, mit diesem Herzen, mit der Möglichkeit der endgültigen Verwundung, er ist nicht realisiert. Nicht erlöst. Und genau das ist das große Potential auch des Films. »DER FILM BLEIBT VERWUNDBAR.« Genau an dieser Stelle, wo dieses Herz auftaucht, die Stelle der Verwundbarkeit, ist der Moment, wo auch Diana als gespiegeltes Wesen auftaucht. Diana sagt mit der Hand auf der Optik. »Bitte nicht filmen, ja?! Bitte nicht filmen«, und mit dem zweiten Auge kuckt sie in eine Kamera, die sie dabei filmt, wie sie sagt: »Bitte nicht filmen.« Das ist Diana. Das ist aber auch Schizophrenie, und Schizophrenie ist eben was ganz Tolles. »LIEBER SCHIZOPHREN ALS GANZ ALLEIN.« Schizophren heißt, ich habe eben nicht nur eine Version im Kopf, ich hab mehrere Versionen, diese Versionen tauchen immer wieder auf, sie überblenden sich, und sie sind vorhanden, selbst wenn sie sich gegenseitig ausschließen. Das ist meine Freiheit, und diese Diana, die sich also hier in den Tod stürzt oder gestürzt wird, oder diese letzte Realisierung ihrer selbst, erzeugt eine Wahnsinnsenergie. Das ist die Verwundbarkeitsenergie. Und aus dem berühmten »Zeig mir deine Wunde« wurde ja schon in Wien bei »Area 7« am Burgtheater »Zeig mir deine Bremsspur«. Das ist eigentlich das, was wir lernen sollen. Das heißt, wir dürfen auf keinen Fall glauben, daß hier irgendwas im Leben realisierbar ist, solange wir simulieren. Aber die Bremsspur ist nicht simuliert, sie ist der Kratzer auf dem Film und zeugt von dem Versuch, den Film anzuhalten. Je mehr Kratzer, desto mehr Bremsspuren und desto mehr Verletzlichkeit. »BREMSSPUR MAL ANZAHL GLEICH ZERSTÖRUNG.« Und deshalb landet man immer wieder bei Wagner, in jedem Werk von Wagner wird jemand zerstört, zerstört von jemand anderem oder letztlich zerstört durch sich selbst. Das Motiv bei Wagner ist die Selbstzerstörung, und zwar permanent. Die musikalischen Anordnungen zerstören sich

Richard Wagner: »Parsifal«, 2. Aufzug (oben) und 3. Aufzug (unten) in der Inszenierung von Christoph Schlingensief bei den Bayreuther Festspielen 2005. © Bayreuther Festspiele; Fotos: Jochen Quast.

immer wieder selbst, und die Zerstörung zerstört sich auch selbst, weil immer wieder darauf hingewiesen wird, daß das jetzt gleich wieder schön wird. Wagner hat die Zerstörung seiner Personen immer im Reisegepäck, darum sind die auch so kraftvoll. Die Kraft liegt in der Nichterlösung. Und deshalb kommen wir in den Dianaraum. Da steht das Denkmal, die Leerstelle, da ist das zusammengeschrumpelte Filmmaterial der Diana, das ist die letzte Filmbüchse, die Filmbüchse der Diana, das ist das Autowrack. »DIE FILMBÜCHSE ALS AUTOWRACK.« Hier sehen wir Diana als Verletzbare, als Kreatur und nicht als Zelluloid und das kokette Sichfilmenlassen, beim Befehl: »Bitte nicht filmen!« Die Zerstörung der Diana, das Zusammenschrumpeln, das Verdichten, das schwarze Loch, das schwarze Wrack, die verbleite Filmspule von Beuys. Das Verschwinden, Vergraben der Filmspule des Filmmaterials von Kenneth Anger durch Bobby Beausoleil, die Beerdigung der Filmspule, der Filmriß. Und das heißt. »DIE EWIGE SCHWARZPHASE BEGINNT.« Das Klopfen des Sargs erinnert mich an dieses Problem des 35-Millimeter-Films, wenn die Spule nicht ordnungsgemäß aufgewickelt war, dann klopft der Film wirklich an die Filmdose. Man hat dann immer dieses Klopfgeräusch. Dann dreht der Tonmann durch, der Kameramann dreht durch, es wird abgebrochen, und es muß eine neue Kassette her. Doch wenn's dann wieder klopft, hast du schon verloren, weil alles falsch gedreht ist, falsch gewickelt ist. Das geht manchmal bis zu viermal. Und das ist im Dianaraum dargestellt: Filmspule auf den Sarg. Hier klopft der Film. Hier klopft Diana. Das also ist die Meldung: ich bin belichtetes Material, ich werde gerade belichtet, das ist die Filmspule, die da klopft. Das heißt, dieser Sarg muß zur Kamera werden, die Kamera zum Sarg. »… KAMERA … SARG … KAMERA … SARG …« Das Klopfen der Kamera an den Sarg generiert den Friedhof im nächsten Raum. Diana ist die Göttin der Jagd, und das heißt die Göttin der Paparazzi. Aber sie ist auch die Göttin des Todes. Und die Fruchtbarkeitsgöttin. Diese Diana hat hier ihren Friedhof. Dort haben wir das verschwundene Filmmaterial vergraben, Bleiguß, Wasser zum Abkühlen und natürlich den Grabpflegedienst bestellt. Und damit sind wir wieder bei Kaprow, der sich ja immer nur auf die trivialsten Vorgänge bezieht. Das große Kino ist gestorben und begraben, und jetzt können wir untersuchen, ob nicht die stärksten Bilder durch die trivialsten alltäglichen Handlungen erzeugt werden. Also lautet die Hypothese. »TRIVIALE HANDLUNGEN ERZEUGEN DIE STÄRKSTEN BILDER.« Aber diese starken Bilder werden nur erzeugt, wenn die Handlung nicht beobachtet wird. Ist das paradox? Nehmen wir ein Beispiel: Das Auto im Tunnel, eigentlich ein trivialer Vorgang. Ein Auto rast mit 192 Stundenkilometern in einen ganz normalen Tunnel,

Richard Wagner: »Parsifal«, 3. Aufzug in der Inszenierung von Christoph Schlingensief bei den Bayreuther Festspielen 2006 mit Evelyn Herlitzius (Kundry) und Alfons Eberz (Parsifal). © Bayreuther Festspiele; Foto: Jörg Schulze.

fährt nach links, nach rechts, haut gegen die Wand, gegen einen Fiat Uno, knallt nach links, ein völlig normaler Vorgang, die Tachonadel bleibt auf 192 Stundenkilometern stehen, völlig normal, so etwas passiert ja leider jeden Tag. Aber dann wird die Kamera, die den Tunnel filmt, nach dem Unfall abmontiert und verschwindet. Niemand kann die Bilder überprüfen, und das führt dann dazu, daß die spekulative Bilderproduktionsmaschine angeschmissen wird. Die Bilder sprudeln, und eines ist gewiß. »DIE BILDER WERDEN BLEIBEN.« Was wäre, wenn die Kamera hängen geblieben wäre, vielleicht hätte man dann gesehen, was da eigentlich passiert ist, ein geplatzter Reifen vielleicht, aber man weiß es nicht. Nur eines: es war ein trivialer Vorgang, der die Bilder zum Fließen gebracht hat. Und das kommt nun alles in unserm Gedenkstättenraum zusammen, das ist die Unfallstelle, es ist, sagen wir mal, auch der Moment, wo die in Scheiben zerlegte Diana zu spüren ist. Wir sagen, das Wrack ist echt, es ist alles gefaket in dieser Ausstellung, aber das Wrack ist echt. Es ist zu 60% das Original unter all den Fälschungen. Es ist die Fälschung einer Fälschung. Dieses Relikt ist der Zeuge eines Ereignisses, nicht das Ereignis selbst. Aber es hat eine andere Dignität. Das heißt, daß das Kreuz in Knossos – oder in Wiedenbrück – mit dem Splitter des Kreuzes, an dem Jesus gehangen hat, wertvoller ist als ein Kreuz ohne einen solchen Splitter. »DAS ORIGINAL IST DIE FÄLSCHUNG EINER FÄLSCHUNG.« Also hier ist ein Relikt, das Bilder erzeugt. Wir sehen den Friedhof, hier sprechen die Toten zu uns, das ist der Moment, wo Mickey Mouse zu uns spricht, Kaprow, Beuys, Warhol und vielleicht auch Heiner Müller. Die sprechen alle zu uns, und was sprechen sie? Sie sprechen nur ein Wort, das sie immer wiederholen. »… HAPPENING, HAPPENING, HAPPENING …« Das ist hier wichtig: Bei Kaprows Auseinandersetzung mit Warhol wird eins klar: Während Warhol den elektrischen Stuhl gesellschaftsfähig machte, indem er ihn vierzigmal abbildet in verschiedenen Farben und somit nur noch die Entscheidung ansteht, welche Farbe am besten zu meinen Möbeln paßt, findet bei Kaprow ein einmaliges Ereignis statt, das verschwindet, und das war's dann eben auch. Das heißt: Triviale Vorgänge erzeugen durch ihre nicht triviale Einmaligkeit eine gewaltige Kraft, Bilder zu evozieren, die in diesem Vorgang schlummern wie in einem Theaterstück. Jetzt kommen wir allmählich zum Schluß. Der Friedhof ist da, wir haben den Dianakult, wir haben die Jagd angedeutet, wir hören schon die Pferde nahen, wir hören schon die Hunde bellen. Gleich wird das Wild erlegt. Und dann sehen wir, daß das Wild schon erlegt ist, und es gibt nur noch Knochen zu finden. Es gibt nur noch Relikte, und in unserer Zeit sind das vor allem Nachrufe. Die Biographien werden schon geschrieben. Während die einen noch galop-

Richard Wagner: »Parsifal«, 3. Aufzug in der Inszenierung von Christoph Schlingensief bei den Bayreuther Festspielen 2004. © Bayreuther Festspiele; Foto: Arve Dinda.

pieren und das Wild suchen, ist es für die anderen schon tot und begraben. Wir sehen achtzehn Biographien auf der einen Seite und auf der andern Seite achtzehn Briketts. Und diese beiden Welten zeigen eigentlich die Spanne von Öffentlichkeitsarbeit, von Reflexion, vom Management, das ist Tagesspiegel, das ist Brockhaus, das ist Wikipedia. Jeder darf mal, jeder schreibt was, jeder weiß, wie es läuft. Schroedingers Katzenbox verwandelt sich in Schroedingers Kaprowbox oder besser noch in »SCHRÖDINGERS CHICKENBOX.« Da werden also die Biographien geschrieben, die Nachrufe werden geschrieben, man tut also gut daran, mal eben zu sagen, ich bin Guido Knopp oder wer auch immer, ich schreib jetzt mal über die ganze Vergangenheit, ich bring Klarheit rein. Das sieht man schon an diesem Bild, Klarheit ist verdammt schwierig. Gerade in dieser Überschreibung, in diesem permanenten Bezugsfeld aufeinander scheint es keine Ordnung zu geben, aber wenn man die Begriffe liest, sechs Euro zweiundfünfzig und Dunkelheit ohne Bewegung, dann sieht man einfach, daß hier vielleicht 'ne Beziehung existieren kann. Dann gibt es den nächsten Raum, da ist dann die Tonbandstimmenforschung, hier kommt die Esoterik rein. Also in der Esoterik haben wir praktisch jetzt die Sehnsucht, daß die Geister doch noch mal da sind, weil man eben behaupten möchte, daß sie noch da sind. »DIESE GEI-

STER SIND WIE JESUS.« In einem Liter Luft ist, so glaub ich, ein Molekül von Jesus Christus. Somit sind die Geister anwesend, und deshalb kommen wir auch in den nächsten Raum, ins Museum. Nee, eigentlich kommen wir nicht dahin, was wir haben, sind die Methoden der Presse, des Nachrufes, der Biographie. Wir haben die Fähigkeit zur Geisterbeschwörung, wir haben den Voodookult mit seinen Puppen, eben weil wir Bedürfnis haben, daß die Geister doch noch da sind. Wir fühlen die Schatten der Ahnen, und deshalb setzen wir uns nicht auf den Stuhl, bevor wir nicht darübergewedelt und draufgepustet haben, damit der Geist nicht erdrückt wird, wenn wir uns draufsetzen. Und warum jetzt noch einmal Diana? Diana deshalb, weil wir nach unseren animatographischen Arbeiten über die Götterwelt der Edda nun ins einundzwanzigste Jahrhundert gehen und den Weg der Shootingstars verfolgen. Wir berichten über die Erschossenen, über die Hochgestiegenen, oder sagen wir besser, die Hochgefallenen. »MAN KANN AUCH IN DIE HÖHE FALLEN.« So wie in die Tiefe. So hat es Carl Hegemann bei Hölderlin gelesen. Wir haben die »Zehn-Minuten-ein-Star-sein-Strategie« von Warhol, bei der die Landung das Problem ist, nicht der Abflug. Wir haben aber auch die »Jeder-Mensch-ist-ein-Künstler-Strategie« und »Jeder-Künstler-ist-ein-Mensch-Strategie«, alles Dinge, die eigentlich überhaupt nichts mehr gelten, also für mich nichts mehr bedeuten. Auch der Beuys bedeutet da nichts mehr, den haben wir schon in Wien erledigt, und jetzt geht's ins Museum. Das ist die nächste Strategie der Geister, dann geht's ab ins Museum. Also das Museum ist hier jetzt die Kunstproduktion, ist die Sammlung Tchibo. Es ist also auch, wie er gesagt hat, ja eigentlich nicht mehr die Aufgabe, jetzt einen Rembrandt zu malen oder ähnliches, auch nicht jetzt die Postmoderne zu beschwören und alles noch mal neu zu sortieren. Das wäre dann die Müllhalde, und wie man die Dinge da anordnet und kombiniert, das wäre die Freiheit der Interpretation. »PRESSEBIOGRAPHIE, TONBANDSTIMMENFORSCHUNG, GEISTERBESCHWÖRUNG.« Jetzt Relikte sammeln, das heißt, Kunstwerke besitzen. Wir haben den Warhol draußen hängen noch und nöcher, wir haben den Baselitz, den Schüler, und wir haben drinnen den automatisierten Künstler. Von Kaprow gibt's aber nichts. »Wo ist das Kunstwerk von Kaprow?«, müßte der Raum heißen, »Wo ist das Zeichen von Kaprow?«, »Wo ist Kaprow?«, so müßte das Museum heißen: Da werden die Relikte von allen möglichen Leuten gezeigt, Vervielfältigungen gefälscht. Es ist eine – was weiß ich? – Fälscherfabrik, innen drin der automatisierte Künstler, nur vom Kaprow ist nichts zu finden. Also muß das doch so heißen. »DAS ›WO-IST-KAPROW-MUSEUM-MUSEUM‹ MIT DEM AUTOMATISCHEN KÜNSTLER.« Eigentlich ist das ja die Nachwelt, ja wirklich schon die Nachwelt. Der Mensch ist gestorben, hat vorher seinen ganzen Weg da beschrieben, ist gestorben. Dann kommt der Friedhof, und eigentlich ist da dann Ruhe im Karton. Es bleiben noch übrig die Bücher, aber die sind doch auch bloß tote Materie. Da ist irgendwas Geschriebenes, von dem, was der da oben bewiesen hat, der Butterstreicher da, wo die Leute nachher denken, was soll das sein, oder so. Dann gibt es den Raum der Esoterik, noch 'n paar krachende Töne, irgendwas, was man so findet, 'n paar Filmreste oder 'n paar Tonreste, das letzte sind dann noch 'n paar Bilder. Und wenigstens die werden bleiben. Der Mensch hat sich ja langsam rausgeschlichen, der ist höchstens als Geistwesen übriggeblieben. Oder als Buchdeckel, und der ist brennbar, so wie ein Brikett. Und von dem Punkt aus löst er sich komplett auf, stellt sich vielleicht noch mal auf und sagt: »Für sechs Euro und zweiundfünfzig Cent können Sie mich haben.« Aber es kauft doch keiner so'n Müll, und noch dazu ungetrennt. »DANN STEHEN DA NUR NOCH DIE CHEMIESACHEN, AUS DENEN DER MENSCHLICHE KÖRPER BESTEHT.« Und in dem Moment, da wird jetzt eben neu gemischt, und die Mischung geht dann in diesen Warteraum, wo das Spermium jetzt wartet mit dem neuen Mischungsverhältnis und sagt: »Jetzt flieg ich zum Mond, aufs Ei, da oben hin und das befruchte ich da, und das ist dann ein kleiner Schritt für mich winziges Spermium, aber ein großer Schritt für die Menschheit.« Und da ist wieder dieser Größenwahn. Und da ist dann auch die verrückte Einmaligkeit, denn von den vierzig Millionen Spermien sind, glaub ich, neunzig Prozent nur die Vorhut, die die Scheide neutralisieren, damit zehn Prozent da irgendwo und irgendwie gegenknallen, und von denen schafft's dann auch nur eines in das Ei hinein. Das ist dann ein völliges Mißverhältnis, ist Fibonacci. »ZAHLENKOLONNE GEGEN ZUFALLSGENERATOR.« Der Mensch am Ende dieser Veranstaltung ist dann wieder an dem Punkt zu behaupten: »Jetzt geh ich in die Befruchtung, jetzt bin ich wichtig und jetzt flieg ich gleich los. Das ist der letzte Raum, da ist das Spermium, da ist der Größenwahn, und der geht dann wieder los, in der alten Methode. So wie hier schon, wo aus Island der Mensch kommt, startet, um nach oben zu gelangen. In dem Moment, wo er da hochgeht, das ist der Flug ins Taschentuch für 39.999.999 Spermien. Und nur ein einziges fliegt nicht hoch, sondern geht einfach geradeaus und landet dann genau auf derselben Ebene in der Kirche. Und das ist der Himmel, das Vierkantlochkino, und dieser Himmel ist jetzt in dieser Installation zum ersten Mal in der Geschichte der Menschheit auf derselben Ebene wie der Größenwahn und der Abgrund, das Gescheiterte, der Müll, der Automatismus. – Also hier ist keine Erlösung in der Höhe oder in der Tiefe zu suchen, sondern hier ist der Mensch immer eins mit sich selber in seinem »SCHEITERN«. In seinem ganzen Kreislauf und im ganzen Gehege, in dem er hier rumgewandert ist, in achtzehn Bildern pro Sekunde, hat er einen Film gedreht und nachher festgestellt, daß jeder Versuch, jedes Bild eigentlich nur in seiner Unwiederholbarkeit, in seiner Einmaligkeit bestanden hat und deshalb Himmel und Hölle, Sinnvolles und Nichtsinnvolles, Oben und Unten, in EINEN Moment verschmelzen. Und der Mensch kann sich endlich selber betrachten, und diese Selbstbetrachtung ist eigentlich die Erzeugung des eigenen Films im eigenen Studio in der eigenen Kamera auf der eigenen Leinwand. Hier wird der Mensch eins mit seiner Vorstellung von sich, mit der Realität und mit dem Scheitern seiner selbst, tritt ein in seinen eigenen Film und verschmilzt mit sich selbst, aber nicht wie bei Kleist im Tod als bewußtlose Erlösung, sondern hellwach und mit allen Sinnen in der Gegenständlichkeit der Kunst. Alles, was er tut, kann er mit dem Parsifalsegment »Zum letzten Mal« verbinden. Er tut alles zugleich zum ersten und zum letzten Mal. Jetzt wissen wir auch wo. Kaprow ist tot, es lebe Kaprow. Der Mensch verschmilzt mit sich selbst zu einem Endlosfilm. »ER TRITT EIN IN SEINEN EIGENEN FILM.«

Zum endgültigen, aber das ist ja gleichzeitig auch nur der vorläufige Schluß, noch das Zitat eines großen Erneuerers, für alle Leser, Theaterangehörigen und -besucher, die es noch interessiert:

> Wir müssen, um die theatralische Wirkung zu erreichen, unter Umständen das Theater selbst soweit ändern, daß der heutige Name »Theater« kaum noch darauf paßt. Unaufhörlich müssen wir darüber nachdenken, wie das Theater sein müßte, damit es dieser Zeit, die sich von andern Zeiten zumindest nicht weniger unterscheidet als jede Zeit von jeder anderen Zeit, etwas zu sagen habe, und unser einziges Kriterium ist unser eigener Spaß, den wir verspüren. Einwendungen, wir seien nicht maßgebend, unsere Art uns zu unterhalten, sei privat und individuell, dürfen wir kein Gehör schenken; denn es ist unsere einzige Möglichkeit, uns unsere Zuschauer selber zu schaffen.

Wer den Autor dieser Zeilen erkennt, erhält ein Geschenk. Der Rechtsweg ist ausgeschlossen.[1]

1 Der Herausgeber dankt Herrn Dr. Carl Hegemann sehr herzlich für die Transkription von Christoph Schlingensiefs Vortrag.
Wer mehr über Christoph Schlingensiefs Bilderwelt erfahren will, sei auf seine Homepage verwiesen: www.schlingensief.com

»Dem Traum entgegenschwimmen«. Seelenbilder in Richard Wagners »Tristan und Isolde«

VON
NIKE WAGNER

Von Naturbildern ist in dieser Aufsatzsammlung die Rede, genauer: von den Bildern, die sich die Wissenschaftler von der Natur machen, aber auch von jenen, welche Künstler hervorbringen, wenn sie sich mit der Natur auseinandersetzen. Da liegt es nahe, zum Abschluß der Reihe den Bogen bis zu den Musikdramen Richard Wagners zu spannen. Man könnte sich beispielsweise mit den Naturbildern im *Ring des Nibelungen* befassen, der Wassertiefe des Rheins und dem Regenbogen im *Rheingold*, dem wilden Gebirge und dem feurigen Felsen in der *Walküre*, dem Märchenwald im *Siegfried* und dem Weltenbrand in der *Götterdämmerung*.

Es gibt jedoch Naturszenarien in einem anderen Werk Wagners, die mindestens so spektakulär sind: ein Schiff in voller Fahrt auf dem Meer, ein nächtlicher Garten, eine trostlos öde Insel. Es sind die Schauplätze von Wagners *Tristan und Isolde*. Doch diese Landschaftsbilder sind nur allzu leicht erkennbar als Metaphern für die innere Verfaßtheit, die Seelenzustände der Protagonisten. Ein Schiff, eine Insel, beide von Wassermassen umgeben – geradezu klassische Bilder für die existenzielle Ausgesetztheit, Einsamkeit. Ein nächtlicher Garten – Ideal jenes Raumes, in dem eine Überwindung dieses Zustandes möglich wäre, im gemeinsamen Liebesrausch.

Weil innere Zustände auf der Bühne aber nicht als solche erscheinen können, sondern immer den Umweg über die Kulissen brauchen, haben sich die Bühnenbildner aller Zeiten bei der Gestaltung der Szenerien ausgetobt, vor allem bei Wagner. Angesichts der nicht enden wollenden, oftmals verstörenden Bemühungen um die Bildfindung scheint es evident, daß die moderne Bühnenbildwelt auch eine Veränderung unserer inneren Verhältnisse, unserer Psyche widerspiegelt.

Es gibt jedoch einen Fall, der glauben macht, daß sich nur die äußeren Bilder ändern, unsere Leidenschaften und Affekte aber gleich geblieben sind, als wären sie eine ewige Erbschaft, anthropologische Konstanten. Die Faszination, die ein Werk wie der *Tristan* durch die Zeiten ausübt, erzählt davon. Und es ließe sich nachweisen, daß die Bühnenbildner hier im Grunde resigniert haben, die Bilderfülle merkwürdig gebremst durch die Jahrzehnte, die Tendenzen eher minimalistisch karg. Die Kraft des

Inneren, der seelischen Bilder und Vorgänge braucht die starke äußere Gestaltung der Szene nicht.

Um die tieferen Resonanzen, »anthropologischen Zeitraumtiefen«, an die dieses Werk Wagners appelliert, geht es in den folgenden Überlegungen zu den Seelenbildern des *Tristan*, um die ältesten Schichten unseres Empfindens. In den gelungensten Kunstwerken unserer Kultur wird zuweilen von diesen ältesten Schichten etwas manifest, und *Tristan und Isolde* gehört zweifellos zu den perfektesten Kunstwerken. Diese Oper, von Wagner schlicht ›Handlung‹ genannt, ist so perfekt, daß man zunächst gleichsam abgleitet an diesem Werk. Staunend registriert man nur immer wieder dessen hypnotische Wirkung. Allein musikalisch-künstlerisch scheint sie nicht aufschlüsselbar. Bisweilen möchte man die Neurobiologen zu Hilfe rufen, um die mit den Mitteln ästhetischer Analyse nicht erschließbaren geheimnisvollen Wirkungen des *Tristan* zu enträtseln. Ich glaubte, mir weiterhelfen zu können, indem ich eine kindliche Frage an das Werk stellte: »Warum ein dritter Akt in diesem Stück?« So überraschend die Frage sein mochte, in den Antworten taucht Uraltes auf, die mythische Substanz von Seelenbildern.

Anders als *Der Ring des Nibelungen* oder *Parsifal* scheint der *Tristan* ja keinen Diskussionsstoff mehr zu liefern. Das Werk ist in sich geschlossen, genial, es gibt nichts ›Neues‹ darüber herauszufinden. Die Kategorie des ›Neuen‹ zerschellt sogar in ganz wunderbarer Weise an diesem Werk, das mit dem Erklingen der ersten elf Takte, dem zweimal ansetzenden chromatischen Sehnsuchtsmotiv mit dem zentralen *Tristan*-Akkord, seine Botschaft selbst mitteilt, unmittelbar und unmißverständlich. Wir ›verstehen‹ den *Tristan* ja schon mit dem Vorspiel, ohne auf eine ›Handlung‹ angewiesen zu sein. In der Musik ist ein Grundgefühl ausgesprochen, ein Ältestes, ein Jenseits von Zeit und Wort, das jeder kennt, zumindest aus den Zeiten des privaten ›Tristanismus‹, der eigenen Jugend und Pubertät, als die Gefühle noch kompromißlos waren. Die erschrockene Distanzierung, die ein Thomas Mann etwa in seinen reifen Jahren vorgenommen hat, spricht noch im Negativ von der Tristanmusik als einem Blick in den eigenen Abgrund. Mit den ersten Takten sind wir gleichsam zurückversetzt in eine andere, frühe Zeit unseres Erlebens: »Nun schreiten wir so leise als tief als in uns selber [...] Es ist unser eigenes tiefinneres Träumen, dort zu finden, wo die Worte und die Schritte nicht mehr eilen [...] wir schwimmen dem Traum entgegen, der in der vorrückenden Nacht sich bildet«, beschreibt Ernst Bloch die magische Gangart, die wir beim Hören des Vorspiels annehmen. Aus dem Vorspiel erwächst die Oper.

»Wir schwimmen dem Traum entgegen«: diese Suggestion scheint sich in der Mitte des zweiten Aktes zu erfüllen – »So stürben wir, um

Richard Wagner: »Tristan und Isolde«, 1. Akt. Szene aus Jean-Pierre Ponnelles Bayreuther Inszenierung 1983. © Bayreuther Festspiele; Foto: Siegfried Lauterwasser.

ungetrennt, ewig einig, ohne End« – vor allem aber, wenn die Melodie dieses ›Sterbeliedes‹ am Ende des dritten Aktes wiederkehrt, im ›Liebestod‹. Man hört diese Melodie gerne noch einmal, weil sie schön und geheimnisvoll ist, raumgreifend schwingt und Vereinigungsglück darin mitklingt, aber die Geschichte war eigentlich ausgestanden: Tristan und Isolde haben sich im Garten geliebt und den gemeinsamen Tod ekstatisch-visionär durchgekostet, weil ihnen auf Erden nicht zu helfen war. Dann zerreißt Brangänes Schrei die Nacht, die Musik wechselt Tempo und Temperatur, der »öde Tag« bricht ein in Gestalt Markes, Melots, des Jagdgefolges. Der Rest dieses zweiten Aktes ist Handlung: Enttarnung der Liebenden, Ratlosigkeit des Königs vor dem Verrat seines Lieblingsvasallen, das ungestüme Ende, als Tristan sich in das Schwert Melots stürzt.

Im Grunde ist hier das Ende der Oper bereits gekommen, der wahrhaft *gemeinsame* Liebestod mit aller musikalischen Deutlichkeit vollzogen, die Idee der Oper erfüllt. Sogar der König hat Zeit bekommen, den Verrat ins Tragische zu überhöhen, in seiner Klage hallt die Stimme aller zivilisierten Gesellschaften gegen den Einbruch der Anarchie wider.

Dramaturgisch war alles schon im Gleichgewicht, hier das Recht des Tages, dort das Recht der Nacht: unvereinbare Positionen, die Protagonisten können sich nicht mehr miteinander verständigen, aber jeder Zeuge des Geschehens kann beide Parteien verstehen. Isolde müßte hier und jetzt mit Tristan sterben, anstatt bloß vage zu versprechen, ihm in ein »dunkel nächt'ges Land« zu folgen. Muß es nicht irritieren, daß Isolde nach einer Nacht, wie sie sie gerade mit Tristan durchlebt hat, brav in die Burg des Gemahls zurückkehrt? Wer hätte die Ärztin, die Tristan als ›Tantris‹ schon einmal geheilt hat, daran gehindert, demselben tödlich verwundeten Mann wiederum Ärztin zu sein und mit ihm sofort das Schiff zu besteigen? Niemand hätte sie zurückgehalten. Am Ehebruch gab es ohnehin nichts mehr zu deuteln, und Wagner hatte sich längst von Gottfried von Straßburgs Epos entfernt, das eine Rückkehr der Liebenden aus ihrem Fluchtort, der ›Minnegrotte‹, in die Gesellschaft vorsah. Wagner hätte Isolde wirklich hier und jetzt, am Ende des zweiten Aktes, über Tristan zusammenbrechen lassen können. Eine musikalische Erlösungsgloriole, wie sie nach Brünnhildes Tod in der *Götterdämmerung* erklingt, hätte die *Amour fou* von Tristan und Isolde dann immer noch überirdisch verklären, der Liebe überhaupt »ein Denkmal setzen« können, wie es der Komponist ursprünglich vorgesehen hatte.

Warum dennoch ein dritter Akt? Warum die Anspannung aller organischen Reserven, warum die Schmerzen und Schreie, das Rasen und Fiebern eines Schwerstverwundeten, das musikalische »Sich-Ausrasen«, von dem Wagner spricht? Die Hörer werden mitgefoltert, auch wenn der Tenor »gut durchkommt« – zu Recht warten sie nur aufs Highlight, das »Mild und leise wie er lächelt«.

Es könnte formal-bauliche Gründe gehabt haben: Das Stück beginnt nämlich mit dem letzten Akt sozusagen noch einmal, oder schlägt vielmehr den Bogen zurück. Im Aufbau der Szenen und Motive des dritten Aktes kehren die Szenen und Motive des ersten spiegelbildlich wieder, das hat Alfred Lorenz herausgearbeitet: Mit einem einstimmigen Gesang beginnen die Akte, hier ist es der Seemann, dort der Hirte, den Hilfsdiensten Brangänes für Isolde entsprechen die Pflegeversuche Kurwenals für Tristan, beiden Akten gemeinsam ist das Schiffs- und Meeresthema. Am Anfang grübelt die Heldin über vergangenes Geschehen, am Ende der Held, beide Male endet der Akt in ihrer Umarmung, einer ersten und einer letzten, und beide Male erscheint König Marke am Schluß, als Einbruch der Realität in den Traum. Isoldes ›Schwanengesang‹ ist ja nur die Coda des gesamten Werkes. Von dieser Symmetrie der Außenakte wird der zweite Akt eingebettet und damit als Zentrum betont. Inhaltlich ist das plausibel, denn nur in der Mitte ihrer Zeit, im »O sink hernieder,

Nacht der Liebe« sind die Liebenden wirklich zu zweit allein, ruhen in sich, erreichen die ersehnte Aufhebung ihrer Individualitäten: »Nicht mehr Tristan!« – »Nicht mehr Isolde!« Nur im zweiten Akt mischen sich die Stimmen, wird aus dem Dialog zweier ein Monolog zu zweit. Vergleicht man jedoch die spiegelbildlichen Verzweiflungsausbrüche der Protagonisten – Isoldes im ersten Akt, Tristans im dritten –, erscheint die sorgfältige bauliche Balance plötzlich schief, läßt eine Ausrichtung erkennen, ein Ziel. Doch im Unterschied zu Isoldes wütendem Monologisieren auf dem Schiff, das von verletzter Ehre und Rachewünschen für verschmähte und verratene Liebe inspiriert ist, also außengesteuert und tagesbezogen, hat das Reden und Rasen Tristans auf seiner Insel einen ganz anderen Charakter. Es macht deutlich, daß mit dem Ende des zweiten Aktes etwas noch nicht gesagt, noch nicht ›fertig‹ war. Ein dritter Akt mußte da anschließen, ein Hindernis mußte beseitigt, eine letzte Hürde genommen werden.

Tristan ist anders als Isolde, die einfach nur sehr jung, eigensinnig, ein bißchen drogensüchtig und völlig verrückt nach dem einen ist. Seine Verzweiflungsausbrüche sind von innen gesteuert, von innen motiviert. Im dritten Akt hat er die Kategorien seines öffentlichen Selbst, der ritterlichen Ehre und der Treuepflichten, längst verlassen, und auch der Ort, an dem er sich befindet, die Insel Kareol, hat für ihn keine Realität mehr. »Wo bin ich?« fragt Tristan, als er erwacht. Als er erkennt, daß er wieder dem ›Tag‹ zugeworfen ist, beginnt seine Verzweiflung erneut, und er sucht nach den Ursachen für dieses Lebenmüssen. Er stößt dabei auf Isolde, die sich, als sie ihn »aus der Nacht« – seinem halben Tod als ›Tantris‹ – holte, schuldig gemacht hat, doch mit der konkreten Isolde hat diese Figur kaum mehr etwas zu tun. Er tastet sich denn auch weiter, dringt tiefer in seine Anfänge zurück, betreibt in einem sehr modernen Sinn Anamnese und Selbstanalyse. Dabei strebt er über die Ränder des Möglichen hinaus, will etwas Paradoxes. Er will hinter das, was die Erinnerung leisten kann, zurücksteigen, will gleichsam in die Bauchhöhle seiner Existenz vordringen, sie vergegenwärtigen, sie fühlen, auch wenn er dieses Gefühl nicht beschreiben kann.

Das Auftauchen unbewußter Inhalte, Tristans ›mémoire involontaire‹, wird durch ein sinnliches Moment angeregt. Er hört die »alte ernste Weise« des Hirten: »Durch Abendwehen drang sie bang, als einst dem Kind des Vaters Tod verkündet. Durch Morgengrauen bang und bänger, als der Sohn der Mutter Los vernahm. Da er mich zeugt und starb, sie sterbend mich gebar.« Angesichts der vom Tod überschatteten Liebesgeschichte seiner Eltern – der Überlieferung nach sind es der bretonische Fürst Riwalin und König Markes Schwester Blanchefleur – muß er sich fragen: »Zu welchem Los erkoren ich damals wohl geboren?« Und er antwortet sich selbst, das Schicksal der Eltern in sich wiederfindend, rekonstruierend: »Die alte Weise sagt mirs wieder: mich sehnen – und sterben!« Dann aber korrigiert er sich, seine innere Lage ist schlimmer, weil paradox: »Im Sterben mich zu sehnen, vor Sehnsucht nicht zu sterben!«

Nach diesen Worten schiebt sich das Bild Isoldes vor seine Erinnerungen, ihr Trank sei es gewesen, der ihn zu »ew'ger Qual« des Sehnens und Nicht-sterben-Könnens verdammte. Er erinnert hier an den Fliegenden Holländer, doch nicht an den, der über die Ozeane der Welt, sondern an den, der durch die Unendlichkeit seiner eigenen Innenräume jagt. Der ›Liebesfluch‹, wie Wagner Tristans Verfluchung des Trankes genannt hat, erinnert nicht von ungefähr an den Gottesfluch, der den Holländer verfolgte. Freilich erscheint im *Tristan* alles noch auswegloser, weil die Instanzen ins Innere des Subjekts verlegt sind, kein Gott, kein Teufel mehr schuld am Martyrium ist. Auch Isolde nicht. Tristan nimmt seinen Schuldvorwurf an die Geliebte wieder zurück, wendet sich dem eigenen Ich zu; unerbittlich forscht er weiter und bezichtigt sich schließlich selbst als Urheber seiner lebenslangen Krankheit zum Tode. Wieder taucht das Bild der Eltern auf: »Aus Vaters Not und Mutter Weh, aus Liebestränen eh und je« habe er sich selber sein Lebensgift gemischt.

Tristans Vorgeschichte, seine Kindheitsgeschichte, hat ihn geprägt. Seinen Vater hat er nicht mehr gekannt, kaum war er geboren, sah ihn seine Mutter, wie es im *Tristan*-Roman heißt, »mit traurigen Augen an und starb«. In dieser Frühgeschichte Tristans spiegeln sich die Frühgeschichten Siegfrieds und Parsifals, alle drei vaterlos, weil der Vater vor ihrer Geburt im Kampf gefallen war. Aber jeder handelt anders: Parsifal läuft seiner Mutter als Halbwüchsiger weg, und ihr bricht das Herz darüber, Siegfried wächst von der Ersatzmutter Mime in einer Höhle betreut heran. Den jungen Tristan aber nimmt kein Wald und kein Zwerg auf, er lebt bei einem falschen Vater. Mit vierzehn Jahren rauben ihn Kaufleute, bringen ihn auf ihr Schiff, setzen ihn aber, als ein Sturm sie in Gefahr bringt, in einem Kahn an einer Küste aus, in Cornwall, wo er wie Robinson an Land geht, um später bei Onkel Marke unterzukommen. Das Bild des auf einem Kahn im Meer Ausgesetzten gehört zu Tristans Lebensmuster: Ein ähnlicher Vorgang wiederholt sich ja nach seinem Kampf mit Morolt, doch was beim Knaben seelische Verwundung war, ist dieses Mal echte Wunde. Vielleicht sollte man die Geschichte dieses Tantris, der, den Meereswellen ausgesetzt, in einem Kahn dahintreibt, bis es ihn endlich an die Küste Irlands verschlägt, wo eine Frau, Isolde, ihn rettet, als den gleichen symbolischen Geburtstraum lesen wie die biblische Geschichte von der Pharaonentochter, die das Kind Moses, das in seinem

Richard Wagner: »Tristan und Isolde«, 2. Akt, 1. Auftritt (oben) und 3. Auftritt (unten). Szenen aus Jean-Pierre Ponnelles Bayreuther Inszenierung 1981. © Bayreuther Festspiele; Foto: Siegfried Lauterwasser.

Körbchen auf dem Wasser daherschwimmt, an Land zieht und aufnimmt. Damit würde Tristan sozusagen zweimal geboren – als gelänge es ihm nie so recht, ›wirklich‹ und definitiv auf der Welt zu sein.

Schon im zweiten Akt hatte Tristan ähnliche poetische Bilder gebraucht wie bei seinem Monolog im dritten. Der Ausdruck vom »Wunderreich der Nacht« fiel beim Zwiegesang im Garten, sowohl einem Liebes- wie einem Todesraum zugeordnet. Auch das Bild des Schoßes war schon da, Zentrum der ›heil'gen‹ Liebesnacht: »Nimm mich auf in deinen Schoß, löse von der Welt mich los!« Als er Isolde nach der Entdeckung des Ehebruchs bittet, ihm in den Tod zu folgen, überschneiden sich Metaphern der Vorgeburtlichkeit mit jenen des Todes. »Das dunkel nächt'ge Land, daraus die Mutter mich entsandt, als, den im Tode sie empfangen, im Tod sie ließ an das Licht gelangen.« Der mütterliche Schoß, den das Kind Tristan als ›Liebesberge‹ empfand, wird außerdem auch als »Wunderreich der Nacht« bezeichnet, verrinnt und verschwimmt also mit dem Todesland, das er jetzt seiner Geliebten anbietet. Für den Raum der gnädigen Bewußtlosigkeit nach seinem Selbstmordversuch taucht eine sehr ähnliche Benennung auf: »Das weite Reich der Weltennacht«. Die Paraphrasierungen für das Eine, das Unaussprechliche, gleichen einander, umkreisen einander – enharmonische Verwechslungen. Das Niemandsland vor der Geburt und das Niemandsland nach dem Tod hängen miteinander zusammen, Anfang und Ende des Lebens gleichen sich in ihrem Dunkel, ihrer Weite und Grenzenlosigkeit, sind identisch. Aber sie entziehen sich dem Benanntwerden, der Reflexion. Tristan bemerkt, daß er hier nicht weiterkommt, gibt aber nicht auf, stößt auf Sackgassen, auf verbaute Wege, Paradoxien.

Wunscherfüllung

»Anfang des Lebens und Welteintritt bei der Geburt« seien »jeder Erlebbarkeit wesensmäßig entzogen, was auch immer davon Spur oder Trauma geblieben sein mag«, schreibt der Philosoph Hans Blumenberg. Was man nicht mit Bewußtsein erleben, ins Bewußtsein heben kann, hinterläßt Spuren, traumatische Spuren. »Gerade und nur weil das so ist, gibt es die unerfüllte Insistenz auf Annäherungen ans Erlebbare, das rastlose Umkreisen der Natalität nicht anders als der Mortalität«, fährt Blumenberg fort. Die Paradoxien jedes menschlichen Verhaltens – man weiß, daß man ›angefangen‹ hat, angefangen worden ist, »ohne es zu glauben, weil man es nicht denken kann« – korresponieren dem anderen Paradox, daß man zwar weiß, daß man sterben muß, aber es nicht glaubt, weil man es nicht denken kann. Tristan war nahe daran, diese prinzipielle Identitätskrise, die mit dem wesensmäßig ›Unerlebbaren‹ verbunden ist – jeder Schlaf, jedes kleine Nickerchen bringt diese »Abwesenheit von der Welt« und mündet in die Schrecksekunde des Erwachens, ins Wer-bin-ich, Wo-bin-ich –, diesen Zustand vor dem Anfang oder nach dem Ende erlebbar zu machen, in die Erfahrung zu holen. Doch als Kurwenal danach fragt, bleibt Tristan wieder nur das Paradox: »Wo ich erwacht, weilt ich nicht, doch wo ich weilte, das kann ich dir nicht sagen.« Tristan muß also weitersuchen, die Stücke verlorener Zeit suchen, deren er nicht habhaft werden kann. »Wie schwand mir seine Ahnung?« fragt er, kaum daß er aus dem ›Urvergessen‹ der »Weltennacht« zurückgekehrt, kaum daß die Umnachtung von ihm gewichen ist. Er kann, was er eben noch wußte, nicht mehr definieren. Eine Metaphorik des Schlafens, des Vergessens, Loslösens von der Welt, Löschens des Lichtes durchzieht das ganze Stück und variiert damit nur in kleineren Einheiten dieses größere Projekt Tristans, den »Zustand des weltlosen und darum reinen Einklanges mit sich selbst« (Blumenberg) zu finden, den Paradieseszustand als einen Zustand, den man gleichzeitig ›denken‹, an den man sich erinnern und dessen man sich vergewissern kann als eines Stückes dem Bewußtsein zugehöriger Realität. Der sich nicht entzieht und ihn wieder dem ›Tag‹ zuwirft – wie einst die Mutter bei seiner Geburt.

Geburt bedeutet Trennung: »Die Geschichte des Individuums beginnt mit dieser Trennung und wird immer wieder durch Trennungen geprägt«, schreibt Hans Blumenberg. Trennungen implizieren immer schmerzhafte Gewaltsamkeit, andererseits bedeuten sie etwas Positives, »Stufen des Realitätsgewinns«. Die primäre Trennung bedeutet auch für Tristan Leben und Licht, später vor allem eine Menge Realitätsgewinn, Ruhm und Ehre. Trennungstraumata bilden immer auch die Schwellen der Erkenntnis, des Realismus, der Wahrheit. Trennungstraumata und Wirklichkeitsbegriffe haben miteinander zu tun, und insofern ist es konsequent, daß die Wirklichkeit verflucht werden muß, wenn die Schockerfahrung der Trennung rückgängig gemacht, aufgehoben werden soll. Die Maßlosigkeit, mit der Tristan und Isolde die Aufhebung von Trennung schlechthin betreiben – der »tückische Tag« ist Inbegriff der Trennung, unaufhörlich wird das »Un-getrennt« beschworen: »Ohne Nennen ohne Trennen« oder das Ur-Eine: »ewig endlos«, »ein-bewußt«. Schon das Wörtlein »und«, das zwei Menschen trennt, ist zuviel, die ganze Philosophie des zweiten Aktes zeugt davon, daß ihre Gewinne an Realität durch zu viele Schmerzen erkauft waren. Die Gewinne werden widerrufen.

Tristan und Isolde wollen zurück, weit zurück. Sie wollen eine Symbiose, die es nur vor aller Trennung gab: »Wo Ich war, soll Es werden.«

Sie meinen, in der totalen, radikalen Liebe ohne Außenbezug, einer Liebe in der Grotte oder Höhle oder auf einsamer Insel sei das möglich. Liebe, die sich solchermaßen absolut setzt, hat alle Wirklichkeitskriterien hinter sich gelassen und gibt zu erkennen, was sie ist: Ausdruck der Sehnsucht nach Regression, der Illusion, in Meer und Höhle, ins geborgene Medium vor dem Geborenwerden zurückkehren zu können. Die Geschlechtsliebe enthüllt sich damit, und da grüßt Schopenhauer denn doch, als raffinierte Täuschung, gaukelt den Individuen vor, sie könnten in der Ekstase der Sinne ihre Körper verlassen und mit der bewußtlosen Natur wieder in eins verfließen. »Das zu verlassende und verlassene Dunkel« bei der Geburt, so Blumenberg, »könnte die Erklärung für alle Sehnsucht nach Geborgenheit, aber auch für jeden Wahn vollkommener [...] Wunscherfüllung« sein. Der Liebeswahn von Tristan und Isolde ist ein Versuch der totalen Wunscherfüllung.

Es ist unwiderstehlich, hier für einen Moment in die Biographie Wagners zu schauen. Die im *Tristan* gestaltete Verstiegenheit ist ja kein Zufall, in der Metapher des Kunstwerks teilt sich auch von den Obsessionen des Schöpfers einiges mit. Im September 1865 sitzt Wagner einsam in einer Jagdhütte auf dem Hochkopf, sein geliebter Münchner Tristan-Darsteller, Ludwig Schnorr von Carolsfeld, war im Juli gestorben, unfaßbar für ihn, und Cosima von Bülow hatte ihn für einen Besuch beim Vater in Budapest verlassen, der über Wochen hinausgezogen wird, weil Liszt seine Tochter von Wagner abbringen will. Dort auf dem Hochkopf schreibt Wagner Tagebuch, spinnt sich ein in den Traum seiner Vereinigung mit Cosima: »Mein Wachen muß ein Traum sein, nur dann ist es schön.« Jeder Brief von Cosima aber verscheuche seinen Traum: »Ich kann dann die Wirklichkeit der Trennung nicht mehr leugnen; alles, was sie beschönigen soll, reizt meine Wut. – Oh – kein Erwachen aus diesem Traum!« Er könne alle seine Werke nur schreiben, wenn er nie »aus seinem Traume über die Welt« gerissen werde. »In diesen Traum nun schließ ich mich mit Dir ein, meine Cosima! Sei immer bei mir, immer mit mir träumend. Und in diesem Traume wollen wir schaffen, was die Welt in Traum wiegen soll. Wie wundervoll wird das Sterben sein, das in Schlaf sinken aus dem Traume!« Aber schon als er eine Photographie Cosimas geschickt bekommt, auf der ihre Frisur, dem Vater zuliebe, verändert erscheint, tobt er, fühlt sich durch dieses Partikelchen Wirklichkeit in seinem Traum gestört. Er will überhaupt nur noch »träumen und schlafen«. Er will sich, wie Tristan, die imaginären Totalwunscherfüllungen, Rückstände des Trennungstraumas, nicht nehmen lassen. Denn es sind Bedingungen seines Dichtens und Komponierens, und damit immer auch gefährdet, also von sanften Todesvorstellungen begleitet.

Richard Wagner: »Tristan und Isolde«, 3. Akt. Szene aus Jean-Pierre Ponnelles Bayreuther Inszenierung 1981. © Bayreuther Festspiele; Foto: Siegfried Lauterwasser.

Der Liebeswahn der Wagnerschen Bühnenfiguren endet nicht im großbürgerlichen Haus Wahnfried, sondern wird entlarvt als das, was er ist: Wahn, Täuschung. Aus zwei wird nicht eins. Die Liebe entpuppt sich als eine Stufe, eine Vorstufe der Erfüllung, als Hoffnung und Versprechen auf einen Verschmelzungsvorgang von weit radikaleren Dimensionen. Es ist ja auffallend, in welch fast schamloser Direktheit Tristan manchmal durchblicken läßt, daß er Isolde als Handlangerin zum Tode braucht, als Mittel zum Zwecke des Sterbens. »In deiner Hand den süßen Tod, als ich ihn erkannt, den sie mir bot; [...] da erdämmerte mild mir die Nacht; mein Tag war da vollbracht«, singt er mit dem Pathos des Schmerzensmanns schon im zweiten Akt. Im dritten Akt steigt noch einmal seine Enttäuschung hoch, daß der ›Gifttrank‹, den Isolde ihm auf dem Schiff reichte und von dem er hoffte, »ganz zu genesen«, getäuscht hat, er, Tristan, ist nicht gestorben. Der Trank, als »Vergessens gütiger Trank« willkommen geheißen, brachte statt der Amnesie die Anamnese, die Aufhebung der Verdrängung. Er bewirkte, daß Tristan sich an seine eigentlichen Wünsche erinnert und sich zu ihnen bekennt, daß er die höfische Welt, den ›Weltkerker‹, wie die Theologie sagt, verlassen will. So bringt der Trank ihn immerhin auf seinen Weg, wenn auch auf dem Umweg über die Liebe: die Liebe ein retardierendes Moment, ein »gehemmtes Sterben« (Schopenhauer). Die Liebe aber, die Name und Gestalt hat, ›Ärztin‹ ist, muß ihm endlich doch helfen. Von Isolde, die ihn zweimal schon dem Leben wiedergegeben hat, erträumt er sich »letzte Labung«. Er kann sich vor Freude kaum fassen, als der Tod in ihrer Gestalt an Land kommt. Ihm verschwimmen die Geschlechterdifferenzen, wie ein Tagesrest drängt sich plötzlich die Schlachtenmetaphorik des Ritters in seinen Sterbetraum: »Die mir die Wunde auf ewig schließe – sie naht wie ein Held, sie naht mir zum Heil! Vergeh die Welt meiner jauchzenden Eil!«

Isoldes Liebe ist Sterbehilfe. Damit verkehrt sich der Sinn der Liebe, wie ihn die christliche Theologie dachte, in sein Gegenteil. Hier überwindet die Liebe nicht den Tod, weil sie stärker ist, hier soll sie helfen, den Tod herbeizuführen. Zu Recht hat Thomas Mann bemerkt, daß der Name Gottes in dieser Oper nicht auftaucht, und sprach von der »atheistischen Metaphysik« im Tristan. Gottlosigkeit und Unsittlichkeit aber sind in den abendländischen Moralvorstellungen eng verknüpft. Zu den Aufgaben des dritten Aktes gehört es auch, diese Umwertung aller Dinge akzeptabel zu machen: daß der Tod, der allen Lebewesen Angst und Schrecken einjagt, der biologisch ein Erkalten bedeutet und religiös ein Tremendum, hier positiv besetzt ist. Den Tod als etwas Erstrebenswertes zu präsentieren ist ja nicht leicht, auch in einer Oper nicht. Es ist nicht nur naturwidrig, sondern eben auch unsittlich, sogar in der Romantik. Auch Novalis grundierte seine *Hymnen an die Nacht* christlich. Wagners Erschrecken vor seinem Unterfangen zeichnet sich in den Briefen an Mathilde Wesendonck deutlich ab: »Dieser Tristan wird was Furchtbares. Dieser letzte Akt!!!« Gute Aufführungen müßten die Leute verrückt machen. Ein paar Monate später, ebenfalls 1859, beichtet er ihr: »Und bei allem Jammer und Elend soll's am Ende noch schön tönen und sich so einschmeicheln, daß man die Not ins Herz kriegt, ohne es nur zu merken, was für schlimmes Zeug es ist!«

Die Todessehnsucht ist im *Tristan* das zentrale Motiv (Egon Voss), *Tristan und Isolde* erzählt keine Liebesgeschichte. Diese naive Idee, die Wagner 1854 selbst einmal hegte, als er mit seiner Oper dem »schönsten aller Träume«, der Liebe, »ein Denkmal setzen« wollte, ließ sich nicht halten, wie der dritte Akt beweist. Der dritte Akt diente dazu, die landläufigen Vorstellungen von einer Liebesgeschichte zwischen Tristan und Isolde endgültig auszutreiben.

Mythisierung

Der dritte Akt leistet aber noch weit mehr. Er ist verantwortlich für den mythischen Charakter, den dieses Werk angenommen hat, für seine mythische Dimension. Wir spüren sie, wissen aber nie so genau, worauf sie sich gründet. Das hat mit dem Wesen des Mythos zu tun, der nicht zu fassen ist, weil »urheberlose Erzählung« (Thomas Mann), und trotz der Beständigkeit eines narrativen Kerns an seinen Rändern ständig variiert wird, zu neuen und eigenen Mitteln der Darbietung reizt. Wagner hat die Geschichte von Tristan und Isolde bereits mythisiert, indem er sie umgestaltete und variierte, und sein mythisierender Instinkt wandelte auch seine Konzeptionen: Die ursprüngliche Fassung der Geschichte als ein eher konventionelles, realistisches Eifersuchtsdrama, gab er Stück für Stück auf und verlieh ihr mit dem abstrakteren Konzept der »Liebe als furchtbarer Qual« eine ganz andere, zeitlosere Qualität (Egon Voss). Einige Zeit später, 1871, schuf Wagner auch werkgeschichtlich einen Mythenzusammenhang, indem er seinen *Tristan* in den Nibelungenmythos einordnete, als einen ›Ergänzungsakt‹ zwischen *Siegfried* und *Götterdämmerung*. Die Verwandtschaft zwischen dem Verhältnis Tristans zu Isolde und dem von Siegfried zu Brünnhilde war ihm aufgefallen: Beide freien im Bann einer Täuschung die ihnen bestimmte Frau für einen anderen und finden im Verlauf dieses Mißverständnisses den Untergang. Der Unterschied, sagt Wagner, bestehe nur in der Todesverfallenheit des Paares Tristan und Isolde. Ein weiterer Mythenzusammenhang läuft über die Figur Parsifals. Noch relativ spät, 1857, plante Wagner, den auf der Suche nach dem Gral herumirrenden Parsifal – damals noch Parzival – an Tristans Siechbett vorbeikommen zu lassen, weil er Tristan, der an seiner Wunde nicht sterben konnte, mit dem Amfortas des Gralsromans identifizierte. Jenseits dieser Mythisierungen aber hat die besondere Mythisierung des Stoffes von *Tristan und Isolde* noch mit der Zeitraum-Tiefenschicht zu tun, in die diese Oper vorstößt. Ihren stärksten und faßbarsten Ausdruck erfährt diese Schicht wiederum im dritten Akt.

In seinem Buch *Höhlenausgänge* stellt Hans Blumenberg die Frage, was es für das menschliche Bewußtsein heiße, sowohl gattungsgeschichtlich wie individualgeschichtlich eine Schwelle zu überschreiten und verschiedene Wirklichkeiten wahrzunehmen, sich zu ihnen zu verhalten. Beim Ausgang aus der Höhle wird eine Schwelle zu einem anderen Sein und Bewußtsein überschritten. Einerseits bedeutet dieses Überschreiten Licht und Eroberung neuer Räume, Fortschritt, andrerseits weckt es Angst vor dem Unbekannten und Neuen, läßt sehnsüchtig zurückstreben in den dunklen Schutz der Höhle, ruft heimliche Regressivität hervor, es bildet sich eine vage ›*memoria*‹. Wir, die wir alle aus Höhlen gekommen sind und den Übergang aus dem bergenden Medium zu verkraften haben, wollen die schützende Höhle eigentlich nicht verlassen. Anders sei der Erfolg des platonischen Höhlengleichnisses, das in Antike und Frühchristentum immer wieder variiert wurde, nicht zu erklären. In diesem Mythos verweigern sich die Lebewesen dem Angebot, aus dem Dunkel des unterirdischen Schoßes ans Licht der Wirklichkeit zu treten. Diese Weigerung, meint Blumenberg, muß eine »anthropologische Zeitraumtiefe« hinter sich haben, muß uns tiefer bekannt sein als irgendeine datierbare und lokalisierbare Erinnerung.

Erdhöhle und Geburtshöhle sind in der Sprache der Mythen identisch. Nach Blumenbergs Hypothese hat sich aber im individuellen, ontologischen Geburtstrauma ein älteres, phylogenetisches erhalten, ein Gattungstrauma. Statt sich über die Zeiten abzuschwächen, kehrten diese früheren Trennungstraumata beim Menschen sogar in gesteigerter Intensität wieder. Der nachhaltigste Einschnitt in der Phylogenese sei wahrscheinlich der Übergang vom Meer aufs Land gewesen, in ein fremdes Medium. Dieser Übergang an der Gezeitengrenze war gewaltsam, nur ein Bruchteil von Millionen Organismen überlebte. Der schmerzhafte Akt des Heraustretens aus einem Umhüllenden, Hegenden hinterließ traumatische Spuren, der »Schoß des Fließenden« war verlassen. Plötzlich gab es Tag und Nacht, Wärme und Kälte, harten Boden unter den Füßen. Die Organismen mußten autonom werden, ein »inneres Medium« schaffen, eigene Konstanzverhältnisse herstellen. Blumenberg meint, in diesen Übergangsprozessen seien auch die Übergänge vom Leben zum Erleben, von der Unbewußtheit zum Bewußtsein entstanden. Mit dem Überwechseln in ein anderes Medium, einen anderen Seinszustand, mußte, was einmal selbstverständlich war, schwinden, die leichte Wunscherfüllung, denn die Leichtigkeit der Bewegungen im Meer war dahin, der Traum vom »leichten Leben« ausgeträumt: »Die weitere Entwicklung der Organismen [...] läßt sich verstehen als Tendenz auf Wiederherstellung der intramarinen Bedingungen des leichten und geborgenen Lebens im homogenen Medium.« Als der Mensch aus seinen bergenden Höhlen trat – nicht aus den Tiefen der Erde, wie die Griechen meinten – und auf die Savanne hinaus mußte, weil auch der andere Bergungsraum, der Regenwald, geschwunden war, wurde ihm etwas abverlangt, was dem Überschreiten der Schwelle vom Meer aufs Land ähnelte. Der aufrechte Gang, das Bestehen im hellen Tageslicht, war eine Anstrengung und Herausforderung, die das Bedürfnis nach neuem Schutz weckte, nach, so Blumenberg, »Entlastung vom Realismus der freien Landschaft, als Wiedergewinn des verlorenen Biotops«.

Richard Wagner: »Tristan und Isolde«, 3. Akt. Szene aus der Inszenierung von Johannes Schütz am Staatstheater Kassel 2007 mit Leonid Zakhozhaev (Tristan). Foto: Dominik Ketz.

Solch mythengesättigte Großraumthesen können Wagners Geschichte von Tristan und Isolde durchaus unterlegt werden. Diese Geschichte zeigt nämlich alle Charakteristika einer durch Trennungstraumata hervorgerufenen Sehnsucht nach Regression. Tristan und Isoldes Liebestod-Phantasien lassen dieselbe Tendenz erkennen, wie sie bei den Organismen in der Phylogenese oder beim Geburtstrauma des Individuums auftritt, eben die »Tendenz auf Wiederherstellung der intramarinen Bedingungen des leichten und geborgenen Lebens im homogenen Medium«. Schon gar nicht sollen solche Wechselbäder und Temperaturstürze mehr stattfinden, wie am Ende des ersten und zweiten Aktes, wenn die Tages-Realität in Gestalt König Markes zweimal jäh hereinbricht und, dem *coitus interruptus* vergleichbar, diejenigen störte und verstörte, die gerade dabei waren, sich aus Zeit und Bewußtsein hinauszuschwemmen. Erst im dritten Akt gelingt dies. Marke und die Seinen erscheinen zwar wieder gegen Aktschluß, aber ihre Macht und Gewalt sind erloschen. Der ›Tag‹ hat abgedankt. Marke erscheint verstehend, verzeihend, unterwirft sich den viel älteren Mächten, dem ›Unerforschlichen‹. Keiner kann das Drama der Regressionen mehr aufhalten.

Tristan und Isolde wissen aber auch, wie sie die ›intramarinen‹ Bedingungen zu gestalten haben. Für die fortgeschrittenen Lebewesen gibt es nur eine Form der Rückkehr, den Tod. Der Schlaf wäre zwar auch ein ›homogenes Medium‹, das wunderbar fliegen und schwimmen ließe, doch als ›homogenes Medium‹ bei Lebzeiten birgt der Schlaf immer die Gefahr, geweckt zu werden. Immer riefe, sozusagen, eine Brangäne. Auch die organische Mythologie sieht den Tod als ständigen Begleiter von der Geburt an. Von den Ursprüngen des Lebens heißt es beim Philosophen: »Die Elementarform des Geburtstraumas [...] ist sogleich die Hervorbringung des Todestriebs als der unvermeidlichen Rückkehrtendenz von einer Abweichung zur Normalität.« Von den Bildern, die Tristans katastrophische Geburten symbolisch illustrieren, war schon die Rede. Auch sein Todestrieb bricht sich erst stufenweise, in mehreren Anläufen, Bahn. Stufenweise beharrt Tristan darauf, von der ›Abweichung‹, die das Leben darstellt, in die ›Normalität‹ des Todes zurückzukehren. Dreimal versucht er es, zweimal mißlingt es. Dem ›Weltkerker‹ des Realitätsprinzips schon mit dem Liebestrank entronnen, strebt er nun, im dritten Akt, mit aller Macht danach, das ›Leibgefängnis‹ zu verlassen. »Das Licht – wann löscht es aus? Wann wird es Nacht im Haus?« klagt er auf Kareol. Er will die Nacht, er will den Tod. Aus Angst, Isolde könnte ihn wieder ›retten‹ wollen, könnte ihn wie damals in Irland heilen, reißt er sich den Wundverband vorsorglich ab, bevor sie ihn mißverstehen kann. Damit schafft er es: Im Sinne der Regression ins Vorgeburtlich-Bewußtlose, ins Intrauterine oder Intramarine, feiert er sein Ende als eine Auflösung ins Flüssige: »Heia mein Blut, lustig nun fließe!« Isolde hat Tristans Sehnsucht verstanden und folgt ihm in die »thalassale Regression«, wie Gottfried Benn gesagt hätte. Sie folgt ihm wie versprochen, jedoch nicht ohne die Vorgänge zu verklären. ›Verklärung‹ wurde ihr Solo am Ende des dritten Aktes von Richard Wagner genannt; der Ausdruck ›Liebestod‹ galt ihm nur für das Vorspiel. Isoldes Schlußgesang verklärt also und feiert die tödliche Heimfindung des Geliebten als eine Auflösung ins ätherische Medium: »Sind es Wellen sanfter Lüfte? Sind es Wogen wonniger Düfte? Wie sie schwellen, mich umrauschen, soll ich atmen, soll ich lauschen? Soll ich schlürfen, untertauchen? Süß in Düften mich verhauchen? In dem wogenden Schwall, in dem tönenden Schall, in des Welt-Atems wehendem All – ertrinken, versinken – unbewußt – höchste Lust!«

Ob Meer oder Weltall, Geburtshöhle oder Todesraum, ob oben oder unten – Isolde besingt jenen anderen und ursprünglichen Aggregatzustand, in dem ein Körper sich auflöst, schwerelos wird, schwebt oder schwimmt. Daß ihr Gesang etwas fast ›Lallendes‹ bekommt, etwas »Vorsprachliches, wie die ersten Laute von Kindern – Regression in selige

Richard Wagner: »Tristan und Isolde«, 3. Akt. Szene aus der Inszenierung von Johannes Schütz am Staatstheater Kassel 2007 mit Leonid Zakhozhaev (Tristan). Foto: Dominik Ketz.

Frühe«, ist dem Komponisten Dieter Schnebel aufgefallen. Jahrmillionen der Entwicklung scheinen in diesem Wunscherfüllungsgesang rückgängig gemacht. »Jahrtausende zogen abwärts, in die Ferne, wie Ungewitter« heißt es bei Novalis, wenn er seine tote Geliebte transfiguriert. Diese Zeitraumtiefen-Halluzination ist es wohl, die ›mythisch‹ anrührt, aus der eigenen Zeit heraustreten und dem »Traum entgegenschwimmen« läßt.

An der Fähigkeit, diese letzte Transformation, diesen Übergang in die Vorwelt musikalisch voranzutreiben, »liquid sounds« zu komponieren, hat es dem Komponisten des *Rheingolds* sicherlich nicht gefehlt. In der *Götterdämmerung* werden sie wiederkehren, wenn das Wasser die Bühne überschwemmt, wenn alles im Anfang endet. Wenn Thomas Mann gemeint hat, im *Tristan* verberge sich, nicht anders als im *Ring*, ein ›Weltentstehungsmythos‹, so muß das dahingehend korrigiert werden, daß dieser Weltentstehungsmythos durch auskomponierte Regressionsmaßnahmen wieder rückgängig gemacht wird.

Musik

Ohne die Musik aber wäre es niemals möglich, an unsere ›anthropologische Zeitraumtiefe‹, unsere älteren und jüngeren Trennungstraumata und heimliche Sehnsucht nach einem Zurück zu appellieren. Es stellt sich daher immer wieder nur eine Frage, die Frage nach dem ›Wie‹. Wie machte Wagner das, obendrein in so kurzer Zeit, zwischen 1856 bis 1859, inmitten persönlicher Ehe- und Eifersuchts-Turbulenzen, kräfteraubender Ortswechsel zwischen Zürich, Venedig und Luzern? Wie erzielte Wagner jene Wirkung, die »die Welt«, wie er sagte, »in den Traum wiegt«? Wußte er es selber überhaupt? »Wie ich so etwas habe machen können, wird mir immer unbegreiflicher: wie ich ihn« – den *Tristan* – »wieder durchlas, mußte ich Auge und Ohr weit aufreißen!«, schrieb er an Mathilde 1860 aus Paris.

Ein solches Staunen gehört zur Künstlerpsychologie. Wagner weiß nämlich sehr genau, wie er den *Tristan* hat machen können. Zur gleichen Zeit verfaßt er einen Artikel, der später unter dem Titel *Zukunftsmusik* erschien, in dem er sich anhand dieses Werkes über die Herstellungsweise, über die Ästhethik seiner Musik, über die Zusammenarbeit zwischen dem Dichter und dem Musiker in ihm Rechenschaft gibt: Sollte man denken, daß das Gedicht den Musiker einenge, irre man. Er wird, im Bewußtsein, daß er über die »enge Form der Opernmelodie« und über die symphonische Melodie hinausgehen muß, bereits die »poetische Konzeption mit fesselloser Freiheit« entwerfen. Und umgekehrt, sollte

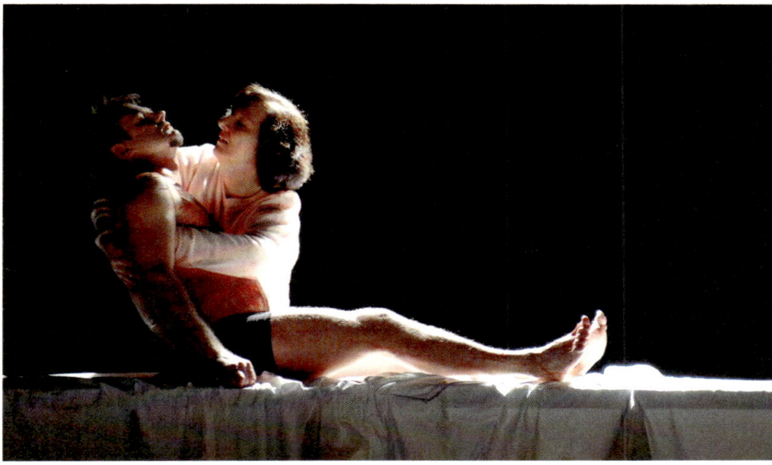

Richard Wagner: »Tristan und Isolde«, 3. Akt. Szene aus der Inszenierung von Johannes Schütz am Staatstheater Kassel 2007 mit Leonid Zakhozhaev (Tristan) und Adrienne Dugger (Isolde). Foto: Dominik Ketz.

der Musiker noch »mit Befangenheit« an die symphonischen Formen und Grenzen denken, so wird ihm der Dichter zurufen: »Stürze dich zaglos in die vollen Wogen des Meeres der Musik!« Er garantiere dafür, daß der Boden der dramatischen Aktion, die Verständlichkeit, nie verlassen werde. »Spanne deine Melodie kühn aus«, ruft er dem Musiker zu, »daß sie wie ein ununterbrochener Strom sich durch das ganze Werk ergießt: in ihr sagst du, was ich verschweige [...] weil nur du es sagen kannst.« Dann schreibt Wagner den entscheidenden Satz, über den so viele seiner Zeitgenossen, die bei ihm den Boden unter den Füßen zu verlieren meinten, gestolpert sind, auch der kluge Wiener Kritiker Eduard Hanslick: »Der Musiker ist es nun, der dieses Verschwiegene zum hellen Ertönen bringt, und die untrügliche Form seines laut erklingenden Schweigens ist die unendliche Melodie.« Bei dem Versuch, die *Tristan*-Partitur des dritten Aktes zu beschreiben, gibt Wagner eine verbale Imitation dieser unendlichen Melodie, ihrer »rastlos auftauchenden, sich entwickelnden, verbindenden, trennenden, dann neu sich verschmelzenden, wachsenden, abnehmenden, endlich sich bekämpfenden, sich umschlingenden, gegenseitig fast sich verschlingenden musikalischen Motive«. Man meint fast, er spräche von Debussys *La Mer*, aber er spricht von jenem »ungeheuren Orchester«, das den monologisierenden ›Sologesang‹ des Tristan begleitet.

Die Auflösung gedichteter Handlung in ein Elementares, in bewegte Wassermassen sozusagen, ist in all diesen Worten Wagners deutlich spürbar, entweder im direkten Vergleich der Musik mit dem Strom und dem Meer oder indirekt, in der Aneinanderreihung von Bewegungsadjektiven. Daß der *Tristan*-Mythos von der Dichtung allein nicht zu fassen ist und sich nachvollziehender Beschreibung erst recht entzieht, will das Paradox vom »tönenden Schweigen« sagen, das auf die Musik hinweist. Wo es »tönend schweigt«, kann nicht geredet, höchstens wortlos gesungen werden. »Vorläufig Musik ohne Worte« heißt es in einer frühen Aufzeichnung Wagners, als er »heute am *Siegfried* komponieren wollte und unversehens in den *Tristan* kam« (1856). Daß der Mythos »eher Vollzug als Rede« sei, hat Carl Dahlhaus festgestellt: Nicht was geredet wird, sei mythenbildend, sondern was verschwiegen wird. Eben hier setzt die Musik ein, faßt in Töne, was die Menschen der mythischen Szenerie verschweigen, weil sie statt dessen handeln. Vielleicht erklärt das auch den Untertitel ›Handlung‹, den Wagner seinem Liebestodesdrama gegeben hat, als Hinweis auf den Mythos.

Doch wie immer man es dreht und wendet, ob »unendliche Melodie« oder »tönendes Schweigen« – die Frage nach der Ursache der *Tristan*-Wirkung bleibt. Wie vermittelt der Musiker Wagner begrifflich Ungreifbares? Es handelt sich bei der *Tristan*-Musik doch nicht um die handfeste, objekt- und personenbezogene Leitmotivtechnik, die wir aus dem *Ring* kennen, sondern eher um abstrakte Komplexe wie die ›Liebesqual‹, ›Sehnsucht‹ oder ›Todessehnsucht‹. Diese Hauptbegriffe im *Tristan* sind jeweils offene Begriffe, offen, was Zeit und Bewußtsein anbelangt. Wo fängt ein Gefühl wie ›Sehnsucht‹ an, wo hört es auf? Wie komponiert man, was keinen Anfang und kein Ende hat, die Unbegrenztheit? Die ›Endlosigkeit‹ mag von der Technik der unendlichen Melodie suggeriert werden, aber die Anfangslosigkeit? Der Begriff der ›offenen Konsistenz‹, den Hans Blumenberg auf die literarische Gattung des neuzeitlichen Romans anwendet, wäre hier ergiebig. Der neuzeitliche Roman will keinen festen Rahmen mehr geben für eine Bewährung des Helden, die durchgestanden werden muß – wie Wagner, der seinem Helden Tristan alle Abenteuer und Bewährungsproben des alten Stoffs wegstreicht. Dem neuzeitlichen Roman geht es darum, das Werden des Bewußtseins einer Figur darzustellen. Die Welt entsteht mit dem Subjekt, ohne das Subjekt ist sie nicht vorhanden. »Selbst dann / bin ich die Welt« hieß es in alarmierender Modernität bei Tristan. Die Welt und das Bewußtsein von ihr sind miteinander identisch. Wenn ästhetische Gebilde – Roman oder Oper – eine solche innere Unbegrenztheit des Ichs und seines Bewußtseins darstellen wollen, müssen sie versuchen, dafür die Mittel zu finden.

Der Roman tut es durch seine »nicht mehr geschlossene Formenmannigfaltigkeit«, die Oper, zumal diese Oper, tut es, indem sie gleich zu Anfang – »langsam und schmachtend« – eine unglaublich raffinierte musikalische Linie erfindet, die dank ihrer gleitenden Chromatik nirgendwo herzukommen scheint und nirgendwo hinwill, deren Zentrum ein Akkord ist, der sich nicht in einen Grundton auflösen will, ein »vagierender Akkord«, wie Schönberg den *Tristan*-Akkord genannt hat, weil er nach allen Seiten hin schielt und schillert, sich dahin oder dorthin begeben könnte, aber es vorzieht, in halbaufgelöster Erwartung zu verbleiben. »Offene Konsistenz«: alles scheint virtuell, nichts real, suggeriert wird ein anfangsloses Kontinuum, Ausdruck des Undefinierbaren selbst, der ›Sehnsucht‹.

Vielleicht ist diese musikalische Erfindung, die der Zeitlosform eines Bewußtseins entspricht, wirklich nur mit dem Romananfang von Marcel Prousts *Suche nach der verlorenen Zeit* vergleichbar, der eigentlich keinen Anfang hat. Ein schlafloses Ich erinnert sich da an sein einst glückendes Einschlafen, wie schön es war, die Welt loszulassen und in den Bewußtseinsverlust zu versinken, um, aufgewacht, nach der Welt zu tasten, während die »Gedanken einer früheren Existenz wie nach einer Seelenwanderung« immer ungreifbarer werden. »Wie schwand mir seine Ahnung?« hieß das in Tristans Sprache. Auch das Proustsche Ich wird, wie Tristan, nie so genau sagen können, wo es war, als es abwesend war, als es schlief. Erst am Schlafesrand, beim Wachwerden, wird es erkennen können, daß die Welt mit ihm angefangen hat und wieder verlorengeht beim nächsten Einschlafen. Eben diese Balance zwischen zwei Polen, zwischen dem Welt- und Ich-Verlust im Schlaf, Traum oder Tod und dem Ich-bin-die-Welt im Erwachen hat Wagners musikalische Kunst im *Tristan* vorgeführt. Mit jener Meisterschaft, die Extremzustände zu verbinden weiß und, indem sie Trennung und Trauma aufhebt, alles zum Fließen bringt – mit seiner »Kunst des feinsten allmählichsten Überganges«.

Literaturhinweise

Ernst Bloch: *Geist der Utopie* (1918/1923), Frankfurt/Main 1964.

Dietmar Holland: *Hier wütet der Tod. Zu Wagners ›Tristan und Isolde‹.* In: Attila Csampai und Dietmar Holland (Hrsg.) *Richard Wagner, ›Tristan und Isolde‹. Texte, Materialien, Kommentare.* Hamburg 1983.

Alfred Lorenz: *Der musikalische Aufbau von Wagners ›Tristan und Isolde‹.* In: Wieland Wagner (Hrsg.) *Hundert Jahre Tristan. Neunzehn Essays.* Emsdetten (Westfalen) 1965.

Egon Voss: *Die ›schwarze und die weiße Flagge‹. Zur Entstehung von Wagners ›Tristan‹.* In: Hans H. Eggebrecht (Hrsg.) *Archiv für Musikwissenschaft*, LIV. Jahrg., Heft 3, 1997.
Hans Blumenberg: *Höhlenausgänge*. Frankfurt/Main 1989.
Thomas Mann: *Leiden und Größe der Meister*. In: *Wagner und unsere Zeit. Aufsätze, Betrachtungen, Briefe*. Frankfurt/Main 1963.
Dieter Schnebel: *Religiöse Klänge – Klangreligion*. In: Peter Wapnewski und Ulrich Müller (Hrsg.) *Richard-Wagner-Handbuch*. Stuttgart 1986.
Nike Wagner: *Wagner Theater.* Frankfurt/Main und Leipzig 1998.
Nike Wagner: *Traumtheater – Szenarien der Moderne*. Frankfurt/Main und Leipzig 2001.
Richard Wagner: *Erläuterungen zu ›Tristan und Isolde‹*. In: Attila Csampai und Dietmar Holland (Hrsg.) *›Tristan und Isolde‹. Texte, Materialien, Kommentare*. Hamburg 1983.
Richard Wagner: *Das Braune Buch. Tagebuchaufzeichnungen 1865-1882.* Zürich 1975.

Über die Autoren

HORST BREDEKAMP, Professor für Kunstgeschichte an der Humboldt-Universität zu Berlin und Permanent Fellow des Wissenschaftskollegs zu Berlin. Mitglied der Berlin-Brandenburgischen Akademie der Wissenschaften sowie der Deutschen Akademie der Naturforscher ›Leopoldina‹ in Halle. Geboren 1947. Arbeitsschwerpunkte: Skulptur des Mittelalters, Renaissance, Sammlungsgeschichte, Geschichte von Kunst und Wissenschaft.

OLAF BREIDBACH, Professor für Geschichte der Naturwissenschaften an der Friedrich-Schiller-Universität Jena und Direktor des Ernst-Haeckel-Hauses. Mitglied der Deutschen Akademie der Naturforscher ›Leopoldina‹ in Halle sowie korrespondierendes Mitglied der Akademie der Wissenschaften zu Göttingen. Geboren 1957. Arbeitsschwerpunkte: Theorie der Geschichte der Wissenschaften, Systemtheorie, Wissenschaftskultur um 1800, Naturphilosophie, Wissenschaftswahrnehmungen.

CHRISTOPH V. CAMPENHAUSEN, emeritierter Professor für Zoologie und Biophysik an der Johannes-Gutenberg-Universität Mainz. Geboren 1936. Arbeitsschwerpunkte: Physiologie des Nervensystems und der Sinnesorgane, vor allem Ferntastsinn und Orientierung bei Fischen, Psychophysik der Wahrnehmung, insbesondere des Farbensehens; historische Grenzgebiete der Neurobiologie.

NORBERT ELSNER, Professor für Zoologie an der Georg-August-Universität Göttingen und Mitglied der Akademie der Wissenschaften zu Göttingen, der Slowenischen Akademie der Wissenschaften und der Künste sowie der Deutschen Akademie der Naturforscher ›Leopoldina‹ in Halle. Geboren 1940. Arbeitsschwerpunkte: Neuro-, Sinnes- und Verhaltensphysiologie sowie Evolutionsbiologie unter besonderer Berücksichtigung der neuronalen und sensorischen Grundlagen der akustischen Kommunikation; Querbeziehungen zwischen Natur- und Geisteswissenschaften.

BARBARA ESCHENBURG, Kunsthistorikerin. Bis Anfang 2007 Sammlungsleiterin für Kunst des 19. Jahrhunderts und Neue Sachlichkeit am Lenbachhaus in München. Dort entstanden Ausstellungen zum »Kampf der Geschlechter im 19. und 20. Jahrhundert« und zu den »Materialien des Künstlers im Atelier seit der Renaissance« sowie Aufsätze zur Kunst der Klassischen Moderne. Ein weiterer Arbeitsschwerpunkt ist die europäische Landschaftsmalerei von den Anfängen bis ins 20. Jahrhundert.

JENS FRAHM, Professor für Physikalische Chemie und Mitglied der Akademie der Wissenschaften zu Göttingen, Direktor der Biomedizinischen NMR Forschungs GmbH am Max-Planck-Institut für biophysikalische Chemie in Göttingen. Geboren 1951. Arbeitsschwerpunkte: methodische Entwicklungen und neurobiologische Anwendungen der räumlich aufgelösten nuklearmagnetischen Resonanz (Magnetresonanz-Tomographie). Nichtinvasive Untersuchungen des zentralen Nervensystems von Mensch und Tier.

Günther Hasinger, Professor für Astrophysik am Max-Planck-Institut für extraterrestrische Physik in Garching bei München. Mitglied der Berlin-Brandenburgischen Akademie der Wissenschaften. Geboren 1954. Arbeitsschwerpunkte: Röntgenastronomie und extragalaktische Astrophysik: Supernovaüberreste, Röntgenquellen in Kugelsternhaufen, Röntgendoppelsternsysteme, Superweiche Röntgenquellen, Schwarze Löcher, Aktive Galaxien und ihre Umgebung.

Wilhelm L. Holderied, Maler und Bildhauer, der seit 1970 mit Zeichen und Spuren arbeitet. Zeichen und Symbole haben seit jeher die Menschen begleitet und eine große Wirkung auf sie ausgeübt. Mit ihnen und ihrer Kraft, Dinge zu erklären und begreifbar zu machen, beschäftigt sich sein Werk. Er hinterlegte so sein Erdzeichen »Eine Insel für die Zeit« am Münchner Flughafen und magisch-poetische Skulpturen wie »Das Tor des Windes«, »Die geduldigen Wurzeln«. Geboren 1940. Zahlreiche Ausstellungen u.a. in München, Berlin, New York, Chicago, San Francisco, Seoul.

Günther Patzig, emeritierter Professor für Philosophie an der Georg-August-Universität Göttingen. Mitglied der Akademie der Wissenschaften zu Göttingen. Geboren 1926. Arbeitsschwerpunkte: griechische Philosophie, Wissenschaftstheorie der Geisteswissenschaften, Geschichte der Logik, Ethik und Angewandte Ethik.

Heinz-Otto Peitgen, Professor für Mathematik und Biomedizinische Wissenschaften an der Universität Bremen und Florida Atlantic University in Boca Raton. Geschäftsführer von MeVis Research gGmbH, Bremen. Mitglied der European Academy of Sciences and Arts. Geboren 1945. Arbeitsschwerpunkte: dynamische Systeme, Medical Image Computing, Computerunterstützung in Radiologie, Chirurgie und bildgestützter Intervention.

Herbert W. Roesky, emeritierter Professor für Anorganische Chemie an der Georg-August-Universität, Mitglied der Akademie der Wissenschaften zu Göttingen, der Deutschen Akademie der Naturforscher ›Leopoldina‹ in Halle sowie korrespondierendes Mitglied zahlreicher in- und ausländischer Akademien. Geboren 1935. Arbeitsschwerpunkte: Metallorganische Chemie, Katalyse, neue Materialien.

Christoph Schlingensief, Film- und Theaterregisseur, Aktionskünstler; Gastprofessor an der Hochschule für Bildende Künste Braunschweig. Geboren 1960. Zahlreiche Produktionen an der Volksbühne Berlin, u.a. »Kunst und Gemüse – Theater ALS Krankheit« und »Kaprow City«, Gastinszenierungen am Burgtheater Wien (»Area 7«) und am Schauspielhaus Zürich

(»Hamlet«). Aufsehen erregten seine Neudeutung von Richard Wagners »Parsifal« bei den Bayreuther Festspielen 2004 sowie seine Inszenierung von Wagners »Fliegendem Holländer« am Opernhaus in Manaus 2007. Seit 2005 präsentiert er an verschiedenen Orten seinen begehbaren »Animatographen«, in dem mit filmischen, theatralen, operalen und aktionistischen Elementen die wesentlichen Stränge seines Œuvres zusammenlaufen.

HANS-KONRAD SCHMUTZ, Privatdozent für Geschichte der Anthropologie an der Universität Zürich und Direktor des Naturmuseums Winterthur, Präsident der Schweizerischen Gesellschaft für Geschichte der Medizin und der Naturwissenschaften. Geboren 1951. Arbeitsschwerpunkte: historische Wissenschaftsforschung der neuzeitlichen Anthropologie, Objekt- und Bildgeschichte, Wissenschaftskultur um 1800.

ALBRECHT SCHÖNE, emeritierter Professor der Deutschen Philologie an der Georg-August-Universität Göttingen und Mitglied der Akademie der Wissenschaften zu Göttingen und des Ordens Pour le mérite. Geboren 1925. Arbeitsschwerpunkte: Dichtung im Zeitalter des Barock, Emblematik, Lichtenberg, Goethe, Gegenwartsliteratur, Epistolographie, allgemeine Stilistik, Grenzgebiete zur Naturwissenschaft, Theologie, Kunstgeschichte, Sprachwissenschaft.

NICHOLAS JAMES STRAUSFELD, Professor für Neurobiologie an der Universität von Arizona in Tucson (USA) und Direktor des Universitätszentrums für Insektenbiologie sowie Mitglied der Royal Society London. Geboren 1942. Ausgebildet am University College London, war er ab 1970 am Max-Planck-Institut für biologische Kybernetik in Tübingen und von 1975 bis 1986 als Gruppenleiter am European Molecular Biology Laboratory in Heidelberg tätig. Arbeitsschwerpunkte: Anatomie und Physiologie der Nervensysteme wirbelloser Tiere, v.a. der Insekten. Entwicklungs- und Evolutionsbiologie. Er teilt sich seine Zeit zwischen Tucson und Würzburg, wo er einen zweiten Wohnsitz hat.

GERHARD WAGENITZ, emeritierter Professor für Botanik an der Georg-August-Universität Göttingen und Mitglied der Akademie der Wissenschaften zu Göttingen. Geboren 1927. Arbeitsschwerpunkte: Systematik der Blütenpflanzen, insbesondere der Compositae; Wissenschaftsgeschichte des 18. und 19. Jahrhunderts.

NIKE WAGNER, künstlerische Leiterin des Kunstfestes Weimar »pèlerinage«. Mitglied der Deutschen Akademie für Sprache und Dichtung. Geboren 1945. Arbeitsschwerpunkte: das Werk Richard Wagners im Kontext der deutschen Zeit- und Familiengeschichte (»Wagner Theater«, »Wahn Fried Hof«, 1998), Kultur- und Geistesgeschichte der europäischen Moderne (»Geist und Geschlecht. Karl Kraus und die Erotik der Wiener Moderne«, 1982; »Traumtheater. Szenarien der Moderne«, 2001).

Danksagung

Die Anregung zur Durchführung der Ringvorlesung »Bilderwelten – Vom farbigen Abglanz der Natur« erwuchs aus zahlreichen Gesprächen und Diskussionen mit Mitgliedern der Akademie der Wissenschaften zu Göttingen, die es sich zu einem ihrer wichtigsten Ziele gesetzt hat, den lebendigen Dialog zwischen Geistes- und Naturwissenschaftlern zu fördern. Hierfür ist der Herausgeber der Akademie zu großem Dank verpflichtet, ebenso wie für die Gewährung eines sehr erheblichen Druckkostenzuschusses, der es ermöglichte, die vorliegende Publikation zu einem erschwinglichen Ladenpreis zu erstellen. Einen beträchtlichen, letztlich entscheidenden Beitrag hierzu, wie auch zur Durchführung der Vorlesungsreihe, leistete dankenswerterweise zudem der Universitätsbund Göttingen e.V. Daß die Veröffentlichung in einer so ansprechenden Weise gelungen ist, ist der hervorragenden Bearbeitung der Abbildungsvorlagen durch Herrn Bruno Rothe und den sorgfältigen Satzarbeiten von Herrn Markus Ciupke zu verdanken, die beide bis zur letzten Minute und weit über die Grenzen des Zumutbaren auf alle Änderungswünsche eingegangen sind. Großer Dank gebührt auch Frau Corinna Hohndorf für ihre akribische Ausführung der Korrekturen sowie Herrn Thedel von Wallmoden für die umsichtige verlegerische Betreuung. Einen tiefempfundenen Dank bin ich nicht zuletzt meiner Frau Hannelore Elsner schuldig, die mich in vielfältiger Weise bei der inhaltlichen Planung und der organisatorischen Durchführung der Ringvorlesung sowie bei der Edition dieses Buches unterstützt hat.

Norbert Elsner